走近西方心理学大师丛书

你不知晓的20世纪最杰出心理学家

NI BU ZHIXIAO DE 20SHIJI ZUI JIECHU XINLIXUEJIA

熊哲宏／主编

中国社会科学出版社

图书在版编目（CIP）数据

你不知晓的20世纪最杰出心理学家／熊哲宏主编．－北京：中国社会科学出版社，2008.12

（走进西方心理学大师丛书）

ISBN 978－7－5004－7448－7

Ⅰ．你…　Ⅱ．熊…　Ⅲ．心理学家－思想评论－西方国家－20世纪　Ⅳ．B84－091

中国版本图书馆CIP数据核字（2008）第194149号

策划编辑　陈　彪
责任编辑　李炳青
责任校对　刘　娟
封面设计　回归线视觉传达
版式设计　王炳图

出版发行　中国社会科学出版社
社　　址　北京鼓楼西大街甲158号　　邮　编　100720
电　　话　010－84029450（邮购）
网　　址　http：//www.csspw.cn
经　　销　新华书店
印　　刷　北京君升印刷有限公司　　装　订　广增装订厂
版　　次　2008年12月第1版　　印　次　2008年12月第1次印刷
开　　本　710×960　1/16
印　　张　30.25　　插　页　2
字　　数　421千字
定　　价　49.00元

主编序言：20 世纪人类心理学的八大新观念

亲爱的读者朋友，这里呈现给大家的《你不知晓的 20 世纪最杰出心理学家》，是我们从西方近期评选出的“20 世纪 100 位最杰出的心理学家”中，特意精选出我国一般读者不知道，甚至是心理学工作者都不太熟悉的 37 位，通过描述他们的人格魅力、心理学创新性贡献和历史地位，从而全方位地展示了一幅 20 世纪人类心理学演进的宏伟画卷。也许你正在期待着这样一本书呢！

在 21 世纪刚刚进入第 8 个年头的时候，作为心理学爱好者的你，是多么渴望了解一下在过去的整个 20 世纪中，都有哪些心理学的著名人物或大家？他们有过哪些心理学的新发现？这些发现对于我们日常生活质量的提高有什么意义？不仅如此，对于我们整个人类来说，20 世纪的心理学到底有哪些实质性的发展与成就？在探究心理奥秘的征途上，20 世纪的心理学有哪些成功的经验乃至失败的教训？而人类心理学的未来最终又将走向何方？……我主编的这本书，正是为了满足读者的这份渴望或好奇心的。

作为本书的导言，我想通过宏观地勾画 20 世纪人类心理学的发展脉络，特别是通过提炼 20 世纪人类心理学的崭新的“观念”，从而总体地展示 20 世纪人类心理学的卓越成就。这也正是我们编撰本书的初衷。

这里我所用的“观念”一词，需要作一下界定。我所谓的“观念”（idea），不是简单地指“概念”（concept）。一般说来，一个概念是人们凭借直觉、想象、推理或顿悟等而对许多个别事物的共同特征的一种概括（或抽象）。每一个概念的所指对象、范围大小各有不同；而我所说的“观念”，形象地说，就是指“大”概念。更准确地说，是指一组相互之间有内在联系的、融贯的概念之集合，或称“集合性概念系统”。这种集合性概念系统已相当于我们通常所说的“思想”（thought）了。举一个例子便能清楚这一点。皮亚杰关于儿童认知发展的心理机制的解释，就相当于我所说的“观念”，因为这一观念是由皮亚杰的“格式”、“同化与顺化”、“平衡过程”（equilibration）等一组有内在联系的、融贯的概念所构成的。如果你不理解这一组相关的概念，那你就无法理解皮亚杰的认知发展机制这一观念或思想。

下面我就提纲挈领地介绍一下我们在本书中所揭示的 20 世纪人类心理学的八大新观念：

新观念 1：心理是“无意识”的

以冯特为代表的科学心理学诞生之初，亦即 19 世纪的最后 20 年，心理学家们普遍相信：心理不过就是“意识”（conscious）。这一信念源远流长，其祖师爷是笛卡儿。他最早系统地论证了心理的意识观。在他看来，之所以“我思故我在”，是因为这个世界上的一切（物质世界也好，哪怕是你的那颗大脑也好）是否存在，都是可以怀疑的；但“我在思考”本身，则无论如何是不能再怀疑的！你能“清楚明白”地意识到——通过自我内省——你的头脑中有“天赋观念”；像上帝、无限性、完美性、统一性、欧几里得几何学公理等，只要你稍加内省，它们就会直接呈现给你的意识——按现在认知心理学的时尚说法，就是“有意识的通达”。正是因为受到笛卡儿意识观的根深蒂固的影响，那时的冯特、布伦塔诺、詹姆斯和杜威等，都持有“心理不过就是意识”这一信念。

20 世纪上半叶心理学的第一项重大发现是“无意识”（unconscious），而且，无意识的观念几乎支配了整个 20 世纪的心理学。说起无意识，当然要归功于弗洛伊德。有的史书上说：“弗洛伊德发现了无意识。”这里的“发现”一词，我要限定一下。只能说，弗洛伊德发现了无意识中的一种，即作为心理的一个“区域”、一种“实在”的无意识。当然，这就说来话长了。

我以为，在整个西方心理学史上，无意识的研究有两条线索、两种思路：一是作为心理（Mind）的一个“区域”、一种“实在”的无意识。这就意味着，在人的心理中，有那么一个区域，客观地、实实在在地存在着那么一个你自己都意识不到的东西。这种意义上的无意识，肇始于柏拉图的“灵魂的三分法”——欲望、激情和理性。“欲望”是“我们天性中狂放不羁的兽性”；“在每个善良的人身上，都有这样一种潜在的狂暴的兽性”。它必须得到满足，但通常是被理性灵魂所压抑着的。不难看出，灵魂的三分法直接孕育着后来弗洛伊德的“本我、自我和超我”。

到了弗洛伊德的时候，这种作为一种心理的“实在”的无意识正式得以确认。按弗洛伊德的设想，纵然你在大脑的解剖结构中找不到这样一种无意识的定位，但它作为人的心理深处的一个“王国”——就像他的“冰山”隐喻所形象刻画的那样，则是毋庸置疑的。可以给弗洛伊德的无意识如下描述性的定义：从内容来看，无意识是由（先天）本能和后天“被压抑的经验”这两方面所构成的；从产生的机制来看，无意识是因童年时期的“创伤性经历”经过长期的“压抑”而形成的（如“俄狄浦斯情结”）。没有压抑，也就无所谓无意识；从功能上看，无意识总是潜伏在心理深处伺机而动，并无时无刻不在支配着人的行动（在这个意义上，弗洛伊德的 unconscious 译成“潜意识”则更为贴切）。

西方无意识研究的第二条线索，是作为心理的自我反省的程度或水平的无意识。这就意味着，无意识并不是心理中一成不变的实在，而仅仅是心理在“自我反省的程度或水平”上有差异：无意识不过是一个“反省”或“意识到”的程度或水平的问题。当我们反省自己的心理活动时，或对一个心理事件（如做数学题）进行觉察时，所“意识到的”东西或成分，有时多些，有时又少些。这种意义上的无意识，肇始于近代德国哲学家莱布尼茨。他的“单子”（monad）学说认为，作为构成世界万物（包括生命）之本原的“单子”，都是活跃的、有意识的，但其清晰与明白的程度却各不相同。单子的发展，是一个从“微知觉”（在意识水平下的或意识不到的知觉），到“统觉”（渐渐聚集起来的微知觉联合起来最终足以产生意识）的过程。

在整个20世纪，如果说，弗洛伊德是“作为心理实在的无意识”的代表，那么皮亚杰则是“作为心理反省的程度的无意识”的代表；如果说弗洛伊德关注的是“情感无意识”，那么皮亚杰则关注的是“认知无意识”。在皮亚杰看来，儿童对自己认知活动的意识水平——“意识的把握”——有两个层次：第一层次是“成功”——知道如何做（如会做加法题）；第二层次才是“理解”——知道为什么这样做（懂得加法的意义）。直到儿童发展到“具体运算”水平（七八岁）之前，他一直是处于“认知无意识”水平。

20世纪下半叶的无意识研究，其总体趋向是：沿袭弗洛伊德无意识的学者少，光大皮亚杰无意识的学者多。2005年，法国出版了《弗洛伊德批判：精神分析黑皮书》，其扉页上写着：“如果没有弗洛伊德，人们可以更好地生活、思维和发展。”这在一定程度上道出了人们对弗氏无意识的失望或无奈。本书中的洛夫特斯，从实验认知心理学的角度，专门炮轰弗洛伊德所谓“童年被压抑的记忆”。不仅用实验事实证明目击者证词中存在“虚假记忆”，而且那些令弗洛伊德的信徒们深信不疑的“被压抑”的性虐待童年记忆，不过是由于来访者长期暴露于反复的暗示中，有时虽产生了精致、连贯的回忆报告，但其内容却是子虚乌有的。事实上，这种“反复暗示”往往是咨询师的所作所为。

“内隐”（explicit）的概念，是对作为心理反省程度的无意识的新拓展。20 世纪 80 年代率先开始的“内隐记忆”研究，吹响了无意识研究的新的进军号角。内隐记忆（explicit memory）一般是指，当人们受到某一过去经验的影响时，却完全意识不到他们是在进行回忆。“在任务的成绩需要有意识地回想已有的经验时，表现的是外显记忆；而在没有有意识回想的情况下，任务的成绩也能有所增进则表现的是内隐记忆。”现今的认知心理学家相信，内隐现象无所不在：除了内隐记忆、启动效应、内隐知觉、内隐学习、内隐概念外，还有内隐情绪、内隐动机，等等！

新观念 2：“行为”不是由心理引发的

1913 年，当时的心理学家所津津乐道的所谓“心理”（Mind）这个东西，遭遇到了致命性的打击。风华正茂的华生在美国《心理学评论》上发表了革命性的宣言书：《一个行为主义者心目中的心理学》。由此，一场摧枯拉朽、暴风骤雨式的心理学革命开始了。之所以说是“革命”，是因为在华生看来，“心理”这个东西从根本上说是不存在的！无论是冯特的“意识”，还是弗洛伊德所相信的“无意识”，说到底都是子虚乌有的。可是，令读者纳闷的是：你华生凭什么说“心理”是没有的呢？因为从直觉上，我们宁愿相信我们是有心理活动的嘛！比如，我坚信我有想法、观念；由此推之：你也有想法、观念；而且你的行为是由你的想法、观念所引发的。

华生可不这么看。他论证说，首先，心理学家所谓的“心理”不过是一个假设。你凭什么断定你的那个肉体的脑袋里有“心理”呢？打开脑壳一看，里面全是些物质性的脑皮层、神经元，而你所相信的那个“精神性的心理”又在哪里呢？而且，通常用于描述“心理”的那些心理学概念——华生称“心理主义”（mentalism）概念，像愿望、意图、信念、感受、动机、目的、疼痛等，都是靠不住的。比如，你说你“牙痛”。可对于我这样一个从不曾牙痛过的人来说，我怎么能体验、感受你的牙痛呢？实际上，牙痛属于人与人之间不可交流的私人领域，“疼痛”一词不可能描述或交流任何像牙痛那样的事情。

既然心理主义词汇靠不住，干脆，我们可以抛弃这些概念。因为我们可以观察到的，只有“外显行为”，也就是可观察的、看得见摸得着的、可描述的——这正是“外显”的意思——行为动作。为了建立一种完全客观的心理学——行为科学，我们只需要两个术语，即“刺激”（S）和“反应”（R），就可以对人类可观察的行为动作做出客观的描述。华生把这一观点经典地表述为：“心理学研究的目的是确定这样的论据和规律，即给予刺激，就能够预测会引起什么样的反应；或相反，给予反应，就能够详细说明有效刺激的性质。”这样一来，心理学就成为“自然科学的一个纯客观的实验分支。它的理论目标是对行为进行预测和控制”。

从此，心理学家就成了“行为科学家”，专门研究刺激与反应之间的联结；至于在人体的“刺激”与所做出的“反应”之间——也就是人的大脑中——还发生了什么，这就无关紧要了！因为行为主义的目标决定了我们用不着关心这样的问题，更何况人脑是一个“神秘之箱”（或“黑箱”）。人脑是一个黑箱的说法，最早就源自华生。这一命题有两方面的含义：一是说人脑太复杂，你是永远也搞不清楚的；二是说纵然你搞得清楚，大脑如何如何，对我们行为主义者的目标来说，也实在不是什么大不了的事。

在 20 世纪上半叶，行为主义运动可以说是狂飙突进，经过托尔曼、赫尔再到斯金纳，行为主义的基本原则被推向极致——以至于斯金纳的学说被称为“激进的行为主义”。行为主义的历史贡献是巨大的：确立了一种作为科学心理学的新范式。其要义在于：提供了一个基于因果性的原理体系，即从蕴涵因果条件的实验中提取“刺激—

反应”模式；建立了以人（和动物）为被试的自变量和因变量的实验方法论；使用统计学方法作为主要的分析手段。正因为如此，行为主义到20 世纪 60 年代末期一直位居主流心理学的统治地位（至少在美国）。即使在反叛行为主义的“认知革命”发生之后，它的研究方法也继续被沿用和认可。例如，本书中的哈洛，因其研究婴儿与母亲联络的重要性——依恋和母—婴社会化——而著名。可他的研究方法是地道的行为主义式的，像他的“绒布妈妈”、“无脸母亲”、“铁娘子”、“绝望之井”等实验就是如此。被称为“行为治疗之父”的沃尔普所创立的“系统脱敏疗法”，也正是基于行为主义的基本原理。

新观念 3：心理是“表征”系统

物极必反。1967 年，以米勒为创始人之一的“哈佛认知研究中心”的成立，标志着行为主义作为主流心理学统治地位的最终颠覆。一场轰轰烈烈的“认知革命”开始了。这其中有两位大师功不可没：一是作为认知革命的“旗手”的米勒；一是作为现代认知心理学的“教父”的奈瑟尔（当然，我们也不应该忘了为认知革命奠定思想基础的皮亚杰和乔姆斯基）。应该说，这场革命来之不易。特别是对米勒来说，那时行为主义已经主宰美国心理学界 40 年了，而且达到了鼎盛时期，所有的心理学学术机构、专业团体、研究资源和出版物都被行为主义垄断。正如米勒所回顾的那样：“权力、荣誉、权威、教科书、研究基金等心理学中的一切都为行为主义学派所拥有……那些打算成为科学心理学家的人根本就不可能反对行为主义。因为那样可能让你连个工作都找不到。”

尽管如此，米勒还是义无反顾地站出来了。当时他要考虑的一个核心问题是，打出一面什么样的旗帜来反叛行为主义呢？最终，他想到了“认知”：“在使用‘认知’（cognition）这个词语时，我们的目标是远离行为主义。我们想找一个‘心理’性质的术语，但是‘心理的心理学’似乎太累赘。‘常识心理学’给人的暗示是某种文化人类学的研究。‘民族心理学’暗示了冯特的社会心理学。那么使用什么术语来表示我们的观点呢？我们的选择是‘认知’。”

也许是历史的巧合。当米勒成立“哈佛认知研究中心”的时候，同一年即 1967 年，奈瑟尔出版了他里程碑式的著作：《认知心理学》(cognitive psychology)。从此，不仅作为心理学一个新的学科领域，而且作为一种科学心理学的新范式的革命，最终得以确立。认知心理学将过去被行为主义摒弃的“不可观察的内在心理状态和过程”重新招回，用“认知”一词来标志人的大脑与外部世界之间的信息交换关系，也就是说，所谓“认知”，就是表示外部世界的信息是如何在大脑中得以表征的。这样，“表征”(representation) 或“心理表征”(mental representation) 就成为认知心理学看待“心脑如何运作”(How Mind Work) 的关键概念。

认知心理学的核心观念是：心理（或认知）是表征系统；既不是经验论者所说的“映象”(reflection，像洛克的“白板说”)，也不是行为主义者所说的“反应”(reaction，这让人想起华生的“人和动物之间没有什么分界线”)。表征，简单地说，就是外部世界的信息在大脑中的呈现方式。大脑表征外部世界的信息的方式多种多样，主要有：语言、符号、意象 (image)、模型 (model)、图式 (schemata)、框架 (frame)、构架 (architecture)、脚本等。例如，“模型”就是我们所熟悉的一种常用的表征。认知心理学家擅长用一个最佳模型，去表征隐藏在外显认知行为背后的“内在的”认知状态和过程。一般来说，模型与它所要表征的对象之间有着可类比的相似性，因为模型是将某些重要特征从复杂事物和某些间接的或模糊的东西中抽象出来的。如气象图就是一种常用模型，它将大气不同区域的气压和湿度变化的复杂性加以简化，使得大气的变化过程一目了然。米勒的“TOTE 机”就是一个典型的心理模型。他用

"TOTE"（Test-Operate-Test-Exit 的首字母），即"测试—操作—测试—停止"，来解释人在加工信息（即刺激）时有结构的计划性行为。

人工智能的创始人之一明斯基，对"框架"这种表征形式曾作过简明扼要的表述："框架就是为表征原型情境（stereotype situation）而建立的一个数据结构，就像待在某类起居室里，或者参加一个儿童的生日聚会。每个框架都会有几种信息相连，在这些信息中，有一些是关于如何使用这个框架的，有一些是关于人们期待下一步会发生什么的说明，还有一些是说明如果所期待的事情没有发生下一步该怎么做。我们可以把框架想象成一个有节点、有连线的网络。一个框架的'最高层'是固定的，代表了在某种既定的场合下总是正确的东西，底层有很多的终端——一些被具体的数据填上的'槽'。"

本书中的埃克曼发现，"面部表情"是人类特有的表征系统；而且面部表情所要表达的"情绪"（快乐、悲伤、愤怒、厌恶、惊讶和恐惧），具有"跨文化"——无论地球上哪一种文化——的普遍性（迄今没有发现一种无法辨认的面部表情）。

新观念 4：心理是"计算"装置

与心理是表征系统相对应，20 世纪认知革命的另一新观念是：心理是一种计算装置；或者说，认知就是"计算"（computation）。在这个意义上，认知心理学说到底是一种"计算心理学"（computational psychology）。认知是计算的观念，最早要归功于图灵。1936 年，图灵提出了现今众所周知的"图灵机"（Turing Machine）概念：一种能计算任何严格可定义的计算过程或算法的"计算机"。他通过演示他所设想的机器如何"操作符号"而完成了一种思维的形式化模型。1950 年，图灵又发表《计算的机器与智能》，提出"模仿游戏"的思想实验，即"图灵测验"（Turing Test）。

循着图灵的思路，从 20 世纪 60 年代初开始，美国认知科学家普特南（H. Putnam）和福多（J. Fodor）确立了计算心理学的“功能主义”观：人类心理状态就是大脑的计算状态。要理解它们，就必须对神经学的基础或具体内容进行舍弃（不予考虑），就像我们在编程序或使用计算机时，通常要对“硬件”进行舍弃一样，并且完全以所涉及的那些计算的术语来描述心理状态。因此，心理状态就像是“软件”。简而言之，心理之于大脑，如同计算机软件之于硬件。这一功能主义的计算观，在方法论上也被称为“计算机隐喻”（computer metaphor）。

西蒙从学科体系上正式宣告了“信息加工心理学”的诞生。人是一个信息加工系统（也叫“符号操作系统”或者“物理符号系统”）。可以假设这一“物理符号系统”是这样运作的：心理（大脑）的内部具有对世界的“表征”，并根据“规则”（rule）操作或操纵这些表征。一句话：“认知即计算。”换言之，根据一定的规则对符号（或表征）进行操作（operation），就是所谓“认知”或心理过程。

西蒙进一步指出，人类的符号操作可以比拟为一个计算机物理系统对符号的加工，两者都具备输入符号、输出符号、储存符号、复制符号、建立符号结构（通过找到各种符号之间的关系而在符号系统中形成新的结构）、条件性迁移（依赖已经掌握的符号继续完成行为）等功能，这就是当代认知心理学中极为重要的“物理符号系统假设”（简称“PSSH”）。根据这一假设可以推断出，人和计算机都是物理符号系统，都能表现出智能；又由于两者都是物理符号系统，因此我们就能用计算机来“模拟”人的活动。这就在人脑的思维活动和计算机的符号操作之间架起了一座桥梁，从而使认知心理学和计算机科学相结合，催化了“认知科学”这一跨学科领域的诞生。

新观念 5：心理是“联结网络”

1986 年，拉梅哈特、麦克莱兰德主编的《并行分布加工：认知的微观结构探索》一书出版，标志着认知心理学一种新范式——“联结主义”——的形成。这一新范式是多重学科，即神经科学、计算机科学和认知心理学等相互融合的产物，故而也就赢得了多样的名称：“联结主义”（Connectionism）、“并行分布式加工”（PDP，Parallel Distributed Processing）、“人工神经网络”（Artificial Neural Networks）、“神经计算”（Neural Computation）和“计算的神经科学”（Computational Neuroscience）。这些术语表明的含义大同小异，其精神实质是一致的。

联结主义是探讨心理的一种新科学方法。其核心概念是“并行分布加工”，即认知是从大量单一的加工单元（类似于“神经元”）的相互作用中产生的。从方法论上说，认知是“联结网络”，与“认知是计算”这一经典认知心理学观点，有很大的出入：首先，联结主义致力于“认知的微观结构”的探索。神经元的单元及其联结的网络就构成了知识的表征，而联结的权重变化就可以描述和解释身体运动、感觉、知觉、思维、记忆等认知过程。其次，以冯·诺伊曼构架为基础的常规计算机即“图灵机”，具有根本上不同于我们神经系统的结构。而联结主义的目的不再是用“符号”和“符号操作”来模拟认知过程，而是模拟发生在大脑神经系统中的实在的、实时的过程。

作为“联结网络”的心理系统，其主要特征是：第一，内在并行性：一个高度并行的非线性系统。其并行性不仅体现在构架上，而且它的加工过程也是并行的、同步的；“神经计算”是分布在许多加工单元（或“节点”）上同时进行的。第二，分布式信息存储：信息并非存储在一个特定区域，而是分布式地存储在整个神经网络系统中的。第三，容错性：当神经网络中部分单元（神经元）失效而不能工作时，不会在很大程度上影响和改变整个系统的行为。在这个意义上，“人脑不是串行机而是并行机；不是数字机而是模拟机”。第四，自适应性：指整个神经网络具有自我调节的能力。表现在自组织、泛化、学习和训练方面：“自组织”是指许多加工单元能按照一定的规则同时进行改进（如同人积累经验）；“泛化”（或推广）是指网络对以前未曾遇见过的输入（如部分的或不完整的信息）做出反应的能力；“学习”是指根据与环境的相互作用而发生的行为改变，其结果是对外界刺激产生反应的新模式；“训练”是指神经网络进行学习的途径——需要提供训练用的输入集合（“训练集”）。

新观念6：心理机制是“进化”来的

80年代，是20世纪心理学激动人心的时期。如果说由米勒、奈瑟尔20世纪60年代所开创的认知心理学为“第一次认知革命”的话，那么20世纪80年代则可以宣称为“第二次认知革命”。也有人把前者称之为“第一代认知科学”，后者叫“第二代认知科学”。其标志性的事件不仅有“联结主义”作为认知心理学新范式的兴起，还有心理的“模块性”、心理的“具身性”观念的躁动，而且“进化心理学”（evolutionary psychology）作为“关于心理的新科学”在20世纪80年代初吹响了进军号角。1982年，时任哈佛大学心理学助教的巴斯（David M. Buss）开始了他的第一个进化心理学研究项目——“人类择偶”。“后来，这个项目犹如雨后春笋般地迅速发展壮大，最终的研究对象遍及全世界37种不同的文化背景，调查的人数多达10047人。”1989—1990年，巴斯在Palo Alto的“行为科学高级研究中心”主持了“进化心理学基础”的特别项目，其中主要参与者有科斯米德斯（Leda Cosmides）、托比（John Tooby）、戴利（Martin Daly）和威尔逊（Margo Wilson）。这些人后来成为“进化心理学这个新兴领域的开路先锋和奠基者”。此外，密西根大学在 1986—1994 年为“进化与人类行为”研究小组提供了资助；得克萨斯大学心理学系在“个体差异与进化心理学”这一主题下开展了全世界最早的进化心理学研究程序之一。

1999 年，巴斯撰写的大学本科教材《进化心理学——心理的新科学》出版，2004 年再版，该版由我主持译成中文于 2007 年出版。巴斯在“中文版序言”中说：“我真诚地希望，《进化心理学》（中文版）的出版能对中国心理学的思维方式和教学产生影响。进化心理学的理论框架确实为我们理解心理学的各个分支提供了一个统括性（overarching）的框架。它为心理学研究提供了一种非常重要的视角，也为我们探索人类的心理机制提供了一种有效的方法……现在，从事进化心理学研究是一件非常激动人心的事情，因为新的研究成果正在不断地涌现。我殷切地希望中国的学生能感受到这股兴奋，理解进化心理学的重要性；而其中的一部分人，能够立志成为未来的进化心理学家。”

一般认为，“进化心理学”是一门革命性的新科学，它是心理学和进化生物学的现代理论的真正综合。目前，进化心理学领域又涌现出了许多新的研究。有关进化心理学的新杂志陆续创刊发行，而主流的心理学杂志中有关进化心理学的文章数量也在稳步上升。世界各地的大学都纷纷开设了《进化心理学》这门新的课程。进化心理学是一个充满活力、令人兴奋的领域，它充满了经验性的发现和理论上的创新。正如哈佛大学平克（Steven Pinker）教授所言：“在对人的研究中，如果想要对人类经验的某些主要领域——比如美、母性、亲属关系、道德、合作、性行为、攻击性——进行解释，那么只有进化心理学才能提供比较连贯的理论。”

进化心理学的魅力究竟在哪里呢？达尔文对此早就心中有数。他是“第一位”真正意义上的进化心理学家。他在《物种起源》这本经典著作的结尾这样预言：“在遥远的将来，我会看到许多更加重要的研究领域就此展开。心理学将会拥有全新的基础。”这个所谓“全新的基础”，我的理解是，进化心理学确立了“进化而来的心理机制”这一新观念。

进化心理学对人类的心理进行分析，可以看作是这样一个“三部曲”：先看看人类大脑中拥有哪些进化形成的心理机制；然后看看激活这些机制——让这些机制运作起来——的背景信息（如文化因素、刺激情境等）是什么；最后是看看这些内部的心理机制又会产生或导致什么样的外部行为。

根据巴斯的观点，所谓“进化形成的心理机制”，简单地说，也就是指人类大脑所拥有的一组心理加工的过程或程序。它一般包含这样一些特性：心理机制之所以表现为现在的这种形式（比如性嫉妒），是因为它在进化史中解决了与“生存和繁殖”有关的特定适应性问题；心理机制所获得的输入信息，能够向人们预示他正面临的适应性问题。例如，当看到一条蛇时，视觉的输入信息告知你，你正面临一个特殊的生存问题——受伤或者毒发身亡；而心理机制的运作，是根据“决策规则”（由“如果 P，那么 Q”指令所组成的一套程序）将输入信息转换成输出信息。例如，看到蛇的时候，你可以发起攻击，可以马上逃走，也可以站立不动；心理机制所产生的输出，可能是生理活动，也可能是其他心理机制——大脑中的心理机制多种多样——所需要的信息，还可能是外显的行为；心理机制所产生的输出结果，直接导向对特定适应性问题的解决方案。正如你的配偶潜在的不忠行为的“线索”，预示着你一个适应性问题的出现（有可能失去配偶），而性嫉妒机制的输出“结果”，则直接导向对这个问题的解决方案：受到你威胁的那个男人（“第三者”）可能会被吓走；你的配偶可能不再和其他人调情。又或者，通过对你们双方的关系进行重新评估，你决定还是分手为妙。

总起来说，一种进化形成的心理机制，就是指我们人类所拥有的一套程序，它被设计成只接收特定的输入信息，并按照决策规则将这些输入信息转换成输出结果，而这些输出结果能在我们祖先远古的环境中解决某个适应性问题。正因为我们祖先所建构的某种心理机制，曾成功地解决了当时特定的适应性问题，故而才能经世世代代的遗传而存留于我们今天的大脑中。可以这样说，尽管我们今天生活于充满了新颖的文化刺激的环境（如网络、广告、影视等）中，但其实我们所携带的是一个“远古的”大脑。

值得一提的是，洛伦兹所创立的“习性学”（特别是关于“印记”、“攻击本能”等）便是最早从进化的视角研究行为的学科；坎贝尔创立的“进化认识论”，更是从认识论和方法论的角度全面阐述了人类知识和个体认识的进化。他们是进化心理学理论基础的早期奠基人。

新观念 7：心理是“模块性”的

这一新观念的确立仍然要回到 20 世纪 80 年代初。以创立“多元智力”而著称的伽德纳（H. Gardner），在其名著《心理的新科学——认知革命史》（1985）中，称福多（Jerry Fodor）为“彻底的认知科学家”，盖缘于福多 1983 年出版的《心理模块性——论官能心理学》。本书所论述的内容，现今在认知科学文献中已成为众所周知的“福多的经典模块理论”，或称“福多式模块”。“心理的模块性”（Modularity of Mind）要探讨的是认知心理学中一个全新的主题：人的认知能力是如何组织起来的？这就意味着要提出许多完全不同的心理机制来解释心理生活。在福多看来，这些完全不同的心理机制应该是“模块化”的。

如果心理在本质上是符号操作装置的话，那么图灵机就像符号操作装置一样具有普遍性。根据计算机的基本功能结构，福多认为，“我们可以用三分法对心理功能进行分类。这种分类法区分出传感器、输入系统和中心系统。”“传感器”是类似于将刺激转变为共变的神经信号的系统（如视网膜等）。它保留着输入信息的内容，只改变了信息呈现的方式。“输入系统”是位于传感器的输出与中心系统之间的中介系统——其独特功能是让信息进入到中心系统。具体说，输入系统通过对心理表征的编码来为中心系统提供操作范围，并解释从传感器来的信息，并且使之能够被中心系统所利用。最典型的输入系统是知觉和语言。

福多虽然没有直接给模块下定义，但他总共列举了模块的 9 个特性：（1）领域特殊性：一个模块只加工与其特定的功能相适应的内容特殊化的信息（就像是一把“瑞士军刀”）；（2）强制性：一个模块不得不加工既定的输入（就像你不能不看一位美女或俊男）；（3）有限制地通达：心理中的其他模块只能有限制地通达某一个模块内正在加工的东西（你“思维模块”中的道德观念无法抑制你的“知觉模块”想看美女的欲望）；（4）快速：模块加工信息非常快；（5）信息封闭：模块只能利用自己“专有的”数据库或信息源；（6）浅表输出：模块仅仅提供了输入的初步特征（就像“一见钟情”效应）；（7）固定的神经结构（就像你爹妈给你的那颗或聪明或愚蠢的脑袋）；（8）特定的损伤模式（如损伤了语言中枢你就再也不会说话）；（9）个体心理发生的特定阶段和顺序（就像所谓的“关键期”）。对福多来说，正是以上 9 个特性的共同作用才算是定义了一个模块。

20 多年来，福多的基本观点原则上一直没变，只是在进一步精练他的模块的构成标准。他后来一直坚持模块的四个标准：“封闭性”、“不可通达性”、“领域特殊性”和“天赋性”。他的模块理论自提出之日起一直面临着批评和挑战，但时至今日，相信心理具有模块性的心理学家大有人在。首先，进化心理学家是彻底的模块论者。在他们看来，有多少个领域特殊的适应性问题，人类就建构了多少个解决这些问题的相应的“适应器”或“达尔文模块”。故而批评者认为他们普遍有一种“泛模块化”倾向。另外，不少认知神经科学家相信大脑里有“神经模块”（neural module）。它是人脑的一种功能性组成部分，可用纯粹神经学的术语来描述。神经模块是“硬件水平”上的模块，它对主体实际采用的表征和算法进行约束。2002 年，英国出版了由埃默·福德主编的《脑与心理的范畴特殊性》一书，许多实验研究报告了神经模块的功能作用。本书中埃克曼的“面部动作编码系统”，所确认的是“面孔识别模块”。哈洛的小恒河猴与“代母”、“无脸母亲”、“铁娘子”的实验，确认了“爱”的模块的存在。哈洛说，“接触所带来的安慰感是‘爱’的最重要元素”。埃莉诺·吉布森的“视觉悬崖”实验表明，“空间”（如深度知觉）是儿童的一个先天模块。

新观念 8：心理是“具身”的

在人类跨入 21 世纪的前夕，心理学又确立了一个划时代的新观念：心理是“具身的”（The “embodied” mind）。这是在神经科学、认知神经科学、神经心理学、认知神经病理学等新学科的催生下诞生的心理学观念的革命。其大致的含义是说，心理是“具身的”（embodied）神经生物现象，人类的认知能力是在身体—大脑活动的基础上实现的——以精神与身体、思维与行为、感觉与理性之间密切的相互作用为特征，尤其重视“身体”（body）在心理研究中的重要地位。（顺便指出，“embodied”一词从字面上有“根植于身体的”、“由身体所赋予的”、“由身体体现出来的”等意思。中文“具身的”，在目前是个较好的译法。）有人提出一门“具身的认知科学”作为未来发展的新趋向，特别强调“具身认知”（embodied cognition）的概念：认知依赖于各种经验，这些经验来自于拥有各种感觉—运动技能的身体；而个体的感觉—运动技能“内在地”包含着生物的、心理的和文化的背景。

心理的具身观总体上是心理学向神经科学回归或还原的产物，也与 20 世纪 90 年代中期“镜像神经元”（mirror neuron）的发现有直接关系。意大利帕尔马大学的神经科学家，在研究恒河猴运动前区中的单个神经元放电活动时发现，实验人员的动作呈现（如手—嘴部动作）在恒河猴视野中也可以引发其特定神经元放电活动。他们将这些像镜子一样可以映射“他人的动作”的神经元命名为“镜像神经元”。众多神经科学家、心理学家乃至哲学家对这类神经元的发现评价极高。有人断言：“这些发现完全改变了我们思考大脑如何工作的方式”；“镜像神经元之于心理学，犹如 DNA 之于生物学；它们将提供一种统一的框架，并有助于解释许多至今仍不可捉摸、并且难以给出实验检验的心理学问题”。近 10 多年来，镜像神经元研究已涉及动作识别、心理意图的理解、行为模仿、语言进化以及共情等领域，并引发了新一轮关于“心脑如何运作”的大讨论。

这一大讨论的历史意义在于，它有助于心理学家从笛卡儿的“身心二元论”对 20 世纪心理学根深蒂固的影响中解放出来。我在《心理学大师的失误启示录》（2008）中曾指出：笛卡儿的“心身‘二元论’和‘同质性’假设，给后来的心理学史乃至当今的心理学研究带来了近乎灾难性的影响。”这是因为，在笛卡儿看来，“心理”和“身体”是两个彼此完全独立、分离的实体；研究心理完全用不着考虑身体。他论证说，首先，心理不过就是“意识”（具有自主性和选择性），可以通过我们自己的内省轻而易举地通达（之所以心理中存在着“天赋观念”，是因为它是“清楚明白的”）；而身体则是物质的机械的东西。其次，心理是“无形的”，亦即它不占有空间（你不能像在一条轮船上找船长一样在大脑中找到“心理”）；而身体则完全是有形的，必须占有空间。再次，心理是“非物质的”，亦即它不遵守物理学的规律或定律（像因果律对“心理”就不起作用）；而身体则依赖物理原理才能得到解释。最后，笛卡儿过于乐观地断言，心理比身体“更易于被我们认识”（心理没有身体那么复杂）。笛卡儿的这种身心分离的二元论，实际上支配着 20 世纪心理学的大部分时期，从科学心理学创立初期费希纳等的“心理物理学”，到第一次认知革命的“计算机隐喻”，心理学研究实际上是不依赖于身体（大脑）而研究心理——尽管从冯特开始就有所谓“生理心理学（原理）”。在这个意义上，心理的具身观从根本上颠覆了笛卡儿二元心身观，标志着一直被忽略了的“身体”在心理学中的回归。目前，拉科夫和约翰逊（G. Lakoff，M. Johnson）的《身体中的哲学：具身的心理及其对西方思维的挑战》（1999）、达马西奥（Antonio R. Damasio）的《感受发生的一切：意识产生中的身体和情绪》（1999）、普拉特克（M. Platek）等的《进化认知神经科学》（2006），正是这一回归思潮的代表作。本书中坎农的“身体智慧”、赫布的“细胞组合”理论、斯佩里对“裂脑人”和“左右脑分工”的发现，以及加西亚的“味觉厌恶”研究，为世纪之交最终确立心理的具身观奠定了思想基础。

亲爱的读者朋友，以上我概括总结的 20 世纪心理学的八大新观念，是贯穿本书 37 位大师研究主题的一条红线。在这样一条红线的统领之下，你就可以进一步细细地品味各位大师精彩纷呈的奇知灼见。让我们一起陪你踏上勘破 20 世纪心理学大师之谜的征程！

目　录

生理心理学大师

认知心理学大师

人格心理学大师

社会心理学大师

发展心理学大师

管理心理学大师

生理心理学大师

坎农："身体智慧"的发现者

虽然坎农不是一位心理学家，但他一生的正直、严谨与执著令他成为情绪心理学领域一道亮丽的风景线。

——沃尔巴

也许很多人熟知抗日援华的加拿大医生白求恩，可很少人知道有这么一位抗日援华的美国生理心理学家；也许很多人听说过"钡餐"消化道造影，却鲜有人知道"钡餐"造影法的首创人是谁；也许很多人都知道X射线的发现者威廉·伦琴，可X射线为什么出现在医院却鲜为人知；人人都有过各种各样的情绪，但又有多少人知道我们的情绪从何而来呢？而这一切都和坎农有着密不可分的联系。

沃尔特·布拉德福·坎农（Walter Bradford Cannon，1871—1945），美国生理心理学家，同时也是20世纪美国贡献最大的生理学家之一。他的众多研究成果沿用至今。他曾长期在中国医院工作帮助中国抗日援华，他首创了“钡餐”在消化道上的造影法，他是将X射线用于生理学研究的第一人，他成功地解答了人类情绪的起源。他曾在哈佛大学受过良好的医学生理学训练，对于休克、消化过程中机械动力和胃酸浓度与幽门瓣开闭的关系都颇有研究，他提出的生物“内稳态”概念在生理学上是一个重大的进步。

坎农对于心理学的几项伟大贡献是在研究内分泌学和生理学的过程中做出的，其中关于情绪及其对消化过程的影响的研究特别重要。对该领域的进一步研究使他发现了在情绪、压力和机体组织需要的影响下其他一些适应性生理变化。坎农对情绪的研究十分著名，他的情绪理论被称为“坎农—巴德情绪学说”。这一理论认为，情绪是一种应激反应，这种反应使身体指向需要源。坎农把下丘脑规定为情绪反应的控制中心，换句话说，我们的情绪产生于下丘脑的神经过程。他还把肾上腺定义为压力下身体能源的动员。他曾在一战期间研究外伤性休克，发现了一种刺激心脏活动的激素，并将其命名为“交感素”。于是，一些有关自主神经系统的其他发现随之而来，导致了他对“体内平衡”概念的系统阐释。这一概念有力地影响了心理学和其他学科。

我相信科学

坎农于1871年10月19日生于美国威斯康星州的普雷里德欣。他是四个孩子中的老大，父亲柯尔伯特·汉切特·坎农（Colbert Hanchett Cannon，1846—1915）是一名铁路官员，母亲撒拉·威尔玛·丹尼奥（Sarah Wilma Denio）是一位高中教师。他的父母属于那些在19世纪早期就从马萨诸塞州西迁到密西西比河上流山谷的先锋家庭。

从孩提时代，坎农就显示出了对于生物科学的莫大兴趣。作为一

个青年人，他如饥似渴地阅读传统主义者和进化论者的论争，尤其是涉及牛津主教威尔·伯福斯（William Wilberforce）和赫胥黎（Thomas Huxley）文章。在他的高中时代，科学和宗教之间的冲突十分明显并给以他巨大的影响，他最终宣称他不再笃信加尔文派（基督教），这可是他的家庭宗教啊！他最后被转交给一位牧师，后来他这样评价这位牧师：“教堂中的牧师显而易见在处理我的难题时选错了方式；他想要知道我做了什么好事，我只是一个青少年，他却想树立起我的观点，使之同许多反对教会教义的伟大学者的观点相背离。然而这对于当局有巨大吸引力的方式，对我一点作用也没有，因为我知道，伟大的学者都是站在对立面的。此外，我强烈地感受到我被赋予独立判断的能力。”

年轻时的坎农意气风发，对科学有着强烈的憧憬

始于足下的科学道路

坎农在威斯康星州和明尼苏达州上了小学和初中。高中毕业之时，他就决定终生致力于学术研究，并准备1892年进入哈佛大学深造。由于对生物科学的兴趣，他学习了医科学校的预备课程。1896年他以最优异的成绩毕业，进入了哈佛医学院。作为医学院的学生，坎农发现医学课本难以卒读，易诱人入睡。他十分羡慕他的室友、哈佛法律学院的学生有巨大的热情学习，因为在他们的学习中，个案教学法得以使用。在认识到医学案例和法律案例有某种共性的基础上，坎农这位医学院的二年级学生在1900年写文章建议医院的记录应该

被用于讲授医学。在随后几年中，他的建议得以采纳实施，从此“个案教学法”便成为医学教育中必不可少的特点之一。

坎农先后在1896年和1900年获哈佛大学医学院的学士学位和博士学位。在读研究生期间，他受到动物学家达尔波特（Charles B. Davenport）和帕克（George H. Parker）的影响；在医学院学习期间，他接受过鲍迪奇（Henry P. Bowditch）的教育。1899年，他正式在哈佛大学担任动物学的讲师，从此开始了自己学术和教育的生涯。1900年他是哈佛大学医学院的生理学讲师，1902年成为助理教授，1906年接替鲍迪奇任该校“乔治·希金森纪念讲座”的生理学教授。

早在1897年，当他还是医学院一年级学生时，就在鲍迪奇的鼓励下开始了食物消化道的研究。作为一个学生，他运用最新发明的伦琴射线，在一次美国生理学协会的会议上展示了颗粒状物在鹅的食道中的消化过程。到1912年，他早期使用X射线造影研究消化运作过程的成果引起了广泛关注。他的那种能同时注意到生理学问题的不同方面的能力，驱使他开始研究情绪状态对于消化过程的干扰作用，由此开始走上心理学家的道路，开始了与心理学的亲密接触。这驱使他研究交感神经系统和肾上腺，并最终发现了交感神经素。他深入研究了高等动物正常生存的必要状态——包围着组织神经的细胞始终保持着一种状态，坎农把这一状态称为“内稳态”。他关于身体组织在生理学上的内稳态的阐释，尤其是他的经典著作《身体的智慧》广泛地发挥了生理学家的思维方式的特别影响力。

战火纷飞中的科学家

在一战期间，自1917年至1919年，坎农被任命为医学军团的陆军中校，同英国勤务部队一起随军效力。他和库兴（Harvey Williams Cushing）、奥斯古德（Robert Bayley Osgood）一起远跨大西洋。在英国和法国的众多实验室和战地医院，他如同“实验室隐士”和“战地调查员"一样没命地工作，在为外伤性休克献智献力的同时，还和贝利斯（William Bayliss）爵士密切合作开发树脂盐技术来代替血容量循环的不足。他对于大出血性以及外伤性休克的调研最终归纳成一本书——《外伤性休克》。他靠在战争中的杰出表现赢得了杰出贡献奖章。

1900 年，坎农成为美国生理协会的会员。1905 年到 1912 年他是协会的会计员，从 1914 年到 1916 年他开始担任协会的主席。他在 1929 年波士顿召开的第 13 届国际生理学大会上担任当地委员会的主席，后来成为生理学大会国际委员会的成员。1916 年他参与了国家研究协会的成立工作，并为国家科学学术协会服务数年。他是真正的国际生理学家。他作为访问教授游学了多个国家。在他当教授的 36 年中，来自 17 个不同国家的 50 名学生到他的实验室深造。

1912—1942 年，坎农任波士顿儿童医院和彼得－本特和布里格姆医院的生理学顾问。他与俄罗斯生理学家巴甫洛夫有密切来往。1914 年当选为国家科学院院士。1935 年来华在北平协和医学院工作半年，为中美学术交流和促进中国生理学的发展作出了突出贡献。20 世纪 30 年代末，他在抗日援华医药机构和联合援华救济委员会工作。第二次世界大战期间，他任美国休克和输血研究委员会理事会的主席。

坎农于 1942 年在哈佛大学退休。1945 年 10 月 6 日，这位伟大的生理心理学家逝世于新罕布什尔州的富兰克林。

坎农的"内稳态"理论

坎农一直是一位生理学家，他对于消化道的研究是很著名的。他在内分泌腺特别是肾上腺方面的研究，揭示了激素在应付紧急状态中的重要作用。1931 年，他发现有些神经末梢能释放一种类似肾上腺素的物质——"交感素"。于是，一些有关自主神经系统的其他发现

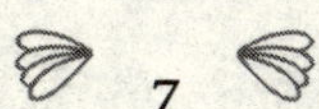

也随之而来，导致了他对“内环境稳定”概念的系统阐释。他后来对于“内稳态”的研究是他最著名的理论。《躯体的智慧》一书表明，坎农长期从事神经生理学研究，他的重点是神经系统的内效应。“内环境稳定”这一概念，是19世纪法国生理学家贝尔纳（Claude Bernard）首先提出的。经过了很多年的研究，坎农才恍然大悟，原来他全部的工作都是为了证明贝纳德的思想。他最杰出的证明就是他用完善的手术给动物摘除交感神经系统的实验。实验证明，躯体血糖升降的决定因素是体液，而不是神经。换言之，坎农证明了贝纳德理论的正确性。1926年，坎农把它正式命名为“内稳态”（或译“体内平衡”，homeostasis），并根据他自己的实验结果进一步证明肾上腺和交感神经系统在维持身体内的环境稳定中起重要作用。自坎农以后，“内稳态”便成了生物学中最有影响的概念之一，以表明机体内部的生理变化被维持在规定范围内的一种生物学过程。

坎农提出的“内稳态”对于认知心理学的影响也是巨大的，尤其对于皮亚杰的影响。皮亚杰的发生认识论强调，“生命在本质上是自动调节的”。“反思其心理机制的本质时，我们发现认知过程似乎……曾经有一段时间是机体自动调节的产物，而且在与环境相互作用的核心部分中，这种调节的高度分化的器官是如此之多，以至于对人类来说，这些过程正在向宇宙本身延伸。”

坎农在生物学领域内的贡献也影响到皮亚杰。皮亚杰认为，无论是机体发展还是认知发展，都必须以一种内源性的重建来取代外源性的简单内化之说。也就是说，在生物的结构和功能与认知的结构和功能之间存在着“同构”（isomorphism）关系。于是从坎农生理学领域的“内稳态”到皮亚杰认知领域的同化与顺化的“平衡过程”（equilibration），便成了发生认识论体系中最重要的方法论依据。

坎农的“内稳态”表明进化所达到的各个阶段的循序渐进的自主化。这样一来，人类就可以沿着进化的一个个台阶向上攀登：从求生到知道，再到知道“知道”，最终到知道“知道自己知道”。而这样一种循序渐进的自主化正是源于"内稳态"。这是因为，内稳态使基本的体内环境趋于稳定，这样就为进一步的进化发展提供了可能性：因为神经系统中正在发展的那些部分能解释更精细的"涟漪"——即那些由感觉刺激所产生的信号。神经系统的功能能够进化，以完成复杂的操作，这些操作对于解释较弱的、波动起伏的感觉信号以及运动神经刺激之间的联系都是必需的。当自主的"内稳态"铺好道路后，人的"认知"便沿着这条道路继续前进了。可见，坎农正是认知心理学中认知的"内稳态"或"平衡过程"的铺路者。

总之，自下而上的起源连续性和自上而下的逻辑上不可还原性的进化原理，引导人类从内环境稳定的求生功能到知识和经验，一步一步前进。这就再次验证了皮亚杰的"平衡过程"假设，同时也肯定了坎农的"内稳态"对于认知心理学所作出的贡献。

"坎农－巴德情绪说"

坎农是一位生理学家，为什么却在 20 世纪 100 位最著名的心理学家榜上有名呢？这缘于他对情绪的研究。这无论是在心理学界还是生理学界都是赫赫有名的。而其最著名的研究成果就是"坎农—巴德的情绪理论"（Cannon-Bard Theory of Emotion）。

坎农—巴德的情绪理论是由坎农和巴德（P. Bard）在批评詹姆斯—兰格理论的基础上提出的一种理论，该理论主张丘脑在情绪形成中起重要作用。1927 年，坎农提出了丘脑说，后得到巴德支持并加以扩充，故称"坎农—巴德情绪说"。

19 世纪 80 年代，美国心理学家 W. 詹姆斯和丹麦生理学家 C. G. 兰格提出了"詹姆斯—兰格情绪学说"。这个学说基于情绪状态与生理变化之间的直接联系，片面夸大了外周性变化对情绪的作用，而忽略了中枢神经对情绪的作用。在他们看来，情绪似乎只是被那些内脏器官的变化所引起的机体感觉的总和而已。他们把产生情绪的原因归之为外周性变化，故这种理论又被称为情绪的“外周说”。

面对这种情况，坎农提出丘脑说以批判詹姆斯—兰格理论。詹姆斯—兰格理论主张，情绪反应来自于身体内脏的变化，情绪不同，内脏活动的变化也不同。如果用实验或其他方法（如服用药物）引起内脏的变化，应当也有情绪反应；相反，如果除去内脏变化的感觉，就应当不再有情绪。然而，坎农根据现实生活中的现象与经验，提出了一些反证：第一，不同的情绪可以有同样的内脏活动的变化，而同样的内脏活动的变化也可能有不同的情绪。例如，各种伤心和感激都能流泪；受到惊吓或者是紧张的时候心跳都会加速；第二，因意外事故切断脊髓高部位的病人失去了内脏感觉，但并未丧失情绪或情感。虽然有的病人情绪有所淡薄，但毕竟还是有情绪的。

坎农虽提出了很尖锐、很有力的反例，但只能证明詹姆斯—兰格理论是不完善的，甚至是错误的，并不能真正说明情绪与生理变化之间的联系，于是坎农就通过实验研究，证明了情绪并不能用生理变化的知觉来解释。首先，坎农在动物身上做实验（丘脑切除等），之后用适当的手段在人身上做实验。他得出结论：控制情绪的是中枢神经而不是周围神经系统。紧接着坎农又根据实验结果提出了“情绪丘脑说”：丘脑是情绪活动的中枢。在正常情况下，丘脑是由大脑皮质抑制的，但强烈的刺激可以超越皮层的抑制而直接激活丘脑，产生情绪反应。对某种刺激所习得的情绪反应是通过皮质实现的：刺激先传递到大脑皮质，根据记忆被识别，然后解除了对丘脑的情绪机制的抑制，使之激发情绪反应。

坎农的丘脑理论也强调大脑的整合作用。人的情绪的来源主要有主观体验和躯体的反应两方面。而这两方面是在大脑中整合起来的。情绪状态包含着大量的能量消耗，这一点是很容易理解的。当你发火闹情绪一阵子，你会觉得很累，这些能量的消耗主要是交感神经系统的活动。坎农指出，某些情绪是有机体对具有危险性的突发情境做出的紧急反应。这种反应产生于自主神经系的交感部分最强烈的活动。

在他看来，交感神经支配的内脏活动是由于情绪性质的刺激使大脑皮质兴奋了，大脑皮质的兴奋解除了丘脑控制的机制。丘脑的活动一般产生两方面的作用：一方面反馈到大脑皮质产生情绪的主观体验；另一方面，激活交感神经系统产生内脏的反应。由于这两方面的神经冲动的相互作用产生情绪，然后才产生机体变化。情绪是先于机体外显表现的。而这样的结论恰恰与詹姆斯—兰格理论中内脏器官的变化引起情绪的观点相反。

这就说明，一些能够引起我们情绪的刺激物是先通过感觉器官传入中枢神经，被大脑皮质所觉察，然后由大脑皮质解除丘脑的活动（原来是被抑制的）。丘脑的活动又回馈给大脑皮质，从而产生情绪体验。与此同时，丘脑下行的兴奋激活了内脏的活动。这种情绪的体验和内脏的活动，从实验角度上看，总是相伴相生但无法确定为因果的关系。

后来的实验表明，损毁下丘脑则可消除动物的情绪反应。看来激发情绪的位置不完全在丘脑。这是坎农—巴德理论的不足之处。但坎农的情绪论比詹姆斯—兰格的情绪论确实前进了一步。他一针见血地指出了内脏器官与情绪之间无直接关系，并强调中枢神经系统在情绪活动中的作用是正确的。但是，他只看到丘脑的作用而忽视其他中枢部位。因此，这一理论也不能全面地解释情绪活动。

总的来说，坎农—巴德理论让人们意识到丘脑对于情绪的重要性。他们对前人的理论提出了一系列有说服力的反驳，并用严谨的实验验证并提炼自己的观点。虽然他们的论点后来受到了一定的质疑，但坎农引起了人们对情绪的神经生理方面的关注，作为这一领域的先驱，他无疑为当代心理学对情绪的研究奠定了牢固的基础。

谦虚、热情和正义感

坎农的女儿曾说："我父亲作为一位阅历丰富的生理学家，他在

哈佛医学院36年的教授生涯硕果累累。在此期间，总共有超过400名研究生和大学生在生理学实验室中师从他学习，与他一起合作。”

回顾坎农的一生，我们看到了一位严谨治学、著作等身的科学家。那么在生活中，工作中，作为一个父亲，一位老师，甚至是一位和平维护者（他曾参加第一次世界大战、第二次世界大战以及抗日战争），他有着什么样的人格特征呢？如果要用三个词来形容这位大师，那就是：谦虚、热情和正义感。

坎农有着发现研究中有利可用的线索的才能，他是各种技能的巧匠。他对学生研究的问题有一种强烈的热情，但这样一种热情或兴趣完全是自由的，并不是出于要控制和修改他们的研究方案的企图。当学生们需要指导时，他总是愿意花上尽量多的时间来思考他们的问题，给出既让人鼓舞、又有帮助的意见。

坎农时刻准备并愿意比生理学家、胃肠病学家、营养学家、内分泌学家、外科医师、精神病学家超前一步，为他们解释最新的生理学发现，帮他们把这些发现运用在解决实际问题上。他教导医科学生和内科医生要把疾病看作“非正常的生理学”，把治疗看作生理学功能恢复到正常。

在庆祝坎农取得教授资格25周年的庆典上，教务长埃德森（Edsall）谈到坎农具有的优秀人格品质使他拥有了我们所说的“学者风范”。阿尔沃兹（Walter Alverez）在回顾了坎农成为“孕育研究之父”的原因后说到，他对别人的意见有一个开放的心态，对学生们的研究有真正的兴趣；他一丝不苟公正地分派学分。洛维尔（Lowell）还强调了一个使所有认识他的人都留下的印象深刻的品质——他那“伟大的谦虚精神”。

里德费尔德（Arthur Redfield）在1931年这样评论坎农：“坎农伟大的成功应该归因于他谋求真理所做的研究，尤其是生理学的法则，这和他几乎狂热地追求宗教问题相类似。他的信念也具有非凡的意义，我甚至要说，在生理学研究中的正义感似乎给予他无穷无尽的

漫画中的坎农正义感十足，
使人敬佩之情油然而生

能量，显现在他的工作中，他也把这种能量在潜移默化中教给了跟随他学习的学生们。这种热心是为了建立普遍的真理，但在生理学法则的建立中尤为突出，更为显著。"

更难能可贵的是坎农的正义感——从一战医学军团的陆军中校到第二次世界大战美国休克和输血研究委员会理事会主席。20世纪30年代末，他来到中国这片多灾多难的土地上，毅然投身抗日援华医药机构和联合援华救济委员会的工作中。这是他最值得我们敬仰的地方。从这一点来说，坎农是20世纪最勇敢、最具正义感的心理学家，这毫不夸张。

坎农还是科学家的公共责任意识的杰出倡导者。他认为科学的自由和善行，只有在公正的社会、国家和国际框架下才能得以保证。他是全世界人民的科学家！

赫布：挑战传统的“神经心理学之父”

我相信我的著作能展现出现代神经生理学理论对心理学理论有显著的革命性影响。

——赫布

唐纳德·奥尔丁·赫布（Donald Olding Hebb，1904—1985），加拿大著名心理生物学家、神经心理学家，以其“赫布律”、“细胞组合”与“位相序列”等理论而被公认为“神经心理学之父”，亦被入选为“20 世纪 100 位最著名的心理学家”。下面就让我们带着好奇之心，去追溯一下赫布的无尽的人格魅力与心理学创新思想吧！

成功背后

走出生活的混沌阴霾

年幼的赫布是个聪慧的学生，在他身上充分体现了智力是先天因素与后天环境共同作用的结果：他的父母都是医学博士，同时其母是达荷西大学医学院第三位获得医学博士的女性；由于受到蒙台梭利教育观念的影响，其母以家庭教育的方式一直教育赫布到 8 岁。沉浸于各种赞扬声中的赫布就像生活在真空中一样，未曾感受过任何阻力，理想化地看待外界的一切。由于希望以后成为一名作家，赫布进入了达荷西大学学习文学。大学四年里他并没有为自己的梦想而奋斗拼搏，在校期间他并不是优秀的学生，最后仅以最低平均分勉强毕业，获得了文学学士学位（1925）。走出象牙塔的赫布突然发觉世界和他想象的完全不同。原来那些多得令他生厌的表扬消失了，取而代之的是他对自己前途的一片迷茫。

当他意识到自己的幼稚与天真之后，他开始现实地考虑自己今后的生活。在这自我调整阶段，他选择回到自己原来上过的中学教书。赫布在教学方面取得了一定成功，后来成为一所学校的校长。作为老师的他还不忘给自己充电，闲暇时的他喜欢阅读各种书籍。也就是这个“充电过程”，让他接触到了弗洛伊德、华生和詹姆斯的著作，这使他对心理学产生了兴趣。当时他并没有立刻抛弃已有的一切投入到心理学的研究中，此时已经“成熟”的他，已经学会结合现实来考虑自己在心理学领域是否有发展空间。他分析了当时心理学存在的不足，认为自己应该更适合从事研究工作。在母亲的协助下，他在 1929 年成为麦吉尔大学心理系的在职研究生，他在白天继续自己的教学工作，晚上则研读心理学书籍，这种艰苦的生活持续了两年。到 1931 年，由于心理学的研究工作需要更多的时间和精力，他只好忍痛舍弃了自己热爱的教育工作，从此成为麦吉尔大学心理系的全日制研究生。

大学毕业时的赫布

“挫折”教育的磨炼

1931 年，正当赫布准备全身心投入到心理学的研究中时，却不幸感染了肺结核，不得不卧床修养。这一突如其来的厄运应该说是不小的打击，不过已经“成熟”的他已经知道该如何面对和处理现实生活中的转变。在周围亲人朋友的鼓励和支持下，他调整心态去面对现实。在这段类似于“软禁”的时期中，他仔细研读了谢林顿的《神经系统的整合作用》和巴甫洛夫的《条件反射》，这使他笃信巴甫洛夫的经典条件反射，并将这段时间研读的收获整合到自己的硕士学位论文中。1932 年 4 月赫布获得了麦吉尔大学心理系的硕士学位，学位论文题目为《条件反射、非条件反射及抑制》。生理疾病本身其实并不恐惧，真正可怕的是人们面对疾病的态度。有些人被自己的恐惧吓得一蹶不振，有些人则能从恐惧的阴影中走出，积极地面对生活。赫布显然是属于后者，他没有被疾病击倒，而是选择乐观地面对现实，他在挫折中得到了磨炼。

在获得硕士学位之后，由于学位论文被评价为缺少实证、过于理论化，在同事的支持和帮助下，他开始了实证研究工作。不知是天将降大任于斯人也，还是上天跟赫布开的残忍玩笑。1934 年初，赫布的妻子遭遇车祸身亡，这对赫布来说无异于晴天霹雳，他根本无法接受自己深爱的妻子这么突然地离他而去。他情绪低迷、整天郁郁寡欢无法继续正常工作，这迫使他的实验研究工作中止。在经过一段时间的调整之后他决定换个生活环境。在同事的鼓励与帮助下，他最后选择到芝加哥大学的拉什利教授那里攻读博士学位。曾经有一项关于引起焦虑的可能因素的调查显示，配偶死亡导致焦虑的可能性最高。赫布一开始也被这突如其来的噩耗打击得抑郁、消沉，但是在朋友的鼓励下他挺过了焦虑，继续前行。经受过“挫折”教育的他，变得更加坚强和成熟。

“妥协”也需要勇气

1934 年 7 月，赫布开始了在芝加哥大学的博士生涯，师从拉什利教授的他在入学后就开始了对空间和位置学习的研究，但在研究不到一年时，拉什利教授被调到哈佛大学，此时赫布遇到了两难的选择：是继续留校从事自己感兴趣的研究还是跟随拉什利教授，最后他经过考虑决定跟随拉什利教授转战哈佛。1935 年 9 月，赫布在哈佛继续自己博士阶段的学习，但他不得不改变研究方向，他转向研究大小和亮度视知觉剥夺对老鼠的影响。1936 年他顺利获得了哈佛大学心理系博士学位，学位论文是关于老鼠视知觉的先天机制。之后的一年他作为拉什利教授的研究助手和教学助理继续留在哈佛大学，在此期间他还完成了他原来在芝加哥大学未能完成的课题。在这个过程中，赫布做了一次妥协：主动中止了自己的研究工作。但这次中止恰恰反映了他对自己研究方向的执著。他的“妥协屈从”是为了以后能更好地完成自己的目标，他在获得博士学位后马上就弥补了先前留下的遗憾。

在获得博士学位之后，他并没有像想象中那样找到自己满意的工作。这时他得知加拿大蒙特利尔神经研究所的潘菲尔德（W. Penfield）医生需要一位心理学工作者一起研究大脑皮层损坏病人的智力水平。此时的赫布对智力并不十分感兴趣，但考虑到自己的实际情况，他作出了又一个与现实讲和的决定：对这份工作提出申请。最后他顺利地得到了这个工作机会，赫布既来之则安之，他认真地对待自己的新工作——记录观察与测验结果，分析脑外科手术对脑功能的影响，并比较成年人和儿童的大脑皮层损伤对智力影响的差异。在这个过程中，他逐渐对脑神经的损伤为脑功能和行为带来的影响，尤其是对智力的影响产生了兴趣。他又一次对现实的“妥协”使他有了研究的新收获，让他重新燃起了研究的热情。

在两年的合作期满以后，赫布接受了一份女皇大学的教学工作，但工作之余他继续致力于对智力的研究。当拉什利教授就任佛罗里达州橘子园的耶克斯灵长类生物学实验室主任时，便邀请赫布一起参与关于脑部损伤对大猩猩的情绪与智力影响的研究。赫布对研究大猩猩实际上并不感兴趣，但他又一次“妥协”了，这次可以说是对拉什利教授的“妥协”，而且这一“妥协”就是五年。在这五年中，赫布仍然是保持既来之则安之的风格，认真做好了自己的本职工作，虽然最终由于大猩猩这种动物比较难训练和控制而使得研究结果并不理想，但是赫布并没有虚度这“五年”，他开始关注大猩猩和人类情绪之间的差异问题。在这五年中，他完成了对日后产生很大轰动的《行为组织》一书的大部分内容。赫布从这次对拉什利教授的“妥协”中依然收获颇丰，用他自己的话说就是：“我的这五年比其他各个五年都更加了解了人类。”

赫布的这些“妥协”看上去好像是他的定力不足、容易受外界因素影响、信念不坚定。但实际上他每次“妥协”的代价是要面对新的环境，进行几乎从零开始的研究工作。这让他每次都有重大收获：也使他的研究领域得到了扩展；让他结识了两位对他研究生涯有着重要影响的人——拉什利教授和潘菲尔德医生；让他有了新的研究方向和研究热情。他做出这些“妥协”的最本质的动机还是他对心理研究事业的执著，正是这份执著让他有勇气做出一次次的“妥协”，面对新环境一次次地挑战自己。

挑战创新

对智力测试的新诠释

赫布与潘菲尔德医生合作研究癫痫患者接受手术之后的智力状况，在研究过程中，他逐渐对脑功能和智力的关系的研究产生兴趣，这使他在后来到女皇大学任教时仍继续从事相关研究。他在运用传统智力量表时发现其中存在的局限性：传统智力测验不能很好地测量出脑损伤患者的智力水平。他认为应该编制一些为特殊领域服务的智力测验量表，因此他和莫顿合作编制了《成人理解测验》（the Adult Comprehension Test）和《图片异常测验》（the Picture Anomaly Test）这两种量表，并应用于脑损伤患者的智力测验之中。他基于自己的研究写了一篇在当时可算作是“前无古人”的研究报告，提出了自己关于智力的新看法：早期经验会永久性地影响智力。他指出：“童年期的经验通常发展出构成智力的概念、思维模式和知觉方式。婴儿的脑损伤会妨害这一过程，但成年期同样的损伤则不会使这一过程发生逆转。”

赫布考虑到他的这个“前无古人”的观点可能会遭遇到众多人的怀疑和反驳，为了更加充分地证明自己的观点，他和同事威廉姆斯合作设计了可以变化路径的“迷津”，用来测试动物的智力。他借助这一试验装置，纵向性地研究了不同年龄水平的盲鼠的智力发展状况，发现老鼠幼年期的经验会影响成年后的问题解决能力，这一结论支持了他自己先前的假设。受到这一研究的激励，赫布对智力的研究越发感兴趣，他还想试图为小老鼠编制一份“斯坦福—比纳智力测验”。

敢于提出“空前”的结论，敢于向传统提出挑战，并且最后获得了挑战的胜利，这需要勇气和毅力。他关于智力与年龄的关系的理论成为当今发展心理学的一个基本规律，并且他那个动物智力的研究工具“迷津”也在以后的许多动物实验中得到广泛使用。

“有人气”的老师

在研究工作之余，教学应该是赫布的一项乐趣与享受。在进入心理学研究领域之前，他的职业就是老师，当时的赫布就已经显露出了自己在教学方面的才华。不管是在中学还是在麦吉尔大学任教，他都坚持自己独特的教学风格。他认为一名好的教育者不应仅仅会讲授知识，学海无涯，知识是传授不尽的。老师应该注重对学生学习动机的激发和科学思维能力、创造力的培养，让学生成为有能力享受无涯学海的人，而不仅仅是教会学生们如何记忆和重复原有的知识。这一观点在目前的教学领域得到了普遍认同，但在当时那个年代赫布就能意识到教学相长的含义，并将自己的想法运用到实际的教学中，着实不易。他这种民主的教学方式也使他赢得了众多学生的喜爱和尊敬。在他当心理系主任时，麦吉尔大学成为心理学研究的中心，从这里毕业的学生在许多单位都很受欢迎，这在很大程度上要归功于赫布的教育方式。

事业处于顶峰时期的赫布

在赫布眼里，师者不仅仅是传道授业解惑者也，不只是一艘搭载学生驶向理想彼岸的轮船，而应该是一座屹立不倒的灯塔，指引学生前行的方向。

名副其实的“神经心理学之父”

赫布的第一部著作《行为组织》（The Orgnization Of Behavior）一经出版就产生了轰动影响。亚当斯对其予以高度评价：“在历史

上有两部对生物学有重要影响的书，一部是达尔文的《物种起源》，另一部就是赫布的《行为组织》。”他的这部著作是他多年研究脑损病人以及人类行为的心血，书中的理论都体现着一个共同的主题——大脑的生理功能与高级心理过程有着对应的关系。“细胞组合”和“位相序列”是书中两个主要的理论名词。“细胞组合”（Cell assembly）是赫布关于神经回路理论模式的中心成分，旨在把一群神经细胞看作是在功能上相互联系的、并由于反复刺激组成一个复杂的闭路性回路。具体来说，是指当我们经验到每个环境物体时所激活的一个复杂神经元组。环境刺激物是由几个或多个属性组成的，当我们的感知系统对它们进行初级表征时，会针对它们的各个属性分别进行表征，而每一种表征相应地会激活一定的神经元。为使我们能获得一个完整的表征，最后会对各个不同属性的表征进行整合，这一过程的结果就是细胞组合的形成。概念上的“细胞组合”类似于巴甫洛夫经典条件反射中的暂时性神经联系，但赫布更加强调一种反响性的神经活动，即当刺激停止作用后，由于神经元之间的组合，神经活动还能短暂地持续一段时间。赫布用这种在时间上有延迟效应的反响性神经活动来解释思想或观念的神经机制。这说明高级心理活动对应着特定的神经系统的活动。而“位相序列”是建立在“细胞组合”之上的，它是由多个“细胞组合”联结形成的。当组成“位相序列”的某一个或多个“细胞组合”被激活后，整个“位相序列”就有被完全激活的倾向；当它被彻底激活后就产生了思想流，此时内在观念或思想将会被体验到。这说明内部的神经活动也会引起高级心理活动。

赫布举例子说：“在同一时间活动的细胞组合会相互联结。在儿童的环境中常见的事件建立了组合，那么，当这些事件同时出现时，组合就会联结起来（因为它们同时处在活动之中）。我们认为，当婴儿听到脚步声，某一组合就兴奋起来；在这一组合仍处于活动状态时，他看到一张脸，并感到一双手将他抱起来时，而这激活了其他组合——因此，‘脚步声组合’同‘脸部组合’和‘被抱起来的组合’联结了起来。在这发生之后，在婴儿仅听到脚步声时，三个组合就会被全部激活，于是，在母亲进入视野之前，婴儿就好像知觉到了母亲的脸，赫布触摸到了母亲的手——但由于感觉刺激还没有发生，因此这只是观念或表象，而不是知觉。”用这种观点解释学习过程的机制即童年期的学习是细胞组合和位相序列的数量增加的过程，而成年人的学习是数量相对恒定的细胞组合和位相序列的重构的过程。这与神经系统的生理发展过程相类似：神经细胞的数量在幼年增加，到某个年龄段数量趋于恒定，转而发展为神经细胞之间的突触连接。

赫布关于思想和观念的神经机制的研究，可以很好地解释为何当刺激物不真实存在时，仍能产生关于刺激物的观念和表征。除此之外他对心理学和生物学还有许多开创性的成就。有一个统计数据表明赫布以心理生物学为主题的高水平出版物多达 80 多种。很显然，赫布对“生理”与“心理”的“相印”作出了巨大贡献，他是当之无愧的神经心理学之父。

流芳百世

不可低估的“魅力”

赫布所做的研究乍看之下很像是生物学家的工作，但这正是他的创新之处。区别于传统的通过对行为的观察间接推断大脑这个“黑箱”的内部活动，赫布采取了一种直接的方式，以大脑神经系统的活动作为基础来研究高级心理过程。

被誉为“神经心理学之父”的赫布在心理学界和生理学界都有很高的地位。有人玩笑着说，一篇关于学习和记忆的神经生理学方面的文章很难不提及赫布。目前许多研究都是在赫布的理论上进行的拓展。虽然赫布理论的提出是在 20 世纪中期，但是在半个多世纪之后

的今天，他的理论仍然在许多领域得到应用，除了心理学、神经科学领域，赫布理论的影响力还扩散到了工程学、人工智能、计算机应用等领域。

生活中的赫布

享受生活，满载而“归”

赫布自从进入心理学研究领域之后就一直处于为目标奋斗的状态，而他取得的成果也是令人瞩目的：1952年担任加拿大心理学会主席，1960年成为第一位非美国本土的美国心理学会主席，1961年获美国心理学会颁发的杰出科学贡献奖，1979年当选国家科学院院士。一生“功勋”无数的赫布在退休生活中仍“忙碌着”。当然比起作为研究者时的忙碌，此时的忙碌是一种惬意的享受。他会定期航海，船体的保养工作都是亲力亲为。但即使是退休了的他仍不忘安排时间阅读报刊、书籍，阅读已经成为他的习惯。生活在家乡的他还会自己劈柴，这种生活所勾勒的画面，不正是海子的《面朝大海，春暖花开》诗句所描述的那种理想生活吗！为科学忙碌了几十年的赫布该好好休息了。

1985年8月20日，在接受完常规髋部手术之后，赫布离开了这个让他受过打击和挫折、也受人敬仰和崇拜的现实社会。他品尝过了生活中的酸甜苦辣。我们相信他是带着微笑离开的，也是知足地离开的。

斯佩里：大脑半球的探秘者，“右脑革命”的奠基人

科学家、教育家、哲学家和人类学家——斯佩里留给我们的是一个关于人类无限潜力的新观点，同时也是对未来的一个新挑战。

——狄奥多尔·J. 冯内达

罗杰·沃尔科特·斯佩里（Roger Wolcott Sperry，1913—1994），美国神经心理学家。他用测验的方法研究了裂脑病人的心理特征，证明大脑两半球有其各自不同的功能分工与差异。他的研究成功地揭示了人的言语、思维和意识等大脑活动的内在机制。由于成绩卓著，于1981年被授予诺贝尔生理学奖。也入选20世纪100位最著名的心理学家。

神奇的“裂脑人”和诺贝尔生理学奖

“裂脑人约翰”

有这样一个美国老兵名叫约翰，在他身上总有一些奇怪的事情发生。吃饭的时候，他一只手把饭碗推开，另一只手又把饭碗往回拉，来来回回，妻子问他怎么了？约翰默不作声地伸出左手把妻子推开，可是他的右手却急忙把妻子拉回来。有一回早上起床，他一只手把裤子拉上来，另一只手又拼命地把裤子往下拉，直到把裤子扯成两半为止。其实这也不是他自己愿意“出丑”，而是身体活动没有一个统一指挥，两只手不能配合，左右手“各自为政”。这情况令约翰很烦恼。

原来，在第二次世界大战的时候，约翰因头部受伤成了严重的癫痫病人。疾病发作时病人会突然丧失意识，倒地，全身肌肉发生强烈的抽搐，并伴有咬舌、流涎、尿失禁等症状。这将严重影响到一个人的日常生活，而治疗癫痫最有效的办法，就是将患者连接大脑两半球的主要神经纤维“胼胝体”切断，使一侧大脑半球的病灶所产生的神经电流不能扩散到另一半球去。最后，医生为他切断了“胼胝体”，手术后患者的病情得到了极大的改善，而且也未出现不良的后遗症，并且患者的性格或智力都不会像其他脑部手术那样受到重大的影响。但是，约翰却开始出现了那些奇怪的症状。

诺贝尔生理学奖的诞生

约翰的奇怪举止引起了美国加利福尼亚理工学院的生理学教授斯佩里博士的极大兴趣，于是他开始尝试对约翰的种种行为进行研究。经过一系列的研究，斯佩里终于得出了这样一个结论：约翰成了“裂脑人”。或许当初，连斯佩里自己都不会想到，正是这次不经意

手持1981年诺贝尔生理学奖证书的斯佩里教授

间的尝试，“裂脑人”这个特殊的名词从此和他的名字联系在了一起。他对裂脑人的一系列研究从此揭开了大脑两半球的许多秘密，使我们对自己的大脑有了更多的了解。他也因此而获得了1981年诺贝尔生理学奖。

斯佩里何许人也？

顶着诺贝尔奖获得者的光环，斯佩里到底是何许人也？是什么样的人生际遇把他带上了生理心理学的研究领域，并执著于对“裂脑人”这一奇特现象长达30多年的研究呢？就让我们从他的求学生涯讲起。

斯佩里的求学生涯

斯佩里1913年8月20日出生在美国康涅狄格州哈特福德市郊的一个小镇上，他的童年是在小镇附近的农场中度过的，童年时的他曾经养过飞蛾，捕捉过野生小动物进行观察，采集过生物化石。在农场的清新自然的氛围中成长，想必是一段美妙的童年回忆。这份特别的经历使得他从幼年开始就对大自然产生了浓厚的兴趣，这或许也是他今后投身于科学事业，主要研究生物学和心理学的最初来源与动机。斯佩里从小就成绩优异，体育运动也是他的强项。他11岁时，父亲去世，母亲担负起培养斯佩里和他弟弟的重担。他随家里搬到了哈特福德西部并在那里读高中，读书期间，他除了在学习上是班里的佼佼者，还曾在学校运动会上打破过标枪项目的全康涅狄格州的纪录。

读完中学后，他依靠米勒奖学金在奥伯林学院主修英语文学。进入大学的他依旧对体育保持着一份热情，他当过学校篮球队队长，同时还是棒球和田径好手。也就是从那时起，斯佩里选修了斯特森（R. H. Stetson）教授的《心理学导论》，并第一次接触到了心理学这门后来对他影响极深的学科。他开始对生理心理学和神经生理学产生了浓厚的兴趣，于是他在1935年拿到英语文学的学士学位之后，他又在该校斯特森教授门下攻读了两年的精神病学并获得硕士学位。

然而，斯佩里兴趣广博，仅仅这几年的学习远不能满足他对知识的极度渴望，他花了三年的时间补充动物学方面的知识，然后来到了芝加哥大学韦斯教授门下工作和学习。在学习期间，他在神经特异性研究和运用脑电图对神经系统进行研究等方面积累了丰富的经验，并最终于1941年拿到动物学博士学位。

至此，斯佩里完成了他长达10年的求学之路并真正开始了他学术研究的道路，在这条道路上，他孜孜不倦，冲破一个个科学难题，一个个精心设计的实验得出了令人欣喜的结果，使得今天的我们对神秘的大脑有了更多的认识。

斯佩里的研究之路

斯佩里的研究之路并不是一条康庄大道，他总是在不断的摸索中前进。拿到博士学位后，斯佩里来到哈佛大学进行他的博士后研究，作为国家研究委员会的一员，他在被誉为“神经心理学之父”的拉什利教授的指导下进行一系列研究工作。1942—1946年间，他在哈佛大学耶基斯灵长类生物学研究中心工作，在这段作为他服兵役的时间里，他参与了美国当时的科学研究与发展局制订的神经损伤医学研究计划。他与同仁们的研究直接导致了神经损伤士兵的手术治疗方法的革命性改变，这一改变极大地缓和了原来较有危险性的治疗方法。在最初的几年里，他虽然参加了许多研究课题，做了不少成功的实验，像他研究了神经网络功能的特异性发育的原因，还在自己研究的

斯佩里教授在实验室工作

基础上提出了神经元化学亲和力学说，但这些在前人基础上所进行的实验对斯佩里来说似乎还不够具有挑战性。于是，在那段时间中，他还做了一系列有关两栖动物视野旋转的实验研究，开始慢慢摸索和寻找自己感兴趣的研究方向。在他的心目中，或许他想要找寻的是一条全新的、属于自己的科学之路。

从 1952 年开始，斯佩里的研究逐步深入并转向了对大脑半球功能的探索。他和同事们先用猫和猴子做了大量裂脑实验，发现当切断猫（随后是猴子）的左右脑之间的全部联系（主要是切断胼胝体后），这些动物仍然生活得很正常。并且，动物的两侧大脑半球开始各自独立地接受外界刺激；在对它们加以一定的训练后，两个脑半球可以以相反的方式去完成同一项任务。于是，这一系列动物实验对人脑两半球机制的研究奠定了一定基础。斯佩里开始相信，人脑的不同半球应该是负责不同的行为的。然而，类似于在动物身上做的这类损伤性实验，是不能在人体身上实施的，斯佩里深知故意切断人脑的胼胝体是有悖伦理道德的，他当然不能这样做。于是，研究进入了一个瓶颈——究竟通过什么方法才能最直观且有效地研究人类大脑呢？

1954年他回到芝加哥大学工作，在教解剖学和心理学的同时，继续致力于研究大脑两半球的功能。斯佩里的确是一位极富独创精神的人，他从不拘泥于前人的经验和理论。就在这个时候，那些患了癫痫病后症状严重的病人引起了他的注意。为患者切除他们的胼胝体能很有效地改善他们的癫痫症状，同时，经过手术的人们除了在一些左右脑需要协调工作的任务上产生一定困难以外，胼胝体的切断虽然对他们的日常生活产生了一定的影响，但这同时也大大改善了他们的生活质量，所有的癫痫症状都消失或大大减轻了。而也正是通过前面所提到的那个被切除了胼胝体的老兵约翰的研究，从1960左右开始，斯佩里真正开始全身心地投入到对于裂脑人的研究中去，并发现了大脑的许多有趣而奇特的现象。终于，斯佩里在帮助患者找寻减少病症痛苦的有效方法的同时，也找到了一条研究大脑左右半球的分工和各自不同的功能的有效途径。对于裂脑人的研究也成了他研究生涯的新纪元。

裂脑人的实验研究——揭开大脑的秘密

那么，为什么斯佩里会突发奇想运用对裂脑人的研究来了解大脑各半球的分工和各种不同的功能呢？斯佩里又是怎样进行这些研究的？

在日常生活中，大多数人都更频繁地运用右手，用右手写字，用右手吃饭，甚至连和人握手、提拎物品也总是不自觉地先伸出右手，右手的强势地位也似乎理所当然地证明了控制右手一切活动的左脑在大脑的各种认知活动中起着主导作用。科学家们也提出了“左脑优势”理论，认为左脑才是人类所有活动的中心，而右脑所起的只是支持和协助的作用。然而，斯佩里对裂脑人的一系列研究成果一问世，霎时间使那些理论都不攻自破，左脑和右脑在人的活动中有着相同重要的地位，只是它们分管了人类认知活动的不同方面。那么裂脑人的研究价值到底体现在哪里？

裂脑人的研究价值

当时，斯佩里给他做了一系列测试。他让约翰举手或屈膝，但约翰的右侧身体服从了命令，而左侧身体却不听指挥，丝毫没有反应。如果把约翰的双眼蒙上，再用手接触他身体左侧的任何部分，他都说不出被接触的部位。这是多么奇特的现象啊！一个人仿佛成了两个人，左手和右手发生了矛盾，身体的左侧和右侧各行其是了；约翰被分成了“两个人”，他的左右脑“老死不相往来”，不仅信息不通，连行动也互不配合。然而，裂脑人的这一特点却有利于大脑左右功能的分开研究。由于左右大脑信息的互不相通，一个半球能得到感觉信息，另一个半球却接收不到。如果左脑半球获得的信息，裂脑人能用言语表达出来，就说明了左脑中有关于控制言语的中枢。反之，右半球在接受信息后，裂脑人不能够用语言表达，或不能够意识到自己已经接受了这一信息，那么左右脑功能的“偏侧化”的现象就能被揭示出来了。

右脑能说话吗？

斯佩里把裂脑人作为研究大脑两半球各种功能的对象。为了研究右脑的功能，他让一个“裂脑人”看“帽带”这个词，以某种特殊的方法让“帽”只呈现在左眼的视野范围内，而“带”字则在右眼视野范围内。由于词的呈现时间很短，短到“裂脑人”的眼睛来不及移动，“帽”的视觉信息就传递到了右半球，而同时“带”传递到了左半球。当要求“裂脑人”说出他看到了什么时，他只回答说看到了“带”字而没有看到“帽”字。进一步要求他说出是“什么带”时，他只好猜测说是：“胶带”、“音乐磁带”、“捆人的带子”，等等。于是，斯佩里将一堆物品放在裂脑人看不见的“帽”字的位置，这时，裂脑人往往会伸出左手从一堆他看不见的物体中选出帽子这件物品。多么神气的结果啊！虽然裂脑人一再声称自己并没有看到“帽”这个字，但每次他选择的正确率都非常高。于是，斯佩里根据这个结果认为，裂脑人的左脑可以识别语言，说明语言中枢在左半球。“裂脑人”虽然不能说出物体的名称，但却能用左手选对正确物品。这说明了右半球有一些语言的功能，但这些功能只是对左半球起辅助作用的。

右脑能思考吗？

右脑还有什么其他功能呢？右脑能否独立思考和判断呢？

有一个实验同样是用裂脑人作为被试，但实验材料却非常有创意，是将一个女郎的照片和一个小男孩的照片以鼻子为中线剪下，各取一半，然后拼接起来，和先前的方法一样，正好让女郎的那半张脸在被试者的左眼视野中出现并投射到右半脑，男孩的脸则呈现在右眼视野中并投射到左半脑。然后，斯佩里问被试：你看到了什么？被试回答他只看到了男孩，但如果让他用手指指出他看到的照片，他却会不自觉地去指女郎的照片。

另一个有趣的实验是斯佩里在 1973 年做的。在进行了一系列词汇方面的实验后，他决定用一些现实生活中的照片来对裂脑人进行实验。这次的被试者是一个 21 岁的男性裂脑病人，他的左半球被阻断了视觉，只能用右半球接受辨认试验。斯佩里在 30 分钟内给被试者看一系列照片，这些照片中有他的亲友，著名社会界、历史界的人物以及他自己的照片等。同样是采用和词汇实验一样的方法，使这些照片的视觉信息只投射到裂脑人的右半球，要求被试者对照片人物作出评价，用拇指向上表示赞成，用拇指向下表示不赞成。当他看到丘吉尔、卡森、漂亮的女郎以及芭蕾舞者的照片时，他用拇指向上表示；

当他看到希特勒以及战争场面的照片时，他用拇指向下表示；当他看到尼克松的照片时，由于实验日期正值“水门事件”发生，他呈现出犹豫不决的表情，最后以拇指平向表示中立的态度。最后在这一组照片末尾插入一张受试者自己的照片，这时，他拇指向下并害羞地笑起来。实验结果很好地说明了右半脑有识别与辨认图片的能力，且还能根据照片中人物的社会身份作出判断，这证明了右脑有社会意识的功能，同时，被试者对自己照片的反映说明了他有明显的自我意识。右脑具有很强的综合分析能力。

后来的一个实验则用了裸体女画像作为右半球的投射信息，也就是说，被试依然会说自己看不见。这次的被试者是一个女性裂脑病人，当她突然看到这张照片时，突然神经质地大笑，还面露绯色，斯佩里问她：“什么东西这么有趣？”她却说：“我不知道，什么也没有，噢！这是一个有趣的实验机器。”难道是女病人明明看见了却说谎吗？当然不是，因为她确实认为自己什么也没有看见，她的右半脑感知到了裸体照片，但她的左脑并不知道。可见，虽然右半脑有很高级的社会认知能力，但是意识产生的主要区域却在左脑。裂脑人由于左右脑信息的不互通，即使是自己的左脑和右脑，却像是陌生人一样独立工作，互不干涉。

于是，斯佩里在接下来的许多实验中都运用了与以上实验类似的方法对左右脑分别进行研究。他发现，人的大脑两半球存在着功能上的分工，对于大多数人来说，左半球是加工语言信息的“优势半球”，它还能完成那些复杂、连续、分析性的活动，以及熟练地进行数学计算。右半球虽然是“非优势的”，但是它掌管空间知觉的能力，对非语言性的视觉图像的感知和分析比左半球占优势。总的来说，根据研究结果发现，左脑具有语言、概念、数字、分析、逻辑推理等功能；右脑具有音乐、绘画、空间几何、想象、综合等功能。

斯佩里的“左右脑分工理论”

实践出真知。斯佩里从一开始对猫、猴子和猩猩的裂脑实验，到后来对“裂脑人”的一系列实验研究，从而积累了丰富的数据与研究经验。根据这些长期实验的结果，他终于提出了左右脑分工理论，这一理论使人们更加了解右脑在日常生活中所起的重要作用，并且使人们对右脑的开发的重要性引起了高度注意。

左右脑的分工

按照这一理论，大脑左右半球具有两个相对独立的活动区。左脑可以说是理性脑，又可称为“意识脑”、“学术脑”、“语言脑”。主要负责理解、记忆、时间、语言、判断、排列、分类、逻辑、分析、书写、推理、抑制、五官感觉（视、听、嗅、触、味觉）等，控制着人们读书、计算、写作等活动时的各种动作，并且直接指挥身体右部的运动机能，如右眼、右耳、右手、右脚等的动作。也就是说，左脑遵从自己一贯的原则，通过语言进行有序地条理化思维，即逻辑思维。左半脑的思维方式具有连续性、持续性和分析性。

与此不同，右脑可以说是“感性脑”，又可称作“本能脑”、“无意识脑”、“创造脑”、“音乐脑”、“艺术脑”。主要负责空间形象记忆、直觉、情感、身体协调、视知觉、美术、音乐节奏、想象、灵感或顿悟等，并且直接指挥身体的左部运动功能，如左眼、左耳、左手、左脚等的动作。右脑的思维方式具有无序性、跳跃性、直觉性等。斯佩里还认为右脑具有图像化机能，如企划力、创造力、想象力；与宇宙共振、共鸣的功能，如所谓“第六感”、直觉力、灵感、梦境等；超高速的自动演算功能，如心算、数字能力；超高速的大量记忆，如速读、非凡记忆力。右脑就像“万能博士”，善于找出多种解决问题的办法，许多高级思维功能均取决于右脑。

开发右脑

当今计算机技术所模拟的人脑功能几乎全部都是左脑的功能，而右脑的独特功能和无限的创造力它似乎难以胜任，因此右脑能力的强弱便成为 IT 时代竞争制胜的关键。把右脑潜力充分挖掘出来，才能表现出人类无穷的创造力。斯佩里为全人类作出了卓越的贡献，受到全世界人民的爱戴，被誉为“右脑先生”、“世界右脑开发第一人”。

我们已经知道，人的右脑主要从事形象思维，是创造力的源泉，是艺术和经验学习的中枢，右脑的存储量是左脑的 100 万倍。然而现实生活中 95% 的人，仅仅只是使用了自己的左脑。更有科学家们指出，终其一生，大多数人只运用了大脑的 3%—4%，其余的 97% 都蕴藏在右脑的潜能之中。这是一个多么令人吃惊和遗憾的事实！人的大脑蕴藏着极大的潜能，这种潜能至今还“沉睡”着。要唤醒沉睡的那部分智慧，就要积极对右脑的潜能进行开发。一些研究表明，右脑不但有着无穷开发的潜能，同时还有着不可思议的创造力，有着神奇的记忆能力和高速的信息处理能力。所以，一个右脑发达的人常常会有更多突发奇想的时刻，一项创新、一项发明也就在这灵感迸发的一瞬间产生了。那么，右脑的这么多功能会消耗大量的能量吗？一些实验证明，右脑在进行一些创造性活动时是低能耗的，诸如高速计算复杂的数学题，高速且高质量的记忆等等；人的大量情绪行为也被右脑所控制。

“右脑革命”的奠基人

斯佩里的重要研究成果是对人类大脑的科学研究——特别是右脑功能的新发现——的重大里程碑。斯佩里本人也是充分发挥左右两半球功能的典范。他的左半球使他取得了辉煌的成就，而他的右半球使他成为一名雕刻家和民间舞蹈、人物绘画等文艺活动的积极参加者。

诚如他所说的那句名言：“我右脑中的喜悦和美妙感受比我左脑能表达的多得多。”直到1994年之前斯佩里都不曾停下他从事脑功能研究的脚步。他把自己的一生都奉献给了脑科学研究事业，并成为今日所谓“右脑革命”的奠基人。除了我们所熟知的诺贝尔奖外，他还获得过实验心理学会的沃伦奖（1969）、美国心理学会的杰出科学贡献奖（1971）、加利福尼亚科学家年度奖（1972）、国家截瘫基金会韦克曼研究奖（1972）、帕西诺医学科学奖（1973）、伯纳德科学新闻写作奖（1975）、美国哲学会拉什利奖（1976）、沃尔夫医学奖（1979）、神经科学会杰勒德奖（1979）、国际视觉认读协会特别奖（1979）、美国成就研究院金杯奖（1980）和由当时的美国总统颁发的国家科学奖（1989）。最终，81岁的斯佩里，带着如此多的荣誉和赞美告别了这个世界。我们相信，他对于科学研究的严谨和执著将会被一代代的科学工作者延续下去。

加西亚：因“呕吐”而失败，也因“呕吐”而成功

学习和钻研，要注意两个不良：一个是“营养不良”。没有一定的文史基础，没有科学理论上的准备，没有第一手资料的收集，搞出来的东西，不是面黄肌瘦，就是畸形发展；二是“消化不良”。对于书本知识，无论古人今人或某个权威的学说，要深入钻研，过细咀嚼，独立思考，切忌囫囵吞枣，人云亦云，随波逐流，粗枝大叶，浅尝辄止。

——马寅初

约翰·加西亚（John Garcia，1917—），著名美国生理心理学家。以研究老鼠在内脏性有害刺激的作用下，对食物的嗅觉和味觉刺激形成延迟的延误条件反应而闻名。他一生都在不断的学习和钻研中度

过。他敢于质疑经典教科书，敢于投身激烈的竞争，通过对“条件作用”的深入研究，颠覆了过去科学家们对条件作用的一贯看法，成了一名伟大的生理心理学家，并被载入“20 世纪 100 位最著名的心理学家”的史册。

少年加西亚：在大自然中徜徉

加西亚出生于美国加利福尼亚州的圣罗莎。父母都是移民。第一次世界大战时世界上很多地方民不聊生。而美国因没有参战，而成了人们向往的“一方净土”。于是，欧洲、亚洲、拉丁美洲等世界各地的人们都纷纷涌向美国，寻找他们的“美国梦”。约翰的父母就是他们中的一分子。当时的美国南方农业非常发达，虽然在第一次世界大战时出现了下滑，但在美国政府的努力下，最后还是保持住了良好的发展势头。加西亚的父母就是在加利福尼亚的农场上辛勤劳作的农民。约翰在六个儿子中排行老二。

根据精神分析学派心理学家阿德勒的观点，一个人的出生次序对他的性格以及他将来的成就有着影响。阿德勒认为长子在出生以后，必定是父母关注的焦点，父母会无条件地把所有的爱都倾注于他。但是，等到次子出生后，父母对长子的关注和照顾就会明显减少，在家里的地位也有所下降。而长子也会深深感到弟弟妹妹给他带来了危机，会产生妒忌和不安全感。这些因素对他的成长是不利的。而对于幼子，由于在家里排行最小，所以容易受到父母的溺爱，始终被看作婴儿，在性格上容易产生过分的依赖性。相比之下，排行在中间的孩子，尤其是老二，可能是最有发展潜力的一个。因为老二有赶超老大的动力，也比较独立，能适应环境，并且常常雄心勃勃。约翰后来的成就对阿德勒的理论似乎是个很好的例证。

约翰小的时候和他的兄弟们生活在农场上，帮助父母忙农活。贤惠而美丽的母亲的精心照料，品德高尚的父亲身体力行的榜样，使幼年的约翰练就了坚韧不拔的意志。在小约翰看来，农村的生活是充满无限乐趣的。夏日炎炎，樱桃、浆果和苹果都红透了脸；秋风飒爽，西梅、葡萄和蛇麻预示着丰收。有时，他会与伙伴们跑到农场外，去探索不为人知的小溪和树林，在广阔的自然界中恣意玩耍，与小虫、小鸟和小动物做伴，感受着山村的美丽与辽阔。

在农业淡季，约翰也要收收心准备回到学校上课。他曾先后就读于当地的桉树初中和安那利联合高中，为他将来步入科学殿堂打下了基础。

如今的加利福尼亚已经成了美国房价最高的几个州之一，这与加州宜人的气候是分不开的。可以想象，在当时以农业为主的海滨小城圣罗莎，必然是物化天宝，人杰地灵。从小生活在这里的约翰，既受到磨砺，又受到熏陶，为以后的发展打下了良好的基础。

青年加西亚：历经考验，巍然屹立

慢慢地，工业化的进程席卷了美国。在加州旧金山湾区，也就是靠近约翰家乡的地方，军工产业蓬勃发展起来。在1937年，20岁的约翰成了一名技工，生产18轮大卡车。我们很难想象在学术殿堂做出如此巨大贡献的大师，曾是个体力劳动者。还有更厉害的，几年之后，约翰成功地解决了在潜水艇上安装消音器的问题，于是，成了奥克兰造船厂的一名船只装配工。至此，我们能够看出青年时代的约翰已经崭露头角。

1943年，爱情如约而至。那一年，约翰与桃乐茜·伊内兹·罗伯森结婚了。不过好景不长，恰在此时，日本偷袭了珍珠港，美国随即宣布参战。所以，约翰婚后不久便加入了美国空军。一开始，他被选为飞行员。做一个飞行员驾驶战斗机在天空中翱翔，几乎是当时所有年轻人的梦想。然而，由于他极容易晕机，所以最终被淘汰，没能成为一名真正的飞行员。后来他在地面做了情报专家，直至第二次世界大战结束。

这一次的挫折，对于青年约翰来说，着实是个不小的打击。我们都知道约翰后来是以研究老鼠的条件学习闻名的。他所研究的老鼠，尝到某种味道就会反胃呕吐。一方面，由于呕吐，他没能当上飞行员；另一方面，后来他关于呕吐的研究，却帮助他获得了成功。表面上看，这只是一个有趣的巧合。然而，一旦深究其原因，我们不难发现，这次加入飞行员队伍的失利，对他退伍以后的选择起着决定性的作用。拿破仑曾经说过：“人生的光荣，不在永远不失败，而在于能够屡扑屡起。”约翰后来的成就充分显示了他在哪里跌倒就在哪里爬起来的坚韧品质。

美国在1944年颁布了《退伍士兵权利法案》。该法案规定：联邦政府对在第二次世界大战期间服役超过90天的退伍士兵提供必要的经济资助，根据其服役时间长短和职位等提供一定数额的退役金、教育训练补助金、失业救济金和住房贷款等。约翰退伍时已年近三十，而且又有了家庭，但是，他还是选择了去学习，不断地充实自己。他利用政府提供的教育训练补助金，继续求学生涯。

他首先在政府的资助之下在圣罗莎大学获得了学士学位，后来又到了加州大学伯克利分校攻读硕士学位。在那里，他真正体验到了学习的乐趣。众多有趣的课程、无数精彩的讲座，让他如痴如醉。

起初，在罗伯特·特莱恩和尼维特·桑福德等人的影响下，他的兴趣指向了人格心理学和社会心理学领域。经过一段时间的研究，他与他的同学两人合著了一篇关于民族优越感的论文。

有一次，当时著名的行为主义心理学家托尔曼问他：“年轻人，你对哪个领域比较感兴趣？”约翰答道：“我也不太清楚，或许是人格心理学和社会心理学吧。”托尔曼赞许地点了点头，然后问他有没有兴趣到他的动物实验心理学研究项目中做助手。起初，约翰并没有答应：“我之前从来没有学过动物实验心理学的课程，我甚至不知道那些供实验用的动物养在哪里。”托尔曼风趣地说道：“我也不知道。

走，我们去问问别人!”后来约翰总结道：“正是因为托尔曼忽略了我原先的研究方向，我才被推上了正轨。”

最终他受到托尔曼的学习理论和布伦斯瑞克的方法学的影响，开始正式步入了他的科研之路。与此同时，他在加州大学动物学系学习自然历史和基因遗传学，与几个同学一起着手打下生物学基础。

在伯克利求学的日子，可以说是约翰生命中最快乐的一段时光。1951 年，他从伯克利分校硕士毕业，并且继续在伯克利深造。

中年加西亚：学术巅峰来临

1955 年，也就是约翰 38 岁的时候，他来到了位于旧金山的海军辐射防护实验室工作。他与同事罗伯特·柯林合作建立了一个研究小组，他们的合作后来持续了 20 年之久。在此期间约翰所做的研究，为后来老鼠厌恶条件反射的研究打下了扎实的基础。

20 世纪 50 年代，由于核武器的出现，人们都在忧虑它所带来的后果。首先，核武器的巨大威力可以为国家提供强硬的军事力量保障。但是，核辐射所带来的恶性后果，又给人留下严重的污染。面对这一两难的局面，世界各国都展开了研究。约翰及其合作者的工作，说来也简单，就是要研究电离辐射对有机体产生的作用，然后开发防辐射措施。然而，在研究过程中，他们发现生物体在受到辐射作用后产生的行为，与人们先前的研究和固有的观念有些出入。比如说，在经典教科书上，X 射线被认为是不会引起有机体反应的刺激。1955 年，约翰和他的合作者在《科学》杂志上发表了一篇文章。文章中，提到他们通过少量的电离辐射刺激老鼠，一次作为非条件刺激，建立了老鼠的味觉—厌恶条件反射。根据巴甫洛夫的经典条件反射理论，一个非条件刺激会导致一个非条件的反应。例如，狗看到食物就会分泌唾液。其中食物是非条件刺激。产生这种反应属于动物的本能，不是后天学习来的。但是，在给狗吃食物之前，先响一次铃，久而久之，狗一听到铃声，就会立即分泌唾液。那么，我们就可以认为通过多次的实验，狗将铃声这个条件刺激与食物这个非条件刺激联系到了一起，形成了一个条件反射。其基本过程是：狗听到铃声，联想到接下去会吃到食物，于是，唾液自然就分泌出来了。

约翰的实验就是依据这个原理。首先让老鼠品尝某种味道，然后将电离辐射作用于老鼠，那么，老鼠就会产生恶心呕吐的反应。多次之后，老鼠一尝这种味道，就会引发恶心呕吐反应。这一研究成果也很有趣，第二次世界大战中加西亚没能入选飞行员，就是因为他的晕机呕吐。而他现在研究领域却是动物的味觉—厌恶，也和呕吐有着很深的联系。

这篇文章起初受到了人们的质疑，但后来在实验事实之下，学术界最终认同了约翰的研究成果。此后，好多研究者也开始涉足这一领域，并且相继取得了一些成果。在美苏两国之间进行军备竞赛的同时，科研也在竞赛。两国科学家你来我往，争相寻找“辐射受体”。可以说，由约翰起头的关于电离辐射对有机体作用的研究，在第二次世界大战之后的特殊政治环境下，大大促进了美国生理心理学的发展。这一系列研究工作到 1970 年才告一段落。当时，他与他的合作者在《自然》杂志上发表了两篇文章，报告说接受辐射照射过的老鼠的血清，可以被用作一种导致正常老鼠产生味觉—厌恶反应的毒药，只要少量的这种血清，就能使得老鼠发生胃肠功能紊乱。

在约翰进行研究工作的过程中，他的生活也发生很大的变化。前面已经提到过，加西亚家六个孩子都是男孩。而约翰结婚后所生的三个孩子也无一例外都是男孩。更有趣的是，约翰的五个兄弟婚后，也都生了男孩。约翰的父母一共有 13 个孙子！

从 1960 年到 1965 年这五年时间中，约翰身兼三职，而且在这三个不同的地方，扮演着完全不同的角色。在加州大学伯克利分校，他是一个一直缺课的博士研究生；在加利福尼亚州立大学心理学系，他是一个“不合格的”助理教授；然而在国际辐射研究会议上，他赢得了包括莫斯科科学院院士在内的众多放射生物学家的尊敬。1965年，他获得了加州大学伯克利分校授予的博士学位并且到哈佛大学医学院担任讲师。于是，他的妻子伊内兹把他们的三个孩子塞进旅行车，不远千里从西海岸的家乡来到了美国东部的波士顿。

老年加西亚：虽功成名就，仍追求卓越

1965—1968年间，约翰除了任哈佛大学医学院讲师，还是生物学家在马萨诸塞州综合医院神经外科任助理教授。1968年，他来到纽约，任纽约州立大学石溪市分校心理学教授。在这里，他开始带自己的心理学博士研究生。在学生们的协助下，他继续深入研究味觉—厌恶反应的机制，并且拓宽了生理机制的研究领域。三年之后成为该校心理学系主任。

约翰在讲课

1972年，加西亚全家抓住机会重返西部。在犹他州立大学短暂停留了一年后，从1973年开始，他在加利福尼亚大学洛杉矶分校任心理学和精神病学教授。此时的约翰已经是个年过半百的人了，真可谓“少小离家老大回，乡音无改鬓毛衰”。

在犹他州，约翰开始了应用性的研究。他与他的几位合作者通过给野狼喂一到两次混合了锂元素的羊肉，成功地停止了野狼袭击羊群的行为。道理很简单，锂具有放射性，野狼在吃羊肉的同时摄入了锂元素，那么，它就受到了射线的照射，引起恶心呕吐。之后，野狼只知道是吃了羊肉才导致了不良反应，于是，它们不敢再吃羊肉了。后来，在加州大学洛杉矶分校，一名叫琳达·P. 布瑞特的研究生用同样的技术，使得红尾鹰看到老鼠

就倒胃口，再也不吃老鼠了。

约翰的应用研究，对于美国的畜牧业有极其深远的意义。美国西部地区的农场上，羊群经常受到野狼的袭击。但是，只要把混有锂元素的羊肉扔在农场上，野狼吃过以后，就会对羊肉建立起味觉—厌恶反应。那么，羊群就安全了。研究者证实，这项技术有利于减少食肉动物的掠食行为。

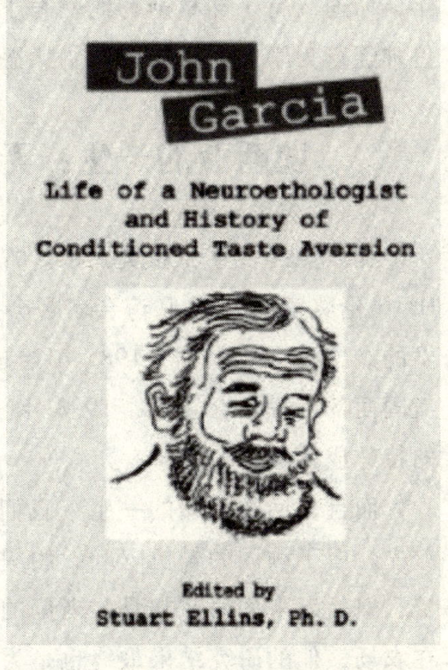

《约翰·加西亚——一位神经行为学家的一生和味觉厌恶的历史》封面

但是，这项研究结果也引起了不小的争议。有些动物保护主义者认为，这对于野狼十分不公平，也是非常有害的。因为野狼一旦建立起对羊肉的味觉—厌恶反应，那么它们的食物来源就会大大减少，生存会受到威胁。政府的野生动物保护局也被这项研究触动，认为这种对野狼的做法极不人道。不过，这项技术对畜牧业的贡献是非常重要的。

后来的研究发现，野狼在建立了对羊肉的味觉—厌恶反应以后，似乎对视觉信息没有太大的影响。换言之，野狼看到羊以后，仍然产生强烈的扑杀欲望，但当它一接近目标，就会退缩。所以约翰认为，野狼的这种行为表明了一点，味觉—厌恶反应会加强嗅觉—厌恶。就是说，野狼在靠近羊群之后闻到了羊的气味而产生恶心反胃感。在鸟类中，味觉—厌恶反应会加强视觉—厌恶。所以，约翰非常强调学习的心理机制的进化起源，用生态学及神经学术语表述其见解。约翰研究的这种味觉—厌恶反应，最后被称为“加西亚效应”。

之后他在加州大学洛杉矶分校任教，直至1997年退休。2006年，斯迪沃特·艾林斯为约翰写了一本传记：《约翰·加西亚—— 一位神经行为学家的一生和味觉厌恶的历史》。

加西亚的一生：无数辉煌和三个轮回

加西亚的一生，获奖无数。曾获得美国实验心理学家协会授予的H. 沃伦奖章和PBK联谊会名誉会员资格，1979年获美国心理学会颁发的杰出科学贡献奖，1983年当选为国家科学院院士，他还担任过美国西部心理学会主席。1998年获美国神经科学部和计划协会授予的特殊成就奖。

而且，回顾约翰的一生，我们还可以看到一些十分有趣的现象。首先，由于顽固的晕机呕吐，约翰没能在第二次世界大战时当上飞行员，但是后来的研究却是与老鼠的呕吐有关，这是一个轮回。约翰生在农场，他的研究结果最终也是为农场服务，也算一个轮回。还有约翰的家乡在加利福尼亚，经过了几十年的漂泊，最后还是回到了加利福尼亚，在加州大学洛杉矶分校任教直至退休，这更是一个轮回。

至此，我们看到了一个为生理心理学研究做出了卓越贡献的老科学家。他的一生都在与辐射和动物打交道。虽然他的学术之路看似非常成功，没有遇到什么大的阻碍，但是，在这几十年里，几乎天天待在枯燥乏味的实验室里。其间所要承受的劳累和寂寞，是常人无法想象的。这一切都与他小时候在农场历练出来的身体素质有关，也与他作为技术工人辛苦工作获得的谨慎与细致分不开，更与他的雄心壮志有密切的关系。

早年，约翰在农场中和父母一起劳作。孩提时代的经历，给了他很多与大自然接触的机会。在农场生活，也让他更加亲近自然，敬畏自然。青年时期作为一个技术工人，约翰也取得了不小的成就。这对他良好性格的形成，起了决定性的作用。技术工人要求严谨、细致、富有实干精神，而这在约翰后来的科研生涯中，得到了充分的体现。

约翰在生理心理学方面的研究是开创性的。他敢于质疑经典教科书，最后得出了新的研究成果，为我们如何创造性地学习起到了很好的借鉴作用。约翰的研究模式，也为后人的科研活动提供了一种新的思路。约翰中年时期积累了足够的理论基础，后来又将这些研究结果付诸实践，取得了卓越的成效，这对我国的心理学发展有很强的指导意义。我们应该怀着质疑的态度对待教科书，要敢于创新，勇于反驳。而且，我国的心理学起步较晚，发展道路也比较曲折。改革开放以后，心理学才在我国步入正轨由此开始快速发展，但是目前国内应用心理学领域备受青睐，也反映出一种急功近利的浮躁。所以，我们要多向约翰·加西亚学习，脚踏实地，在科学研究的道路上坚实地走好每一步。

认知心理学大师

波林："心理学史"的学科创始人

即使是吹毛求疵的心理学家，也没有一个大胆的批评家会起而否认波林这本历史书是一部经典著作。

——埃利奥特

如果时间告诉你一件关于科学的事情，那总会有人继续走下去。这是非常值得欣慰的。

——波林

埃德温·波林（Edwin Garrigues Boring，1886—1968），美国著名心理学家、心埋学史家。也许很多人对这个名字感到陌生，也许你对他研究的领域不以为然，但是如果告诉你，他的著作《实验心理学史》在学术界有着极高的声誉，1953 年以来一直是美国所有大学心理学史的标准教材，至今仍然有很多行家认为它是一部"杰出的心理学史著作"。这本著作的诞生对于心理学的发展有着极大的作用，而波林本人也因为这本著作而被人尊称为“心理学先生”。是否会即刻引起你的注意，对他那非凡的学术造诣以及他独特的人格魅力产生浓厚的兴趣？那好，就让我们来听听关于这位大师的故事吧。

小小科学家

1886 年 10 月 23 日，波林出生在美国的费城。他住在他的太爷爷开的一间药铺里，那是一个非常庞大的家庭，他和很多的亲戚挤在那一栋 3 层的小楼里。

由于家里人太多，所以家庭并不富裕，而也因此，小时候的波林并没有受到很多关注，他很晚才上学。那个时候，由于家里没有同龄的孩子，他又没有机会上学，所以他没有伙伴。但事实上，这对于波林，乃至心理学界来说却不失为一件好事。正是由于这种孤单寂寞对于一个孩子来说无法忍受，于是波林除了学会在家一个人安安静静地看书以外，还学会了自己玩。这种外部知识和自己动手操作的共同作用，使得他对科学产生了无限兴趣。

波林 5 岁的时候，家里人送了他一辆玩具消防车作为生日礼物。他爱不释手，但有一次却不小心在去往地窖的楼梯上掉了一个轮子。两年后，也就是在他 7 岁的时候，他偶然地找到了那个丢失的轮子，并把它安装回去了。他由此为事物的“永久性”所震惊，对客观事物的兴趣也就由此而生。

几年以后，波林十三四岁的时候，就已经成了一个小小科学家。此时，他已经掌握了不少的科学知识，已经可以发明制造一些东西。在他家的仓库里面，他开辟了一个属于自己的小小工作室。有段时间，他对电、磁这类东西非常感兴趣。他曾经用自己的零花钱买了一磅线、一节电池和门铃，通过查阅资料和研究，14 岁的波林用重铬酸钾溶解于硫酸的方法来制造电池发电。一次，他为了展示他制作的电池，就将它放在盘子里，结果不小心将溶液洒了，硫酸流到了地板上，他还因此遭到了家长的批评。但这丝毫没有影响他对科学的兴趣。

另外，波林从小有一股不服输的劲头。他和几个伙伴组织了一个足球队，但他并不擅长运动，不会踢球，为了不输给别人，他还曾经花 25 美分请一个小男孩教他踢球。虽然最终还是没有太大的进步，但正是这种坚韧品质支持着他坚定地在科学研究的道路上一直走下去。

"三顾心理学"

在波林刚上高中的时候，非常喜欢一个女孩子。有一次，那个女孩子跟他说："你千万不要学心理学，因为它会让你变得疯癫和不正常！"波林听了这话，反而对心理学产生了最初的兴趣，但他最终还是没有选择心理学作为自己的专业。这是他与心理学的第一次接触。

1904 年，他考入了康奈尔大学，学的是机械工程专业，并于 1908 年毕业。1905 年，他曾经听过著名的心理学家铁钦纳的普通心理学讲座，铁钦纳那富有魄力和神韵的演讲给波林留下了极其深刻的印象。这一次讲座，让波林对于心理学有了一个比较感性的印象。这是波林与心理学的第二次相遇，但仍然是擦肩而过。

1908 年，波林从康奈尔大学毕业，并获得了工程学学士学位。他在伯利恒钢铁公司铸造厂做见习生。在那里，他要承受每周工作 84 个小时的巨大压力，而更重要的是，他发现自己对这一工作毫无兴趣，因此，他离开了铸造厂而转到了宾夕法尼亚州伯利恒的摩拉维亚教区学校，在学校里担任科学和自然、地理的老师。

1910 年，波林重返康奈尔大学，他本意是要在物理学上继续深造。但同时，5 年前铁钦纳做讲座时的形象又一次浮现在他眼前。他陷入了一个两难的境地：不知道自己是要选择物理学的深造还是选择心理学的学习。对于前者，他的基础比较好，有着扎实的功底；但是对于后者，他越来越发现这是自己的兴趣所在。最终，他还是选择了做物理学的研究生。这也是他与心理学的第三次碰撞。

但富有戏剧性的是，就在他做物理学研究生 4 个月以后，他还是毅然决定放弃物理学，跟从了影响他一生的恩师——铁钦纳，做了他的助手，并决心永远致力于心理学的研究，由此也就开始了波林的心理学之路。

“死板”而富有开拓精神的研究者

波林肖像

波林于 1912 年完成了他的心理学硕士学位，并开始攻读博士学位。在做博士论文的过程中，为了研究“神经切断后手臂中的感觉复原”问题，他把自己手臂上的神经切断。这种做法，在外人看来，未免过于“死板”，甚至会有人认为这是一种非常“傻”的行为。但实际上，正是这种“死板”、“傻”，使他养成了一种严谨的治学态度，而他关于神经复原的实验研究，也在当时得到了业内人士的认可和关注。

1922 年，在克拉克大学做实验心理学教授的波林同时收到了哈佛大学和斯坦福大学两份工作邀请。尽管斯坦福大学提供的是更高的工资和地位，波林还是选择了哈佛大学。

就在他刚到哈佛大学工作的时候，他遭遇了一场交通事故，导致他的工作从六个星期的医院生活开始。事后，他评论说：“我没有证据说明这场交通事故没有使我变得更聪明，因为医学没有设置‘控制’（control)!”

这种对于“控制”的关注（实际上也是对于严谨的心理学实验

方法的关注）使得他在哈佛大学感到很不舒服，因为在哈佛大学，心理学还是属于哲学系的管辖范围之下。这种不舒服让他产生了一种动力，那就是，他觉得把哈佛大学的心理学从哲学中"拯救"出来是他义不容辞的责任。最终，他还是通过将两个系分离，赢得了心理学在专业发展上的独立性。

关于"控制"，还有一个故事。第二次世界大战末期，一本名为《自由社会中的通识教育》的书被出版。在心理系的学术会议上，波林发问："你的控制组在哪儿？你怎么知道这种方法行得通？"他还建议把大学生分为两个部分，其中一部分接受通识教育，而另一部分则不接受。这其实是不可能的，波林也明白这一点，但他仍然希望得到这个实验的结果。

这种看似"死板"但却严谨的治学态度，来自波林原来的物理学基础带给他的思维模式。但严谨并不意味着停滞不前或墨守成规，他仍然是一个具有很强开拓精神的研究者。

具有"时代精神"（Zeitgeist）的《实验心理学史》

波林是一名实验心理学家，更是一名心理学史家。早期他从事的主要是感知觉方面的研究。除了前面提到的他对神经复原问题的探讨，他还有一个重要的研究，就是关于"月亮错觉"的实验研究。他认为，月亮在天顶显得小，而在地平线附近显得大，是由于眼睛上仰而造成的一种视错觉。他还发表了多篇关于早发性痴呆、消化道感觉、头脑测量和科学发展过程中伟人的地位等方面的文章。他还是《美国心理学家》杂志的创建者和主编之一，也曾任《现代心理学》杂志的主编。

此外，他还有很多的著作，如《意识的物理维度》、《给战士的心理学》、《实验心理学史中的感觉和知觉》等。其中，在《意识的物理维度》一书中，他对心理学的一些基本术语，如感觉、意识和身心二元论等加以定义。他经过推理认为，对于心理学来说，没有理由将“身”与“心”加以分离。实际上，他抛弃了铁钦纳的身心二元论，而朝着一元论的方向发展，认为只存在一种“实在”（reality）。

当然，波林最著名的，也是对心理学界作出最大贡献的，还是他关于心理学史方面的研究，尤其是他的经典著作《实验心理学史》。

波林的《实验心理学史》一共有两个版本，分别是1929年版和1950年版。第二版有较大的修订，有一半是新的著述，另一半用了旧版2/3的材料。这本书全面系统地阐述了科学心理学在近代科学和哲学思潮影响下在西方国家形成和发展的历史，着重叙述了“实验心理学”的建立以及它在德、奥、英、美等国各个心理学派的形成和发展。

全书共27章。第1—8章的内容是以研究范畴为主线来介绍近代心理学在科学内的发展，以生理学和神经生理学及人差方程式为主。第9—22章是以人物和学派为主线来介绍近代心理学在哲学内的起源，实验心理学的建立，近代心理学在德国、英国和美国的建立等内容。其中第9—13章的内容是近代心理学在哲学中的起源。以笛卡儿哲学，英国的经验主义和联想主义，法国的经验主义和唯物主义以及赫尔巴特哲学为主。第14—16章论述实验心理学的建立。第17—19章论述了德国心理学，其中第17章论述与冯特同时代的德国心理学家；第18—19章分述“新”内容心理学与意动心理学。第20章论述英国心理学。第21—26章分述冯特以后的各国心理学流派，其中第23—26章分别是：格式塔心理学、行为学、脑的功能、动力心理学。这是近代心理学的晚近趋势。在波林看来，“一种心理学的理论若没有历史趋势的成分，似不配称其为理论”。而第27章，波林则作了一扼要的回顾。

波林之所以要研究心理学的历史，首先是因为，他认为以往关于

心理学史的研究存在很大的问题。艾宾浩斯说过："心理学有一个长期的过去，但仅有一个短期的历史。"波林认为，以往的心理学史则常常忽略其短期的科学"历史"而侧重长期的"过去"。在他之前，没有一个实验心理学史家著述过最近 30 年内的心理学研究，而且没有一个心理学史家不把"实验的运动"仅仅看作心理哲学思想长期发展的结束。

《实验心理学史》

中文版（1981 年）

其次，他认为，实验心理学家在其专门从事的范围之内也需要历史的知识。因为如果没有这种历史知识，将不免将旧的事实和见解视为"新的"事实和见解。同时，具备历史知识的人可以避免重复犯以前的错，导致在研究的过程中走弯路。他一再强调："在我看来，一种心理学的理论若没有历史趋势的成分，似不配称其为理论。"

《实验心理学史》的特点是知识广博。既强调了实验心理学产生的时代和思想背景，又详述了各个学派代表人物之间的沿袭关系，并认为这二者并不互相排斥。同时对一些著名心理学家的生平和观点的叙述尤为全面生动。他强调"时代精神"和"伟大人物"在历史发展中具有决定性作用。所谓"时代精神说"是特别强调诸如其他科学的发展、政治背景、技术上的进步、经济状况和条件等"非心理学因素"的作用。这些非心理学因素与其他因素一起共同构成了"时代精神"。波林指出，时代精神决定着某种心理学观念或观点是否会被接受，以及在多大程度上被接受。从心理学史的角度看，一种新的观念只有出现在能够同化的环境中才会被接纳；新观念总是在现存的观念背景中受到评价。

在波林看来，对于心理学史的研究，绝对不是仅仅在以往的历史之后附加数章。因为“现在是可以使过去变动的”。心理学的焦点和范围既然已经在目前有所变动，那么对于前代的历史，肯定就会有不同的解释和理解，所以可以在前代的历史中加入新的部分，而抛弃其他的部分。这一点，在他自己的研究上也得到了非常好的体现。前面提到，他的两个版本间隔了20年，有一半是全新的著述，即他的新观点，只有一半用的是旧版书中的材料。

此外，这本书中还有很多的传记材料，也着力于心理学家的人格特征而不是心理学传统的章节。因为波林认为：“实验心理学史似乎全为个人的。”一方面，有权威者可以支配当世，如在心理学刚刚建立的时候冯特的话都是非常重要的，不论他的见解是不是正确，或者是否有实验证据；另一方面，一个学派内的权威者的人格可以反映在学派之内，学派的传统则会使得整个学派的研究受到很大程度的影响。因此，读者可以通过分析心理学家的人格而发现心理学历史发展的趋势和必然性。

波林的这部著作立论明确，对各流派的分析客观而公正。波林希望他的著作成为历史上心理学家们的“代言人”。因此波林对每一个心理学家和每一流派，都评价得比较准确而客观。在全书的体系上兼容并蓄，广为罗列，正误是非都有分辨，比较符合历史的事实。而他对于各个学派的“评价”也成为此后的心理学史教材中纷纷引用的论点。

另外，这部著作对材料的组织独具匠心，取材相当丰富，论述与评价历史人物的范围极为广泛，对学术流派的分析脉络清楚。既有一定的历史深度，又能反映当时的历史概貌。

同时，这部著作对心理学的发展潮流和趋势也做出了科学的预见。这本书的修订版从1950年到现在已经过去快60年了，但是他在书中的一些预言，有的已经实现了。例如，其中对屈尔佩关于“未来心理学的影响”的观点就是一个明显的证明。波林在书中指出：

"40 年后，我们知道屈尔佩改变思想的能力比铁钦纳的坚持不变的一贯性对心理学有更大的价值。心理学的焦点从意识到行为的后期的转移，由于屈尔佩在思维中对意识地位的贬低而有很大的促进。这个向动机问题的转移使任务和态度成为下一代的心理学的语言方面的工具。"（中文版第 461 页）。

波林的这部书被收入《世纪心理学丛书》。丛书主编 R. M. 埃利奥特称本书是"一本无懈可击的书"，他甚至说："任何人都似乎很难再认为有必要去编著一本像波林那样精确而有决定性的早期实验心理学史了。"这是因为，波林是写《实验心理学史》一书的恰当而合适的人选。用埃利奥特教授的话说："他在他的学科中已经比谁都精通了。他以无比的技巧写成了这部历史。其中有人物和他们的观点，这些人物在有些难以控制的领域中进行实验时的奋斗，他们的胜利，他们的生活小节以及他们留给我们的遗产。我们知道科学心理学将会向前进展，接受未来的日益广泛的挑战。由于我们科学的开头已渐被淡忘了，这本书和附注将会是有关它的早期的参考资料的宝库了。"由此可见这部著作的经典性。

1971 年，美国心理学会曾对美国各大学心理学系的课程进行调查，"心理学史"是心理学系主要课程之一，而本书自 1953 年以来连续被推荐为教材。在我国，商务印书馆 1935 年出版高觉敷的中译本；1981 年又出版了第 2 版。本书现被列为中国高等院校心理学史课程的重要参考书之一。

当然，从历史的观点来看，这本书也存在一定的局限性或值得商榷的地方，遭到了如下质疑：

首先，波林在全书中未能处理好他所倡导的"时代精神说"与"伟人说"的关系，甚至有时自觉不自觉地偏向了伟人说。例如，波林关于心理学家的人格与其理论的观点，以及在书中多次提到如"英雄造时势，但是时势也选择英雄"。（第 605 页）；"到此时为止，我们主要讲述伟大人物对这个发展的贡献，似乎历史的伟大人物创造历史的学说是正确无疑的。”（第626页）这样的一些说法，是一种宣扬个别英雄、天才人物决定历史的伟人说言论。

其次，在波林这部著作中把日内亚学派的创始人皮亚杰的生平和学说给完全忽视了。他在书中只提到一句皮亚杰。他说：“瑞士的心理学家克拉帕雷德和他的继承人皮亚杰也都是功能主义者。”（第636页）这种疏漏或忽视显然是不应该的。墨菲和柯瓦奇在《近代心理学历史导引》一书中指出了皮亚杰在心理学领域上的重要性：“在20年代和30年代，在皮亚杰的思想中可以发现有一种连续不断的改变，他仍然是有魅力而且形象化的，但他正在变为一个严密的成体系的心理学家。”

再次，根据美国心理学史家赫根汉（B. R. Hergenhahn）在《心理学史导论》（第4版）中的观点，波林将冯特和铁钦纳的思想等量齐观，都笼统地冠之以“构造主义”，这是一个历史的误会。赫根汉指出：“波林将他的经典著作《实验心理学史》献给了铁钦纳。这本书认为冯特和铁钦纳的心理学观点相似，并为这种荒诞说法的长期流传起了很大作用。”

总之，波林的这本书能够经久不衰，足以说明其学术地位。而波林，由于其严谨的学风，不服输的精神，导致了他对于心理学史研究的透彻和深入，更是由于他的创造精神和开拓精神，成就了他在心理学史研究领域的独特视角和独到见解，使他最终成为20世纪最著名的心理学家之一。

希尔加德：不拘一格的心理学“杂家”

我所做的一切都是我自己认为重要的事情。

——希尔加德

美国最著名的心理学家恩斯特·希尔加德（Ernest Ropiequet Hilgard，1904—2001）的一生兴趣广泛，所研究之事无不因为其兴趣所致，而其钻研的深度也非泛泛之辈可为之。其主要成就在学习心理学、动机心理学、催眠的动力学研究等方面。晚年他转向写作，深入浅出地在《学习原理》和《心理学导论》等著作中将其颇具深度的心理学思想传达给读者。他的一生荣誉无数，以其对心理学的全面而杰出的贡献而著称于世。

信手拈来的美满人生

1904 年 7 月 25 日，希尔加德出生于美国伊利诺伊州贝尔维尔。他的父亲是一名内科医师，他自幼便有志继承父业，但是天不遂人愿，14 岁时他的父亲在法国从事医务工作时意外身亡，这对于年幼的小希尔加德来说是一个不小的打击，也对他以后志向的改变起了至关重要的影响。希尔加德从此显现出了对科学的浓厚兴趣，而此时吸引他的，并不是后来他因此而闻名的心理学，而是工程学，他 1924 年在伊利诺伊大学取得了化学工程的学士学位。

当年毕业之后，由于参加了青年会的活动，年轻的希尔加德对咨询工作发生了兴趣。于是他于 1926 年进入耶鲁大学专修心理学，并于 1930 年在 R. 多奇的指导下完成《关于人的眼睑的条件反射》的论文，获实验心理学博士学位。

在耶鲁大学希尔加德收获的不仅仅是学识，还有他一生的至爱——约瑟芬，并于 1931 年与她一起携手步入婚姻的殿堂。他的妻子约瑟芬当时在 A. 格塞尔门下攻读发展心理学博士学位，后为斯坦福大学临床心理学教授。在家里，妻子可谓“出得厅堂，入得厨房”。给予希尔加德的不仅仅是生活上的照料，更多的是事业上的支持和鼓励。工作的时候妻子始终陪在他的左右，希尔加德关于催眠的研究和写作就是和妻子一起完成的。

毕业之后一切一帆风顺，希尔加德在事业的道路上春风得意。1929 年，他因协助学校筹办国际心理科学联合会在耶鲁大学举行的大会，得以结识巴甫洛夫、皮亚杰、柯勒、勒温、麦独孤及桑代克等世界著名心理学家。获得学位后，自 1930 年起，希尔加德在耶鲁大学担任讲师，1933 年应斯坦福大学著名心理测验学教授特曼（L. M. Terman）之邀赴该校任教，除了第二次世界大战期间在华盛顿任各种机构的文官并关心社会心理学以外，他的职业生涯一直是在斯坦福大学度过的。他在该校人文学院和教育学院同时任心理学教授，在 1942—1950 年和 1951—1955 年，分别任该校心理学系主任和研究生院院长，1969 年退休后任荣誉教授。他曾当选为美国心理学会主席（1948—1949）和国际催眠学会会长（1973—1976）。

“不拘一格”的学术“杂家”

希尔加德的一生多半处于心理学纷争的年代，但其思想却不囿于某一流派。因此他不属于心理学流派中的任何一方，可以说是一个地地道道的折中主义者。他的兴趣堪称广泛，其最主要的研究莫过于学习和动机心理学，其涉猎范围从早期的眼睑条件反射的实验工作，到动机的作用、随意与不随意反应、催眠的心理动力学研究不等。可能有人会对希尔加德产生一种错觉，认为他可能只是一个所谓的“心理学全才”。但是，“博”不一定意味着“不精”，希尔加德在他所研究的领域内均取得了辉煌的成就。他的一生获奖无数，累累的硕果是他学术博大精深的有力的证据。

学习领域的一次本垒打

希尔加德早年从事实验心理学研究，以后也曾在动机心理学和发展心理学等各类主题上深入研究。而他在心理学上的最大贡献是以“通儒型”心理学家的角色，大力推广心理科学教育，因此一般公认他对心理学的贡献是最为全面的。

他的主要成就之一，就是将学习心理学的基础研究与应用研究概括为六种类型，并揭示了这两类研究之间的复杂关系：

类型1	与教育无直接联系，如动物的学习研究，学习的生理、生化研究
类型2	被试或课题与教育有关，如人的言语学习、概念形成等的研究
类型3	被试和课题均与教育有关，如用联想法学习外语词汇的研究
类型4	实验性课堂内由专门教师进行试验，如程序教学、早期的语言实验室的研究
类型5	正常课堂内试行，如优秀教师对新内容、新方法采用的有规定时间的研究
类型6	提倡和采用

以上前三类研究属“基础研究”范畴，后三类均属“应用研究”范畴。对两大研究范畴、六种研究类型的划分，表明了他对学习的基础研究乃至教育革新的分步骤观点。

希尔加德的另一成就是强调学习理论的可应用性。心理学能否应用于教育问题，自19世纪科学心理学诞生开始即为有争议的问题之一。希尔加德反对将心理学的原理直接应用于学校教学，他认为心理学纯属理论科学，学校教学是应用科学，要想使纯理论科学达到应用的目的，必须先建立两者间的桥梁。他在1964年发表的《学习理论与教育时间的关系之展望》一文即代表该主张。他指出，要想使理论心理学的学习理论转化为应用心理学的科学理论，必须经过六个步骤：在实验室内以动物为受试的纯学习心理研究，从而探求动物学习的基本法则；在实验室内以人为受试的纯学习心理研究，从而探求人类学习的基本法则；在实验室内以学龄儿童为受试的纯学习心理研究，从而探求一般儿童学习的基本法则；在特别设计的教学情境中，以学生为受试的学习心理研究，从而探求在学校实际教学历程中的基本学习法则；将第四步骤所得经验，尝试推广到一般教室中应用，从而探求一般性教与学的基本法则；综合学习理论的纯理论与实际应用这两个层面所得的经验，继续在学校教室中验证改进，从而建构适合各科教学的学习理论。同时他强调以上各个步骤之间均存在桥梁关系。

销量过百万的作家

希尔加德的后半生在心理学专题研究方面也有重大贡献。其在推广心理科学教育方面的贡献，最为心理学界所称道的是他的《学习原理》和《心理学导论》两书。这两本书自出版以来被许多大学广为采用，至2001年为止，前者销售量已超过20万册，后者则超过200万册，而且早就有中、日、法、德、意大利、葡萄牙、西班牙及希伯来等十多种文字的译本。而《学习原理》最终成为教育心理学领域内一本最有影响的著作之一。《学习原理》一书内容极广，探讨了当时各种各样的有关学习心理的热点问题，如驱力论、教学模型、学习类型和学习律等。修订版还讨论了行为的信息加工理论、各种学习理论的新近发展和新教学理论。

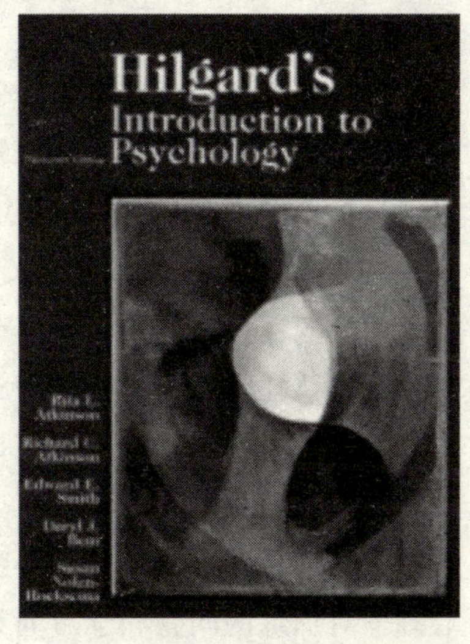

希尔加德的《心理学导论》

希尔加德在此书中就学习的一些具体问题提出了自己独到的见解。他对“学习”的定义是，有机体在它固有的行为结构基础上遇到新情境时，它的行为为什么和怎样发生变化。他集中分析了驱力与习惯强度之间的关系。认为强化的性质和派生的驱力是由原来的或内在的驱力引起的，并指出这方面的研究还有待深入。就学习的教学模型而言，希尔加德认为其价值已被证明并可做出准确预测，但模型的制定缺乏一种起整合作用的参照系统，其后果是造成了有限效用的小规模模型增多。同时他认为这也许是发展初期的特点，确信学习的教学模型是发展的趋势，前景乐观。在长时记忆与短时记忆对学习的作用问题上，希尔加德认为两者在意义性和学习与保持的难易之间有正相关关系。他还指出同化律在功能主义心理学中占据重要地位，可以用来研究迁移，相当于格式塔心理学的顿悟和换位以及泛化现象的研究框架。

新行为主义曾对以华生为创始人的行为主义进行了改良，引进了机体变量，使得心理学者对认知的内在心理机制重新燃起了热情，从而促进了认知心理学特别是信息加工理论的产生和发展。《学习原理》中希尔加德对新行为主义的四家学说进行了述评，其中包括古斯里的接近性条件作用、斯金钠的操作性条件作用、赫尔的系统性行为学说以及托尔曼的符号学习论。在全面分析每位理论家的体系后，希尔加德经过认真总结、概括，发现了14条对学习问题的共同见解。

希尔加德关于充分发挥心理学对训练、学习作用提出了几点建议。他认为，心理学理论与实践的结合还处于相当低的水平，要想使心理学对训练的问题和学习的其他实际问题配合得更好、更有用，就应该做到：将实验室里发展出来的原理拿到现实生活情境中去进行验证，从实验当中产生出来的学习原理必须在教室里经过试用，才能断定它有用还是无用；对于否定的结果要能容忍，对于课堂教学条件下，得出的实验结果要正确对待，不应失望，也不该隐瞒；争取善于创新的、讲求实际的人们之间的协作，心理学要与有经验的教师密切合作，相互取长补短；要把研究工作侧重在解决问题的思维和首创性方面，不要偏重机械性的学习。生活在一个迅速变化的文化环境中，人必须学会运用知识来应付当前的问题。

《学习原理》是一本关于当代教学理论影响较大的专著，其特色主要表现在对新行为主义学习理论的评价上：能坚持以“理论背景、基本观点、代表性实验、对典型学习问题的立场”这条主线全面介绍每个理论家的理论体系；能坚持以历史的、发展的、科学的观点正确评价每个理论体系的成就与不足；在正确评价各理论体系的基础上，又进一步概括出许多公认的学习基本规律，对指导教学实践具有重要意义；强调实践是验证原理的标准，对实验结果要实事求是，理论家与教师相结合，注重创造性思维的发展。希尔加德的这些建议是很有价值的，在今天仍具有指导意义。

第一个吃螃蟹的人

“现在，你觉得越来越困，很想睡觉……”在一间维多利亚时期风格的起居室中，坐着一名年轻女子，一个穿背心的男人在她面前，来回摇晃一只怀表。这位女子盯着钟摆般的怀表，眼珠随之摆动。不久，她倒在椅子上，眼睛闭着，用平板且毫无生气的声音回答催眠师的问题……

也许每个人都在电影或电视中看过类似的情景。但事实上，催眠术从它产生之日起就一直争议不断，不少人认为它带有一种神秘的面纱或者有些“邪味”，没有科学的假设和证明。

人们眼中的“催眠术”

于是，希尔加德通过实验研究，阐明了他在催眠领域的观点。在实验中，希尔加德先暗示被试：催眠后他的左手将失去一切痛觉。当被试进入催眠状态后，希尔加德就会将他的左手放入冰水中。一般情况下，手被放入冰水中数秒钟后会引起无法忍受的刺痛感，如果这时要求被试回答他的左手是否感到刺痛，人们眼中的“催眠术”使他的回答是不痛。但是如果将他的右手放在按钮上，并告知如果感到左手刺痛，那么就用右手按下按钮。结果发现，虽然被试在口头上报告没有刺痛感，但他的右手却会将按钮按下。这表明：在催眠状态下，口头回答的“不痛”是在催眠暗示下所产生的意识经验，是失真的、扭曲的，而按按钮的行为却表达了被试自己的感受，是真实的。这个实验说明了在催眠状态下意识的确是一分为“二”的。所以说，从表面上看来，一个人接受催眠治疗可以对抗疼痛，但感觉没有意识到疼痛，这并不意味疼痛不存在，这也不意味着病人的潜意识没有登记到疼痛。

这就是希尔加德的催眠研究中最有意义的方面，他提出了所谓“隐蔽观察者”的概念。希尔加德认为，人经过催眠后，其意识分离为两个层面。第一个层面是人接受暗示之后所意识到的一切新经验，第二个层面是催眠中隐藏在第一层面之后、不为人所意识到的经验。例如，在长途汽车驾驶时，驾驶员会对交通信号和其他的车辆做出反应，但过后却想不起自己是如何做出反应的。在这些例子中，意识明显地被分开，一部分用来开车，另一部分用来想其他的事情。这种寻常的体验在较早时就被称为“高速公路催眠”。在这种条件下，支配开车的那部分意识中甚至也存在“记忆缺失”——这与“催眠后遗忘”类似。

然而，要适当地研究一个问题，研究者首先必须找到测量的方法。在催眠中，所使用的标杆是“斯坦福催眠感受性量表”。这份量表是在1950年代由斯坦福大学的心理学家怀兹侯佛与希尔加德设计的，目前还在使用，以确定受试者对催眠的反应程度。举例来说，斯坦福量表的其中一个版本，是由12项一系列的活动组成的。例如让受试者伸展胳臂，或是嗅瓶子里的东西的味道，以测试催眠状态的深度。在第一种状态中，受催眠者听到自己“拿着一个很重的球”，如果手臂因为这个想象的重量而下沉，就算是“接受”这项暗示。在第二种状态下，受催眠者被告知失去了嗅觉，然后有一小瓶氨水在鼻子前晃动。如果他们毫无动作，就被认为对催眠有反应；如果他们的表情改变且后退，则表示没有。

斯坦福量表的分数为0—12分，0分表示对所有的催眠暗示都没

有反应，12 分表示完全有反应。大部分的人都位于中间值（5—7 分之间）；95% 的人都至少有 1 分以上。由此可见，催眠术并非对每个人都有效。

20 世纪 50 年代，希尔加德作催眠的科学研究的先锋人物上了新闻头条。他和他的妻子约瑟芬 1957 年在斯坦福大学建立了催眠研究实验室并一直经手直至 1979 年。他们的合作成果发表在数不清的刊物和书籍上，包括 1975 年的利用催眠减轻疼痛，1977 年的“意识分离”现象。他们使用催眠疗法治疗儿童癌症的研究，为这些儿童赢得了来自美国国家癌症研究机构的赠款，其他催眠项目也获得了福特基金会和国家心理健康研究所的拨款。希尔加德也在 20 世纪 70 年代担任国际催眠协会的主席。

“杰克是美国舞台上的大人物”

永远追逐兴趣的孩子

希尔加德于 2001 年 10 月 22 日病逝于加州的帕罗阿尔托，享年 97 岁。

希尔加德被同事以及朋友们亲切地称为“杰克”，他从 1933 年就在斯坦福大学担任教授，因对心理学广泛而深入的理解而被世人所知。“杰克是美国舞台上的大人物”。这是鲍威尔——希尔加德《学习理论》一书的合作伙伴对他的评价。鲍威尔指出，希尔加德对斯坦福大学心理系的建立以及在今天被称为美国一流的心理学系做出了卓越的贡献。

“早先，催眠被当成是一种神秘的现象，没有一个德高望重的心理学家去研究它，而仅仅把它当成是一种魔术的把戏。杰克对于使催眠研究科学化和客观化产生了极大的兴趣。”鲍威尔还说：“他的最大贡献就是他发展了一种对催眠的评分量表。”而且他是第一个用催眠来治疗疼痛的心理学家。

希尔加德应麦克阿瑟将军之邀参与一个教育家的代表团

希尔加德广泛的兴趣也多次被他的同事们提到。当他 1978 年被授予美国教育基金会金质奖章时，他被评价为“几乎对心理学的各个领域都做出了科学贡献，尤其是在学习和意识的状态方面”。希尔加德获得的荣誉绝不仅于此，另外一些荣誉包括：1940 年获美国实验心理学会沃伦奖章和韦巴十字奖章，1948 年当选为美国国家科学院院士，1969 年获美国心理学会杰出科学贡献奖，1972 年当选美国实验心理学会主席，1980 年获国际催眠学会富兰克林金质奖章，1981 年当选美国心理学会心理学史专业委员会主席，1984 年获美国科学院科学贡献奖，1993 年获美国心理学会科学催眠研究杰出贡献奖章。此外，1991 年《美国心理学家》杂志认可希尔加德是 10 名“当代顶级的心理学家”之一。

可爱又善良的爸爸

希尔加德在学术之外的兴趣也很广泛，他对社会问题和人权问题也作出过贡献。他在 1930 年作为创建者之一建立了“帕罗阿尔托合作社”。第二次世界大战结束后，他在斯坦福大学建立了一个幼儿园，以协助已婚学生从战争中回流。1946 年，他作为日本教育代表

团的一名成员来帮助日本的教育体系应对战后发生的变化。

希尔加德的儿子亨利回忆父亲时说父亲拥有对生活最真挚的热爱。在他童年时代父亲总是以歌声和诗歌给全家带来欢乐的气氛。为了逗自己的孙子孙女开心，他也可以像一个普通的祖父一样让他们站在自己的头顶上玩耍，在自己的手掌上走路。一家人相处融洽温馨。希尔加德还喜欢亲手做煎饼当早餐。还喜欢观鸟、远足和园艺。

希尔加德就像一个永远长不大的小孩，干任何事情都兴致勃勃，因为他所做的都是他追逐的兴趣；同时他又是一个巨人，在他涉足的领域都干出了一番大事业。可以说他真的是一个不折不扣的兴趣至上的老顽童。

史蒂文斯："最后一个"实验心理学家

测量就是按照一定的法则、用数学方法对事物的属性进行数量化描述的过程。这是对一切事物的差异进行区分的测量定义。

——史蒂文斯

斯坦利·史密斯·史蒂文斯（Stanley Smith Stevens，1906—1973）美国心理物理学家，20世纪中叶实验心理学领域中的主要人物。他以研究声音强度的感受性而闻名，并在心理物理学中做出过杰出贡献，尤其是对物理刺激与心理感受之间的法则定律的发展。他提出了新的感觉等级评定方法，这种方法可以用来比较不同感官的感觉强度；还提出了心理物理学的"幂函数定律"，弥补了传统心理物理

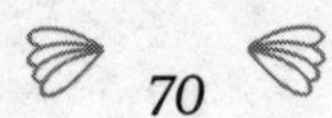

学的不足。史蒂文斯的杰出工作使人们充分了解到测量在心理学中的重要地位。关于文献方面，除了史蒂文斯自己的一些研究报告外，他最有影响力的一些出版物包括：他和 H. 戴维斯合著的《听觉的心理学和生理学》(1938)，他与 W. H. 谢尔顿和 W. B. 图克合著的《各种类型的人的体格》(1940)，《实验心理学手册》(1951)，与 W. H. 谢尔顿合著的《气质的不同类型》(1942)，他与 F. 瓦尔肖夫斯基合著的《声音与听觉》(1965)，以及在史蒂文斯逝世后由他的妻子格拉尔丁·史蒂文斯整理出版的《心理物理学引论：视觉、听觉和社会等领域》。

史蒂文斯 1946 年当选为国家科学院院士，1960 年获美国心理学会颁发的杰出科学贡献奖。

不平凡的经历造就了一个与众不同的史蒂文斯

是历史赋予的使命，也是时代给予的机会

罗马不是一日建成的，科学的大厦也不可能是一蹴而就的。正如牛顿的那句名言——"我只是一个站在巨人身上看世界的人"——所描述的一般，史蒂文斯能取得如此辉煌的成就，离不开他的前辈们所做出的点点滴滴。因此，想要真正了解史蒂文斯贡献的伟大，有必要先了解一下史蒂文斯之前心理学所取得研究成果。史蒂文斯的贡献主要集中在实验心理学这一领域，那就让我们先来聊聊史蒂文斯之前实验心理学的进展吧！

实验心理学的历史最早可以追溯到 1879 年冯特在莱比锡大学建造第一个心理学实验室。虽然许多心理学家也为实验心理学的发展做出过重要的贡献，但第一个提出心理学应该用科学的实验方法进行研究的人的确是冯特。也正因为此，许多其他国家的学生都纷纷慕名来

到冯特的实验室接受实验心理学的培训。史蒂文斯一生所从事的研究，所作的贡献，与冯特是一脉相承的。因此，史蒂文斯可算是实验心理学的“第四代”代表人物。在哈佛大学，史蒂文斯师从波林。波林曾经在康奈尔大学和铁钦纳一起合作过，而铁钦纳正是那个1892年在冯特门下获得博士学位的著名实验心理学家。如果冯特是“第一个”献身于实验心理学的心理学家，那么史蒂文斯则可被看作是“最后一个”全身心投入实验心理学的心理学家。史蒂文斯的伟大不仅在于他为实验心理学做出了大量有价值的工作，更重要的是，他的研究引发了实验心理学革命性的发展。

梅花香自苦寒来——史蒂文斯的生平经历

史蒂文斯1906年11月4日出生在美国犹他州奥格登一个信仰“摩门教”的家庭。按照摩门教的传统，史蒂文斯17岁离开家乡，去了比利时当摩门教的传教士，后来又到了法国，尽管他对法语一窍不通。史蒂文斯过了3年传教士的生活，这段艰苦的经历磨炼了他的意志，使他在未来科学探索的路途上更能吃得了苦，耐得住寂寞。回国后，史蒂文斯进入了犹他大学，两年后，又转入了斯坦福大学，并于1931得到了文学学士学位。毕业后他被哈佛医科学院录取，但是由于在哈佛医科学院就意味着要花费整个夏天的时间去进修有机化学，并要为此交纳50美金的费用，这使史蒂文斯产生了回绝的念头。最后史蒂文斯仍然决定在哈佛学习，但他并没有去医科学院，而是去了教育学院——因为那是哈佛大学中所需学费最少的学院。说来也巧，当时波林开设了一门关于感知觉的课程，史蒂文斯作为他的免费助教而获得在哈佛教育学院学习的机会。在进入哈佛的第二年末，史蒂文斯已经获得了哲学系的博士学位。当时的哈佛大学还没有成立心理学系，心理学系是在一年后从哲学系中分出去的。后来，史蒂文斯还曾在戴维斯（Hallowell Davis）手下学习过一年的生物学，并担任过一年物理学方面的研究人员。由于史蒂文斯的上述经历，他于

1936年被任命为心理系讲师。至此一生，他一直留在哈佛大学的心理学系，直到1973年1月18日去世。1946年，史蒂文斯获得了国家科学院院士的头衔，1962年哈佛大学同意他的请求，授予他"心理物理学教授"头衔，这个头衔是为了纪念一个世纪前心理物理学领域的开创者费希纳而设立的。可是具有讽刺意味的是，正是史蒂文斯否定了费希纳的理论！

吸引人才的磁石——史蒂文斯独特的人格魅力

史蒂文斯是一个非常有趣的人，尽管他脾气古怪，但他仍能像一块磁石一样吸引世界上最优秀的学生来到他的实验室。他们中就有贝凯西（G. von Békésy），他花了将近20年的时间在史蒂文斯的基础实验室中并因他早期的研究而获诺贝尔奖。作为一个实验研究者，史蒂文斯的一生可以划分为几个时期，即使是在第二次世界大战期间，他也在心理学与哲学的异同这一问题的讨论上积极活跃。他对物理学家布里奇曼（P. W. Bridgman）在操作定义方面的研究非常感兴趣。曾经有段时间，他和"逻辑方法学"的推崇者们过从甚密，而那些所谓逻辑方法学的推崇者们就是那些认为只有行为主义心理学才是符合科学本质的人。这也很好地解释了史蒂文斯的观点，他并不愿意脱离数据搞研究，而当时的确有很多心理学家正在积极地发展更为复杂的理论系统，而史蒂文斯对理论领域的涉猎却是极少的，甚至可说没有。似乎他还是更愿意去搞他的数据，并企图从中发现些什么。他的大多数时间是在实验室里度过的，而他平生做得最多的事情就是处理他的数据，从他的研究报告中可以很明显地看出这一点。

独树一帜的研究风格

史蒂文斯在其研究工作中有个不同于他人的特点，那便是史蒂文斯执著于发现两个变量之间的函数关系——对一个因素与另一个因素之间的联系作出数学描述。史蒂文斯的定律便能很好解释这一点——史蒂文斯指明了刺激强度和感觉量之间关系的幂定律：$S = bI^a$。而与他同时期的大多数研究者则更倾向于做相关研究，例如，材料的意义对记忆难易度的影响。史蒂文斯的这一信念自然引发了他对抽样理论和统计检验的漠然和鄙视。对于史蒂文斯而言，他不需要知道在5%的显著性水平上，80分贝的音量所产生的平均响度是否显著地高于60分贝所产生的。而这正是与他同时代的大多数研究者所致力研究的东西。对于史蒂文斯来说，重要的是，当数据是在一个理想的状态下所获得的时候，它是否就能揭示一个自然关系的法则。因此，在史蒂文斯看来，大量的实验数据是不需要的，因为那无助于去寻找某种关系。所以，仅让他的一些同事和学生充当被试对他而言就足够了。

在史蒂文斯所处的那个时代中，一个学者可能是某个领域的专家，也可能对其他领域的知识有所涉猎。迄今为止心理学已经得到了蓬勃的发展，因此，要想在某个领域的某一方面有所建树，并同时精通其他领域的知识是越来越难。也就是说，要想“博学多才”是越来越难！20世纪初，实验心理学领域的建树依然是相对的，认知心理学家、脑科学研究者、视觉研究者和其他一些领域的研究者已经在他们的领域中有所建树。正如史蒂文斯的导师波林可能是最后一个可以在心理学这一学科讲授所有课程的老师一样，史蒂文斯也是最后一个视实验心理学为“有用的工具”的人。

心理物理学的又一里程碑

神经量子理论的提出

神经量子理论是史蒂文斯提出的用来解释“阈限”的一种理论。神经量子理论假设，反应刺激变化过程的神经结构在机能上

被分为各个单元或量子。因此，当人们接受到一个刺激时，只有当刺激的量增加到足以能兴奋一个附加的神经量子单位时，人们才能意识到刺激量的增加。举例来说，如果我们在一袋米中加入一粒米，人们通常是不可能有所察觉的；加入两粒，人们也无法察觉，只有当加入的米达到一定的量时才能被人们所察觉。这即是史蒂文斯所说的刺激的增加量足以兴奋一个附加的神经量子单位。

必要的刺激增加量的大小，将取决于某一个刺激高于上一个兴奋了的神经量子单位的阈限多少。以听觉现象为例，实验表明，当人们听到频率连续增加的声音时，我们所知觉到的声音并非呈连续的变化，而是间断的变化的。如果用史蒂文斯的神经量子理论则可以这样解释：如果神经量子 a 的频率阈限是 500hz，神经量子 b 的频率阈限是 550hz，那么，当人们听到一个 530hz 的声音时，其实并不能将它知觉为一个 530hz 的声音，而是将它知觉为一个 500hz 的声音。那么没有知觉到的那 30hz 就称为刺激所产生的“剩余”兴奋量。此时，如果主试再追加 20hz，人们就能感受到声音频率发生了变化，因为刺激达到了神经量子 b 的阈限，神经量子 b 被兴奋了。主试所给予的刺激量即声音的频率越接近 550hz，那么还需要增加的声音频率就越少。

可用数学公式表述如下：

$$\Delta\varphi = Q - P$$

$\Delta\varphi$：使附加量子活动所需要的刺激增量

Q：肯定能够兴奋一个量子的刺激增量的大小

P：标准刺激 S 剩余能量引出的部分兴奋量

上式表明，当 $\Delta\varphi \geqslant Q - P$ 时，给定的 $\Delta\varphi$ 就完全可以兴奋附加量子。

在上述听觉阈限的事例中，当人们听到一个 530hz 的声音时，Q = 神经量子 b 的频率阈限 - 神经量子 a 的频率阈限 = 550hz - 500hz =

50hz；P = 530hz - 神经量子 a 的频率阈限 500hz = 30hz；当 $\triangle\varphi \geqslant Q - P$ 即 $\triangle\varphi \geqslant 20$hz 时，人们就能知觉到一个 550hz 的声音。

史蒂文斯幂定律

“史蒂文斯幂定律”就是指刺激强度和感觉量之间的关系的幂定律。用数学公式表示即为：

$$S = bI^a$$

S：感觉量

b：由量表单位决定的常数

a：感觉量和刺激强度决定的幂指数

在日常生活中我们都有这样的感受：当我们左手握有一个鸡蛋，右手握有两个鸡蛋，我们并不会明显感受到两只手的感受有什么不同。这是因为我们人类对外界刺激的感受，并不是随着外界刺激的变化而线形变化的。外界刺激的变化与人类对外界刺激的感受在多数情况下并不成正比关系。

史蒂文斯为了弄清刺激强度和感觉量之间的关系做了大量的实验。他采用的是“数量估计法”（系制作感觉比例量表的一种直接方法）：首先向被试呈现一个标准刺激，例如一个重量（或某一明度），并规定它的出现值为一个数字，例如 1.00。然后让被试以这个主观值为标准，把其他同类强度不同的主观值，放在这个标准刺激的主观值的关系中进行判断，并用一个数字表示出来。以重量实验为例。史蒂文斯先向被试呈现一个重量刺激 1g，并规定它的数量值为 1.00。然后再向被试呈现其他轻重不同的重量刺激，让被试给出一个数值。如果第一个刺激的数值是 1.00，那么这个刺激的数值应该是多少。通过实验，史蒂文斯得出了以下的结果：

物理量	心理量		
	明度	长度	电击
1	1.00	1.00	1.00
2	1.26	2.14	11.3
3	1.44	3.35	46.8
4	1.59	4.60	128
5	1.71	5.87	280
6	1.82	7.18	529
7	1.91	8.50	908
8	2.00	9.85	1450
9	2.08	11.2	2190
10	2.15	12.6	3160

从表中不难看出，随着刺激强度的增加，人们对明度刺激的心理感受的变化不是很大。在我们的日常生活中，你不妨留意一下，当你在调整电脑屏幕或电视机的亮暗光色时，是不是会有这样的感受：调节器已经按了很多下了，但是屏幕的亮暗光色似乎没什么变化。

相对地，随着刺激强度的增加，人们对电击刺激的心理感受的变化却很大，也就是说人们对于电击刺激十分的敏感。

如果我们用史蒂文斯幂定律来解释这一现象，那就是，电击的感觉强度比产生出电击的物理强度增长快得多，因为对电击的感觉通道和刺激强度决定的幂指数 $a=3.5$，电击物理刺激与它的心理感受量之间的曲线关系是一条正加速曲线；明度比光能的增长却慢得多，因为对明度的感觉通道和刺激强度决定的幂指数 $a=0.34$，明度物理刺激与它的心理感受量之间的曲线关系是一条负加速曲线；线段的主观长度和线段的物理长度则有同样的增长率 $a=1$。

跨感觉通道的匹配技术与史蒂文斯幂定律的改进

与韦伯定律和费希纳定律一样，史蒂文斯的幂定律也有其局限性。局限性之一是：史蒂文斯的幂定律不适用于十分靠近阈限的微弱刺激。为弥补这一不足，史蒂文斯在20世纪60年代初又提出了修正的幂函数，即从刺激中减去一个常数：

$$S = b\ (I - I_0)^a$$

这样，幂定律便可适用于全部可知觉的刺激范围。在某些研究者看来，I_0就是绝对阈限值。从I中减去I_0，意味着以阈限上有效单位而不是以物理表中零点以上单位去说明刺激。

其局限性之二是：史蒂文斯幂定律的有效性依赖于被试者能正确地使用数字表示其真正的感觉量。于是便存在着不同感觉通道之间的主观量能否比较？能否调节一个感觉通道中的刺激强度使其主观上感到好像同另一感觉通道中的刺激一样强？为了克服这一局限，史蒂文斯研究了跨感觉通道的匹配技术。这一技术就是指让被试将两个不同感觉通道产生的感觉量相等起来，而不必使用数字去界定一个感觉量。例如，史蒂文斯会要求被试调整施加于他指端的振动强度，使振动的感觉印象和一爆破音的响度相匹配。于是，就可以产生在不同刺激水平上跨感觉通道的匹配，感觉函数的曲线便由此产生。“感觉函数的曲线”是表示某一感觉通道的刺激值与造成相等感觉量判断的另一感觉通道刺激之间的关系。而史蒂文斯所采用的这一方法就被称为“感觉匹配法”。

这样，史蒂文斯又将心理物理法技术推进了一步，用实验证明了不同感觉通道的感觉量是可以匹配的。用数学公式推导如下：

首先，设有两个感觉通道的主观值分别为：

$$S_1 = I_1^m$$

$$S_2 = I_2^n$$

如果主观值 $S_1 = S_2$，则最后的“相等感觉函数”将有以下的

形式：

$$I_{1m} = I_2^n$$

$$\lg I_1 = n/m \lg I_2$$

这样，在双对数坐标中相等感觉函数将是直线，而其斜率将由两个指数来决定。

史蒂文斯定律在心理物理学中的地位及其挑战

由于史蒂文斯定律和费希纳定律一样，都试图描述心理量和物理量之间的关系，即试图建立一个心理物理函数，故而在心理物理函数中，和费希纳定律地位相当的就是史蒂文斯的幂定律。其重要性在于这样一个含义：相等的刺激比例产生相等的感觉比例。由此可以认为，如果所有的刺激强度都按百分比增加或减少，那么感觉变化的比例则保持恒定。

尽管史蒂文斯定律在心理学中拥有如此高的地位，然而世上并没有绝对完美的东西。和所有的科学结论一样，在史蒂文斯幂定律得到充分肯定的时候，同时也受到了一些实验心理学家的挑战。其中较有影响的是"物理相关论"。"物理相关论"（physical correlate theory）是由瓦伦（Warren）在20世纪50年代末至60年代初提出来的，它与史蒂文斯的心理物理定律是针锋相对的。该理论认为，被试作出感觉量的判断时，实际上是根据过去的经验对与刺激相联系的某种物理属性作出的判断。由不同的感觉通道得到的各种变化的幂函数的指数，并不反映不同的生物转换器的操作特点，相反是由被试对不同刺激的特定物理属性的反应所决定的。

对于心理物理函数是服从幂定律，还是把它看作对两个刺激变量之间的关系的描述，似乎现在还不宜作出绝对肯定或否定的回答。史蒂文斯提出的质和量的两类连续体，也可能是区别心理物理函数服从哪个定律的一个条件，虽然现在看来还不是一个十分明确的条件。我们相信在进一步研究的基础上，将会有可以概括更多事实的新的心理物理定律和理论被提出来。因此今天我们在评价史蒂文斯的幂定律时，仅仅是立足于对感觉的直接测量的基础上。

博才多艺——看史蒂文斯其他的成就

解密嘈杂的世界

即使史蒂文斯没有提出幂定律，没有涉及实验心理学方法的研究，他也将作为听觉心理学领域的先驱者而载入史册。这是一项听觉感知的科学研究。1938 年，他和戴维斯合著了《听觉的心理学和生理学》，这本书多年来一直作为该领域的基础文献，其所含的创新元素甚至被许多学者认为是仅次于赫尔姆霍兹的。史蒂文斯对响度的测量方法，听觉定位，音调和强度之间的关系作了重要的研究。1940 年，在接到美国空军的命令后，史蒂文斯在哈佛大学实验室建立了听觉研究实验室，目的是为了研究噪音对飞行员心理动机的影响。为此，史蒂文斯招募了一批才能杰出的学生和同事，他们中的许多人为此项研究作出了重要的贡献。

实验心理学的“《圣经》”

19 世纪 50 年代，对于研究型的心理学家而言，一本标志性的著作出版了，那便是史蒂文斯于 1951 年撰写的《实验心理学手册》。史蒂文斯在序言中描述道：测量就是按照一定的法则、用数学方法对事物的属性进行数量化描述的过程。这是对一切事物的差异进行区分的测量定义。然而这本书并非一开始就被看好的，直到最近，他才被教师和学生们视为实验心理学的“《圣经》”。

功过自有人来说

史蒂文斯的塑像

史蒂文斯定律被一些心理学家认为是“新心理物理学”的开端，而所谓“新心理物理学”就是现代心理物理学。由于史蒂文斯的研究成果得到了实验心理学家的充分肯定，所以公众版本的教科书都会争相引用史蒂文斯的观点和他的幂定律。史蒂文斯的幂定律对数量估计方面的研究是一项有效的综合。幂定律说明了感觉传导者的操作特征，或者将刺激能量转化为神经能以及大脑产生感觉的数学描述；不同感觉通道的指数不同，说明了不同感觉传导者是以能量的不同形式转换的，即其有不同的转换特征。

在心理科学的发展中，史蒂文斯毫无疑问是一个关键性的人物，他的许多贡献直至今日依然在影响着心理学的研究。除了他在听觉和心理物理学领域中所作出的杰出贡献之外，他还为知觉的神经心理学研究和理论的建构指明了方向、铺平了道路。在今天的脑科学家试图加以解释的现象中，有许多都是由史蒂文斯和那些使用史蒂文斯研究方法的人提出的。如果史蒂文斯今天仍然活着的话，我们有理由相信，他将运用现代新技术、使用设计更为精巧的手法去开拓知觉活动的神经机制的新领域。史蒂文斯不仅将他新颖而有力的设想带入了心理物理学的领域，为心理物理学的发展开拓了新的疆域，他还留给人们更多的研究方法上的突破和改进。作为杰出的实验心理学家，史蒂文斯的名字将一直在心理学这片热土上熠熠生辉。

埃莉诺·吉布森："视觉悬崖"与客体意义的知觉

我们在知觉中学习，如同在学习中知觉。

——埃莉诺·吉布森

伊利诺伊州皮奥里亚（Peoria）有着典型的中西部景致，遍野望不到边的玉米地。1910 年 12 月 7 日，埃莉诺·杰克·吉布森（Eleanor Jack Gibson，1910—2002）出生在那里的一个典型的基督教长老会家庭。父亲威廉·亚历山大大学肄业，是一位成功的商人；母亲伊莎贝尔·格里尔，是史密斯学院的毕业生（她的三个姐妹也一样），却一直没有出去工作。小 5 岁的爱米莉是埃莉诺唯一的姐妹，日后也成了职业女性。

12 岁时埃莉诺进入中学，学业表现一直很优异，但她发现如果对此太过张扬，恐怕就找不到男朋友。由于当时的社会不鼓励女性受教育，所以小埃莉诺也十分小心不把自己的天分展现出来。日后的种种经历也是这样，她很看淡自己取得的成绩，只是不断地超越它们。中学毕业后，沿袭家族传统，埃莉诺进入马萨诸塞州的史密斯学院，一所久负盛名的女子学院，"一个不仅允许、并且鼓励女性成为学者、甚至是科学家的地方"。对埃莉诺而言，这个地方影响了她的一生。

初识心理学

在那里，她第一次接触了心理学，在一年的《心理学导论》课程中，每周有一节实验课（后来她教过这门课）。芝加哥学派的玛格利特·柯蒂教授的动物心理学课，也令她非常着迷，特别是学生可以自己做实验。《心理学史与体系》课的老师是埃德温·波林的学生哈罗德·以色列。这些功能主义派的学者给了埃莉诺很大的影响，她的研究体现了功能主义的偏好，即知觉发展是逐渐适应的过程。她在研究生阶段，还一直参加格式塔心理学创始人科特·考夫卡的讨论课。很多学生包括教师都会参加，所以课上不仅能和考夫卡本人请教，一起参加的学生和教师之间也有很多讨论。对埃莉诺的主要影响是考夫卡理论的广度以及他关于"人是知觉事物的"思想。

四年级的《高级实验心理学》课对埃莉诺来说是更为兴奋的。她和詹姆斯·吉布森（James J. Gibson）相识，后者是刚从普林斯顿毕业的年轻助理教授。课上，学生组成小组，每个月都要完成一个实验，从装配仪器、实施实验、背景研究，到报告结果撰写成文，涉及实验过程的方方面面。对她来说，每个实验都是崭新的领域：反应时、学习、记忆、知觉。许多文章都是从那时开始的。从这门课中她获得了做实验的兴趣和与同学们讨论问题的满足，也让她最终决定在心理学的领域继续发展下去。此外，这门课的另一大收获就是爱情。

获得学士学位的第二年，她和她的老师詹姆斯·吉布森成婚。

史密斯学院非常鼓励学生继续研究生学习。1931 年本科毕业后，她又学习两年，一边攻读硕士学位，一边担任助教。

备受阻碍的深造之路

大萧条年代，美国给女性的奖学金很少。1935 年，当她在耶鲁大学继续研究生学习时，史密斯学院提供很少的奖学金，而耶鲁分文不给。

吉布森对动物研究很感兴趣，这也是吸引她学习心理学的原因，所以她希望在罗伯特·耶基斯（Yerkes）的大猩猩实验室工作，但耶基斯直接以性别原因拒绝了她。此外，她甚至都不能使用学校的餐厅、图书馆等日常设施。比起史密斯学院的鼓励思考、男女平等的氛围，这让她很震惊。出于同情，尼桑（Nissen）和雅各布森（Jacobsen）让她协助医学院教授勒布隆（LeBlond）的工作，继续关注比较心理学。然而，在那里她被诬陷失职。而且她在此期间的研究成果却被教授占为已有，用勒布隆的名字发表了文章。

最终，克拉克·赫尔（Hull）接受了她。她能够选择自己的方向，但必须在已经成形的既定假设的理论框架之内，这让她有种说不出的感觉。赫尔当时研究的是小鼠的学习行为，而她希望能从事语言学习和遗忘的研究，这样也可以把赫尔的理论拓展到人类上。对一些关键的概念，她保留自己的意见，没有生搬硬套到赫尔的理论中，所以这些完全成为她自己的东西，也为日后知觉学习方面的研究打下了基础。即使在今天，这个框架对于理解概念的获得仍是重要的。她是拿到赫尔的实验学位的女性第一人，而赫尔也从没有忘记这个出类拔萃的学生。

1938 年，她回到史密斯学院，完成博士论文，并指导几位硕士的论文。由于史密斯学院没有适当的设备，直到第二次世界大战后，

她才有机会继续从事动物研究。1949 年，吉布森随丈夫移居康奈尔。由于当时不少学校不允许夫妻双方同时在学校任职（限制裙带关系），她没有正式教职，便在霍华德·林德尔（Howard Lindell）的"行为农场（behavior farm）"做实验助手。她当时做的项目是探究母亲和它们的幼仔间的纽带联系，选用的实验动物是山羊，因为它们的双胞胎比例很高，可以把双胞胎分别放在实验组和控制组，从出生起便关注它们。也正因为如此，吉布森需要从幼仔出生起就照顾它们，为此，她付出了很多心血。但是第二年春天这项研究却被迫停止，原因是复活节假期后，一些她悉心照料的实验动物被农场主作为复活节礼物送人了。这突然的变故令她非常失望，但当时也没有办法。

尽管经历种种磨难和障碍，但坚韧的性格和对研究的巨大热情让吉布森一次又一次地克服困难，从绝望中寻找希望。这其中丈夫詹姆斯的支持也是不可忽视的因素。

"吉布森＋吉布森"

他，是普林斯顿的毕业生；她，是史密斯学院的高才生。他，是她的老师；她，是他的学生。当时的大学校园里，"师生恋"是不被鼓励的行为，但是他们，成了"异类"。他们初识于学院的一场家长接待会上，第二天就有了第一次约会。1932 年夏天，埃莉诺回皮奥里亚看望父母，詹姆斯意识到自己无法和她分开。于是他驱车前往伊利诺伊州，一直等到埃莉诺的父母同意他们的婚事。9 月 17 日，詹姆斯和埃莉诺成婚。詹姆斯日后回忆道："为什么一个魅力四射的女孩选择嫁给一个穷教师而不是百万富翁？因为学术生活更吸引她。她希望在学术上有所发展，而不仅仅是流连于派对舞会。"婚后埃莉诺成为他的助手。1933 年她在他的指导下完成有关倒摄抑制的学位论文，获得硕士学位。他们对很多问题都持有相似的观点。她早期发表的一些文章署名埃莉诺·G. 埃莉诺，后来才改用埃莉诺·埃莉诺·

吉布森。在那个年代，已婚女性不会保留自己的姓，妻子的职责就是“和丈夫保持一致”。他们有两个孩子，生于 1940 年的小詹姆斯和 1943 年的琴（Jean），日后分别成了医生和经济学家。

将家庭置于自己事业之上的吉布森暂时放下自己的研究（尽管她自己并不认为那是一种牺牲）。1942 年她跟随丈夫搬到了福特沃思（Fort Worth），然后是加州的圣塔安娜（Santa Ana）生活了两年半。詹姆斯在空军基地做研究，她也有机会参与诸如如何训练提高飞行知觉、在长直线跑道上如何知觉距离、目标和观察者同时运动时如何定位目标的讨论。在此期间，她没有教职，主要扮演妻子和母亲的角色，每天有大量的家务，对孩子们倾注了大量的心血。所以周末的“学术讨论”对她而言是格外珍贵的机会，了解和交流心理学信息和观点。但是，她不满足于仅仅“相夫教子”的生活。战后，吉布森夫妇双双回到史密斯学院任教。

1949 年，詹姆斯赴康奈尔大学任教，埃莉诺成为他的实验助理，但是没有薪水，这意味着她的研究经费没有任何来源保障。这种情况持续到 1965 年有关“裙带关系”的禁令被解除，她终于得到了正名。他们成为康奈尔校园里第一对“教授夫妇”，她也终于可以完全专注于学术，而不被那些因为性别偏见而人为设置的障碍所分心了。

当吉布森夫妇双双成为蜚声世界的心理学家后，詹姆斯这样描述他们之间的关系：“学术上我们有合作，但不是经常的事，而且也不是那种通常意义上的‘夫妻档’。与人们对科学家夫妇‘夫唱妇随’的想法不同的是，我们总有争论不完的看法，因为我们受不同的思想影响。”思想的碰撞中想必会有巨大的发现，因为詹姆斯的一项重大成就——知觉的生态理论，正是建立在他们 1955 年共同的有关知觉学习的理论基础上。

尽管在学术上常有分歧，但他们在深层信念上是一致的：有相同的道德准则；崇敬同样的人。当然，也讨厌同样的人——光说不干的和自命不凡的人。1979 年，詹姆斯永远地停止了有关知觉的思索，也永远地离开了挚爱的家人。尽管几年前埃莉诺建立起自己的婴儿研究实验室，她还是义无反顾地投身于丈夫生态心理学研究的延续上。

经典的"视崖实验"

这项始于20世纪50年代中期、与理查德·沃克共同完成的研究是吉布森学术生涯中最为世人所知的成就，照她自己的话说，那是"我所做过的最有意思的实验"。直至今日，众多心理学教科书仍不吝笔墨地对其进行介绍。

这个在心理学史上占有重要地位的研究还要从在行为农场的一次接生山羊的经历说起。她刚完成第一头小山羊的清洗，第二头就要生出来了。她正不知所措时，农场主说："把它放在台子上。"那是一个一英尺见方的高台。她担心"它不会摔下来吗"，农场主向她保证不会。她把那只还湿湿的小东西放在台子上，它稳稳地站在上面，还不时环顾四周。看来，山羊有与生俱来的在悬崖边幸存的能力。

四年后沃克到康奈尔，他们一起进行了许多比较研究。偶然地，她提起她们一家从加州驱车东行的途中，在大峡谷边野餐，担心当时两岁的孩子会掉下悬崖（这样的情况当然没有发生）。于是他们萌发了模拟"悬崖"的实验构想，探究对深度的知觉到底是先天的还是后天的。

视崖装置类似于一张桌子，桌面是一块厚玻璃。中央有一个0.3米宽的容纳婴儿的平台，两边玻璃下铺着同样红白相间的格子布料：一边紧贴玻璃，形成"浅滩"；另一边与玻璃相隔数尺，形成"悬崖"。他们首先对在黑暗环境中成长的小鼠进行悬崖实验，接着又做了鸡、羊、狗、猫。实验动物被放置在中间板上，观察它们能否区别浅滩和深渊，以避免摔下"悬崖"。结果发现它们天生地能感知避免摔下。

自然地，他们想观察人类婴儿的情况。他们在当地报纸上登载了

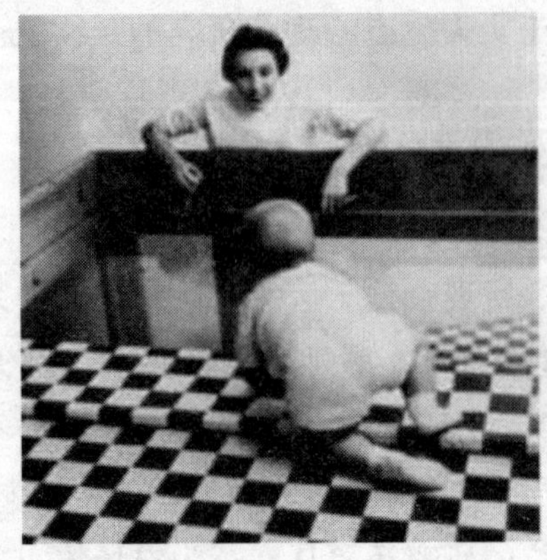

“爬行宝宝（crawling baby）”的广告，提供报名专线给想让他们的孩子参加实验的父母。吉布森的一些同事一开始并不看好，因为父母恐怕孩子会受到惊吓。但实际上反响很大，在告知实验内容后大多数父母都带着孩子来了。虽然学会爬行的时间各异，但实验中他们只是关注孩子的爬行行为。实验中，婴儿被放在桌面的中间板上，让婴儿的母亲先后站在装置的“深”、“浅”两侧召唤婴儿，观察婴儿是否拒绝经过有深度错觉的“悬崖”一边爬向母亲，借以研究婴儿的深度知觉的发展。结果显示，36 名孩子中只有 3 名爬过了“悬崖”。虽然他们不能断定避免悬崖的倾向是先天的，因为婴儿在 6—10 个月大，但是他们都不太可能有过相关经历。父母也没有给过他们有关的指导。值得一提的是，在实验的过程中他们也没有发现婴儿流露出明显的害怕迹象，只是避开“悬崖”。

“视崖实验”的意义不仅在于试图回答深度知觉的先天性问题，这个实验方法本身就是开创性的：因为不可能在真的悬崖边进行，吉布森和沃克发明的模拟装置很好地解决了这一问题。甚至在今天，它在儿童发展、认知甚至心理健康等研究中仍发挥着重要的作用。当然，由于婴儿的身体协调性还没有发育完全，最好还是不要让孩子处于“悬崖”边的危险之中。

研究方法的进步

许多人因为"视崖实验"记住了吉布森和她开创性的思路，而事实上，这只是她对知觉发展领域研究中的一项。无论是在此之前和之后，无论客观条件理想与否，她的脚步从未停止。

20 世纪 50 年代进行的一项有关训练对距离判断的影响的研究，由于她没有自己的实验室，不得不在室外进行（而不是像传统上在桌上或是走廊里）。事实上，对实验本身而言，反倒不是件坏事。当时的康奈尔校园还没有挤满建筑物，他们就在暑假期间借用了校园里的一个运动场，整整 3 个夏天。他们称之为"露天心理物理学（open-air psychophysics）"。三个实验都是依照传统心理物理学的方法程序，所不同的是在"真实环境"下进行，就显得很特别了。另外，实验中的一个重要变量是引入了心理物理学范式的"刻意训练"。通过上述实验，她了解了心理物理学的一些方法，对如何设计一个知觉实验的训练的重要问题也有了些深入的看法，更不用说逐步用一种新的角度审视知觉。这对她日后进行婴幼儿知觉发展的研究作了准备。

儿童知觉和阅读的发展

进入 20 世纪 60 年代，吉布森的研究转向了儿童的知觉和阅读的发展。"知觉学习"一词不是吉布森的发明，但是她，第一个对此作出描述和解释。在她之前，专家普遍认为，人类婴儿需要很长时间才能做出知觉判断——即使是最简单的那些方面。吉布森夫妇支持和发展了"知觉的差别理论"。该理论认为：关于世界的信息是很大量的，知觉最初是模糊的、未经提炼的，通过对它们的细分和差别化使不同刺激得到不同的反应。学习的过程是辨别而非联结。这提示了儿童在成长过程中面对遇到的各类刺激会做出越来越细化的辨认。而从事某些特殊职业（如品酒师、芭蕾舞者）的成人通过这样的知觉学习过程掌握更多的辨认技巧。知觉学习表现为从外界环境中提取信息的能力的提高，这种学习是个体的练习与生理成熟相互作用的结果。

知觉学习理论分为三部分：学到了什么、涉及的过程、选择学到什么内容的因素。吉布森认为第一个最重要，因为知觉学习（对于知觉学习的效果，而不是语词材料学习或记忆的反馈）被现代心理学严重忽视。"学到了什么"指的是事物的独特的差别、事件的不变量和两者更高层次的结构。

动机在该理论中也是很重要的，因为毕竟知觉和学习都是选择的过程。知觉是对信息的搜索，一个特别在幼年动物（包括人类婴儿）明显体现出的内在的动机，也就构成了知觉学习的基础。而"选择学什么"在于对更经济的结构的发现，诸如构成所有转变的特征、变量，那些在现有结构之上的更高层次的结构。这即是"不确定衰减理论（reduction of uncertainty theory）"。

在年轻的时候，吉布森不曾想过从生态角度看待知觉，因为她是天生的行为主义者。但深入研究婴儿知觉什么和它们怎样认知世界让她转变了些想法。知觉是认识整个世界的知识的基础，在能动搜索知识的探究行为中也起了重要作用。它日益成为生态学角度的研究主题。

吉布森对于阅读发展的研究有些偶然。20世纪60年代初，她在普林斯顿学院时已经坚定了主攻知觉学习的方向。她在康奈尔的同事哈里·利文和阿尔弗雷德·鲍德温邀请她加入一个筹建中的研究阅读过程的跨学科协会——"阅读工程（Project Literacy）"。起初她有些犹豫，因为她希望专注进行知觉学习的研究，当她发现两者可以同时进行时，就答应了下来。在研究过程中（从1965年在《科学》杂志上发表的第一篇相关文章，到1977年一场有关阅读和认知的学术会上），她对阅读的看法经历了很大的变化。起初她认为"经济"的阅读的关键在于书面和口语系统的一致性，而渐渐地，她转向生态学视角，认为文字材料都包含一些不变的东西（如语义和句法），人通过知觉学习将其抽取出来，进行更"经济"的阅读。同时，这个领域本身的关注度也越来越高。

在吉布森看来，阐述阅读技巧的认知和获得过程的《阅读的心理学》（1975）（与哈利·利文合著）一书是对她有关知觉发展研究的总结，从某种意义上说是一场战斗的胜利。阅读的实验研究已经走出了停滞状态，正健康繁荣地发展着。另外，她也终于有了自己的实验室，可以进行她感兴趣的其他方面的研究了。

最后一次涉及阅读的实验是 1982 年在北京 6 周访问时，她被邀请给中国的一些心理学家讲授新近理论和研究技术，弥补刚过去的 10 年浩劫的影响。一些人希望她能做个实验——汉字"斯特鲁普（stroop）"实验。结果同之前英语实验一致：这个效应在很早（二年级）就出现，随着知识水平的增长也不再有更明显的效应。处理的细节可能因语言而异，但整个阅读的知觉过程是十分相似的。无论语言规则如何，意义搜寻是普遍性的。

荣誉和著作

她任教于康奈尔大学，直至 1979 年退休。她工作的实验室以她的名字命名，系里的一项重要会事也冠名"埃莉诺和詹姆斯·吉布森讲座"。退休后，她依然活跃在学术领域，在包括宾夕法尼亚大学、南卡罗来纳大学、康涅狄克大学、艾默里大学和明尼苏达大学等著名大学访学和研究。

她曾任美国东部心理学会主席，美国艺术及科学研究院、国家教育研究院成员，美国科学促进会会员以及英国心理学会名誉会员，1971 年当选为美国国家科学院院士。她被包括史密斯学院、三一学院、南加州大学、埃默里大学、哥伦比亚大学和耶鲁大学在内的许多顶级大学授予荣誉学位，获得美国心理学会（APA）的杰出科学贡献奖（1968）、终身成就奖（1986）和国家科学最高荣誉——国家科学奖章（1992）等荣誉。

即使在晚年身体健康水平下降的情况下，吉布森对研究依旧充满热情，她仍坚持阅读和评论新近成果和进展。2000 年与皮克（Anne Pick）合著的《知觉学习与发展的生态学方法》阐述了知觉发展理论的演变，并结合了当时对婴儿知觉发展的研究。她的回忆录，《客体意义的知觉：两个心理学家的肖像》就是在去世前几个月完成的。2002 年 12 月 30 日，埃莉诺·杰克·吉布森逝于美国南卡罗来纳州哥伦比亚，享年 92 岁。

璀璨耀人的人格魅力

在那些瞩目的成就和荣誉之后，是吉布森更为璀璨的人格魅力。儿童发展学家斯佩尔克（Spelke）在吉布森的一本书的序言中写道："从她身上，我们学到了学术地位和设备经费造就不了科学家，无论它们对科学研究多么重要。"她的丈夫詹姆斯·吉布森谈到她"不会太在意谁获得了荣誉，其中的思想才是最重要的"。她的学生皮克（Pick）说道："虽然她未被授予一个正式的'导师奖'，但作为她学生的我们可以证明她无数的荣誉依然无法反映她学识和品格上的卓越。"

成长中遇到的磨难养成了她的坚韧和宽容——一个看似矛盾的组合：在"女子无才便是德"的氛围下，她历经艰难，一次又一次地证明自己；对于那些不合理的条条框框，她从来不低头顺从；她想到的不是如何验证自己的理论，而是如何接近真相；她不回避别人的反驳，如果她觉得确实有道理；对于她所经历的那些不公，她也只是一笑了之。吉布森的一生正如她关于"先天—后天"问题的阐述：人的发展是基因和环境共同决定的。人不是被动地接受命运的安排，而是能动地改造着环境。无论面对的是多么恶劣的情形，总是有出路的。

坎贝尔："进化认识论"的奠基人

一个非常了不起的，或者说是最伟大的实验心理学家和方法论者——唐纳德·坎贝尔。

——《美国心理学家》

唐纳德·坎贝尔（Donald Thomas Campbell，1916—1996）是美国实验心理学家、哲学家，以认识论和方法论的研究而著称于世。他创造了"进化认识论"这一自然科学的哲学，并发展了关于人类创造力的自然选择理论。

光辉的一生

坎贝尔于1996年5月6日因结肠癌手术并发症在宾夕法尼亚州伯利恒去世，除了妻子芭芭拉，他还遗下与前妻生的两个儿子马丁和

托马斯，以及加拿大的一个妹妹路易斯，还有两个孙子。在去世的前一天，他还在医院的病床上与一位同事在电话中探讨医学社会学，尽管从手术并发症之后坎贝尔就很虚弱，但他仍然在思索并给出那位同事自己的建议——在以医院为背景下研究病人、医生与护士之间的相互作用。虽然坎贝尔是一位拥有巨大成就和崇高地位的社会科学家，但是他并不骄傲自大、目中无人，相反，却是一位处处为他人着想的良师益友。

坎贝尔出生于密歇根州一个农民家庭，母亲名叫黑兹尔·坎贝尔，父亲阿瑟·坎贝尔是一个农艺师。坎贝尔全家曾经迁居到怀俄明州的一个养牛牧场，后来又迁居到加利福尼亚，他父亲在那里找到一份农业推广代理的工作。1934 年，坎贝尔高中毕业后并没有继续深造，而是在加州一个火鸡农场工作了 1 年，每个月包食宿还赚 40 美元。家人告诫坎贝尔要多获得些生活经验，于是他在圣贝纳迪诺谷联盟初级学院继续他的高等教育学习，随后又转学到加利福尼亚大学伯克利分校，并于 1939 年与妹妹法叶特分别以第一和第二名的成绩毕业。随后，坎贝尔在伯利克分校攻读心理学博士，但第二次世界大战期间，他中断学业去了美国海军预备役，作为一名海军上尉为战略服务办公室的调查分析部工作。战争结束之后，他又返回伯克利分校继续学业，并在 1947 年获得该校心理学博士学位。

在 1947—1950 年间，坎贝尔任教于俄亥俄州立大学，之后又去了芝加哥大学，并在那里待了 3 年，最终他在 1953 年接受了美国西北大学心理学系终身教授的职位。在西北大学 26 年的任期中，坎贝尔开始在心理学领域出名。在那儿，他和妻子洛拉一起抚养了两个儿子，培育了数批社会心理学、方法论和社会评价方面的博士研究生，并且发表了他最具影响力的 200 多篇学术研究论文，研究重点集中在行为主义、现象学、逻辑实证论、文化相对论和社会生物学上。在这一时期，坎贝尔还作出了更有重要意义的科学贡献，1959 年出版了与菲斯克合著的《多特性多方法矩阵的收敛和判别式证明》，以及

1963年与斯坦利合著的《实验和准实验研究设计》。1970年，坎贝尔获得美国心理学会颁发的杰出科学贡献奖。1973年，他被选为国家科学院院士，并在1975年出任美国心理学会主席。

1979年，坎贝尔离开美国西北大学，接受了纽约董事会艾伯特·施韦策教授的邀请就职于锡拉丘兹大学麦克斯韦尔学院。几年后(1982年)，他又去了里亥大学担任社会学、人类学、心理学和教育学的名誉教授，并设立了“唐纳德·坎贝尔社会科学研究成果奖”。他的第二任妻子芭芭拉·弗兰克尔同样是里亥大学社会学和人类学的名誉教授。1994年，坎贝尔从里亥大学退休，但是仍继续从事研究。在他的退休庆祝宴会上，到场的同事涵盖了心理学、生物学、哲学、人类学、社会学、教育学和法律学等领域。

坎贝尔在他的职业生涯中曾多次获奖，除美国心理学会颁发的杰出科学贡献奖外，还曾荣获美国教育研究协会颁发的教育杰出贡献奖，社会心理学的社会问题研究库尔特卢因纪念奖，社会实验心理学的杰出科学家奖，以及哈佛大学授予的威廉·詹姆斯讲座职位。此外，他还获得来自密歇根大学、芝加哥大学、佛罗里达大学、南加州大学和奥斯陆大学以及其他一些大学授予的名誉博士头衔。

伟大的成就

坎贝尔是进化哲学和社会科学方法论的重要思想家之一，同时也是社会科学方面的文献被援引最多的作者之一。正如媒体对他这样的评价:“一个非常了不起的，或者说是最伟大的实验心理学家和方法论者。”

进化认识论

坎贝尔在1974年提出了“进化认识论 Evolutionary Epistemology”一词，并且是这个领域的奠基者。他对知识的总体进化和个体认识的

发展进行了全面的阐述，从而形成了一套比较完备的认识理论。坎贝尔并没有试图重新描述知识进化的总体过程，但他对认识个体由“基因突变”到个体认识的形成过程进行了深入而系统的说明。

坎贝尔意识到，有机体进化与文化进化之所以彼此相似，是因为它们都是“演化的系统”，而对于所有的演化系统而言，都存在着复制单元的盲目变异和对其中变异的选择性保持，以及对另一些变异的选择性淘汰。更为重要的是，对于“文化积累”作这种类比，并不是从有机体进化本身推演而来的，而是从“进化的一般模式”推演而来的。

中年思想成熟时期的坎贝尔

“盲目变异”和“选择性保留机制”成了坎贝尔关于普遍进化论原理的第一个原则。他强调，知识最初只能通过反复试验而发展，而“盲目的变异与选择性保留对于所有的归纳性成就，对于所有真正的知识增长以及对于所有的系统对环境的适应，都是基本的”。一开始的时候，产生潜在的新知识的过程是盲目的。这里，进化之所以是“盲目的”，就基因层次上说，它是一种随机突变；而就知识层次来说，当一种新知识产生时，认知主体并不能预见到他们会发现什么，只是在盲目的进行“试错”。在试错过程中，好的变异会保留下来，不好的变异就会被淘汰。探索总是在黑暗中进行摸索，只有这样，才有多样性的变异。坎贝尔总结说：“我自己在科学探索时不可避免的浪费、不确定的间接性发现和更多再认的偶然性，都能体现盲目变异和选择性保留的认识论。”

沿着这个思路，坎贝尔又补充了从知识发展的自然选择中派生出来的机制，即多层次控制与选择机制。首先是“受托选择机制”。坎贝尔用"替代选择"来解释最初的盲目试验如何发展成由更早的知识来指导的智能搜索。他认为，一旦"合适的"知识保存于认识主体的记忆中之后，新的试错就不再是盲目的了。在这些知识进入"生存竞争"之前，它们尚未经受环境的选择，这时它们还是主体内部的主观观念。但主体会把它们与某种已保存下来的知识相比较，从而进行内部选择，然后再交由环境来选择。因此，已有的知识作为选择者起到了受环境之托的"受托选择器"的作用，它对新的知识加以筛选。而新知识也替代性地期望被环境所选择。在这个意义上，新产生的知识可被看作"替代性的选择者"。

下一步是将替代性的选择者组织成为一种"有序的结构"。通过内部选择而被保留下来的"替代性的选择者"如果能够进一步经受住其他的内部选择的话，就有可能发展为多层次的、更加高级的适应性更强的系统——"套巢层次结构"。当知识的变异被组织成为有序的结构之后，就标志着知识个体的形成，从而具备了在生存竞争中接受环境考验的条件。

以上三个基本思想是坎贝尔对知识个体的形成过程的描述。有一种批评认为，坎贝尔对创造知识变异的各种具体机制，特别是通过内部和外部选择被保留下来的知识被存储和组织的方式，以及决定何种知识被选择、何种知识被淘汰的标准等许多细节性问题，尚未做仔细的考察。

坎贝尔在对所谓"下向因果关系"的分析中概括了层次组织的替代性选择。下向因果关系是他提出并被他普及的一个术语。他提出："所谓下向因果关系原理，就是处于低层次的所有过程均受到高层次规律的约束，并遵照这些高层次规律行事。"这是因为，"下向原因是一种自然选择和控制的间接变体，它是由进行选择的系统所造成的原因，这些系统编织着直接的物理原因的产物"。因此，正是下向因果作用激活了或抑制了低层次的某些物理的力，从而影响到其组成部分的行为活动与功能。坎贝尔以白蚁和蚂蚁的兵蚁的颚骨结构为例来说明下向因果作用。他认为自然选择是造成这种颚骨结构最优效率的一个原因，而这也就是一种下向因果作用的表现，以及对微观组成部分的特征的一种说明。

坎贝尔进一步将这种进化哲学运用于解释社会系统的发展。他认为文化演变是必然的，存在于文化进化和生物进化之间的必要的张力可以解释原始社会组织和宗教的产生。他用这样的视角去为“进化伦理学”的发展进行辩护，同时指导我们不用借助于“独断的”形而上学的原则。他也将这样的视角应用于现今社会的一些问题。他赞成替代选择型的社会组织，而不是落入纸上谈兵的“乌托邦设计”的陷阱。

1975 年，坎贝尔在向美国心理学会所做的题为《生物进化与社会进化之间的冲突》的主席就职演讲中明确指出：“如果说在当今的心理学领域中，一如我所宣称的那样，还存在着一个一般的背景性假设，即由生物进化所产生的人的冲动，无论从个体角度还是从社会角度来看都是正确的和最可欲的，而那些压抑性或抑制性的道德传统则都是错误的，那么依我个人之见，亦即从一种大科学的视角来看，这一假设现在却可以被视作一种科学上的谬误；而这种大科学视角则源自于对人类遗传与社会系统的进化的综合考察……实际上，我们还没有充分理解那些可能具有无比重要价值的社会—进化的抑制性系统，但是心理学却有可能成为侵害那些极有价值的抑制性系统的帮凶。”

方法论

坎贝尔专门从事方法论的研究并且出版了多种论著，其中最有影响的是这样两部著作：《多特性多方法矩阵的收敛和判别式证明》(1959) 和《实验和准实验研究设计》(1963)。1979 年，坎贝尔和他西北大学的同事库克深化拓展了关于准实验的研究，发表了《准实验：现场情境的设计与分析问题》。这些著作和论文一起构成了教育实验研究领域的经典性文献，尤其是在评估诸如提前教育等社会干预程序的领域。坎贝尔大体上确定了教育实验研究的设计模式以及教育实验的基本特征。

《实验与准实验研究设计》一书着重探讨了所谓"真"实验与随机组成的实验组和对照组之间的比较；而且，在真实验由于实际或道德上的原因不能使用时，便推荐使用准实验。当心理学家离开实验室做"现场实验"时，"坎贝尔和斯坦利"几乎就成为他们的《圣经》。此书在第一次出版后的8年中共卖出了10万多本；在1990年，已有超过3000次的被引用。准实验研究设计的出现使得社会实验研究进入标准化，尤其是在对社会政策的评估方面。坎贝尔试图建立一个"实验性社会"，所有的方针政策在实施前都将通过标准化的测验。在跨领域的社会实验中，准实验设计同样有着高度的影响力。

晚年孜孜不倦探索的坎贝尔

坎贝尔的"随机实验式方法"是随机抽取研究人群作为实验对象，通过实验组和对照组的比较，验证某个方法是否有效。在实验的设计上，必须排除除实验假设外可能出现的任何其他的解释，以保证实验的内部有效性。然后又必须发现对实验组的研究成果可否推广到其他人群，即是否具有外部有效性。而要保证这些有效性，就必须排除各种干扰性因素，即各种"偏差"。

坎贝尔还以此确定了智力的评估方向。例如，他提醒我们作为研究者和评估人员的目标，就是要通过最简单的手段排除对抗竞争的臆测。他最被人熟知的是他的准实验设计模型，主张使用实验的方法进行评估。但坎贝尔并没有认为准实验设计就一定优于其他方法。在它变得时兴之前，他就强调定性的方法和共识的运用。在他看来，方法必须遵循问题。他多年前就提出了“三角测量”的概念。认为每个方法都有它的局限性，心理学研究需要运用多重方法。

坎贝尔的三角测量检验方法是对研究方法的多元化实践。“三角测量”的概念源自于航海和军事领域，指的是测量者借用三角几何的原理，通过两点的位置测定不在同一直线上的第三个点的位置。在社会科学研究中，三角测量指的是运用两种或两种以上的方法更准确地确定研究对象，由此可以排除方法的误差，从而更为准确地反映研究对象的本质。

总起来说，坎贝尔有着多方面的研究兴趣和成就，其中最主要的有：（1）自然选择模型，即进化认识论。（2）多元视角的方法论。（3）智力活动的多层次分析单元，如坎贝尔的一个自称为“古怪的论文”的研究——“全知的鱼鳞模型”。此模型将科学研究形容成鱼身上重重叠叠的鱼鳞，每一个都代表着独特的研究领域。正如他自己表述的那样：“全知的鱼鳞模型代表了解决办法，通过局部的重叠模式建立集体的全面性，每个局部就好像每个‘鱼鳞’。”（4）基于格式塔心理学角度的模式匹配，特别是相关的跨文化研究。（5）基于“语境”的视域，无论是经验研究还是文化研究。（6）方案评估以及准实验设计。所有的这些主题坎贝尔一直持续研究到20世纪90年代。在坎贝尔退休的时候，他的学生们写了《科学调查与社会科学》一书以示对他的祝贺和敬意。

跨领域的科学巨人

坎贝尔是一个跨领域的科学巨人。曾经被推选为全美科学技术界最有贡献的“三位心理学家之一”。他强调要将自然科学和心理学之间建立起桥梁，要从根本上把科学带到实用领域，并且把心理学和其他社会科学应用到解决团体之间冲突的问题上，并且更进一步尝试把科学方法应用于解决评估社会改革问题等更为广泛的领域。

米勒："认知革命"的旗手

在使用"认知"这个词语时，我们的目标是远离行为主义。我们想找一个"心理"性质的术语，但是"心理的心理学"似乎太累赘。"常识心理学"给人的暗示是某种文化人类学的研究。"民族心理学"暗示了冯特的社会心理学。那么使用什么术语来表示我们的观点呢？我们的选择是"认知"。

——米勒

午后的哈佛宁静安详，阳光穿过树叶的缝隙在地面洒下斑驳的光点。微风拂过，光点也随之泛起涟漪，如同在地面上律动的金色旋律。这条小道，一到傍晚时分便成了热恋男女谈情说爱的绝佳去处，因而即便是空无一人时空气中也弥漫着温柔的浪漫情调。远远而来，一个人影逐渐清晰，他看上去40多岁，身姿挺拔，步履矫健，尤其是那双眼睛，炯炯有神，似乎有一种洞察一切、无畏无惧的睿智和坦荡，但

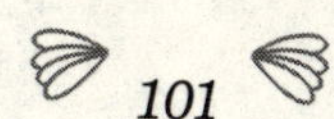

今天这双眼睛却似乎蒙上了一层阴影。路上行人，见到他都停下脚步，频频颔首致意，足见他在这所世界闻名的高等学府的声望和地位。他在思考，不，更确切地说，他在挣扎。一切必须要改变，自己要改变，现有的格局更要改变。如果不冲破那堵墙，墙那边的广阔天地将永远难见天日。但是，如果自己站出来，则有可能为万夫所指，甚至丢掉已经拥有的一切。是安于现状，做一个忠诚的追随者，还是义无反顾，做一个首当其冲的“叛教者”？这个问题已经困扰了他多日，今天，他觉得应该有一个答案了。他，就是乔治·A. 米勒（George Armitage Miller，1920—），哈佛大学的心理学教授。不久之后，一场轰轰烈烈的“认知革命”席卷了整个心理学界，而他，正是这场风暴的旗手。

无心插柳，初露锋芒

1920 年 2 月 3 日，米勒出生于西弗吉尼亚的查尔斯顿市，并在那里长大。父亲乔治·E. 是一名工程师，母亲弗罗伦斯·A. 米勒也是受过高等教育的女性，因而米勒从小就受到了良好的知识熏陶。值得一提的是，米勒的家庭信奉基督教，这使得米勒很早就在心里种下了“唯心主义”的种子，正如他在回忆录中所说：“因为是在信奉基督教的科学家家庭中长大，我从小就学会避开药物，如果碰到恶魔，我会认出他来。”无怪乎刚开始时米勒对于心理学不以为然，甚至有点厌恶，看到心理学教科书里面有大脑和其他器官的插图，他会对此嗤之以鼻。在当时的他看来，这种所谓的用科学方法研究人类心理的发生、发展的科学，无非是给本质上唯心主义的东西套上了唯物主义的外套，实际上是在完成不可能完成的任务，寻找根本不存在的答案。但他万万没有想到的是，恰恰是这门在他当时看来毫无意义的学科，竟成为他日后乃至终生的事业所在。

像许多闻名遐迩的伟人一样，米勒的人生轨迹在大学时代便确定了方向，或者更确切地说，大学是米勒学术人生的真正起点。但是与那些伟人不同的是，米勒日后为之奋斗的方向却并非自己最初的选择。他于1937年进入华盛顿大学，次年转入亚拉巴马大学，主修语言学，并于1940年获文学学士学位，次年获语言学硕士学位。若不是机缘巧合，米勒的名字也许现在会被冠以文学家或者语言学家的头衔，那样，心理学的璀璨星空将会遗憾地失色不少！

米勒与心理学结缘颇有些水到渠成的"宿命"意味。脱离了基督教家庭的大学生活，系统完善的教育体系，以及日渐开阔的视野，让他逐渐从"唯心主义"的框架中挣脱出来，世界观发生了巨大的转变。不光摒弃了对心理学鄙夷厌恶的态度，而且对这门研究人心的神秘学科逐渐萌生了兴趣。在阿拉巴马大学求学期间，他经常参加心理学讨论会，对心理学的了解日益加深，但真正走上心理学之路，却纯属无心插柳。这就不得不提到米勒生命中的两位"贵人"了，其中一位，正是他当时的女友，也是日后的妻子凯瑟琳。

若不是受凯瑟琳的影响，当时还在读大学二年级做着文学梦的米勒，也许不会去参加那次非正式的心理学讲座，也就无缘结识生命中的第二位"贵人"，也就是那次讲座的主讲人——唐纳德·拉姆斯德尔教授。有时你实在不得不感叹人生机遇的玄妙，真实的人生往往比任何精心编织的故事都更不可思议，耐人寻味。正是那次讲座让米勒和拉姆斯德尔教授彼此都留下了非常深刻的印象，颇有相见恨晚之感。拉姆斯德尔教授的博学让米勒折服，也让米勒真正领略了心理学的巨大魅力，说拉姆斯德尔教授是米勒的心理学启蒙者毫不过分。而米勒虽非心理学专业出身，但是对心理学的兴趣和热情丝毫不亚于心理学专业的学生，更可贵的是在很多方面见解独到，这让见惯了循规蹈矩、墨守成规的弟子的教授对他赞赏有加。于是，当亚拉巴马大学正好有一个心理学讲师的职位空缺时，顺理成章地，拉姆斯德尔教授推荐了米勒。而这时，米勒已经完成了语言与交流硕士学位，并且和凯瑟琳组成了家庭，还成了两个孩子的父亲。虽然从未接受过心理学的系统教育，更没有正式的授课经验，但已为人夫、人父的米勒需要一份工作，所以很快便成为一名普通的心理学讲师。在长达一年的时间里，他每周授课 16 小时，重复讲授同一内容 16 次之多，这虽然让他身心俱疲，却无形中为他填补了自身心理学理论知识的缺口，真正意义上实现了和心理学的“零距离”接触。就这样，从未专修心理学的米勒在无师自通、教学相长的情况下正式进入了心理学领域，此后一发不可收拾。从文学和语言学转而进入心理学，米勒演绎了人生的第一次“变奏”。

“离经叛道”，天性使然

年轻气盛的米勒当然不甘心在亚拉巴马大学当一辈子的普通心理学讲师。如果说这一年的讲师经历是他进入心理学的跳板，那么跳板的使命已经完成。前一步是跨越，从一个领域到另一个领域，下一步就是攀登了，从山脚到山顶的艰难跋涉。1942 年，他接受母校一位资深心理学教授的建议，去哈佛大学学习研究生课程。心理学的高等学府，给他提供了充分的研究资源，在哈佛的心理声学实验室，他潜心从事军用雷达电话系统方面的研究，并于 1946 年以心理声学研究为题，获得心理学哲学博士学位。这是米勒的第一个心理学学位，也是他所获得的最高学位。

如果说亚拉巴马的讲师经历让他正式进入心理学领域，那么哈佛的研究生学习经历则让他正式进入心理学的研究领域。获得博士学位之后的 14 年时间里，他辗转于哈佛、普林斯顿、麻省理工等一流大学，一边从教，一边进行语言及交流方面的实验研究。1948 年，米勒应哈佛大学之邀担任助理教授，讲授语言沟通方面的课程，1950 年，为了研究语言沟通的数理理论，曾专程赴普林斯顿大学高级科学研究所做访问学者一年，次年，进入麻省理工学院林肯实验室做研究。1950 年晋升为哈佛大学副教授，三年后升为教授。

此时的米勒可以说是平步青云，前程似锦，名望、地位、舒适的生活……他知道，就这样安于现状，顺其自然地走下去，自己的名字也会被载入心理学史册，受到世人的顶礼膜拜。但长久以来似乎总有什么在困扰着这个执著而倔强的学者，让他无法高枕无忧地享受现在拥有的一切。虽然身为学者，必须保持严谨稳重的作风，但已过而立之年的米勒却仍然童心未泯，经常喜欢搞些恶作剧。天性叛逆、不受拘束的他隐隐感觉到自己好像被一条无形的锁链套住，不能挣脱，这种感觉让受不得拘束的他很不舒服。随着研究的不断深入，领域的不断拓展，这种被束缚的无助和不安感不断扩大，越发强烈，像病毒一样侵蚀着他的内心。

一直以来，米勒都是一个不折不扣的行为主义者，更确切地说，他不得不做一个本分的行为主义者。那时，行为主义已经主宰美国心理学界 40 年了，而且达到了鼎盛时期，所有的心理学学术机构、专业团体、研究资源和出版物都被行为主义垄断。行为主义已然成为无可辩驳的心理学主流，几乎所有的心理学研究者都遵从行为主义的研究模式，沿袭行为主义的理论框架，采用行为主义的研究方法，米勒也不例外。因为一旦脱离行为主义心理学的研究路线，可能在心理学界连立足之地都没有。米勒本来也是认同行为主义研究取向的，但是对动物毛发和皮屑的过敏让他无法再长期从事实验室的动物研究，而且，经过对当时的学习理论、信息理论、心灵的计算机模型的考察之后，米勒得出结论，认为行为主义不会产生什么有益的结果。更重要的是，长期从事语言和交流方面研究的经历，迫使他对人类的记忆和高级心理过程进行思考，特别是对人类的思维产生了强烈的兴趣。1951 年，米勒出版了一本里程碑式的著作《语言与行为》，系统论述了他的心理语言学。在这本书的写作期间，米勒越发感受到行为主义的局限性。相对于行为主义那些用小白鼠进行的研究，语言、思维、记忆等人类特有的复杂的高级心理过程无疑是更具魅力的研究领域，也是行为主义这种只注重外显行为的研究取向无法企及也无法解决的问题。如果心理学界仍然固守行为主义的研究取向，盲目排斥新鲜血液的融入，那么心理学必将走入一个暗无天日的死胡同，而将无比广阔的天地拒之心理学门外。这当然是米勒无论如何也不愿看到的局面，但是，如果真的必须有一个站出来，这个人非得是自己吗？米勒犹豫了：

“权力、荣誉、权威、教科书、研究基金等心理学中的一切都为行为主义学派所拥有……那些打算成为科学心理学家的人根本就不可能反对行为主义。因为那样可能让你连工作都找不到。”

他没办法不犹豫。虽然对行为主义的学术霸道作风厌恶已久，虽然对思维的兴趣折磨得他茶饭不思，但是在心理学界崭露头角的他，对自己的前途和名声还是不无关心的。背叛行为主义，转投在行为主义者看来只是过了时的形而上学概念的“思维”，在当时确实是需要勇气的。正当米勒犹豫不决时，他参加了在斯坦福大学进行的一次暑期研讨班，在此期间和语言心理学家乔姆斯基进行了密切合作，两人在心理语言学领域上的志同道合让米勒信心倍增。而最终促使米勒下定决心的，是他利用学年休假去帕罗阿尔托行为主义科学高级研究中心工作一年的经历。在那不同寻常的一年里，米勒第一次跳出了行为主义的条条框框，掌握了大量思维研究的新方法，特别是通过计算机程序进行思维过程的刺激。米勒像初生的婴儿一样贪婪地吮吸着非行为主义的新鲜乳汁，那种久违了的畅快淋漓的感觉让他乐不思蜀，意犹未尽。1960 年，米勒回到哈佛，经过一年的洗礼，他仿佛已经变了一个人，此时，做决定似乎已经不再是那么艰难的事情了。他在回忆录中写道：

“我意识到自己对哈佛心理学系所限定的心理学概念的狭窄含义极不满意。我刚刚在阳光里度过了玩玩打打的一年。回到一个一头被心理物理学束缚住，另一头被操作性的条件作用所束缚的世界里去是件令人极不情愿的事。我决定，要么是哈佛让我创立某种类似于斯坦福大学研究中心那种交换式激发的东西，要么是我走人。”

于是，米勒站出来了。公然成为行为主义的“叛教者”，义无反顾地投入到人类高级心理过程的研究领域。这是米勒人生中的第二次“变奏”，一开场便波澜壮阔。

轰轰烈烈的“认知革命”

1956年9月，“认知革命”开始，标志性事件是在麻省理工学院举行的一次信息理论学术会议。米勒作为心理学界的代表参加了这次大会，与会的还有西蒙、乔姆斯基、纽威尔（A. Newell）等各领域的科学家。在这次会议上，科学家们将解决思维问题纳入行为主义的研究范围，并且指出为什么现在可以研究思维问题，理由之一是计算机的日益普及。虽然行为主义在种种限制条件下已经走了相当长的一段路，但是一旦涉及高级思维活动，行为主义的弊端就暴露无遗。而计算机可以作为良好的辅助工具，弥补行为主义在认知领域的缺陷，因为计算机已经具备了思维和推理的能力，这一点从西蒙和纽威尔的智力产品——“逻辑理论家”（一种能在计算机上运行的、以逻辑形式证明一系列公理的人工智能程序）中得到了验证。这次会议还确立了认知科学的三大主要学科——心理学、语言学和人工智能。这次会议如同认知领域的星星之火，一经点燃便迅速燎原；而米勒，作为心理学界的代表人物，率先成为这场认知革命的弄潮儿。

从帕罗阿尔托行为主义科学高级研究中心回来之后，米勒就一直梦想建立一个新的中心，专门研究心理过程。酝酿良久，他将这一想法告诉了志同道合的朋友和同事杰罗姆·布鲁纳，并立即得到了响应和支持。出乎意料，校长麦克乔治·班迪竟然很快同意了，并且把威廉·詹姆斯住过的房子给了他们做工作室。为这个新中心取名，让他们颇费了一番脑筋。由于哈佛的影响力巨大，隶属于哈佛的这个研究中心，也必须具有对整个心理学领域产生巨大影响的潜力，所以中心的名称必须要毫不含糊地表明自己的立场和方向，才能在心理学界当之无愧地占有一席之地。于是米勒选择用“认知”（Cognition）来表明他们的研究对象，决定为中心取名为“认知研究中心”。就这样，在卡耐基公司的资助下，哈佛认知研究中心正式成立了。虽然在当时，没有人能解释清楚“认知”这个词到底是什么意思，倡导了什么观念，但它犹如一个确凿无误的声明，标志着一种新的研究取向正式从行为主义的羁绊中解脱出来，从暗处走向光明。

这种明显带有挑战甚至是反叛行为主义的命名，让米勒和认知研究中心立刻处在风口浪尖之上，成为公众关注的焦点。而米勒在解释成立该中心的目的时，并不同意一般人将认知心理学视为“革命”的说法。他认为，认知心理学的兴起并非“从无到有”的诞生过程，而是“从暗到明”的演变和发展过程。但“认知”一词，虽然没有明确表明与行为主义的对立，却毫无疑问地显示了与行为主义的不同。这一中心的研究横跨语言、记忆、知觉、概念形成、思维和发展心理学多个领域，其中大部分都是被行为主义所禁止的。虽然没有也不可能取代行为主义在当时的统治地位，但米勒的认知研究中心却以一种十分委婉的方式公开表明了自己的立场和方向，打破了长久以来心理学研究的单一模式，让心理学恢复了研究内在心理活动的本来面目，为心理学界注入了鲜活的血液。先是少数人，继而大部分人抛弃了老鼠、迷宫、电栅栏，转而投身于人类高级心理活动的研究，这在20世纪整个60年代形成了一股不可遏制的浪潮，因而有“认知革命”的美誉。这场轰轰烈烈的“认知革命”，极大地改变了心理学的焦点和研究方法，引导着心理学的方向。自从认知心理学兴起后，心理学的定义也随之由行为主义时代的“心理学是研究行为的科学”，变为“心理学是研究行为与心理过程的科学”。

虽然米勒不赞同“认知革命”的说法，但他却实实在在地引发了一场运动，这场运动不光在心理学界掀起巨浪，还波及其他科学领域。神经学家、逻辑学家、数学家、人类学家、计算机科学家等其他领域的研究者，也纷纷开始将研究焦点转向思维和语言等高级心理活动。这些领域中的与认知有关的学科和认知心理学在20世纪70年代末有了一个共同的名称——“认知科学”。认知革命绝不仅指心理学中一场空前规模的运动，而是六门有关认知过程的科学——认知心理学、计算机科学、神经科学、语言学、社会人类学和哲学——的同时发展，其意义重大，可见一斑。然而，作为认知心理学的领军人物，米勒却把这一切都归功于时代精神："我们都不认为这个中心的成功是哪个人的功劳。它之所以成功，是因为它所代表的那个观念的时代已经来临了。"

成就卓著，泽荫后世

神秘的七加减二

米勒涉足领域广泛，孜孜不倦，十分多产，但最为人所知的还是认知心理学领域的成就，其中最突出的，就是短时记忆编码系统的"七加减二组块理论"。自从 20 世纪 60 年代初以信息加工理论为基础的认知心理学萌芽开始，记忆就一直是认知领域的研究热点。当时的心理学家已经将信息加工过程按照其在记忆系统中储存时间长短，划分为感觉记忆（2 秒以下）、短时记忆（15 秒以下）和长时记忆（1 分钟以上）三个阶段。但短时记忆的性质和机制却一直是困扰心理学家的难题，长久不得而知。直到 1956 年米勒发表了一篇具有界碑意义的报告《神奇的数字 7+/-2：我们信息加工能力的局限》，人类短时记忆之谜才开始被逐渐揭开。文章一开头就以玄虚神秘的文字吊足了读者的胃口：

"有一个整数，它一直困扰着我，这些年来它如影随形地跟着我，不断闯入我的个人资料，常常把我的注意力从很多杂志上引开。这个数字总是披上各种各样的伪装，有时比平常大一些，有时又小一些，但是从来没有变得面目全非而无法辨识。这个数字以其远远超过偶发事件的持之以恒的毅力困扰着我……要么确实有这么一个数字，要么是子虚乌有的一种受困错觉。"

这个神秘莫测，扑朔迷离，困扰了米勒良久，却也成就了他日后

辉煌的数字，就是7。在这篇报告中，米勒主要揭示了短时记忆的编码机制。他指出，短时记忆可以看作一个信息转换系统，信息输入，经过归类、命名，然后储存，值得注意的是，最后储存的是命名而非输入信息本身，最后输出信息。这里要研究的是信息容量，即输入信息容量与输出信息容量的关系。米勒假设，如果这个信息转换系统是个运行良好的系统，换句话说是个遵循一定规律的系统，那么输出信息容量必定取决于输入信息容量，或者说输出信息量与输入信息量之间必定存在相关。那么，到底存在什么样的相关呢？米勒通过实验得到了以下两个重要结论：1. 在无重复练习的前提下，短时记忆过程中，一般人平均只能记下7个项目（如7位数字，7个人名等），一般上下偏移不超过两个项目，即7+/-2个项目；2. 在输入信息量一定的情况下，短时记忆的信息输出量虽然不能增加（7个项目），但这7个项目的性质可通过心理运作将其扩大。比如一串远超过7位的数字，可以经由心理运作将其意义化，划分成7个单位，当然每个部分未必都只有一个数字，这样一来，短时记忆同样可以存储7位以上的数字并进行有效输出。米勒将这种意义单位称为“组块”(chunks)，这就是著名的7+/-2组块理论。

自米勒的研究之后，短时记忆才在现代认知心理学中成为特别受到重视的主题。他为以信息加工理论研究记忆开创了道路，自此出现了一系列对错误记忆的定量研究。困扰甚至是“折磨”了米勒多年的数字7终于揭开了它神秘的面纱，成了心理学史上可以说是地位最特殊的数字。而这个高贵的数字，也与米勒的名字紧紧连在了一起，在心理学的史册上熠熠生辉。

信息加工的计划和行为

1960年，米勒与其同事出版了《计划与行为的结构》，书中用“TOTE”（Test-Operate-Test-Exit的首字母），即“测试—操作—测试—停止”来解释人在加工所接触到的信息（即刺激）时的有结

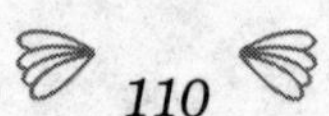

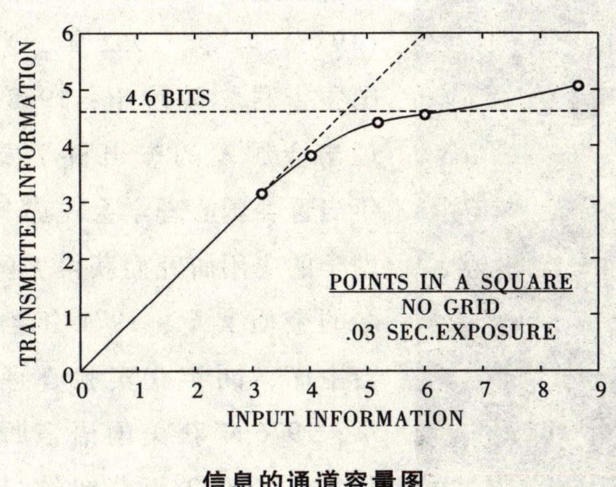

信息的通道容量图

构的计划性行为。他用进浴池洗澡的例子来说明此过程：进浴池前，先用手测试水温是否适合；若发现水温过热或过冷，即添加冷水或热水来调节水温，此为操作过程；再进行测试，若水温适合，则处理水温的过程即告停止。"TOTE"只是人类行为的最基本单元，一旦遇到复杂的连续性行为，就需要多个单元连续使用才能处理，这时，信息过程就会变成"TOTE"的反复循环。米勒的"TOTE"概念，在后来的信息加工理论中，又被进一步精确为刺激（信息）→感官记忆→选择性注意→短时记忆中的心理运作→复习→长时记忆中分类组织后永久储存这一过程。米勒的计划和行为模型虽然只是信息过程的一种假设，但对后来的研究意义重大，在应用领域也被广泛采用，并且后来认知心理学的实验研究也证明了这一假设的正确性和科学性。

荣誉等身，老骥伏枥

米勒是个多产的心理学家，著作无数，代表性的包括《语言和交流》（1951）、《计划和行为的结构》（1960）、《心理学：对精神生

老年米勒，风华依旧

活的研究》（1962）、《语言和知觉》（1976）等等。1962 年，米勒当选为美国国家科学院院士；1963 年获美国心理学会颁发的杰出科学贡献奖；1969 年当选美国心理学会主席，同年因为心理学的应用研究而获得美国心理学基金会的金质奖章；1971 年当选美国哲学会主席，同年获实验心理学会华伦奖章；1976 年获美国语言听力学会杰出服务奖；1982 年获纽约科学院行为科学奖章；1991 年获美国最高荣誉的科技奖——美国国家科学奖。2003 年，年逾 80 的米勒又荣获美国心理学会颁发的心理学终身贡献奖。

时光，真如白驹过隙，如今的米勒已是满头华发的老人。虽然已入暮年，但米勒的身上全无风烛残年的衰老之相，还保持着年轻时的风趣幽默、思维敏捷，隐约还能看到当年那个意气风发、桀骜不驯，指点心理学半壁江山的叛逆少年的影子。天性叛逆，无畏无惧，却对真理、对事业无比忠诚，这就是米勒，一个忠诚的“叛教者”。晚年米勒，为了研究语义问题，又大胆闯入辞典学领域，创立了结合辞典和本体论的数据库 WordNet，其影响领域之广，贡献之大，让人敬佩，其“老骥伏枥，志在千里”的精神更令人叹服。“终身贡献奖”虽然如同一个无可辩驳的标签为米勒不断求索、孜孜不倦的人生下了一个皆大欢喜的结论，但我们有理由相信，结论绝不意味着结束，心理学大师米勒的辉煌之路仍将不断延续……

奈瑟尔：现代认知心理学的“教父”

我们大部分最古老的记忆都是反复历练和重建的产物。

——奈瑟尔

在当今社会，“认知”（cognition）这个词越来越被人们广泛运用，而提到现代认知心理学，就不得不提到这一位大师——乌尔里克·奈瑟尔（Ulric Neisser，1928—）。他是美国著名的认知心理学家，他的主要研究兴趣是记忆、智力以及自我概念。他对自然环境下的生活事件的记忆以及个体、群体在测验成绩上的差异的研究十分著名。在心理学的舞台上，行为主义过去一直是主流学派——尽管皮亚杰和其他心理学家一直致力于为人脑的“认知”过程争取一席之地。而认知学派正是在第二次世界大战后的通信工程、语言发展研究、乔姆斯基的著作以及奈瑟尔和乔治·米勒的努力下得到发展的。在这一过程中，奈瑟尔理所当然地成为现代认知心理学的“教父”。

走向认知研究之路

奈瑟尔 1928 年出生在德国北部基尔的一个小家庭中，父母都是知识分子。在他 3 岁的时候，也就是 1931 年，奈瑟尔随着父母移民美国。奈瑟尔从小就表现出过人的学习天赋，18 岁时他考入了哈佛大学，主修的是物理学。如果一切就这么发展下去的话，奈瑟尔就可能不是今时今日的认知心理学大师，而是成为一名物理学家，心理学的认知领域可能又会是另一番景象了。

事实上，在奈瑟尔进入哈佛大学后，当时在该校任教的米勒影响了他。当时的心理学学术机构、专业团体、研究资源及出版机会等，全部被行为主义所垄断，有志于从人性的观点真正从事科学心理学的研究者，几乎无法找到立足之地。如果有人不遵循行为主义路线研究心理学，恐将根本找不到工作。米勒本来也认同行为主义的研究取向，但在他出版《语言与行为》一书之后，他感觉到行为主义只重视外显行为的研究，根本不能了解人类语言的复杂性，尤其是行为主义的学术霸道作风，使他感到厌恶。于是他提出了以信息加工为基础的认知心理学，身体力行地从事了诸多认知方面的研究，这对奈瑟尔的影响非常大。奈瑟尔在恩师的引导下，发现了心理学的乐趣，从而改投了心理学门下。

1950 年从哈佛大学毕业后，奈瑟尔进入斯瓦兹莫尔学院继续深造，师从格式塔心理学创始人之一的苛勒。格式塔心理学这一流派不像行为主义那样明确地表示出它的性质。它强调经验和行为的整体性，反对当时流行的行为主义“刺激—反应”公式。在苛勒看来，整体不等于部分之和，意识不等于感觉元素的集合，行为也不等于反射弧的循环。至此，我们不难看出，奈瑟尔讨厌行为主义很大程度上是受了米勒和苛勒的影响，两位恩师对于行为主义靠“刺激—反应”公式走遍天下，凡事都用此公式解释，感到非常的反感。这一点深深影响了年轻的奈瑟尔，对他日后从事认知心理学的研究起着推波助澜的作用。

在斯瓦兹莫尔学院取得硕士学位后，奈瑟尔对当时占据主流地位的行为主义没有一丝兴趣，他便选择了麻省理工学院，因为麻省理工学院的心理系是新成立的，奈瑟尔认为在那里会有新鲜的思想和方法，可是入校后很快就发现，他所感兴趣的信息理论的研究范围过于狭窄，根本没有办法满足自己的求知欲，于是他毅然决然地回到了哈佛大学攻读博士。1956 年，奈瑟尔获得了哈佛大学心理学哲学博士学位。

第二年，即 1957 年，他在布兰迪斯大学开始了他的第一份教学工作，教学生涯因此展开。该校是美国马萨诸塞州一所颇具名气的私立大学，它成立于 1948 年，虽然只有 40 年的历史，但在美国学界却颇有地位，被誉为“全美最年轻的主要研究型大学”。当时任系主任的正是马斯洛——以其“需要理论”而著名的人本主义心理学家。虽然说马斯洛对奈瑟尔影响较大，但他并没有因而转向人本主义研究，他始终坚持自己的视知觉研究，也开始在心理学界崭露头角。

之后，他先后任教于康奈尔大学和埃默里大学。他在埃默里大学待了 13 年后，重新回到康奈尔大学任职心理学教授。他目前是康奈尔大学的荣誉教授。

认知心理学的经典理论

认知心理学的开山之作

奈瑟尔对心理学、特别是认知心理学作出了诸多的贡献。例如，1967 年他的《认知心理学》一书出版，这本被众多读者追捧的认知

心理学的开山之作，第一次提出了“认知心理学”（Cognitive Psychology）这一术语。虽说在这之前，已经有了认知、认知学习此类的词语，但是“认知心理学”一词的含义，却是从奈瑟尔出版的这本书开始确定的。这是心理学史上第一部专门系统研讨认知活动的著作，它综合了许多不同领域内相互渗透的学说。在书中，奈瑟尔对认知心理学下了个定义，这是迄今为止心理学界普遍接受并使用的。在他看来，“认知”指的是感知输入的转换、简化、储存、恢复和运用的所有过程。认知心理学是一门研究人怎样学习知识、储存知识和运用知识的学科。而且，奈瑟尔还认为认知活动涵盖的范围非常广泛，信息检测、模式识别、注意、记忆、学习策略、知识表征、概念形成、问题解决、言语、认知发展等均包括于其中。毫不夸张地说，认知心理学在现代的发展主要归功于这第一部、也是最有影响力的书。在这本书出版之前，虽然已经有认知方面的研究，但是却没有系统的论证的文献资料。奈瑟尔的书正好弥补了这么一个空缺，因而有人称他的书是现代认知心理学的《圣经》。

心理学研究大变革

1976 年，奈瑟尔的《认知与实在》一书的出版可谓掀起了认知心理学乃至整个心理学的改革——他就如同严父一般，面对自己的孩子不愿出门闯荡却只知道窝在家里而痛加斥责！奈瑟尔对当时认知心理学的研究越来越狭窄的趋势大加批判。他批评说主流研究过分地集中于内在的心理加工过程的研究，将“接受者”的作用过分夸大，而又忽视了“环境”的影响。他警告说，如果认知心理学的发展不能面对心理的实在（reality），不能对人类如何更有效地获取知识的问题作出解答的话，未来必然会再步行为主义的覆辙。因此他提出了一个震惊世人的全新的研究意向——对于认知的研究应该是建立在生态学的基础之上的。当时认知心理学提倡“线形程序模型”，心理学家总是窝在实验室里搞研究，这两点让奈瑟尔十分纳闷。他在第一届记忆应用研究大会上，当着众多心理学前辈与学者的面，说出了下面的一番话：“心理学中存在着一个非常难以理解的现象，那就是：如果说 X 是一个令人感兴趣的或者是社会上普遍可见的记忆研究领域，那么心理学家就几乎没有研究过这个 X。”

从这句话中不难看出，奈瑟尔对当时心理学家仅仅专注于实验室研究的现象非常不满。他认为认知心理学应该在真实的生活环境中展开，应该研究生活事件。这一点在他后来的著作中又多次重复。他批判了认知心理学的许多方法，称它们是犯了“生态学错误”。奈瑟尔的学生阿道夫（Karen E. Adolph）以及埃普莱（Marion A. Eppler）也深受他的影响。他们曾经趁奈瑟尔外出时，偷偷溜入他的办公室，做了许多实验研究，他们对心理学的痴迷很大程度上是受奈瑟尔的影响。他们的勤奋刻苦没有白费，后来在《生态心理学》上发表了《儿童早期的动作发展对认知发展的作用》一文，成就了他们在心理学界的地位。

走出实验室

1981 年，奈瑟尔出版了《约翰·迪安的记忆：个案研究》一书，这是奈瑟尔将心理学与现实生活事件相结合的经典著作。

曾因“水门事件”而入狱 127 天的约翰·迪安

迪安是尼克松的法律顾问之一。在“水门事件”浮出水面之后，迪安不仅说出了白宫几名重要人物与 5 名窃贼潜入水门大厦民主党总部一案有关，而且坦白了案发后的一系列掩饰真相的企图。

“好一个吃里扒外的迪安！”尼克松想对他施加压力，让他明白

作为总统可以阻止他获得行政豁免权，到头来一样受刑，可是又担心把他逼急了眼，说不定会把指控的矛头直接转向自己。“我没有什么把柄掌握在迪安手里。”尼克松的心里暗暗地为自己打气。虽说他和年轻的法律顾问迪安商谈掩盖的对策时，并没有第三者可以出来证明，但谁又能保证没有留下任何可以作为证据的话柄呢！

1973年6月，迪安当着美国参议院议员的面，接受了审问。就过去的几年与尼克松总统其他几名手下共同参与的活动进行了长达245页的陈述。迪安在证词中说出了白宫几名重要人物与水门大厦民主党总部一案有关，并且供出了总统尼克松参与掩盖真相的细节。一些参议员对迪安的证词表示怀疑，因为他的记忆是如此的清晰而详细，他们认为一个人不可能对几年前的事情回忆得这般清晰，于是断定他捏造假口供，但又苦于没有确凿的证据来证明。一个参议员询问道：“对于数月之前所发生的事件的细节，你能一直回忆起来吗?”这个参议员对于迪安可以不靠记录小条子或日记而记下这么多事情感到非常惊讶。对此，迪安解释说他有剪报的习惯，他通过阅读每篇新闻稿，圈画出重点，想象自己处在新闻稿中的场景从而加深自己的印象，使自己牢固地记住。迪安并没有意识到总统办公室中的谈话都被秘密地记录在录音带上。奈瑟尔凭借自己丰富的专业知识，将录音带与迪安的证词做了反复的对比。他认为虽然迪安混淆了一些事情的内容、时间和地点，重组了一部分在尼克松办公室内对话的内容，但迪安的证词并非完全伪造，有很多还是与事实相符的。这就直接证明尼克松总统直接卷入了掩盖事件的真相，也与秘密录音带上的内容一致。奈瑟尔对水门事件迪安证词的分析掀起了心理学家研究真实生活中的记忆现象的热潮。可以说，奈瑟尔是最早走出实验室研究记忆的心理学家。

奈瑟尔还有一项非常有意思的研究。他对人们普遍认为对记忆有益的闪光灯记忆进行了实验。“闪光灯记忆”，顾名思义，闪光一瞬间，非常生动地人生定格，很难忘掉。1986年1月28日，“挑战者号”大爆炸。在空难发生的次日早上，奈瑟尔和助手抓住了这个特别的机会，布置了一个特殊的作业：让心理系新生填写一张关于他们是在何时听到这个消息、当时在做什么、和谁在一起以及是谁第一个通知他们这个消息的问卷。3 年后，他再次联系这些已经是大三的学生，重测并附加新的一题——他们“对自己答案的确信程度”。结果有三分之一的学生在对该事件的时间、地点、谁告诉他们等等的回忆都是错误的。只有十分之一的人能回忆起那个早晨的每个细节；另有四分之一的学生有部分错误。当被试看到 1986 年他们自己原来的说法时，奈瑟尔说：“很多人在看到自己原来的说法与现在的说法之间出现的差距时感到惴惴不安……有趣的是，很多人继续认为自己此时此刻的说法是正确的，而原来的说法可能有出入。”这种所谓的“错误”被奈瑟尔命名为“叙述重构”，这与巴特莱特（F. Bartlett）所描述的记忆现象相同。

1995 年，由奈瑟尔牵头，美国心理学会开展了一项研究，回顾智力研究中的争议问题，特别是对“弗林效应”（Flynn effect）——智商测验分数每 10 年平均提高三个百分点的现象——进行了深入细致的研究，从而证实了弗林效应的存在，并得出如下结论：现代社会丰富的视觉情境冲击对智商测验分数的提高起了关键作用。

1996 年 4 月，奈瑟尔出任美国心理学会主席，同年他在埃默里大学主持了一个讨论“智力测验分数的长期变化”的会议。1998 年，他根据自己长期以来对智力的研究，出版了《上升的曲线：智商及相关测量中的长期增加》一书，对弗林效应出现的前因后果进行了综合性的评价。

尾　声

奈瑟尔在学术上十分狂傲，但是在人际关系方面还不错，并不像一般人所认为的那样，人一旦狂傲，就会没有朋友。奈瑟尔在工作中遇到了许多志同道合的朋友。著名的吉布森夫妇与奈瑟尔是多年的好友。詹姆斯·吉布森（J. J. Gibson）去世后，奈瑟尔悲痛万分，他亲手撰写了讣告以纪念好友的离去。詹姆斯·吉布森的太太埃莉诺·吉布森（E. J. Gibson）与奈瑟尔因为都对认知方面感兴趣，也都酷爱挑战冒险，所以两人不谋而合，在研究方面有多项合作。埃莉诺·吉布森更是概括性地评价了奈瑟尔的许多研究成果，为后来的研究者提供了研究指南。

奈瑟尔的研究领域非常广泛，其中最多的还是对记忆和注意的实证研究，同时他也对自然情景中的生活事件记忆以及错误记忆尤其感兴趣。他提出了在视知觉加工之前存在一个自动的“预注意阶段”。晚年时，奈瑟尔在如何测量人的智商和解释不同社会阶级和种族在智商上的差异方面进行了大量的研究。最近他在他的个人网页上写道：“我的兴趣包括记忆（特别是生活事件的回忆）以及智力（特别是智力测验和它们的社会显著性），但是我将不再活跃于其他研究领域了。”毕竟，他已经将近80岁了！

埃克曼："面部表情"与大师的升华之道

他的风度和举止给人以顽强和实在的感觉，这让他看上去比实际更高大。

——《纽约人》杂志评语

几乎每个母亲都会在自己孩子做鬼脸的时候教育他"不要做怪样"，埃克曼的母亲也一样。但是他母亲万万没有想到，许多年之后，埃克曼能做出近千种不同的面部表情，并且成了世界一流的面部表情研究专家。现在，就让我们跟着埃克曼的脚步，来看看他是如何把"做鬼脸"变为自己的毕生事业的。

搬迁中的童年

1934年2月15日，保罗·埃克曼（Paul Ekman，1934—）出生

于华盛顿特区。他的父亲是一位儿科医生。正像埃克曼本人所描述的那样，他从出生起就不是一帆风顺的，他的母亲正是由于难产的原因才来到华盛顿特区进行分娩。出生后，埃克曼就和他的父母离开了华盛顿特区，并且再也没有回到那里居住。

在人生最初的 8 年里，埃克曼是在纽瓦克州长大的。他和美国著名犹太裔作家菲利浦·罗斯是同一时代的人，还在同一所学校里读过书，只是那时他们都没有成名，互相并不认识。埃克曼的童年生活比较平淡，但他的父母十分注重他在文化艺术方面的培养。在他四五岁的时候，他的父母就带他去看美国著名音乐剧《乞丐和荡妇》在纽约的第一次公演。有趣的是，当时埃克曼就对结局感到非常不满，他希望最后能有个大团圆结局。也许从那时起，他就表现出了让生活变得更好的愿望，这种愿望在后来变为了他的一种人生原则。在他 7 岁的时候，他最喜欢做的事是躺在客厅里听柴科夫斯基的交响乐。这一爱好影响他至今，只是他不再躺着听音乐了。1942 年的时候，美国被卷入了第二次世界大战，他的父亲也应征入伍当了一名治疗疟疾的军医。战争期间，埃克曼一家搬到了俄勒冈州，后来又去到了华盛顿州，最后在南加利福尼亚州住了较长的一段时间。第二次世界大战和不断的搬家直接导致了埃克曼童年生活的大部分时间是和母亲一起度过的。埃克曼对他父亲的印象不是很深刻，他把他父亲形容为一个孜孜不倦的学者。他的父亲有时热爱他的工作胜过他的家庭，常常要阅读新近的医学期刊到深夜。由于工作的原因，埃克曼的父亲和他儿子的交流并不多，但是埃克曼似乎天生地从他父亲那里继承了他对于工作的热情。

漫漫求学路

进入高中后，埃克曼的知识水平逐渐超出他的老师，有时会故意纠正老师的错误。作为一种“最佳的”处理方式，他并没有毕业，

而是在读了两年高中后，被芝加哥大学破格录取。那时他只有 15 岁。提前进入大学对于埃克曼来说可能是一件好事，在那里他接触到了当时一批杰出的人才，并且对他的思想产生了一定的影响。在大学里，埃克曼的主要专业方向是临床医学，但是他对此并没有浓厚的兴趣。他转向心理学要归功于精神分析学派的兴盛。当时美国的精神分析学派正处于最鼎盛的时期，人们对于精神分析方法寄予厚望，并且认为它能改变世界。这和埃克曼"让生活变得更好"的人生理想不谋而合。于是埃克曼开始大量阅读弗洛伊德的著作，并且成了弗洛伊德的狂热爱好者。他和他的同学谈论问题最后基本上都要落到弗洛伊德的理论上，那成了埃克曼的某种标志。这在今天难以想象，但在当时，精神分析的影响力的确如此之大，没有人会认为总是谈论精神分析有什么不妥。虽然后来精神分析的鼎盛时期逐渐逝去，但是它的影响可以在埃克曼的著作中表现出来，埃克曼细致谨慎、逻辑严谨的行文风格与弗洛伊德本人的写作风格是一脉相承的。

在大学时代的后期，埃克曼发现自己对于新领域的渴望与医学院循规蹈矩的行事方式越走越远，但是为了学习心理治疗，他仍要继续他的医学院之旅。他原本希望能成为一名优秀的临床心理治疗师，临近毕业让他觉得他离自己的目标更近了一步。和其他人一样，他开始考虑为自己申请心理学博士学位。但是当时很少有大学愿意接受"临床心理治疗师"的申请，大多数大学更需要研究者而不是治疗师。埃克曼共写了 24 份申请材料，但是其中的 23 份都被退回了，剩下的一份只为他提供了一份对大众进行职业训练的职位。"也好，聊胜于无"，抱着这样一种心态，埃克曼开始了他在加利福尼亚大学旧金山分校的研究生涯。他绝对不会想到，在此之后，他再也没有回到临床心理治疗领域。对于职业训练，埃克曼相当得心应手，这就为他提供了相当多的业余时间。此时，他感觉自己的工作面过于狭窄，于是把自己的主要精力放在了学习各种研究方法上，并且做了一些关于服务业者的研究。这些经历为他日后在心理学研究领域中施展拳脚打下了坚实的知识基础。在加利福尼亚大学旧金山分校的兰利波特精神病研究所临床实习1年之后，埃克曼于1958年获纽约市阿德菲大学博士学位。

从心理治疗到心理研究

获得博士学位后，埃克曼并没有选择在学校里谋求一份正式职位。也许是自知没有很好的机会成为职业心理治疗师，埃克曼选择了参军入伍，让自己暂时调整一下。1958年，埃克曼开始在新泽西州迪克斯堡美国陆军参谋部任职。机缘巧合，他得到了一名曾任外科医生的将军的允许，开始在部队中进行实验研究。这为他检验自己先前学得的研究方法提供了不可多得的舞台。他对军队的禁闭处罚进行了研究，他发现，禁闭两周的惩罚效果其实和禁闭48小时取得的效果基本一致。此外，如果对首次违纪军人不施以禁闭处罚，他们以后的表现会更好，他们的不良行为平均减少了70%。在他的研究影响下，他所在的军队把违纪军人的禁闭观察期从两周缩短到了48小时，并且减轻了首次违纪的处罚。这段在军队中服役的经历让埃克曼意识到研究工作可以改变世界，研究结果的影响力令人印象深刻。埃克曼似乎找到了他原先一直在追求的东西：学术研究也可以让生活变得更好。以此为分界点，埃克曼将自己的全部精力投入到了心理学研究领域之中。

虽然已经认定了研究领域，埃克曼仍然需要一个切入点，一个突破口。此时，他早期对精神分析的热爱再次给了他提示：长期对他人表情和言语进行观察与精神分析让埃克曼意识到人的肢体语言的重要性，于是他将自己的研究领域定为肢体语言。刚开始的研究比较平淡无奇，但过了不久，他遇到了一位对他的研究产生重要影响的良师益友——西尔文·汤姆金斯（Silvan Tomkins）。他们的相遇颇具戏剧性：埃克曼关于肢体动作的论文和汤姆金斯关于人脸的论文同时投到了一个杂志社，杂志社的主编惊讶于他们思想的相似性，于是安排他们见了面。虽然汤姆金斯是一位重视理论的哲学家，而埃克曼则是重视实验的心理学家，他们两人并没有因为彼此领域的不同而发生矛盾。相反，两人一见如故，汤姆金斯丰富的思想和远见给埃克曼留下了深刻印象。汤姆金斯的帮助与影响在日后极大地促进了埃克曼的研究。

"塞给我的机会"

就像是上天在指定埃克曼成为情绪研究的集大成者，美国高等研究计划署——the Advance Research Project Agency（ARPA），乃美国国防高等研究计划署之前身，创立了 Internet 的前身 ARPANET——于 1966 年向埃克曼提供了一个千载难逢的机会，他们邀请他参与一个与文化差异有关的基础研究工作。最关键的是，工作的实际内容是找出那些带有地域文化特点的情绪和手势！有趣的是，埃克曼一开始并没有对此太在意，他以自己并非一个合格的人类学家为由拒绝了此项工作。更出人意料的是，ARPA 非但没有因此撤销邀请，还给了埃克曼平时 5 年都用不完的研究资金来资助此项工作。埃克曼动摇了，他接受了这个似乎是硬塞给他的机会。埃克曼开始了他在新几内亚的新工作，同时也是他成功的起点。

1967 年，艾克曼进入新几内亚高地

1967 年，埃克曼授命与一位叫做丹尼尔·卡尔顿·盖达塞克

(Daniel Carleton Gajdusek，他后来发现了病毒慢性感染的孵化过程，并因此获得1976年诺贝尔奖）的医学家取得联系。当时卡尔顿正在进行“克鲁病”的研究，这是一种由病毒感染引发的慢性疾病。出于工作需要，卡尔顿同时负责对当地的原始文化进行影视记录。由于卡尔顿任职于NIH（National Institutes of Health，即“美国卫生、教育与福利部国家卫生研究所”），NIH还向他提供了一位全职摄影师。当埃克曼到达那里时，他们已经对当地的两个原始部落拍摄了将近10万英尺胶片的素材。当埃克曼看到这些胶片时，立刻就对这些素材产生了兴趣。这正是他想要的！他想起了汤姆金斯跟他说过的有关社会达尔文主义的事：社会达尔文主义的思想是一种从进化论角度去看社会文化变迁的思想。在当时，学术界普遍认为情绪是带有文化特殊性的，与社会达尔文主义者认为的“情绪是进化的普遍产物”持激烈的争执。要解决这一问题，只有脱离现代的文明进行研究。如果能找到跨文化的普遍性，那这将是社会达尔文主义的胜利，并在很大程度改变人们对于社会文化影响的看法。由于这些原始部落几乎没有和现代文明进行过接触，他们将是相当理想的研究对象。十分幸运地，盖达塞克很慷慨地将全部素材的一份拷贝借给了埃克曼。在接下来的一年里，埃克曼前后共观看了长达20万英尺的电影胶片，但是在这漫长的过程中，他没有发现一例他无法辨认的面部表情！他的预感是正确的。到后来，埃克曼甚至能根据接下来发生的事件来准确预测将表现出的表情。他明白，这就是情绪具有跨文化普遍性的强有力证据。

但是要做一个真正的研究是需要实验支持的，这些胶片尚不足以说明问题。埃克曼必须赶在这些原始部落还保持与世隔绝的状态下进行研究。他很快赶回了新几内亚。这次他带去了一系列的照片，这些照片是由他和汤姆金斯一起基于达尔文的理论选出来的。刚开始的时候，埃克曼还担心当地人无法辨识白人将造成很大的困扰，事后证明，他的忧虑是完全多余的，这些原住民们能够辨认出面部表情所代表的情绪，即使是在无法分辨男女的条件下。就是在这样一个没有镜子、火柴和自来水的原始部落中，原住民们对于现代人表情的辨认却是如此准确而又可靠。埃克曼尝试过让他们根据照片上的表情编造故事，发现匹配得相当一致；也尝试过让他们根据给定情景选择最符合的照片，发现迎接朋友的情景总是对应着带有欣喜表情的照片。埃克曼开始意识到这是一个多么大的发现，他找到了迈向成功的门槛。带着喜悦与兴奋，埃克曼紧接着飞回美国给他的学生观看这些原始部落的照片，又一次，他的学生们准确地说出了照片上带有的情绪。作为这一系列实验的一个总结，埃克曼取得了他事业上的第一个成就：手势等动作的意义在很大程度上取决于当地文化；但是面部表情所要表达的情绪具有跨文化的普遍性。

坚持，坚持，再坚持
——"面部动作编码系统"

就在埃克曼最后一次离开新几内亚两年后，当地的两个原始部落就消失了。埃克曼抓住了一次机遇，但是困境马上随之而来。面部表情是一项很高风险的研究，埃克曼不仅缺乏先人的理论支持，而且面部表情本身就十分复杂。在当时，甚至有人专门写过综述描绘著名心理学家们纷纷中断了关于面部表情的研究。要使面部表情的研究继续下去，必须找到将面部表情加以量化的方法。这就是埃克曼的下一个突破——"面部动作编码系统"。

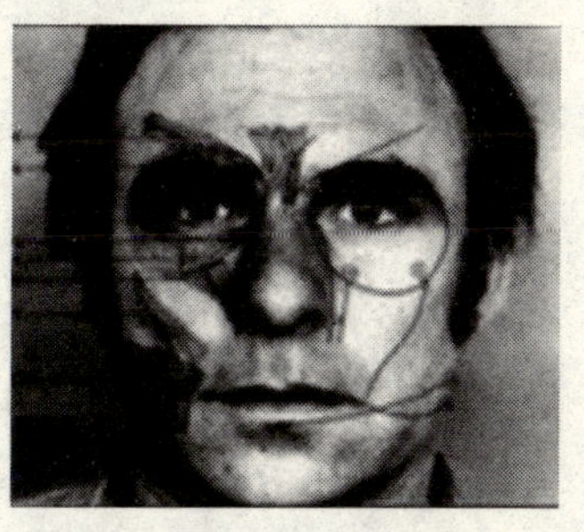

面部动作编码系统

埃克曼的灵感来自于对社会达尔文主义文献的查阅。在汤姆金斯的影响下，埃克曼开始在图书馆中大量搜索与此议题相关的资料，其中有一位名叫纪尧姆·杜胥内·德·波洛涅（Guillaume Duchenne de

Boulogne）的法国神经生理学家的著作引起了他的注意。这本 1862 年出版的著作描绘了如何利用电诊法和电流刺激来区分发自肺腑的会心微笑与其他种类的笑容。杜胥内的研究方法极具开创性，他通过对那些断头台下身首异处的人的头颅进行分析来研究面部肌肉收缩的方式。然后，杜胥内从不同的角度拉扯人的面部肌肉，从而对面部肌肉及因其收缩而引发的各种笑容进行归类。他发现，人的笑容是由两套肌肉组织控制的：以颧肌为主的肌肉组织可以使嘴巴微咧，双唇后扯，露出牙齿，面颊提升，然后再将笑容扯到眼角上；而眼轮匝肌可以通过收缩眼部周围的肌肉，使眼睛变小，眼角出现皱褶，即我们常说的“鱼尾纹”。杜胥内的著作暗示了面部动作和人类情绪的关联性，人类情绪有其神经生理学基础。杜胥内的研究对埃克曼有极大的启发：既然杜胥内能够用两块肌肉的运动描述笑容，那么为什么不能用全部六块面部肌肉的运动来描述所有人类的情绪呢？于是埃克曼开始尝试控制自己的面部肌肉来模仿各种面部表情。

这项任务的繁重程度超乎想象，全部过程花了他整整 8 年的时间。在这 8 年时间里，埃克曼和他的合作者们都重复模仿着相似的表情，并加以识别，十分单调枯燥。通过艰苦的努力，埃克曼绘制出一张人类情绪表现形式的“地图”：他在人的脸上发现 43 种动作单元（其实除了这 43 个动作单元外还要算上没有任何肌肉运动的一个静止单元，即我们通常说的“面无表情”），每一种都由一块或者好几块肌肉的运动构成，各种动作单元之间可以自由组合。最后，他从解剖学程度上计算出人脸上可能有 1 万多种表情，而其中的 3000 种具有情绪意义。通过这段时间的训练，埃克曼可以按照要求演示这 3000 种表情中的很多种。他专门在镜子前练习这个技巧。每当“挤”不出某一种表情的时候，埃克曼就用一个电极“帮助”自己脸上的肌肉做出那个表情。“那真是一个痛苦的过程，今天我再也不想那样做了。”埃克曼后来回忆这段经历时曾如此感慨道。

难能可贵的是，在艰辛的工作中埃克曼始终保持着他的趣味。在

埃克曼在模仿各种笑容

最后研究"消极情绪"的表情时，埃克曼在会议中以十分沮丧的语气和表情向所有研究成员宣布，在过去的一周，他们做了许多表情，然后发现这些表情都是关于消极情绪的。在场的所有人都被这沮丧的气氛所感染，低头不语，等待着一个不好的消息……就在此时，埃克曼继续保持刚才那种沮丧的语调说道，他发现所有做过这些表情的研究人员都不可避免地陷入到这种情绪当中，并且能从生理指标上获得验证，那真的是非常令人不愉快的经历。研究员们突然意识到他们的研究实际上是取得了巨大的成果，但他们却一时无法从沮丧的氛围中解脱出来，埃克曼对他们开了个玩笑。凭借着极大的毅力和众人的支持，埃克曼完成了"面部动作编码系统"，成功地将面部肌肉运动与表达的情绪一一匹配起来，这个系统直到现在还是研究人类动作和手势的有效参考工具。在这段时间和之后几年内，埃克曼又去了日本、巴西和阿根廷研究情绪的跨文化一致性。最后他将人类的基本情绪分为六种：快乐、悲伤、愤怒、厌恶、惊讶和恐惧；并且他发现人们可以选择做表情的时机，但不能选择表情的含义。

你的表情“背叛”了你

在这之后的30多年里，埃克曼将自己的主要研究方向转向了人际欺骗的领域。基于自己对情绪和表情的深厚研究基础，埃克曼能够很好地辨认出撒谎者。他称这些透露本人真实意愿的表情为“微观表情”。这次，他的研究思路仍然来自于他的老朋友汤姆金斯的启发。

早在新几内亚做研究的时候，埃克曼就被汤姆金斯识别情绪的能力所深深折服。有一次，埃克曼故意将两沓新几内亚原始部落的照片给汤姆金斯看，其中一叠是来自一个崇尚暴力的部落，而另一叠来自于一个比较和平的部落。令人惊讶的是，汤姆金斯百分之百地准确区分了两者，这令埃克曼十分困惑。事后，汤姆金斯向埃克曼解释了他是从哪些细节看出端倪的。另外一次，埃克曼给汤姆金斯看一些录像，要求他判断录像中的人是否在说谎，汤姆金斯的准确率再次超出随机水平，他的判断依据仍然是一些一闪而过的细节。埃克曼后来将这些细节称为“微观表情”。在有了汤姆金斯的案例后，埃克曼就开始了他大张旗鼓的研究。他通过反复观看一些案例的录像，并找出这些难以掩饰的自动化表情背后的意义来训练自己的识别能力。在一个精神病案例中，一位企图自杀的妇女向主治医师谎称自己的病情已有好转，并申请回家过节，但实际上她只是谋求另一次自杀的机会。埃克曼和他的助手在反复观看慢镜头数小时后，发现了一个细微的失落表情。在另一件苏联间谍案里，埃克曼被要求判断间谍是否在撒谎，他通过回放录像发现了一丝戏弄的表情，从而识别出了真假。埃克曼是克林顿的支持者之一，有一次他在和妻子看电视时发现克林顿总是把自己的脸抽紧、好像一个坏脾气的男孩在乞求宽恕，于是他就给克林顿的竞选办公室打电话，告诉他们他可以用两三个小时教克林顿改掉这个毛病。那边的接线员惊讶地回复他，他们不能冒险让克林顿和一个"撒谎专家"见面。奇妙的是，在克林顿任期内，埃克曼的确被邀请去中央情报局和联邦调查局帮助研究反恐工作。

埃克曼认为脸是一个人心灵的窗户，研究分析脸部表情的原理是可能的，他将此比喻为就像打高尔夫球的时候可以分析球的运动路线。埃克曼坚信脸是诚实的，而且一个人的脸经常把一个人的心情状况表现出来，人不能有意识地压抑自己的脸部表情。在联邦调查局工作期间，埃克曼对警察、法官、消防队员等各类被认为具有判断力的职业进行调查，结果发现他们当中的绝大多数并没有表现出极高的判断力。埃克曼认为这表明人们急需情绪识别方面的知识帮助他们避免误解并获得更好的生活。在最近的10年里，埃克曼帮助美国政府训练了大量负责安全事务的官员，教会他们如何从飞机乘客的脸上认出其中居心不良的人。从那之后，埃克曼的名字开始在各大报纸和刊物上出现，他的文章总是那么贴合实际的需要，他不仅仅是在教授人们识别情绪的技巧，更是在教人们如何更好地生活。

虽然在很多情况下十分有效，埃克曼的"读脸术"也有闹笑话的时候。他曾与国土安全官员们在波士顿机场有过这样的一段经历：当时有一个戴眼镜穿褐色夹克的男人在过安检，他一个接一个地翻开身上的口袋，然后就在不足五分之一秒长的时间里，埃克曼发现该名男子的脸颊抬起，眉毛的内侧也升高，不过他的嘴角却下降了。"这名男子绝望了，"埃克曼向站在边上的机场安全官员耳语道。之后就上来一个警察把那名男子叫到一边，盘问他此行的目的地和目的。后来的调查表明，这名男子一点恶意也没有，那时他正在赶往兄弟葬礼的路上，他的兄弟死得非常突然。尽管有些争议，埃克曼的情绪识别技术和他对于人际欺骗的研究还是为他带来了极高的社会声望。2004年，埃克曼从旧金山加州大学精神病学系心理学教授职位上退休。现在，他是"埃克曼小组"的负责人，这是一家以他名义建立的专门培训人们情绪识别能力的小公司。

功成名就

埃克曼对面部表情的研究始于1954年，但是这些研究为他带来学术荣誉却是30年之后的事情。让我们来回顾一下这些来之不易的荣誉：

1983年加利福尼亚大学旧金山分校区精神病学系心理学教授；

1991年美国心理学会基础研究类最高奖——杰出科学贡献奖；

1994年芝加哥大学人类学名誉博士；

1998年美国心理学会威廉·詹姆斯奖；

2001年被评为"20世纪100位最著名的心理学家"之一。

埃克曼发表在著名学术刊物上的论文总计超过100篇。他的主要著作包括：《面对面：指导识别面部情绪的线索》（1975）、《心理学家的面相术：解读情绪的密码》、《说谎揭穿商场、政治、婚姻的骗局》（1992）、《孩子为什么说谎》（1992）等。在美国，这位年纪超过70高龄的学者依然活跃，他的新书有时甚至能打入畅销书排行榜。

埃克曼的升华之道

埃克曼和他的夫人（左）以及朋友在一起

埃克曼的成长轨迹并非是一帆风顺的，他遇到过许多困难与波折，但他以勤奋与谦虚走出了一条自己的升华之道。在这条道路上，埃克曼受到过许多人的帮助以及命运的眷顾，但真正使他成为大师的是他个人优秀的品质！他从小就怀着一种坚

定的信念，始终以帮助别人、让生活变得更好为自己的人生理想。直到现在，他仍然在努力宣传自己关于情绪方面的知识，帮助广大公众更好地了解自己，解决生活、婚姻中的问题。在他的信念中，人们应该更好地去觉察别人的情绪，尤其是在同事之间、医患之间和夫妻之间。他所倡导的体恤他人情绪的方法已经成为许多护理培训的推荐内容。在扩大自己理论影响力的同时，埃克曼十分注意不让自己的知识用来做可能侵犯他人利益的事。中央情报局和另外几个国家的情报部门都曾邀请埃克曼帮助训练自己的特工如何伪装自己，都被埃克曼严词拒绝。

埃克曼在学术领域的崇高威望则和他的先锋意识与严谨的文风密不可分。他在跨文化研究领域中的开创性尝试极大地影响了当代的心理学研究现状，他的成功激励了许多新的研究者面向理论尚不扎实的基础领域。但埃克曼的成功是建立在他严密的逻辑上的。作为一个严谨的实验者，他十分看重实验控制与设计，凡事都要求有效的实证。这点在基础研究中格外重要，也是他频频获奖的原因之一。最后要提到的是他的谦虚。埃克曼在工作生活中经常向别人表明自己并没有什么特殊能力，他的才能全都来自于训练。因为谦虚，他才能敢于修正定稿中的错误、愿意学习新的理论、能够尝试新的方法，并最终取得成功。埃克曼自己曾戏言道："如果换了个时代，也许我就无法取得相同的成就了。"但是笔者相信，如果换了个时代，虽然埃克曼不一定成为心理学大师，以他崇高的精神和谦虚的品质一定能成为做人的大师。这就是大师的升华之道，不是成为某个领域的学霸，而是成为一个受人尊敬的、高尚的人。

洛夫特斯：学者与勇者的华彩人生

我的视角是争辩的视角，我站在政治正确的对立面。

——洛夫特斯

缘起

这是一个棘手的案子，因为证人被发现而重新开庭。

法官平静而威严的声音响彻法庭："请证人出庭作证。"

一个神色有些紧张的中年妇人被请到法庭。作为一个虔诚的基督徒，她发誓自己的每一句话都出自真实所见，都对得起上帝，对得起自己的良心。为伸张正义而作证，这会是上帝所赞许的，可当她走进法庭，还是感到一种难以名状的紧张。那一幕真的把她吓坏了，一听

到枪声，她就趴在地上装死——或者说是瘫倒在地上。

控方律师："你当时看到劫匪穿着什么？"

妇人想了想说："灰色的毛衣，也许是墨绿的，但我确定那是针织的产品。"

控方律师："你倒在地上时，看到地上有没有血迹？"

妇人斩钉截铁地说："我看到了，就在我前面。"

控方律师："根据现场勘查的血迹位置，证人倒地的位置斜对着凶手，她应当有机会看到凶手的面部。"

法官点头。

控方律师："劫匪之一很可能就在这些照片里，你能否把他从中挑出来？"

面对一列相近的照片，妇人马上指认了一张。她犹豫了一下，又挑出了另一张。

控方律师心中有数了——其中一张照片上，正是今天的被告。

被告被重新带上法庭，妇人惊叫起来："就是他！我看到的就是他！"

这是电影中常见的情节。如果你是陪审团的一员，你是否感到此刻已经真相大白？没错，几千年来的判例，目击者的出现就意味着铁证如山。当然，证人可能说谎。证人的道德责任和旨在避免谎言的程序改进一直是司法关注的焦点。而当目击者真的出于良心道义把他的亲眼所见一一道出，还有什么比这更直接、更不容置疑呢？毕竟眼见为实啊！

然而，这一切被1974年一个著名的心理学实验打破，此后的一系列探索都对目击证人的"眼见为实"提出了深刻质疑。这一次，心理学的影响力表现得深刻而迅速。今天，证人证言已不再被视为刑事案件中的决定性证据；而时年30岁的年轻学者伊丽莎白·洛夫特斯（Elizabeth Fishman Loftus，1944—）由此在心理学的史册上留下了光辉的一页。

破碎的玻璃，破碎的神话

1974 年，在西雅图的华盛顿大学，45 个正处于记忆力最佳年龄阶段的大学生被邀请观看影片：汽车相撞的交通事故片断。

影片看完了，实在谈不上有意思。之后每个学生手中拿到一份问卷，问题全是关于刚刚看过的场景。其中有这样一道题：

“你估计当两辆轿车＊＊时，其车速大约是多少?”

＊＊处印着一个动词。一些问卷上，这个动词是“碰撞”（hit），一些问卷上，这个动词是“撞毁”（smashed into）。这种细微的措辞差别却带来了惊人的差异：当动词为“碰撞”时，学生们估计车速的平均数是 34 英里，而当动词为“撞毁”时，对车速的估计上升到 40.5 英里。1 英里约合 1.6 公里，6.5 英里之差相当于 10.6 公里/小时，近 3 米/秒，这已经相当于走路与骑车的差异。仅仅一词之差，也许答题者根本没有注意到这个词，却拨动了人头脑中的时间之弦，让同一辆车的速度整整差出 10.6 公里/小时。

如果说对车速的回忆仅仅是估计，本身就有很大的弹性，那么，下面的答案就更神奇了：一周后，让学生们回忆车祸的场景。读过动词“碰撞”的学生有 14% 声称看到了画面中撞碎的玻璃，读过动词“撞毁”的学生看到碎玻璃的比例高达 32%，而实际上，画面中根本就没有碎玻璃!

虽然早在 20 世纪 30 年代，英国心理学家巴特利特就指出：人的记忆不仅仅是保存信息，而是一个不断加工、逐渐变形的过程。但当一个词的微小差异把目击者证言的巨大扭曲带到我们面前时，还是令人感到大吃一惊。洛夫特斯在实验报告中兴奋地写道：“是两种信息构成了这一复杂事件的记忆。一种是在目击事件的过程中通过知觉收集的，而另一种，是事件结束后的外部信息。随着时间的流逝，这两种信息融合在一起以至于我们再难分辨出它们的来源，只当它们都真的发生过。”

在这里，语言扮演了外部信息的角色：没有强迫，没有引诱，只是小小的措辞差异。对于一个真正的目击证人，谁能保证在经历事件之后没有再经历一个乃至若干“措辞差异”呢？凭空而来的碎玻璃，打碎了几千年来目击证人“眼见为实”的神话。

谁动了我的记忆

在斯坦福大学攻读博士学位时，洛夫特斯的研究领域是长时记忆中语义信息的组织方式，之后她来到华盛顿大学继续这一理论问题的研究。回忆起这段经历，洛夫特斯说：“那些研究非常基础，以至于世界上不超过 5 个人会真正在乎它的结果，而我想做的是与社会生活更加密切的研究。”1974 年实验的惊人发现为她打开了一扇大门，一扇充满未知也充满惊喜的探索之门。自此，洛夫特斯的研究焦点转移到目击者证词，这一领域的研究几乎占据了她在整个 20 世纪 80 年代的学术工作——事实上，到今天仍未停止。作为一个实验心理学家，她设计了一个又一个精巧的实验，来帮助目击者回答这样一个问题：谁动了我的记忆？

性别角色动了我们的记忆——发表于 1979 年，洛夫特斯时年 35 岁。洛夫特斯用幻灯片呈现了两个故事。故事一：在喧闹的大街上，一位女士迎面遇到了一位男性朋友，聊了一会儿继续走。突然，迎面另一个戴牛仔帽的男性相撞，文件散落一地。就在忙于拾取文件之时，那个男人偷走了她的挎包。等她发现为时已晚。故事二：一群人在草坪上休息，一男一女离开大家去散步。走过停车场时，他们看到两个人在打架。男人冲上前去把他们拉开，女人则跑去找电话亭以请求帮助。

一天以后，让被试先读一段关于这个故事的复述，其中有许多干扰信息，之后让被试回忆昨天看过的场景。哪些干扰信息会被当作

“记忆”而报告出来呢？洛夫特斯发现：男人和女人受到的干扰是各有特点的。

对于故事一，女性在报告小偷的外貌和环境特征时掺入了较多虚假信息，而男性在回忆女性受害者的衣着时容易出现错误；对于故事二，女性在回忆男主角的特征和停车场上的车辆时易受虚假信息干扰，而男性回忆女主角的特征和行动时出现了较多错误。目击者对于异性特征的记忆更不稳定，而且相对于男性，女性目击者对环境的记忆令人担忧。由此，洛夫特斯在实验报告中提出了这样的问题：我们如何在审判中区分好的目击者和不合格的目击者呢？

性格差异动了我们的记忆——发表于 1985 年，洛夫特斯时年 41 岁。112 名学生观看 28 张图片描述的一场车祸。其中，第 16 张图片是一辆红色 Datsun 小汽车停在某标志牌前。一半学生观看的图片上是“停止”标志牌，另一半学生看到的标志牌则是“让行”。之后，学生们回答 20 道关于看过内容的是非题。有一半看到“停止”标志和一半看到“让行”标志的学生被问到这样的问题：你是否看到一辆车在那辆停在“停止”标志牌前的红色小汽车旁边驶过？剩下的同学回答同样的问题，只不过把“停止”改成“让行”。这样，有一半的同学接受了题目所给出的误导信息。

最后，用两个放映器呈现一对对图片，其中 1 张出现过，另一张没有，学生们在答题纸上圈出看过的图片。第八对是一辆红色 Datsun 小汽车停在“停止”标志/“让行”标志前。这时候，误导信息发生了作用——许多学生分不清关于标志牌的记忆是来自读题还是来自真实的车祸场景，而且这种混淆与性格有关：内向—直觉型的人有一半犯错，而外向—感觉型的人却只有不到 30%。

道德取向动了我们的记忆——发表于 2007 年，洛夫特斯时年 63 岁。当一个人犯了错误，如果我们相信他是好人，是一时疏忽所致，那么我们很自然地倾向于宽恕他。这种宽恕的态度会不会让我们真的忽略了错误的存在呢？在这个实验中，被试就看到这样一个故事：弗

洛夫特斯和她的办公室

兰克在高档饭店吃饭，接了一个电话后走出门外，没有付钱。

之后，一半被试了解到：弗兰克是个守信用的好人。那天是因为他从电话中得知女儿突然遭遇事故严重受伤，在震惊与匆忙之中忘了结账。当他意识到这一点，还主动与酒店联系，并承诺会补上这一次的欠款。而另一半被试所听到的确是另一副样子：弗兰克简直就是饭店的噩梦，不仅待人无礼、破坏公共环境，而且屡次逃避结账而毫不悔改。这一次，尽管他带的钱足够付账，他还是观察了周围，当确定没有人注意到他，他便溜出了饭店。

听完这些介绍，大家对弗兰克的道德水准进行了判断。一周之后，这些人又被重新召回，对“未付账事件”的一些细节进行回忆。结果，虽然道德水准和欠款数额没有任何关系，认为弗兰克道德败坏的学生们还是倾向于回忆出很大的欠费数目；相反，相信弗兰克是好人的被试回忆出相对较小的金额。洛夫特斯特别强调，这一发现在司法实践中非常重要：陪审员很大程度上根据证人证词断案量刑，如果某个证人之前得知了被告的道德水准，很可能回忆出扭曲的信息——这种扭曲使我们的记忆与期望相一致。

33 年来，洛夫特斯从未停止对目击者证词的研究，参加研究的被试超过 20000 人。她设计出的“呈现记忆材料——插入错误信息——检测被试回忆”这一方法模拟了目击者证词的形成过程，形成了一种新的研究范式。这种范式对记忆心理学和法律心理学的研究都产生了巨大的推动作用，而洛夫特斯的名字，也与这些领域紧紧地连在了一起。

你曾在商场迷失

“你曾经在商场迷失方向。”

“真的吗?”

1993 年的一天，克里斯的哥哥告诉他：他 5 岁的时候曾经在大学城的商场迷路，最后被一个老男人解救出来。

此后的几天中，克里斯渐渐回忆起关于此事越来越多的细节，并把它们写在了日记本上：他曾经受到威胁，说再也见不到自己的家人；妈妈嘱咐他再也不要到处乱跑；对于帮他找回去的男人，他已经记不清楚了。两周以后，克里斯回忆起这件事，细节更加丰富了：“然后是那个老男人，他穿着法兰绒的上衣……些许秃顶……他有一圈灰色的头发，还戴着眼镜。”当让克里斯对这段记忆的真实性评定等级，他表示这些内容相当真实，甚至高于另外两项同时测试的记忆内容。

这两项内容是真实发生过的，而商场中的迷失只是他哥哥对他开的玩笑，是试验的一部分。通过同样的方法，洛夫特斯还让一部分被试相信自己儿时曾在医院过夜、在婚礼上打翻饮料等，证实了我们回忆起的童年记忆，很可能是虚假的。

对童年记忆的研究标志着洛夫特斯研究生涯的第二次转向。问题的提出源于咨询实践。她发现在心理咨询中，许多来访者都报告出令人惊讶的、缺乏事实证据的童年经验。如性虐待等，而且这些记忆先前并没有浮现过——通常认为被压抑了。如何对这种记忆进行研究？洛夫特斯在1991年以几乎神奇的顿悟获得了灵感："我刚刚在佐治亚大学结束了一场演讲，朋友开车送我去机场。我们一边聊着这个问题（如何研究童年记忆），一边在一家购物中心旁边驶过。突然我明白了：我们可以尝试让被试相信自己在童年时期曾经在商场中迷失过。"

从此一发而不可收，洛夫特斯以极大的热情进行了一系列虚假童年记忆的研究，包括让被试产生拒斥某种食物的记忆。最终，她把注意的焦点放在当时心理咨询中的一种普遍产物上："被压抑"的性虐待的童年记忆。自弗洛伊德的精神分析理论以来，童年的不幸遭遇一直是许多心理疗法的目标所在。咨询师们通过种种方法试图诱导来访者报告出童年的惨痛经历，并且认为这种报告能够起到治疗心理疾患的作用。对于报告出的经历本身，精神分析学说的信徒们对其真实性深信不疑。而这些报告之所以缺乏证据，甚至连来访者自身都未曾记起过这些内容，是因为它们一直受到压抑。精神分析的初衷是心理治疗，相对于疗效来说，来访者报告什么内容并不重要。然而，由于对这种报告真实性的预设，在之后的司法实践中，曾经"被压抑"的记忆一旦被唤醒，则被冠以目击者证词的地位，成了判案的依据。

洛夫特斯通过大量研究证明：个体长期暴露于反复的暗示中，有时的确产生了高度精致、连贯的回忆报告，但其内容是子虚乌有的。事实上，这种"反复暗示"往往是咨询师的所作所为。当时甚为流行的一本关于唤醒被压抑记忆的书，里面对咨询师的提问技巧是这样描述的："你觉得你第一次被虐待是在几岁？写下跳入你脑海中的第一个数字，不管这个数字显得多么不合适……是不是年龄太小以至于让你怀疑它的真实性？我保证不是这样。"洛夫特斯的实验事实无疑给了这种风潮以当头一棒。

当真相的降临威胁到许多人的利益，争论往往会超越学术界，而在实践领域引领一场真正的革命。当洛夫特斯真诚地认为自己的实验事实构成了对权威的挑战，她也许不会想到有怎样的风暴等在前方。

荡妇还是罗宾汉

冲突与挑战已不是第一次。在发现了目击者记忆的不确定性之后，青年的洛夫特斯立即志愿作为专家证人，试图用最新的研究成果推动司法实践。美国法庭以旷日持久的烦琐程序和令人眼花缭乱的攻辩著称于世，专家证人必须具有过硬的品德和专业权威才能在律师刁钻的交叉盘问中站稳脚跟，获得陪审团的信任。这对一个初出茅庐的女性学者谈何容易！在多次志愿作证而遭到拒绝之后，1975 年 6 月的一天，她终于等到了出庭的机会。

然而，就在律师通知她“哪儿也别去等待出庭”前的几分钟，她接到了家人的电话——她的父亲去世了。洛夫特斯 14 岁时，母亲便意外溺水，离她而去，是父亲默默地支持着她漫长的求学生涯。此刻，父亲离去带给她的痛苦难以言表。洛夫特斯回忆说：“那真是个极端艰难的时刻，但我必须把悲伤藏在心底，藏足够长的时间，让我完成当下这件最重要的事。”洛夫特斯完成了华盛顿州历史上第一次关于目击者证词的专家作证，之后的 30 多年里，她作为专家证人无数次出庭作证，向律师和陪审团一遍又一遍地陈述目击者记忆可能被扭曲的真相：最难忘的一次是到荷兰海牙为波斯尼亚战争罪的审理出庭作证；最有名的一次是为 O. J. 辛普森出庭作证，一同出庭的还有被誉为“神探”的华裔刑侦专家李昌钰；现在，聘请她作为专家证人一小时需要支付 400 美元。

在有着深厚清教徒传统的美国社会，自由开放的背后是对某些旧道德近乎刻板的固守，即所谓的“政治正确”。法律越是给予律师辩护的自由，民众就越觉得他们可能帮恶人洗刷罪名。因为洛夫特斯的证言往往有利于被告，她被检察官们视为眼中钉，甚至被当庭骂作“荡妇”；因为作证，她曾经在飞机上被旁边的妇女用报纸愤恨地敲

洛夫特斯出庭作证

打，在机场被人粗鲁地吼叫："就是那个女人！"但这一切都不重要，她只是平静地叙述自己的实验事实，力图让永远差强人意的司法程序客观一点，再客观一点。用她自己的话说："我就是愿意为清白无辜的人作证。尽管平时我们对记忆中的一点差错不怎么在乎，但若一个人的自由就系于此，我们不能不在乎。"

1990 年，Robert Mondavi 酿酒公司的执行官盖瑞被指控对亲生女儿在长达 11 年的时间里反复实施性虐待，但他矢口否认一切指控，拒绝进行任何道歉和精神治疗。在这一丑闻的笼罩下，妻子与他离婚，公司剥夺了他年薪 50 万美元的职位并将他开除。一个成功的中年男人顷刻间变得一无所有。

一切缘起于 1989 年秋天，盖瑞的女儿拉莫纳进入加州大学埃尔文分校学习，因为暴食和抑郁而拜访了当地咨询师伊莎贝拉。在拉莫纳的第一次咨询中，伊莎贝拉就对她和她的母亲说："70%—80% 的暴食症患者曾经在儿童时期受到性虐待。"在之后的治疗中，拉莫纳在伊莎贝拉的不断鼓励下"回忆"起越来越多地被父亲性虐待的场景。在阿纳海姆医院，拉莫纳不确定这些回忆的真实性，于是在医生的建议下服用了巴比妥酸盐。在药物作用期间，她报告自己从 5 岁起就遭到父亲的性虐待直到 16 岁。

在洛夫特斯和其他人的帮助下，盖瑞对咨询师伊莎贝拉和阿纳海姆医院提出诉讼。法庭上，洛夫特斯和伊莎贝拉各执一种观点，针锋相对，有人评论这场官司就像一场真正的战争。许多人也许没有听说过洛夫特斯，但人人都知道弗洛伊德，伊莎贝拉的背后就是弗洛伊德；洛夫特斯的背后是实验研究，大量无可辩驳的实验事实证实了创伤记忆被移植的可能性，以及这种可能性带来的巨大危害——一个幸福家庭的彻底毁灭。最终，盖瑞获得了45万5千美元的赔偿，伊莎贝拉被逐出加州。这一案例轰动了整个美国，对美国司法实践产生了深远的影响。

也许因为少年失去母亲的痛苦，也许是中年离婚的感悟，洛夫特斯特别珍视家庭的完整和幸福，对心理咨询室中出产的“莫须有”的性虐待记忆非常反感。更重要的是，她是一位不折不扣的实证心理学家，客观事实已经证伪了这些记忆的可靠性。整个20世纪90年代，她不遗余力地推进对虚假童年记忆的研究并携研究成果四处奔走，足迹几乎踏遍整个美国，帮助许多人从子虚乌有的性虐待指控中解脱出来。她在法庭的出现，被无辜者视为救星的出现，视为司法审判中的罗宾汉。

然而，这项工作直接挑战人们根深蒂固的道德观念，挑战千万心理咨询师的信仰和饭碗。洛夫特斯遭受到前所未有的攻击和反弹：有学术上的口诛笔伐，有人格上的侮辱谩骂，甚至在出版了一本关于被压抑记忆的书后受到了死亡威胁，以至于她不得不学习使用手枪。对于这一点，她十分坦然，毫不介意别人谈起——她只是强调“这并不是我想要的生活”。

今天，年过六旬的洛夫特斯仍然不断地出庭作证，用自己不断增加的实验证据说话，毫不动摇。

女心理学家第一人

2002年8月，美国重要心理学期刊《普通心理学评论》评选出20世纪最杰出的100位心理学家。洛夫特斯与斯金纳、皮亚杰、弗洛伊德等心理学泰斗共同入选，并在所有入选的女心理学家中排名第一。

这个结果出乎很多人的意料吗？

至少洛夫特斯的父母不会想到。在小城 Bel Air 的少年时代，洛夫特斯表现出的是数学天赋，而数学问题是她与作为军医的父亲讨论的主要话题之一。

加州大学洛杉矶分校数学系的老师不会想到，他们甚至并不认为她是个好学生。1962年，洛夫特斯进入该校的数学系开始了自己的大学生活，没多久就对数学丧失了兴趣，因为微积分令她头痛不已。同时，她却对心理学产生了兴趣。在选修了一系列心理学课程之后，她取得了数学和心理学双学位，并把数学心理学作为自己的研究方向。

当年斯坦福大学的同学们不会想到。在那个时候，一位女性攻读数学心理学的学位是闻所未闻的，况且，她似乎对数学理论毫无兴趣。她的同学们甚至进行了一次非正式的投票表决，多数人都打赌她不会在心理学上有什么建树，甚至很快就会放弃心理学，回加州去谋一份更有吸引力的职业。

甚至连她辛勤耕耘了整整27年的华盛顿大学也不会想到。当校方以违反研究伦理、侵犯人权为由下令洛夫特斯停止手头的工作，并在15分钟后冻结她关于该研究的全部文件，人们似乎感到：素来为别人的清白和道义奔走的洛夫特斯，自己终于晚节不保。

事件的起因要追溯至1997年，辛辛纳提的一位心理学家考尔文发表了一篇文章，讲述了一个被他称为珍·德奥的女孩的案例。考尔文声称曾在她五六岁时访问过她，当时她诉说了其母亲对她的性虐待行为并留有录音。在17岁那年，她在考尔文面前回想起了这段被虐史，而之前她已经忘记了整整11年。这个案例有力地支持了传统观点：一段受虐记忆能够被压抑很多年，然后在某个时刻真实地浮现。这篇文章的影响立竿见影，司法界和咨询界又倾向于采信所谓的"被压抑的记忆"来指控监护人。

洛夫特斯为此十分担忧：她从未看到过没有水分的证实"被压抑记忆"的案例，而且在这份报告中她找不到充分的证据证明德奥真的受过虐待。然而，迎合了保护受访者的要求，考尔文的文章中隐去了一切关于德奥真实身份的线索，使对这个案例真实性的检验几乎成了不可能的事情。而出于对学术杂志的信任，一般读者只会对这个案例深信不疑。

抓住考尔文一时疏忽留下的两个微小线索，洛夫特斯花了大量时间，居然发现了珍·德奥的真实所在。她马上派人去联系德奥的妈妈，问她是否愿意谈谈。其时，她正受到虐待的指控。当助手找到她并说明来意，她激动地哭个不停："我真没想到自己能等来这一天。"

经过与当事人的交谈，洛夫特斯发现德奥的报告其实带有明显的虚假记忆的特征，而考尔文在报告中隐去了这方面内容。当洛夫特斯还原了这个案例的真相，但尚未公开发表任何资料时，她突然接到校方的电话。电话中声称，德奥向华盛顿大学发邮件控诉洛夫特斯的调查令她感到困扰；洛夫特斯违反了使用人类被试做研究的伦理道德。洛夫特斯的工作被迫中止，此后，是长达21个月的质询。

洛夫特斯深感困惑：伦理委员会的规定是针对参加试验的志愿者，她从来没听说过与受访者交谈还要经过委员会的批准。本来是一篇不完善的报告，甚至是一次故意的学术欺骗将被揭开，现在调查者自己却成了攻击对象。她深知，多年来自己始终处于"被压抑记忆"之战的风口浪尖，既然连死亡威胁都收到过，这件事的背后恐怕不是那么简单："是不是有人在施加压力，校方是不是有人在我不知情的情况下扮演了某种角色，我根本无从知晓。"

面对华盛顿大学的倒打一耙，洛夫特斯经历了她职业生涯中最艰难的时刻。尽管她的成就和公信力早已有目共睹，尽管在这段时间她仍然被授予各种奖项，她仍然难以抑制心中的苦涩。同时，她变得愈发坚强。在2001年接受美国心理协会“威廉·詹姆斯”奖的典礼上，尽管洛夫特斯仍然被禁止报告其研究的细节，她还是控诉了自己曾经和正在经受的种种迫害，并发誓一旦自己的境况有所改善，她必将打破沉默，将一切真相置于阳光之下。

这一天终于到来，21个月的马拉松质询只得到一个结果：洛夫特斯是清白的。她被允许发表两篇质疑珍·德奥案例的文章。在事实面前，考尔文迅速澄清说自己并未使用“被压抑的记忆”这个术语。3个月后，“20世纪最杰出的100位心理学家”评选揭晓，洛夫特斯成为女心理学家第一人。

华盛顿大学一景

此时，洛夫特斯已决意离开拒绝向她道歉的华盛顿大学，离开阴云密布的西雅图，重返加州的阳光地带。不过，她并非要离开心理学，她将进驻加州大学埃尔文分校为她量身定做的专业实验室，并接受加州大学的最高教席——“卓越贡献教授”（distinguished professor）。

别了，西雅图。27年的奋斗留下一声叹息。

尾声

加州的阳光真的给洛夫特斯带来了明快的心情，她的到来为加州

这就是伊丽莎白·洛夫特斯，洛夫特斯只有一个

大学埃尔文分校吸引了大量资金和人才，一支高水平的记忆心理学研究团队已经形成。仅在2007年，洛夫特斯署名发表的论文就有8篇之多。同样令她欣喜的是来自珍·德奥母亲的电话："我就要出院了，我只是想告诉您我永远忘不了您对我所做的一切。"

同时，她要应付纷至沓来的交流和采访——她深受记者欢迎，因为她愿意就任何问题侃侃而谈。比如婚姻，尽管在中年离婚，她仍然为自己的第一次婚姻就持续了23年感到骄傲。比如女权主义，她否认自己是女权主义者，在她用艰涩到全世界只有5个人关心的认知实验获得博士学位时，一代女权主义者们正在为将来的人生规划争论不休。

还有她始终不渝地参加司法实践，将专家证人进行到底。

这就是伊丽莎白·洛夫特斯。如果你在洒满阳光的午后来到加州大学，也许会在草坪上邂逅一位面容慈祥、头发蓬松、打扮得体入时的老太太。在她平和的笑容里，也许你会看到智慧的光芒，也许你会看到坚韧的意志，也许你永远不会想到就是她引领了记忆心理学的一次又一次革命，永远读不出那笑容背后跌宕起伏的华彩人生。

人格心理学大师

奥尔波特：一个崇尚人类尊严的特质理论家

他高举着人类理性的旗帜，面对重重挑战，却依然释放出一位智者所具有的独特魅力。

——《美国心理学家》评论

是谁奠基了美国的人格心理学，又同时被誉为“实验社会心理学之父”？是谁提出了“社会促进”这一概念，又同时成为美国人本主义心理学家的代表人物之一？他就是集众多荣誉为一身、推动现代心理学飞速发展的著名人格心理学家戈登·奥尔波特（Gordon W. Allport，1897—1967）。他于 1939 年当选为美国心理学会主席，又是 1964 年美国心理学杰出科学贡献奖的获得者，更被评选为“20 世纪 100 位最著名的心理学家”的第 11 名。

魅力独特的一生

青出于蓝而胜于蓝

奥尔波特于1897年11月11日出生于美国印第安纳州的蒙特苏马，随后全家搬到美国克里弗兰市定居。奥尔波特是4兄弟中最年幼的一个。正如他许多年后回忆的那样，他的家族生活“只有朴素的、新教式的诚实和勤奋”。他的父亲约翰，是一个乡村内科医生，他的母亲则是个小学教师，鼓励她的孩子们探究哲学，强调宗教的重要性，这也就决定了奥尔波特成为一个虔诚的教徒。他的大多数童年时光都是在为父母帮忙，父亲作为一名医生时常要照顾病人，而当时他们生活的地区医疗设施十分简陋，他的家就变成了一个小医院，常常住着病人和护士。小奥尔波特就穿梭于自家的“门诊厅”与“病房”之间，帮忙送药、洗瓶子，为父亲的医疗工作尽自己的一份薄力。可以说，小奥尔波特从小就能体会到人们之间相互帮助的重要性，这也反映在他的理论注重社会因素中。奥尔波特从小便具有学习天赋，并且学习也很刻苦，但他的运动能力一般。他与同学们相处得不愉快，经常会成为班里同学的嘲笑对象。有一个同学嘲笑他说：“瞧，那小子吞下了一部字典！”不过，奥尔波特的成绩一直很好。高中时他的成绩占全年级的第二名。

1915年，奥尔波特考入了哈佛大学，之所以决定上这所大学，与他的兄长佛罗伊得（Floyd）有着密切的关系。那时的奥尔波特因为父母迁居的原因跟着哥哥佛罗伊得生活，而他的哥哥就是哈佛大学心理系的毕业生，并且毕业后成为一名著名的社会心理学家。哥哥的成功在奥尔波特的心里留下了深刻的印象，于是毅然决定报考这所大学。虽然刚进入哈佛时，奥尔波特的成绩只有“C”甚至是“D”，但是他凭借着自己的努力，后来以几乎全“A”的成绩获得学士学

位。1919 年奥尔波特来到土耳其伊斯坦布尔的罗伯特大学任教，讲授英语和社会学并于 1920 年获得了在哈佛学习心理学的资格，于是他回到了哈佛并在 1922 年获哈佛大学博士学位。奥尔波特获得博士学位后又在柏林大学、汉堡大学和剑桥大学从事研究。1924 年回到美国，在达特茅斯大学讲授社会心理学，后来在哈佛大学任教，1930 年后任该校心理学教授。1939 年任美国心理学会主席。1937—1949 年任《变态与社会心理学》杂志编辑。1957 年退休。1963 年获美国心理学基金会授予的金质奖章。1967 年因患肺癌逝于马萨诸塞州的剑桥。

心理学第三势力的中流砥柱

前面说过，奥尔波特之所以报考哈佛大学是因为受哥哥佛罗伊得的影响，但是真正让奥尔波特决定致力于心理学研究的人并不是他哥哥，而是另一个人，他就是赫伯特·朗菲尔德，奥尔波特的博士生导师，他在很大程度上激发了奥尔波特对心理学的强烈兴趣。朗菲尔德曾在柏林师从德国著名心理学家斯顿夫（Carl Stumpf），并提出了意识的动机理论。这个理论主张，感知、情感和信念共同存在于动机的形成过程中，彼此互相联系。奥尔波特对此提出了质疑，他认为个体的动机应该包括生理过程和心理过程的复杂的联系。自此奥尔波特开始了自己的理论研究。

1922 年，奥尔波特获得哈佛博士学位后获得了一笔奖学金，这笔旅行奖学金为他学习其他名家的心理学理论提供了宝贵机会。他来到了英国。在那里他深受巴特利特（Frederick Bartlett）关于自我的作用的影响，并好奇于一些联想以及民间故事是如何以一种文化的方式一代一代流传下来。之后奥尔波特又来到了德国，遇到了格式塔心理学的创始人韦特墨（Wertheimer）、沃夫冈（Wolfgang）等人。1924 年，奥尔波特回到美国，随后在哈佛任教，其间奥尔波特的妻子为奥尔波特家族增添了一名新成员，他的儿子在达特茅斯出生了。

1946年，奥尔波特和一些哈佛的同事建立起了社会关系学系，这个新系包括社会、发展和临床心理学家，还有一些社会人类学家和社会学家，这些人都有着这样一个共同点：他们都觉得自己的研究比起他们部门自身的研究，更贴近心理学。这样一个新系别培养出了许多杰出的心理学家，如大家耳熟能详的布鲁纳（Bruner），米尔格兰姆（Milgram）和麦克莱兰德（McClelland）。

在奥尔波特理论形成的背景中，精神分析的创始人弗洛伊德也对他产生了影响。1919年，作为一个22岁的毛头小伙，他在访问维也纳的时候，给弗洛伊德写了一封信，说他本人就在城里，想与他会面。弗洛伊德非常大度地接待了他。在奥尔波特抵达弗洛伊德的办公室时，弗洛伊德用期待的目光看着他。为了试图打开话题，奥尔波特便在短暂的思考以后，给弗洛伊德讲述了他在旅途中的见闻：一个4岁的小男孩与母亲一起坐在一个公共场所的长椅上。他的旁边还坐着一个不修边幅的男人。这个小男孩不停地告诉母亲："我不想坐在这里，不想让那个肮脏的男人坐在我旁边。"奥尔波特注意到这个小男孩的母亲穿戴整齐，衣衫烫过，气质非凡。奥尔波特其实是想说明：这个小男孩对脏东西的厌恶来自母亲对洁净的着迷。但弗洛伊德用他那双仁慈的、治病救人的眼神看着他说："那小孩是你本人吗?"奥尔波特目瞪口呆，只好转换话题。这次会面意义重大，使他了解到弗洛伊德太习惯于精神分析以至于忽略了很多意识里的重要内容。这一事件不仅对他后来理论的创立产生了深刻的影响，还使得他在一生的学术生涯中，都对精神分析表示反感。

独具特色的人格理论

特质理论

1937年，在奥尔波特的第一本书——《人格：心理学的解释》

中，他归类出了50种不同的定义来说明“人格”（personality），并试图总结出一种能决定人到底是什么的定义。

奥尔波特认为没有两个人是完全一样的，他把其原因归结为“特质”（trait）。他认为特质是一种人们在不同情况下所表现出的同一种行为的倾向。奥尔波特将许多人共同具有的特质和只属于某个人的特质区分开来，即分为共同特质和个人特质两大类。“共同特质”指的是同一文化形态下的群体所具有的特质，它是在共同的生活方式下形成的，并普遍地存在于每一个人身上。比如说中华民族的勤劳，大和民族的严谨，法兰西民族的浪漫等。人格的共同特质又可分为表现性特质和态度性特质。“表现性特质”是在支配适应行动的动机系统中使行动具有一定的特征。包括支配性—顺从性，扩张性—退缩性，坚持性—动摇性三个共同特质。“态度性特质”是在对待特定情景的顺应行为中所具有的对己、对人和对价值的态度，包括外倾性—内倾性，对自己的客观态度—自我欺骗，自信—自卑，对他人的合群性—孤独性，利他性—自私性，社会智力高—社会智力低，对价值的理论性—非理论性，经济性—非经济性，审美性—非审美性，政治性—非政治性，宗教性—非宗教性等11个共同特质。

“个人特质”是个人所特有的、代表着个人的独特的行为倾向。奥尔波特将个人特质视为一种组织结构，每一种特质在这个人的人格结构中处于不同的地位，与其他的特质处于不同的关系之中。因而他区分了三种不同的个人特质：（1）“首要特质”（cardinal trait）是指最能代表一个人的特点的那些特质，它在个人特质的结构中处于主导性的地位，影响着这个人的行为的方方面面。比如，诸葛亮的首要特质便是“足智多谋”；林黛玉的首要特质是“多愁善感”。在现实生活中，首要特质突出的并不多，它只能在少数人身上观察得到。（2）“中心特质”（central trait）是指最能代表一个人性格的核心成分。每个人具有的核心特质的数量一般在5—10种之间。（3）“次要特质”（secondary trait）是指一个人的某种具体的、特定的偏好或反应倾向，如偏好某种色泽的服饰、闲暇时喜欢打扫卫生，等等。显然，某种特质是一个人的首要特质，但在另一个人身上却是中心特质，在第三个人身上可能只是次要特质。一般可用中心特质来说明一个人的“性格”。

奥尔波特认为，特质并非只与少数特殊刺激或反应相联结，而是相对概括的和持久的。由于特质将多数刺激与多数反应联结起来，因此特质在行为上便产生很广泛的一致性。这样，行为就有了持久性和跨情景性的特点。但同时，特质也有其焦点，例如优势特质是在某些特殊场合和人群（如同学、同事、家庭、孩子）中出现，在其他场合则表现为其他特质。打个比方，具有攻击性特质的人，并不是在任何场合，对任何人都会产生攻击性行为。所以特质是镶嵌于社会情景中的，“那些把人格看作恒定不变的说法都是错误的”。

机能自主

奥尔波特用机能自主这个概念来表达他对人的动机的看法。所谓“机能自主”（或动机独立）是那些已成为独立的动机，即这些动机与它原先赖以产生的需要已没有依赖关系。为此奥尔波特下了一个更为正规的定义：“机能自主把成年人的动机看成是多种多样的，是一些自我保持的暂时体系，是从先前的体系发展而成的，但在机能上与先前的体系无关。”举一个简单的例子，一个孩子学钢琴。开始可能是因为父母强迫着学，但弹着弹着自己喜欢上了钢琴，因为爱好而练琴，这个例子中手段已成为活动的动机，而这种动机的作用与原来服务的目的和需要相独立，因而称为机能自主。奥尔波特提出的机能自主理论是有积极意义的。主要表现在：

（1）提高了人的地位：他强调人是独立的个体，人具有自主的能力，这是其他生物所没有的，而人还能支配自己的行为，并且自我负责。显然，这是对主流心理学中“无人化”或非主体化倾向的一种反抗，也是对人的价值与尊严的一种弘扬。

（2）指出人的社会化的价值：奥尔波特把人的新动机的形成，解释为活动的手段向着活动目的和动机的一种转化。换句话说，以前只是作为一个人达到特定目的的手段的那些客体或行为，本身开始引起人们的兴趣，从而获得了自身的动机力量。他认为，这一主要原理能够说明“自然人”的儿童如何转变为社会化成人的道理。他还批驳说，如果根据遗传起源来说明成人的动机，那么对恐惧症、强迫症等精神疾患的行为，以及工匠技艺、艺术事业和才情等复杂活动背后的驱力的解释，就会对人性做出一种牵强附会、不合逻辑的说明。

自我的统一与人格发展

奥尔波特认为人格中起统一作用的核心是“自我”（self），自我决定了潜意识的激发和生活的目标。人的动机的形成，更多的是因为社会因素而非生理因素，并努力使自己成为一个全新的独特的个体。他把人格的核心——自我，看作一个“惊人的谜”，但他一直努力尝试去定义它。于是他摒弃了前人一些晦涩的定义，把人格的组织结构重新定义为“统我”。统我是一个人导向内心统一的所有方面；统我不是先天的而是后天发展的。他认为，完善的统我在个体发展中经历了如下八个阶段：

1. 躯体我的感觉阶段。“躯体我的感觉”是指在1岁时婴儿逐渐地认识到自己身体的存在。当我们饥饿、困倦和碰触到物体时，我们认识到自己身体的局限性。躯体我的感觉为我们的自我觉知提供了一个固着点（或凭据点），我们在健康时几乎未能注意到这些感觉；当我们生病时才深刻地认识到我们的躯体。

2. 自我同一感阶段。“自我同一感”（或自我认同感）是指儿童在2岁时认识到，虽然他们的身体在长大，经验在变化，但自己仍然是同一个人，即认识到自我在时间上的延续性。自我同一感的发展与言语的发展密切相连。当孩子学会自己的名字时，名字就成了他的自我同一感的支撑点。奥尔波特说：“今天我记得我昨天的想法，明天我会记得我昨天和今天的一些想法，我敢肯定它们都是同一个人的想法——我自己的想法。”

3. 自尊感阶段。“自尊感”是指3岁时儿童知道能独立地做一些事情，在完成任务过程中所体验到的自豪。奥尔波特认为，这一阶段具有典型的否定性，儿童往往要寻求全面的独立，并试图摆脱父母和其他人的监护。

4. 自我扩展阶段。“自我扩展”是指4岁时儿童的自我意识被扩展到外部事物上。这时儿童不仅认识到自己的身体是属于他自己的，而且玩具、宠物、房间、父母、兄弟姐妹也同样属于他自己的。自我扩展的早期发展是自私的，在以后它不一定还是自私的。

5. 自我意象感阶段。“自我意象感”是指4—6岁儿童按头脑中自我意象行事的认识。奥尔波特认为，自我意象有两种成分：要求儿童扮演习得角色的期待，以及寻求获得对未来的某种热望。这阶段儿童形成了“好的自我”和“坏的自我”道德感的参照系。这时儿童学会去做大人期望他们做的事，并避免招致反对的行为。儿童开始为自己的未来提出愿望，开始计划未来，对未来有所打算。

6. 自我理智调适感阶段。“自我理智调适感”出现在6—12岁，儿童开始逐渐察觉到自我能够克服外界，用理智思考来解决问题。他们喜欢检查自己的智力支持。这个阶段的儿童还会武断地相信自己的学校、家庭和同伴是对的，是好的，等等。

7. 统我追求显露阶段。“统我追求”是指经由生活目标的选择而追求自我提升的倾向。从12岁起，儿童形成未来目标，开始以未来目标来组织自己的生活，即显露出统我追求。从治疗的角度看，奥尔波特把人类的动机区分为统我动机和外周动机。“外周动机”是指为基本需要（如饮食、御寒等）获得满足的努力。这类动机要求立即得到满足以降低张力。这是一些简单的自动行动。相反，“统我动机”则是自我涉入行为。这类动机要求我们对重要目标的紧张关注以及努力的提高和维持而不是降低。当追求主要目标时，统我追求使整个人格特征化，使人格获得了统一。奥尔波特说："长远的目标的拥有，被视为一个人存在的中心，它使人类和动物相区别，成人和儿童相区别，健康者和病人相区别。"

8. 知者自我的显露阶段。"知者自我的显露"是人格发展的最后阶段。当自我认识到已经统一并超越自我的前述七个方面时，便出现了知者自我。知者自我综合了所有的统我机能。统我就是自我这八个方面的综合。虽然统我的前述七个方面出现在生命的不同阶段，但这时的自我已能同时操纵它们，并综合地发挥作用。

社会促进

我们在社会上经常见到这种现象：只要个体目睹其他人也在做与他同样的行动，他的行动速度便会加快。比如，在课堂上，数学老师让所有的同学演算一个相同的题目，个体此时的演算速度便会高于他单独完成这项任务的时候。这便是社会促进。社会促进与竞争是有区别的。社会促进并不一定是竞争导致的，也就是说，社会促进可以独立于竞争而存在。奥尔波特为了研究社会促进设计了很多绝妙的实验。这些实验构思独特、新颖，直至今天，它们依旧是心理学实验中的"奇葩"。

"社会促进"现象：集体骑车的速度要快于单独骑车

奥尔波特把5—6个被试分成一组，让他们围坐在一个圆形桌子旁。他们同时被指派相同的任务，比如，让他们把放在他们面前的报纸专栏上的元音字母都划去。为了尽可能减少竞争的影响，奥尔波特在实验中强调被试所作的测试根本不是比赛，他们之间的成绩不会拿来相互比较。为了与被试单独完成测验的速度相对比，奥尔波特还测量了每个被试单独完成任务时的速度。结果发现：对于绝大多数个体来说，他们在群体中的速度快于单独完成时的速度。但是测验的正确率却下降了。另外，社会促进现象存在着个体差异，出现在群体中有的被试的速度提高，有的被试的速度不变，有的被试的速度降低了。当然，速度提高这种现象是最普遍的。

社会促进概念的提出为我们解释了很多社会现象。比如，为什么几个人一起骑车的速度要快于一个人单独骑车时；为什么一个人在集体看比赛时的喊叫声会高于单独看比赛时；为什么集体车间工人的工作速度快于单独车间的工人。不仅如此，社会促进概念的提出还促使企业管理者对社会促进现象进行了巧妙的利用，以提高企业的工作效率。总之，在发现社会促进这一现象上，奥尔波特功不可没！

沿着大师的步伐

奥尔波特不愧为在“20世纪100位最著名的心理学家”的排名榜上名列前茅！他的理论敢于挑战心理学的两大势力——行为主义和精神分析。他的“人格特质论”也在人格心理学界产生了很大的影响。在一项近年关于心理学家文献引用次数的调查中，奥尔波特位列第四。这足见他的影响的广泛与深远。尽管他的理论存在着瑕疵，但是他对于人格的独特见解仍然对人本主义倾向的社会心理学起着巨大的推动作用。他从“以人为本”的视角来看待人格，高扬人的潜能。他的许多研究为当今人格心理学的发展打下了坚实的基础，特别是他对于人类尊严的弘扬，更是值得心理学家的深思与借鉴。奥尔波特的

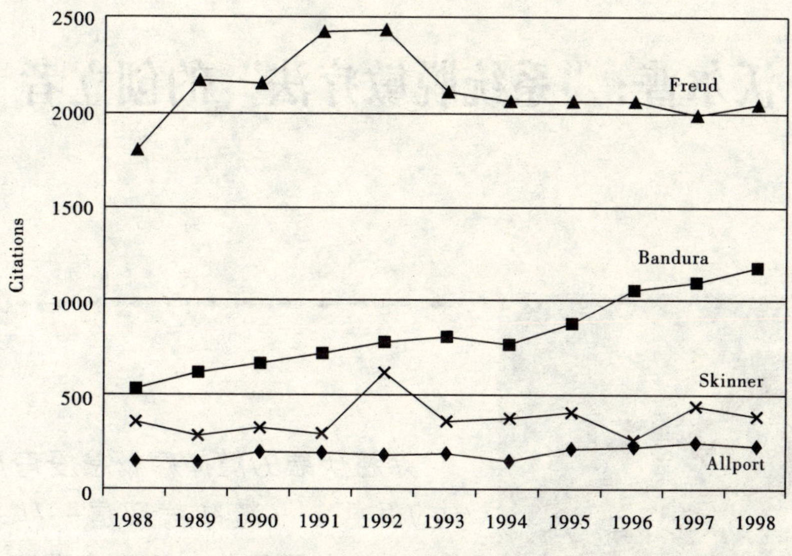

1988—1998 年中，心理学家的著作和论文的引用次数

一生著作颇丰，主要有《人格：心理学的解释》（此书由他的博士论文修改而成）（1937）、《人格的本质》（1950）、《人格心理学的基本研究》（1955）、《人格的模式和成长》（1961）。他的思想是心理学发展史上的一块瑰宝，是敢于向心理学两大主导势力提出挑战的勇士。让我们永远记住他，一个崇尚人类尊严的特质理论家——戈登·奥尔波特。

沃尔普："系统脱敏疗法"的创立者

弗洛伊德的精神病概念没有科学的根据……精神病只是一种习惯——一种顽固的、不顺应潮流的行为，是由学习得来的。

——沃尔普

一只实验笼里的小猫患上了精神病，拒绝进食，医生把他移到了实验室外的地方，用诱人的鲜鱼喂养他，小猫终于吃了。医生又把它放到离笼子较远的地方，小猫也能渐渐安静地吃下食物。医生一步步地把它移近实验笼，最后小猫成功地克服了自己的心理障碍，在笼子里也能吃得津津有味。这个医生就是约瑟夫·沃尔普（Joseph Wolpe，1915—1997）。通过这个实验他提出了具有创新意义的"系统脱敏疗法"。这个疗法在当今临床心理学上颇为流行。沃尔普不惧权威，勇于向传统疗法提出挑战，为治疗人类的心理疾病做出了无可替代的贡献。他甚至被称为"行为治疗之父"。

"歌声伴我战病魔"

人们可能会认为，从事精神分析的治疗师都关注人际关系，而专司行为治疗的治疗师的性格往往偏向于冷漠无情（因为他们用小动物甚至用小孩做实验，并且用电击）。由于沃尔普用可爱的小猫来做实验，并一直坚持认为自己的理论优于其他所有心理疗法，所以有些人认为他是一个"独断专行"而又冷漠的人。但实际上沃尔普是一个非常纯朴和温和的人。逝世（1997 年 9 月）前三个月，当时他的身体非常虚弱，并饱受病痛的折磨。但是凭着自己坚强的意志，他应邀从洛杉矶来到威尼斯参加"欧洲认知行为治疗协会"举办的学术大会。尽管有病在身，但是在会前的宴会上，他表现得精力充沛，还给人们唱 60 年前他学生时代的歌。可能他的歌声并不美，但在场的每个人都被逗得乐呵呵的。这种与病魔斗争的顽强精神也体现在他对知识不屈不挠的追求上。用沃尔普自己的话来说，"我是一个永不言弃的沃尔普！"

与心理学结缘

阴差阳错走对路

沃尔普的犹太家族由于某些原因迁移到南非居住。1915 年，沃尔普出生于南非约翰内斯堡。从小，他就立志成为一个化学家。但他父母却认为学医更加保险、更有出息。无可奈何之下，他只能接受父母的安排。他在南非的威德特沃特斯兰德大学学医，并获得医学博士学位。但他也没有轻易放弃自己的理想，在努力学医的同时也继续追求自己儿时的理想，学习化学，最后他获得了化学学士学位。

第二次世界大战期间，沃尔普在南非军队担任医务官员。当时，他在金伯利的军队精神病院工作。医院接受了大量患“战争神经症”（即现在所称的创伤后应激障碍）的士兵。当时治疗的主流方法是“麻醉分析法”（一种药物治疗与精神分析相结合的方法）。但是这种治疗方法的疗效却并不持久，许多士兵治愈后很快又患病。眼看着士兵们持续遭受疾病的折磨，他和同事们却束手无策。对当时的治疗方法失望之余，沃尔普脑子里就一直想着能解决这个问题的更有效的方法。从此，他与心理学结下了不解之缘。

患上精神病的猫

1946 年离开部队后，沃尔普回到母校威德特沃特斯兰德大学工作。他开始将想法付诸实施。早在他读大学期间，他就曾读过前苏联生理学家巴甫洛夫的文章，而巴甫洛夫一直反对精神分析。而当时精神分析学风靡心理学界，一般学者都相信神经症是早期“创伤性的经验”而引起的，但是受到巴甫洛夫条件反射理论的影响，沃尔普联想到神经症可能只是一种情绪上的条件反射现象。于是，他开始全身心投入研究条件反射的文献。其中，心理学家马瑟曼（Masserman）对于猫的实验性官能症的研究给了沃尔普极大的启发。但是沃尔普也认为马瑟曼用精神分析法来治疗猫并不科学。于是 1946 年，沃尔普开始了对猫的精神病的实验研究。对猫的研究可以说是沃尔普研究历程上的一个重要转折。这个著名的实验是这样实施的：

A. 先让猫患上精神病。将猫关进一个实验室的实验笼里，先响铃，后电击它。这样反复多次，猫变得焦虑、恐惧。刺激停止后，焦虑和恐惧却没有消失，它甚至拒绝进食。从实验笼中拿出猫，放到实验室的其他地方，它依然焦虑不安地拒绝进食。放到相似的房间里，它仍然不进食。

B. 治愈猫的精神障碍。沃尔普认为猫饿了总是要进食的，这是

支持它的一种积极力量。在一间与实验室完全不同的房间喂猫，由于环境完全改变，猫便稍安稳一些，经过犹豫逐渐进食。进一步，把进食的地方移到一间与实验室相似的房间里。猫又开始焦虑不安，经过挣扎它最终战胜了自己，继续进食。再接下来，把进食的地方移回那间实验室，但远离实验笼。猫重返受伤之地的焦虑不安是可想而知的。然而，又经过一番努力，猫再次完成了进食。最后，把进食位置越来越移近实验笼乃至移到笼里，猫仍旧完成进食。猫对实验室、实验笼的恐惧，经过这样层层的适应性训练，几乎完全地消除了。

由一只猫引发的理论

他成功地治愈了这只精神病猫，并把这个方法称为"脱敏"(desensitization)。由此他提出了"交互抑制理论"（reciprocal inhibition theory)：如果一种能抑制焦虑的愉快反应（如进食）在产生焦虑的刺激之前出现，则它就会减弱这些刺激的强度。对这些猫来说，对食物的愉快反应与实验室里的笼子产生了联结，于是就克服了焦虑。这个实验使沃尔普更加坚信自己当初的假设。提出这个理论后，沃尔普获得了精神分析师的高级证书。

但是沃尔普并不满足于此，他开始寻找一种能够用于治疗人类精神病的技巧。经过多年的实验，沃尔普发现了一个可能有效的办法。他在病人身上诱发一种几近昏迷状态，通过联想性的训练使其愉快的感受与引发恐惧的刺激联结起来，然后再克服恐惧。

沃尔普的个案报告很详细地介绍了如何治疗人类的精神病问题，其中一个典型案例如下：

珍妮是个27岁的单身女性，她极度自卑，走在路上总觉得别人以鄙视的眼光看她，所以就算走路也会感到紧张。珍妮因此很少参加社交活动，虽然长得很漂亮，但是没交过什么朋友。珍妮为此感到非常烦恼，她接受过多次心理治疗，仍不见好转。后来她便寻求沃尔普的帮助。

沃尔普分析了病人的情况后，将珍妮所面临的困扰按轻重程度分为不同的等级（如依次分为“别人对她投以轻视的目光”、“别人取笑她”、“别人批评她”等）。同时他教会病人进行深度肌肉放松，全身放松到进入一种半昏睡状态。接着他要求珍妮想象最轻微的困扰情境（“别人对她投以轻视的目光”），接着他告诉病人：“不要想这个困扰，集中精力放松自己。”这样多次联结之后，让愉快的情绪来抵消困扰。当病人不再害怕最轻微的困扰时，他就让病人再想象更紧张的困扰情境（然后放松自己）。这样一级级地将困扰与放松的状态相联结后，病人就能够适应自己想象出来的所有困扰情境。接着，在现实生活中也如此一级级地体验直到能够完全抵消负性的情绪。治疗结束后10个月，沃尔普进行追踪调查，发现珍妮已经具有良好的适应能力。沃尔普将这种治疗神经症的方法叫做“系统脱敏法”，这是他最早提出的、也是最广泛适用的一种行为疗法。

挑战权威

沃尔普的治疗理论和方法使成千上万的人受益，但当时在临床治疗方面精神分析仍然是最具权威性的。但沃尔普就是敢于挑战权威。他说明在用精神分析治疗的595例病人中，仅31%的病人被治愈。他指出，精神分析的疗效并不好，但精神分析已被大众普遍接受，这是因为人们受到弗洛伊德的某种“蒙骗”。他甚至说弗洛伊德用文章编织了一个“神奇的网”，让陷进去的人怎么也逃脱不出来。这种话可能让人听来觉得他很狂放。但是从这些狂放的语句中我们可以看出他的执著。他功成名就之后，由于与当时的主流思潮相悖，谴责的声音也接踵而来。针对别人的批评，他都一一给出了回应。有些学者误认为行为疗法是不人道的，不考虑患者的主观感受。但是沃尔普回应说，恰恰相反，病人的主观体验是行为疗法最初的原材料，在进行治疗前，行为治疗学家要先掌握病人大量的信息，比其他临床医生对病人的了解都要多。沃尔普说：“没有什么方法比行为疗法更人道了！”

可能正是由于沃尔普过于固执己见，他的一些追随者也一度离他而去。他的学生拉扎勒斯（R. Lazarus）就因认为沃尔普的观点过于僵硬狭隘，不再与他合作。拉扎勒斯还用犀利的文字指出沃尔普的理论太过片面。沃尔普并没有接受他的建议，还是坚信他的理论的正确性，当然他也在不断地改进他的理论。他所创立的行为疗法不被医学主流接受，他感到非常遗憾。但他坚信："从理论上来说，如果将来行为疗法能在临床医学中占据重要位置，那么陋习将会消失，人们的情况会变得更好。"然而，只是苦于当时整个北美只有200多人从事行为治疗。

坎坷出书路

1949年，基于诸多实验和临床经验，加上好友雷娜、泰勒等人的鼓励，沃尔普决定将他的理论公开发表。但是天不遂人愿，他怎么也联系不到愿意帮他出书的出版社。沃尔普就只有在一些杂志上发表部分论文。但他的观点还是引起了学术界的关注，于是1957年他受邀来到了斯坦福大学的行为科学研究中心。在中心工作期间，人们慢慢了解了他的理论。1958年，沃尔普的著作《交互抑制心理疗法》（Psychotherapy by reciprocal inhibition）才得以在美国出版。这本书的出版之路可以说是异常坎坷，但也正是它，被认为是关于行为治疗的第一本正式著作，成为沃尔普最有影响力的一本书。这本书主要介绍了系统脱敏的方法。按照沃尔普的说法，系统的脱敏对70%的精神病人来说业已证明是最佳的选择；对于其余的30%，他倡导其他一些治疗方法（如满灌法等）。

"漂泊"的教学生涯

1958年离开斯坦福大学的研究中心后，他回到南非一段时间，之后又到美国维吉利亚大学的精神病学院任教5年（1960—1965年），随后一直到1988年，他一直在坦普尔大学的精神病学院工作。

1994 年沃尔普在德国汉堡参加国际心理学进展大会

退休后，沃尔普也没闲着，从 1989 年一直到去世前一个月，他还定时去佩珀丁大学授课。他还坚持写作专业论文，游历各国，组织或参加各种专业性的研讨会。

永载史册的贡献

虽然目前还有一些人不认同沃尔普的观点，但是他对心理治疗作出的贡献是无可非议的。他被称为“行为治疗之父”，而他所开创的系统脱敏方法也是目前广为盛行的一种疗法。总起来说，他对行为治疗的贡献主要体现为以下几个方面：

1. 建立了一系列具体的行为治疗技术，并且这些疗法也被临床实践证明优于精神分析疗法。
2. 他的交互抑制理论具有时代精神的创新性。他博采各家的学习理论，包括巴甫洛夫、华生、马瑟曼等人的工作，并且他还吸取神经生理学的知识来解释人的行为机制，将心理学与精神病学很好地结合在一起。

3. 沃尔普的工作引领了一个行为治疗的潮流，也可以说给心理疗法带来了一场革命。在沃尔普出版了《交互抑制心理疗法》一书后，很多人效仿他的治疗方法，并且大部分都取得了很好的成果，其中包括著名心理学家拉扎勒斯、艾森克等人。

沃尔普的功劳很晚才得到人们的肯定，他晚年获得了很多荣誉。1979 年他获得了由美国心理学会颁发的应用心理学方面的杰出科学贡献奖；1993 年获得 Psi Chi 杰出成员奖。他还担任了行为治疗协会的第二任主席，1995 年因为对行为治疗作出巨大贡献而获得终身成就奖。沃尔普一生共有三部主要著作：《交互抑制心理疗法》、《行为治疗法的应用》和《没有恐惧的生活》。前两本公认为是行为治疗的经典巨作。另外，他还留下了上百篇学术论文。

沃尔普在 1948 年与妻子斯特拉结婚，但不幸的是，在 1990 年妻子早他离去。1996 年，81 岁高龄的他又娶了一个年轻的妻子伊娃，可以说老来得福。仅一年多时间，即 1997 年 12 月 4 日，在与肺癌进行长期的搏斗后，这位行为治疗的先驱与世长辞。

沃尔普的一生都在执著地追求。他那不畏权威的执著告诉我们，科学的进步需要不懈地追求！

艾森克：像“谜”一样的人格心理学大师

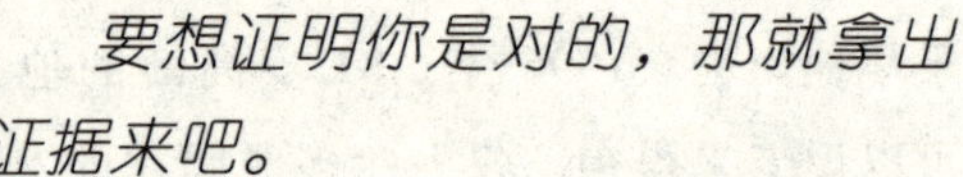

要想证明你是对的，那就拿出证据来吧。

——艾森克

望着照片上这位慈眉善目的白发老人的时候，你可曾想过，他的一生曾经历了无数的波折——被纳粹攻击，失去学业，背井离乡……一直到他辗转来到英国伦敦大学心理系学习才稍微安定下来。可惜好景不长，刚在心理学领域取得一点成就的他，并不像别人那样“安分守己”，因多次公开发表“出格”的言论，他一直被舆论界和学术界炮轰，甚至到了人身安全受到威胁的地步。后来因为早年的兴趣投入占星术的研究，却又被人抨击为“不务正业的伪科学”。似乎是天生的禀性，他不懂得低头，不懂得委曲求全，只要认定是真理，就绝不妥协。

他是著名的人格心理学家，是他第一次编制了用“外倾—内倾”、“神经质”、“精神质”三个维度来评定人格的问卷。他在人格测量方面的成就至今仍为人们津津乐道。然而，他自己却是一个像“谜”一样的人，让人摸不清猜不透。他既温和又犀利，既善解人意又固执己见。所有被他教过的学生都说“从没见过这样平易近人的好老师”，而学术界人士却说他是个“难对付的家伙”！究竟，他是怎么样一个人？他那始终高昂着的头和彬彬有礼的微笑后面，蕴涵着一个怎样的人生？

独立冷静的童年

汉斯·艾森克（Hans Jürgen Eysenck，1916—1997），英国心理学家，行为主义治疗史上声名赫赫、成果丰硕的领军人物之一。1916年3月4日出生在德国柏林。他的父母都是演员，父亲长于喜剧表演，母亲则是幽默片演员。年幼时的艾森克也曾在电影银幕上崭露过头角。然而，出生于戏剧世家的他并没有继承父母的事业。幸好他在这方面并没有特别的禀赋，否则著名的“艾森克人格问卷”也就无法诞生了。

两岁时，父母离婚，艾森克被交给年迈的祖母抚养。父母因各自工作的缘故在世界各地奔走，根本没有时间顾及这个一天天长大的小男孩。也许就是因为这样，艾森克从小养成了独立冷静的性格，一般不为情所动，也不感情用事，这在以后的学术研究中得到了很好地体现。学生时代的他，性格沉稳，不苟言笑，也许只有把所有的热情都投入到学业中，才能弥补他心灵上的空虚和脆弱。

18岁那年，他以优异的成绩获得进入柏林大学就读的机会。眼看着自己用双手争取来的幸福，这个一向宠辱不惊的小青年开心地笑了。然而，幸福并没有如期而至。当时的德国被控制在纳粹的手中，他们把魔掌伸向了这个优秀的年轻人。除非他同意加入纳粹，否则他就得离开德国。这一消息如同晴天霹雳，坚持正义的他当然宁死不从。后果可想而知，他遭到了不公平的对待，不仅无法进入柏林大学，如果要继续学业，只能离开德国去国外求学。那一瞬间，所有曾经的努力都化为泡影。年轻的艾森克默默地承受着又一次的伤害，独自一人开始了漂泊异乡的生活。他先去了法国，然后辗转到了英国，在伦敦大学学习英国文学和历史，此后就定居在那里。

“我的大学”

刚到英国时，出于对物理的浓厚兴趣，艾森克申请了伦敦大学物理系。可是由于他没有经过必须的专业训练，这在当时是不能被录取的。所幸的是，他还可以改学心理学。走投无路的他稀里糊涂地跨进了心理系的大门。就这么阴错阳差，这个最初连心理学是什么都不知道的小青年竟在多年后成了著名的心理学家。当然，这与艾森克的启蒙老师不无关系。1935 年开始，他师从著名的心理学大师 C. E. 斯皮尔曼学习心理学。随着学习的深入，他逐渐爱上了这门有趣的学科。1938 年，他获文学学士学位，1940 年获心理学博士学位。之后他留在伦敦大学继续任教。

后来的一切似乎都在证明着“天道酬勤”这个道理。在第二次世界大战期间，艾森克曾以心理学家的身份任职于磨坊山急救医院。1945 年任伦敦莫兹利医院专职心理学家，1955 年任伦敦大学心理学系教授、伦敦大学精神病研究所教授，并兼任莫兹利和贝思莱姆皇家医院的心理学专家。他承担了开创临床心理学的任务，由他领导的伦敦大学心理学系是第一个培养临床心理学家的机构，并致力于发展行为治疗的方法。他带领研究人员进行了卓有成效的研究，其主要领域就是现在广为人知的人格的实验研究。

人格心理学的“圣斗士”——艾森克的人格理论

在谈论一个人的时候，我们往往会说“他很外向，很好相处”；“她性格不错，一定可以成为我的好朋友”；“他太内向了，总是不懂得表达自己的想法”。朋友，你是否知道，在我们评价一个人的时候所用的人格心理学术语很大一部分都是缘于艾森克的贡献。

看似坚强的外表下是一个怎样的艾森克

19世纪末20世纪初，英国的高尔顿、达尔文以及精神分析的创始人弗洛伊德等对人格的生物学因素非常重视，但随着行为主义的盛行，生物因素逐渐被忽视。20世纪下半叶，以艾森克为代表人格心理学家再次强调了生物因素的重要性。他认为，人的活动同等地受制于生物因素和社会因素。如果只强调生物因素或只强调社会因素都会阻碍心理科学的发展。

艾森克的主要研究领域是人格理论、测量、智力、社会态度和政治、行为发生以及行为治疗，其中心领域为人格的实验研究。在伦敦大学求学期间，他受英国高尔顿、斯皮尔曼、C. C. 伯特等人的心理测量传统的影响，开始从事智力研究，后将智力研究的方法扩展到人格研究中。他从特质理论出发，以因素分析方法和传统实验心理学方法相结合研究人格问题，并把研究兴趣从人格特质转向人格维度，从而创建了人格理论的一个重要学派——“人格理论生物学”流派。他设计的“艾森克人格问卷”也成为当前最流行的人格测量工具之一。

人格结构层次理论

艾森克把“人格结构”从总体上分为“类型”、“特质”、“习惯反应”和“特殊反应”四个层次或水平。最底层是“特殊反应水平”，是个体对一次实验性试验的反应，或在日常生活中所表现出来的一些最基本的个别反应，属误差因素。其上为“习惯反应水平”，例如当重复实验或生活情景重新出现时，一个人就会以相似的方式反应，属特殊因素。再上层是“特质水平”，是由一个人的习惯反应所构成的个人特质，属群因素。最上层的是“类型水平”，是基于人格特质的相互关系而显示的类型，例如，由社会性、冲动性、活泼性、兴奋性等人格特质构成“外倾类型”；由持续性、僵硬性、主观性、羞耻性、易感性等人格特质构成“内倾类型”，属一般因素。

人格维度理论

同卡特尔一样，艾森克也是用因素分析的方法来确定人格，但他在更高的组织层次上描述了人格的特质类型。他认为，各种根源特质并不是完全独立的，它们相互之间仍有相关，所以对它们还可进一步归纳。这样，用维度来解释人格似乎更为合理，所以他的人格理论被称为维度理论。“维度”代表一个连续的尺度，可以测定每个人的某个特质在这个连续尺度上所占有的某个位置，从而也就表示了这个人在多大程度上拥有该种特质。

早在19世纪已有心理学家提出了人格图解的雏形。他们认为人格可以从两个直角维度来进行描述。按德国心理学家冯特的假设，一个维度是从情绪性强过渡到情绪性弱，另一个维度是从可变性过渡到不变性。艾森克则提出外—内倾、神经质、精神质、智力和守旧性—激进主义五个维度，但认为外—内倾、神经质和精神质是人格的三个基本维度。

他的实验假设是：在内倾（introversion）的人身上产生作用的若

干特质，其相反的特质就会在外倾（extraversion）的人身上产生强烈作用。在增加了这种二分法原型——外倾与内倾——及神经质（neuroticism）——极稳定的人格与极不稳定的人格（emotional stability-instability）——的维度之后，他利用明尼苏达多相人格调查表（MMPI）和他自己设计的人格测验所得出的特质数据，把自己的假设应用到统计学检验中，结果发现这些假设是正确的。在他认为内倾者和外倾者身上应该连续出现的特质中，的确存在一些相互牵动的关系；在精神异常和正常人之间应该连续出现的特质中，也的确存在可比较的互动关系。

之后，艾森克又对情绪性、自强度、焦虑（包括驱力）等进行研究，发现它们是有同一性的。他把这一维度称为“神经质”。在他的用语中，神经质与精神疾病并无必然的关系。情绪性（神经质）不稳定的人喜怒无常，容易激动；情绪性（神经质）稳定的人反应缓慢而且轻微，并且很容易恢复平静；情绪性（神经质）与植物性神经系统特别是交感神经系统的机能相联系。进而艾森克认为，可以用外—内倾和神经质这两个维度来表示正常人格的神经症和精神病态人格。

然而，艾森克后来又发现在所有人身上都存在的一种人格维度——“精神质”。精神质不同于神经质，也与精神疾病无关。它代表一种倔强固执、粗暴强横和铁石心肠的特点。精神质可以从正常范围过渡到极度不正常的一端。得高分者表现为孤独、不关心他人、心肠冷酷、缺乏情感和移情作用、对旁人有敌意、攻击性强等特点。得低分者表现为温柔、善感等特点；如果个体的精神质程度已经达到极端水平，就很容易导致行为异常。因而艾森克认为精神质与神经质维度结合起来可以用于表示各种神经症和各种精神病。

艾森克提出的这三个人格维度既有社会性特点，又具有机能上的特点。在社会性方面，外倾的人好交际、喜聚会、有很多朋友、好热闹、易冲动；内倾的人较安静、好反省、谨慎、熟虑、不冲动、喜欢有规律的生活，不喜欢冒险，学业成绩很出色。在机能方面，内倾的人对疼痛敏感、较容易疲倦、较少受暗示，而外倾的人正好相反。另外，在神经质和精神质维度上也是如此。内—外倾和神经质是两个相互垂直的维度，这样就形成了 4 种人格类型、32 种人格特质。可绘制为下图：

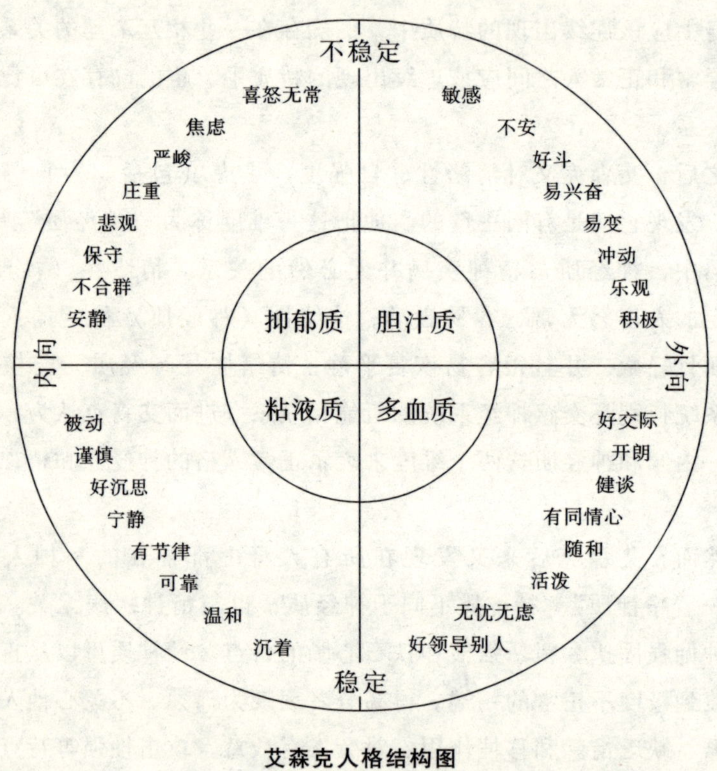

艾森克人格结构图

艾森克将外—内倾和神经质作为两个互相垂直的维度，且以外—内倾为纬，以神经质为经（表现为情绪稳定的一端和情绪不稳定的一端），绘制成人格结构图。在此图的两维空间中组织起了 32 种基本的人格特质，且与古希腊学者提出的 4 种气质类型相对应。从图上不仅可以看出人格的 4 种类型（稳定外倾型、稳定内倾型、不稳定外倾型和不稳定内倾型）范围内各自所包含的8种人格特质，还可以根据个体某一高分数的特质，看图查出其所属的人格类型，或从维度的结合上预测某个体可能会出现的特定人格问题。

“艾森克人格问卷”（EPQ）

艾森克以外—内倾、神经质和精神质3种人格维度为基础，于1975年制定了“艾森克人格问卷”（EPQ）。它是基于艾森克早期编制的若干人格量表形成的——1952年制定的“莫兹利医学问卷”（MMQ）是最早的人格问卷，1959年又制定了“莫兹利人格调查表”（MPI），1964年该量表又发展为“艾森克人格调查表”（EPI），之后才发展成为“艾森克人格问卷”（EPQ）。

版　本	维　度	评　价
莫兹利医学问卷 MMQ（1959）	神经质	临床样本
莫兹利人格调查表 MPI（1959）	神经质、外—内倾	加入了外—内倾的维度
艾森克人格调查表 EPI（1964）	外—内倾、神经质	因素分析被用于提炼改良后的维度
艾森克人格问卷 EPQ（1975）	外—内倾、神经质、精神质	加入了精神质的维度

EPQ是一种自陈量表，有成人（共90个项目）和少年（共81个项目）两种形式，各包括4个量表：E——外—内倾；N——神经质；P——精神质；L——自身隐匿（即效度量表）。经艾森克等人的因素分析计算，前3个量表代表人格结构的3种维度，它们是彼此独立的；L则是效度量表，代表被试故意表现出的非真实的人格特质，

也表现其社会性朴实、幼稚的水平。L 虽与其他量表有某些相关，但它本身却代表一种稳定的人格功能。总之，由于艾森克人格问卷具有较高的信度和效度，用其所测得的结果可同时得到多种实验心理学研究的印证，因此它亦是验证人格维度的一种有效的工具。

斗士的战功赫赫

艾森克对人格的研究从人格的特质转向人格的维度，提出了人格的三个基本维度。这不仅为实验室内许多实验所证实，且得到数学统计和行为观察之佐证，受到各国心理学家的重视，且已广泛地应用于医疗、教育和司法等领域。艾森克人格问卷（EPQ）已被一些国家译出或修订。中国的艾森克测验由陈仲庚等于 1981 年修订。

艾森克的人格研究不像许多美国心理学家那样偏重于特质本身，而是集中于类型。他认为，“特质”是能够观察到的个体的行为倾向的集合体，“类型”则是能够观察到的特质的集合体。他把人格类型看作某些特质的组织化。他提出的人格理论主要属于层次性质的一种类型。每一种类型的层次十分明确，因此人格就可分解为有据可查、有数可计的要素。这是心理学家多年来一直探讨而难以确定的东西。许多心理学家认为，在特质和类型的关系上，艾森克解决得相当出色。

艾森克的一生勤于著述，主要著作有：《人格的维度》（1947）、《人格的科学研究》（1952）、《人的人格结构》（1953）、《政治心理学》（1954）、《焦虑与歇斯底里的动力学》（1957）、《变态心理学手册》（1960；1973 第 3 版）、《弗洛伊德理论的实验研究》（与 H. R. 威尔逊合著，1973）、《人格测量》（1976）、《性心理学》（1979）、《智力的模式》（1982）等。

著作等身不但为他赢得了学术界的关注，同时也在世界范围内拥有一大批忠实的读者。他曾经无奈地说，他的作品受到了人们天壤之别的“不公正”待遇——他仅花了两周时间完成的《心理学的使用与滥用》，竟获得了数百万销量，而耗尽他15年心血的《记忆、动机和人格：实验心理学的案例研究》，仅销售几百册。在遭遇这些匪夷所思的事情后，这位可爱的“斗士”宣布他的新发现——“销量和写书的时间呈显著的负相关”。

心理学界的“异教徒”

性格耿直的他似乎骨子里从来就有一种“天不怕地不怕”的倔强精神，从年轻时与“纳粹”的抗争，到成名后对一些学术“权威言论”进行抨击。这些有人讥讽为“不自量力”的做法的确招来了不少非议。但是，正如他的女儿回忆时说的：“父亲从来就是一个坚持真理的人。他对事不对人。只要认定是真理，他就一定会坚持下去，哪怕受到生命的威胁，他还是会坚持下去。”

职业生涯的初期，因为艾森克所热衷的行为治疗和人格方面的研究，他开始为人所知。他不止一次地提出，物理实验中的实验方法，特别是统计分析的方法，应该用于心理治疗，尤其是精神分析治疗领域。

对于他的第一次非议起源于20世纪50年代初。当时弗洛伊德精神分析学派在心理学界独占鳌头，受到了人们近乎顶礼膜拜似的待遇。谁料，就在这时，艾森克发表了一篇文章，阐述精神分析疗法对个人治疗实属束手无策。作为提出“行为疗法”的领军人物，在他看来只有行为疗法才是针对病人的问题给予及时有效的解决，而不是像精神分析那样——无休止地治疗，效果也不明显。同时，他开始在专业期刊上批评精神分析学说，坚持认为没有确实的证据表明这种治疗是有效的。可想而知，抗议之声接踵而来。在接下来的几年中，艾森克弱化了自己的观点，最终他承认部分精神分析疗法的确在一定程度上有效，但效果微弱——请注意，这绝不是一种妥协，而是他用自己的方式对所谓“权威”进行的极大讽刺。

在他的职业生涯里，作为伦敦大学心理学系和精神病研究所的教授，艾森克撰写了80余本书和1600篇论文。其中很大一部分都记载了他对一些“约定俗成”的理论的不满。例如，他认为精神分析纯属无稽之谈；他坚持在IQ测验中黑人得分低于白人应部分归结于基因组成上的劣势；他表示没有令人信服的证据证明抽烟和肺癌之间存在相关。因为这些“大胆妄言”，他得罪了不少人。

在艾森克的《烟、健康和性格》（1965）中，他提出，抽烟并不是导致癌症的原因，而是一种预兆癌症将要发生的症状，与遗传、情绪障碍有关。这种观点招来了一片骂声。“他查阅了这个领域的所有文献后得出了这个结论：一些人格类型会导致抽烟，恰恰是这些人对疾病的抵抗力总是特别弱。我想，反对他的看法的证据是压倒性的，唯一会支持他的恐怕只有烟草商了。”加利福尼亚大学教授、美国心理学会前主席詹森（A. R. Jensen）戏谑地说。

另一个也受到舆论指责的观点，是艾森克支持詹森1969年发表的关于哈佛大学教育的文章中的观点。该文指出黑人和白人在智力测验上的得分差异，不仅可以用环境因素来解释，至少还有15%是源于基因的不同。在某种程度上，这被认为是“种族歧视”的言论。文章一发表，立刻引起美国社会的一片哗然。舆论的“枪林弹雨”纷至沓来，詹森、艾森克成了他们攻击的“靶子”。

詹森回忆当年的情景时说：“当时我们被美国民主党视为眼中钉，他们打着‘民主社会’的旗号对我们发起攻击。然而，艾森克对这些完全不予理会，甚至他还发表了一篇《种族、智力与教育》，提到了我的文章并且为它辩护。即使在我们的日常出行都不得不使用保镖以求人身安全的时候，他仍然不改变他的观点。”

1971年，艾森克在《种族、智力与教育》这篇被扣上“种族歧视”帽子的文章中指出，基因很可能就是解释黑人与白人IQ分数差异的原因。这些言论导致他成为英国和美国学者声讨的对象。虽然不少科学家对这种说法颇有非议，但是，艾森克并不是人们想象中的种族主义者。他强烈地反对纳粹，如果不是的话，他 18 岁那年大可以加入纳粹，那样至少可以保住自己在柏林大学的学位，而不至于背井离乡，离开自己的祖国四处漂泊。

他本来完全可以为自己辩解的。他自己就是种族歧视的受害者之一，他完全不必要背上这个子虚乌有的黑锅，然而他并没有这么做。看着他的照片，看着这位嘴角始终带着微笑的慈祥老人的时候，你可能会想，是什么让他那么镇定，那么执著地坚持着自己人生的理想？是不是他像屈原那样，怀揣着“众人皆醉我独醒，举世皆浊我独清”的信念？这场风波终于还是平息了，然而过程中发生的林林总总不可能一下子消除，艾森克从此被冠以“偏激分子”的名号。

在人间

艾森克和他的同事尼亚斯

也许是长期从事人格的研究，艾森克对心理学以外的占星学、笔迹学也颇感兴趣。这位天才的人格大师和梅奥（Jeff Mayo）共同编制了十二星座天宫图，与高奎琳（Michel Gauquelin）一起探讨行星的运行对人们性格的影响。1982 年艾森克和尼亚斯（David Nias）合作完成了《占星学：科学还是迷信?》。迄今为止，这本书始终保持着

“占星学中最雅俗共赏的佳作”的头衔。

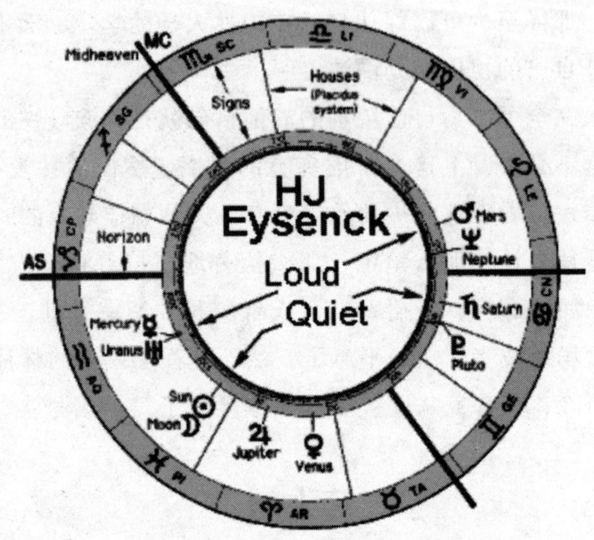

艾森克的生辰在十二星座天宫图的位置

根据艾森克自己制作的十二星座天宫图，他的生日（1916 年 3 月 4 日凌晨 5 点）和出生地点（德国柏林）在天宫图上可以描绘成上图。对星座稍有研究的人可以看出，该图预示着他有一颗安静自控的内心，是一个坦率直言并且有点任性固执的人。这和艾森克本人的性格确实在一定程度上不谋而合。

他的晚年生活是充实自在的，常常带着妻子一起到世界各地参加会议，顺便游览当地的风光。没有了学术的束缚，他可以更自由地在自己感兴趣的领域挥洒智慧和汗水。85 岁那年，这位一辈子为真理奋斗的人格心理学大师因为肺癌永远地合上了双眼。然而他对心理学界的贡献却不会停止，无论是他对人格维度的分析，还是他的“艾森克人格问卷”和人格测量……都为未来人格心理学的发展开创了一条康庄大道。在他的身上，我们看到的不仅仅是一位了不起的学者

艾森克参加纽约大学的会议　前排左一：艾森克的妻子　左二：艾森克

在人群中，他总是最有风度的一位

形象，更是一种和谐而统一的独特的人格魅力。他坚持真理，却敢于创新；他坚持实证主义，却不墨守成规；他和蔼可亲，却咄咄逼人；他是一位“不服管教”的倔强的勇士，却更是一位慈爱温柔的长者。他的前半生是远离亲人远离祖国的孤独，后半生是为了知识和真理上下求索的孤独，然而他却始终带着俊朗不凡的挺拔英姿和绅士般的微笑。这个像“谜”一样的大师，究竟，哪个才是真实的他？只好留给读者来进一步探秘了。

罗特：揭开“命运”的神秘面纱

世界上有两种截然不同的人：一种人相信自己拥有“内在控制力”，他认为控制这个世界的力量掌握在自己手中；另一种人深信力量是外在的，他们相信“外在控制力”，迷信命运之说。

——罗特

“命运”，这个紧系着人的一生的字眼显得有几分神秘。不少人卜卦算命，企图一窥命运之奥秘。命运似一张大网，笼罩着人生；又似一只大手，撩拨着芸芸众生。我们彷徨而茫然，向着四周大声问道：命运究竟是什么？只有回声，无人问答。水晶球无法映射出未来，卦象也无法吐露未知。良久，有位心理学家站了出来，握着一份厚厚的研究报告，眼中闪过一丝智慧的神采。

他的名字叫朱利安·罗特（Julian B. Rotter，1916—），勤勤恳恳

在心理学的沃土上耕耘一生，硕果累累。其中最引人注目的莫过于“控制点理论”。罗特认为，个体对于生活中所发生的事件的“归因方式”，是一种稳定的人格特质，它影响着生活的方方面面。

罗特于1916年10月出生于布鲁克林，是家中的第三个孩子。罗特一家人是犹太移民，父亲做着小生意，家境尚属不错。大萧条时期父亲的生意大受影响，正如当时大部分人一样，生活有些捉襟见肘。大萧条在很大程度上影响了罗特，这段经历让他看到了社会的不公正以及社会环境对人的巨大影响。

高中时期：与心理学的第一次亲密接触

在许多大师级人物的传记中，我们都能找到一个出色的老师，引领他们走进知识的殿堂。而罗特的这位老师却是书本。高中三年级，在布鲁克林J大街的图书馆里，罗特第一次接触到了“心理学”。罗特一直是广泛阅读书籍的人，那天当他再找不到新的小说可以看，便踱步到“哲学与心理学”的书架前。罗特回忆说，书架上的书寥寥无几，但几本书名引起了他的兴趣。他起先看了阿德勒的《了解人类的天性》和弗洛伊德的《日常生活中的精神病理学》，这两本书让他印象深刻；接着他又饶有兴趣地借阅了《个体心理学的理论与实践》以及《梦的解析》。这些书，牵起了罗特和心理学之间的缘分，造就了日后的这位心理学大家。

漫漫求学路

进入布鲁克林大学的时候，罗特对心理学已经抱有浓厚的兴趣。阿德勒对于人性的深入研究给了他很大启发，让他更好地了解周围的人，看待这个世界。但是当时几乎没有心理学的职业，考虑到自己的数学、化学、生物学还不错，罗特选择了化学专业，认为这是个不错的赖以生存的专业。然而他最大的兴趣仍然在哲学和心理学，于是他的选修课都集中在这两个专业上。甚至于大学四年，所得到的心理学学分要多于化学专业学分。每次回顾往昔，罗特认为他扎实的理科基础对于学习心理学有重要的帮助。

布鲁克林大学的心理学老师都非常年轻，充满了活力。其中有两个老师在罗特的职业生涯中起了重要作用。伍德关于科学研究方法的课让罗特受益颇多，而阿施则让他接触到了社会学习理论。出于对两位老师的喜爱和崇敬，罗特萌生了做一名心理学老师的想法。

在罗特大学三年级的生活刚开始时，得知阿德勒来到了美国，在长岛医学院任教，而这所医学院离布鲁克林相当近。罗特便饶有兴致地去听阿德勒的讲课。一次，当他在课后向阿德勒求教一个问题之后，或许阿德勒感觉到了这个小伙子对心理学的热情和钻研精神，便邀请他参加每周的讨论会。罗特解释说他并非医科学生，但阿德勒却毫不在意。不幸的是，当罗特大学毕业时，阿德勒就去世了。

当时的罗特没有工作，口袋里也没有多少的钱。但是对于心理学的兴趣使他坚持留在了纽约，想着找份工作糊口，在晚上便可以继续研究。应当说，阿德勒的讲课、与阿施和伍德的交流，给了他相当大的鼓励，让罗特深深地爱上了心理学。用掉了35美金的长途车费后，身边的钱大约还够生活两周。当得知相关大学心理系的资金都已经用完了、他无法得到经济上的资助时，罗特决定坚持留下来，直到身无分文。上天总是偏爱执著的人，两周后他找到了一份研究助理的工作，开始了一名心理学工作者的生涯。

在爱荷华州的日子里，罗特受益良多，比如科特勒的讲授及他的理论，比如每周的会议他们激烈兴奋地讨论着当代最新研究。学校里精彩的哲学研讨会使得罗特对于心理学理论有了兴趣。当时，罗特还跟随温德尔·约翰逊——一位语言学家，从事关于口吃的研究，从中他学到了不少科学研究的方法。罗特的第一项研究是关于口吃与家庭成长环境的关系，采用的是阿德勒的观点：每个孩子在家庭中的排行不同，因而处于不同的成长环境下。而他的硕士毕业论文也是和口吃有关的主题。

终生的事业：临床心理学

在爱荷华的那年年底，罗特得到了在伍斯特（Worcester）州立医院的实习机会。当时临床心理学的实习生是比较新的概念，罗特对于这样的机会向往已久，他毫不犹豫地离开了爱荷华，开始了新的职业生涯。

在到达伍斯特州立医院之前，罗特对临床心理学几乎一无所知。当时，可以提供实习职位以及博士学位的机构屈指可数，而这家医院是心理学和精神病学研究的主要机构。罗特开始研究呼吸的问题，这也是他之后的博士论文的研究方向。在那里，罗特很幸运地遇到了克莱拉，当时她也在那家医院实习，后来她成了罗特的妻子。

1936 年，印第安纳大学的教授劳蒂克（C. M. Loustic），出版了一本名为《临床心理学》的教材，阐述儿童各种心理疾病的确诊及治疗，并试图建立一种新的模式来治疗各种心理问题。因为这本书的影响，罗特申请去印第安纳大学攻读博士学位。毕业之后便留在了该大学的心理诊所。劳蒂克是罗特的博士论文导师，他总是愿意在任何时间和罗特讨论各种问题，以一种平等开放的方式启发他的学生。在他的指导下，罗特在学术方面有了长足的进步。然而更值得感激的是，劳蒂克不仅是导师，同时也像朋友那样，在人生之路上指导罗特前行。

在布鲁克林大学，罗特曾经被告知犹太人很难得到学术方面的工作。当他博士毕业时，“人种”的问题又一次为他带来了麻烦。当时的情况是，各个大学和其他研究机构所能提供的临床心理学的职位极少，像罗特这样非白种人，无论表现多么优异，都很难有发展。幸运的是，罗特并未被残酷的现实所击倒，而是选择当了一名临床医生，这同样是他的兴趣所在。他来到诺维奇州立医院工作，负责培训一些攻读硕士学位的实习生。除去之前在印第安纳大学讲授过关于人格的课程，这是罗特第一次有机会进行长时间、一对一的教学。罗特认为，在整个职业生涯中，这是让他受益最多的一段时间。

临床心理学是罗特一生的事业。罗特自身的学习经历也使他对临床心理学有了更深的理解。对于如何培养临床心理学工作者，罗特有着自己一贯的看法。他认为，临床心理学家必须在心理学系接受培训，而不是按照精神病医师的方法受训。直到今天，他的这一培养方案仍然很有影响力。

军旅生涯

在诺维奇州立医院待了 13 个月之后，罗特来到了部队服役。除去起初的大半年在军官培训学校接受训练，其余时间他从事的全是心理学的工作。他与来自斯坦福大学的一位心理学博士一起考察士兵们的心理状况，并且对军官提拔给出一些意见。在部队的 3 年间，罗特发现，环境的改变对于年轻人有巨大的影响，这种影响是令人叹为观止的。其中一项统计表明，士兵们在收到家书之后的两个月中，擅离职守——这是人事方面的一个重要问题——的概率大大降低，甚至减少到原先的 25%。对于部队学校的接受培训的学生们，罗特也有惊人的发现。那些考试不合格的学生们，当他们被给予特殊关怀，可以回家休假三天处理一些个人事宜后，他们会发生非常大的转变，精神状态明显变好。同时，对于在厨房工作的服役人员，当工作条件有所改善，他们的擅离职守和醉酒行为明显减少。罗特从中得到了许多启示：社会环境的改变可以轻而易举地解决许多问题。这一点，为他后来发展社会学习理论做了铺垫。

在部队里，罗特完成了“语句填补测验”的方法，并把投射技

术予以数量化，用于诊断个体适应不良的程度。这是一种“半结构式的”投射技术，要求受测者在所呈现的几个字后完成句子。例如“我最喜欢的是……”“我高兴时……”“我的父亲……”“我最想得到的是……”这种方法被广泛运用于大学、军队、临床和工业等测验的领域。

厚积薄发：社会学习理论

第二次世界大战给人们的心灵蒙上了一层阴影。战争结束后，出现了大量心理疾病患者，但当时却没有几个接受过培训的专业人员能够提供治疗。海陆空三军的心理学家们发挥了他们的巨大作用。由于对临床心理学家的大量需要，战后不久，美国退役军人管理局以及公共卫生局都开始着手培养临床心理学博士，这样一来便出现了临床心理学研究人员的大量空缺。作为为数不多的接受过专业培训的临床心理学家之一，罗特变得抢手起来，受到了不少研究机构的邀请。最终他选择去俄亥俄州立大学担任助理教授，最终实现了他做一名职业心理学家的抱负。对他来说，这是一段令他感到快乐的经历，同时也收获颇丰。到了俄亥俄州立大学不久，他就投入到紧张的教学和科研工作中去，也接触到许多地区性、全国性的心理学机构以及咨询机构。正是在俄亥俄州立大学，罗特完成了一生中最著名的研究。

在部队的那段时期，罗特就试图将当时的学习理论与人格理论结合起来。到了大学任教之后，他更系统地继续着这项工作，尝试创建关于人格的社会学习理论。每周他都要与研究生们进行讨论，他们活跃的思想也给了他很大的启发。同时，他对学习理论有了更多的思考，同时也了解到更多的社会焦点问题。

1954 年，罗特出版了《社会学习与临床心理学》这本著作。他对传统行为主义观点狭窄的适用范围提出了疑义。他认为，人类行为的原因比灵长类动物复杂得多。在预测人们的行为时，必须考虑知觉、期望、价值观这样的变量。按照罗特的社会学习理论，行为的预测由行为所导致的若干强化的共同效价和对这些行为的总预期来决定，即行为潜能 = 预期 × 强化效价。“行为潜能”是指一种行为被选择的可能性，“预期”指个体对自己在某种特定情境中以某种方式行动就会产生预测强化而所持的信念，“强化效价”指某一物体对于特定个体的心理价值而不是实际价值。也就是说，一种行为发生的可能性，取决于个体认为它能够带来多大的回报，以及实施该行为所能够带来的回报的可能性。而每个人对于同一行为的预期和强化效价的判断有很大差异，这取决于个体过去的社会经验以及所处的环境。

《社会学习理论的发展和应用》1982 年英文版

在后来的几十年中，罗特不断充实、发展着自己的理论，他更多地把眼光放在社会学习理论对于临床治疗、人格心理学、社会心理学的应用方面，注重其实用价值。1982 年他出版了《社会学习理论的发展和应用》，从中高度总结了他一生在社会学习理论方面的成就。

你能掌控“命运”吗？

罗特睿智的目光，仿佛能够看穿“命运”

在罗特的社会学习理论中，最广为人知的恐怕要数他的“内外控制点理论”。1954 年，罗特在某退伍军人管理卫生门诊部接触到一个 23 岁的单身汉病例。在治疗过程中，罗特注意到“卡尔”（并非单身汉的真名）将回报的发生归诸运气，或者其他那些本人无法控制的因素。这个病例给了罗特很大的启发，在随后的 12 年中，他探讨了他所谓“控制所在”的概念。1966 年，罗特发表了第一份《控制所在量表》，标志着这一研究达到了顶峰。

你的行为后果是由你本人控制还是由外在力量所左右？当生活顺利的时候，你会认为这是运气呢还是自己努力的结果？当遭受挫折的时候，你会怎样寻找原因？用更专业的心理学语句可以这么表达：你相信你的行为可以改变事情的结果吗？罗特认为，个体在某些事件原因的归结方面存在很大的差异。在追求目标的过程中，基于人们面临许多问题情境时的各自独特的经验，个体会发展出如何对情境作出最佳建构的概括化的预期或态度，也叫做问题解决的概括化的预期。罗特把内—外控制的概括化预期叫做“控制点”。内外控是一种对强化的本质进行解释时形成的一种概括化的预期。内控的人把行为的结果归因于自身的行为以及人格特征，而外控的人则归因于外在的不可控制的因素，如运气、他人的行为等。

罗特认为内外控是一个稳定的人格特质，并编制了一套用以测量个体这一特质的问卷，称为《I—E 量表》（Internal-External Scale,

内部—外部量表），这一量表试图测量我们是怎么样认识我们的行为与这些行为结果之间的关系的。

他进行了一系列的研究，涉及人们的赌博、政治活动、吸烟、从众和成就动机等问题，最后作出了如下假设：那些具有“内控”（internal locus of control）倾向的个体，即那些相信命运掌握在自己手中的人，相比于“外控”（external locus of control）倾向的人，更可能会主动地改变生活状况，更加看重成就动机，更能抵制他人的影响，同时，内控的人也更健康。

那么，是什么因素影响到个体的内外控制点呢？罗特总结出以下三个因素：首先是文化差异。如果在一个社会中，主流文化是注重个人奋斗的，则内控倾向更高。其次是社会经济水平。一般来说，社会经济水平较低的个体具有更大程度的外控倾向。最后罗特认为父母的养育方式是影响内外控倾向的显而易见的原因。

应当说，罗特的内外控制点理论揭开了“命运”的神秘面纱。他运用科学的心理学研究方法，从社会学习理论的角度，向我们阐述了何种人更能控制命运，并揭示了内外控倾向不同的人在各个方面的差异。他使得我们不再迷信，要从理智的角度去理解命运的问题。同时也向我们指明了一条道路：命运，并非上天赐予，而是掌握在我们自己手中！我们每个人都可以通过适当的方法提高内控倾向，改变命运，改变人生。

在罗特身上，我们看到了人类最重要也是最可贵的品质。那便是执著。这是每个人都应当追求的品格，而对于学术研究者来说，更显得尤为重要。罗特的成功离不开他的执著。就当时来说，心理学还是一个新兴的、冷门的学科，但是出于兴趣和对心理学的热爱，罗特始终没有放弃心理学。来自于一名犹太人的家庭，想要在学术界占有一席之地难度可想而知。但是罗特凭借着一步一个脚印的那份踏实和勤恳，把几乎不可能的事变成了可能。在他身上，他的理论正好得到了验证：内控水平高的人，可以更好地自我调控，适应生活。

在罗特一本著作的最后一页，他写道：“感谢我的学生们，你们给了我友谊、热情和支持，对我的职业生涯有着巨大的帮助。我在你们那儿得到了许多，我真心希望你们也能从我这里获益良多。”当然，从罗特那里获益的不仅仅是他的学生，而是所有接触到他的理论的人们。从罗特那里得到的启示，将改变我们对于人生和命运的态度。每个人，都能掌控命运，做自己命运的主人。

米尔："说出来的智慧"

表达思维的生命，享受智慧的快乐。

——保罗·米尔

保罗·米尔（Paul Everett Meehl，1920—2003），美国临床心理学家，出生于明尼苏达州明尼亚波利斯（Minneapolis），2003 年因白血病逝于美国。

1952 年起任明尼苏达大学心理学教授，1951—1957 年任心理学系主任，1958 年获美国心理学会颁发的杰出科学贡献奖，1962 年当选为美国心理学会主席，1968 年当选美国艺术与科学学院院士并获得"布鲁诺·克洛普弗杰出贡献奖"（Bruno Klopfer Distinguished Contributor Award），1971 年起兼任哲学教授，1987 年当选国家科学院院士，1990 年功成身退。

作为一个在多个领域都作出杰出贡献的心理学家，米尔凭借自己的努力和智慧在"20 世纪 100 位最著名的心理学家"中排名第 75 位。

也许，米尔的名字不如许多教科书中的人物那样赫赫有名，但他对于心理学发展的贡献却不可小视。下面我们将和读者一起认识一下这位令人尊敬的心理学大师。

混血天才的多难人生

人们总是戏说混血的孩子会比较优秀，通常这一特点体现在长相上，例如美越混血的 Meggie Q.，《越狱》中 8 国混血的男主角米勒……不过，因为其他方面著名的混血儿却鲜有耳闻。我们的主角——米尔也是这个群体中的一员，或许他在学术方面的成就可以完善这一普遍接受的常识推论。

遗传学家往往试图用地域遗传优势结合的观点来解释混血儿的天生优势，而精神分析学家则相信多样化的童年经历更能解释他们后来的人生发展。

米尔出生于 1920 年 1 月 3 日。他把自己戏称为 3/4 的挪威人，1/8 的苏格兰人和 1/8 的爱尔兰人。

他的父系家族都是纯粹的脑力劳动者，从祖辈开始就一直在挪威从事商业和教育活动。虽然社会总是强调职业之间是相互平等的，但是脑力劳动对于个人及其后代的影响却不可忽视。就像教育世家出生的李嘉诚在商业上能够拥有过人的天赋，米尔从他的父辈身上也继承了不少的聪明才智。

早在 6 岁的时候，米尔就已经在学校里的学习上表现出了过人的能力。他不仅在学业成绩上深受老师的喜爱，他的聪明活泼还使他在同伴中备受称赞，他常常成为小组活动策划与组织的领导者，年级学生会主席的位置也总是对他青睐有加。

米尔的母亲是苏格兰—爱尔兰混血的后裔，其祖父的精神病使米尔相信，无论是她母亲还是他自己都多少受到遗传的影响——这也与他后来在精神分裂方面的研究颇有关联。

在小学毕业以前，米尔一直生活得十分愉快。尽管家族为他设立了许多规矩，但父母却从不以自己的个人意志来强迫他遵守。也许是聪明的他很小就能分辨出这些规定的“合理性”吧，因为叛逆引发的争吵在他的家里并不常见。

米尔一直很崇拜自己的父亲。他父亲为了养活自己丧夫的母亲和尚未出嫁的姐姐，凭着自己的能力成为一名银行职员，并为家庭的生计而尽心尽力。不知是不是因为为家庭付出了太多，下了太大的赌注，1931 年投资的失败竟让他选择以自杀来结束自己的生命。自此以后，11 岁的米尔时常会遭到同伴的无情嘲笑，但他从不以此为耻，在他的心目中，父亲永远是威严而值得尊敬的。

给米尔留下最为深刻印象的便是当年面对自己的犹太同伴遭受美国同学的歧视、殴打后，父亲不动声色留下的三个单词：“Dump-no brains.”（不懂开口 = 没有智慧）。只会用手的人，在现代社会中是愚昧而无知的，相反，会动脑子的人则懂得利用省力而文明的方式来证明自己的优越。对于不擅长体育的米尔而言，这个观点成为他日后一直坚持的东西。

屋漏偏逢连天雨！母亲在经历父亲的去世以后一直郁郁寡欢，十分痛苦，米尔曾经为了帮助母亲走出阴影而下定决心努力学习心理学。可是，米尔还没有学业有成，他的母亲就在做完脑部肿瘤切除手术后，很快因为肺炎而去世了。

像许多重建的家庭一样，米尔与相处不到 4 年的继父关系并不好，母亲去世后仅与其生活了 1 年便搬去了邻居家，之后一直与居住在明尼苏达大学附近的祖父母一起生活。奇怪的是，米尔这一姓氏竟然来源于他的继父。在这里，笔者作个小小的猜测：米尔之所以没有改回原姓可能是出于对母亲生前要求的尊重。在他的自述中，他始终强调他的母亲是如何迷人，甚至用精神分析理论承认他对母亲有偷窥欲望和强烈的恋母情结。

这些事件接连发生后，有一点十分确定，父母的双亡对于年幼的米尔影响真的很大，让他几乎可以毫无留恋地置身于学术，却也让米尔显得异常孤单，颇有武侠小说中"独孤求败"般的意境。

不知道是不是上天太过"公平"，在赋予他智慧的同时，不幸也伴其一生。1942 年，他庆幸风湿热让自己远离了战争，却不想这成为他日后癫痫发作的隐患。大约在他 30 岁时，米尔与麦克柯克迪尔（MacCorquodale）在河岸边散步，突然他第一次癫痫发作，险些落水。幸好，在一旁的麦克及时将他送进了医院。医生的诊断是由于家族遗传糖尿病的异常血糖水平和脑部的损伤共同造成的。为了防止癫痫的复发，"地仑丁"（一种药物名称）造成的类似抑郁的副作用，使正值美国心理学会主席的米尔难以继续正常的学术工作。不断的停药复发和不断的药物更换几乎搅乱了他原本的生活。直到 1962 年，在专业药剂师的帮助下，他才终于找到一种让他在日后近 30 年内能够不必为疾病顾虑太多的药方。

"天将降大任于斯人也，必先苦其心志，劳其体肤。"米尔的经历也在告诉我们年轻一代，只有能承受困苦才能成就辉煌人生。

能言善辩的理性智慧

米尔的姑姑是一名中学教师，他和心理学的第一次亲密接触就是因为这位可爱的教育学园丁。他早在大约 13 岁时，就阅读了包括门宁格（Karl Menninger）的人类心智说、伍德沃斯（R. Woodworth）的心理学导论、安吉尔（James Rowland Angell）的功能主义心理学、弗洛伊德的精神分析学，还有行为主义、教育心理学、心理统计等一系列重要的心理学基础知识，并形成了他对精神分析疗法的坚定信念。

如果说那个时期米尔的学习还源于他对母亲的“孝”与“爱”，那么15岁时学校开设的科学导论课使他对科学产生了真正浓厚的兴趣。史密斯先生应当算是他科学思维的启蒙老师。面对美国当地大部分家庭崇尚宗教信仰和热衷民主政治的态度，史密斯运用大量的事实提出了理性的分析和批评，并提倡“教育青年形成科学的质疑精神”是社会发展的重要条件。

出于对逻辑思维的热爱，他几乎饱览了公共图书馆的所有逻辑学著作，还包括他的一些朋友们对于逻辑和方法学的经验总结。当时，他与自己的同学们自称是“青年逻辑学家团”。由于来自不同的政治和宗教派别，对于一些问题的讨论常常角度多变，气氛热烈。他们还喜欢玩一种游戏，以抛硬币的方式决定与不同的派别进行辩论。难能可贵的是，这些同学之间的游戏始终以一种科学的方式进行着：允许犯错、一起讨论，不允许推脱责任、回避问题。这些经验对表达和思辨能力的提高意义非凡。如果说书籍提供了一种高明的思想，那么辩论就提供了一种高效的工具。

米尔一直不满意自己本科学习时缺乏足够的理性，对于他自己能够发表多篇受到认可的学术论文，并顺利地从本科到博士，他把自己在这些辩论游戏中获得的表达技巧看成是弥补非理性思维的一种重要手段。当然，在日后的学习和工作中，他也发现了辩论作为一种“工具”的局限性：只能帮助人们去说服他人，却不能帮助人们去更多地接触事实、分析思想、探寻科学发展的未来可能。

随着对于逻辑学的热衷，米尔从大一起对哲学也萌生了兴趣。大三时他接触到“维也纳学派”的重要成员费格尔（Herbert Feigl），以前的哲学知识积累让这位大师惊叹于米尔作为一名非哲学系本科生的卓越见识。1947年，随着哲学家塞拉斯（Wilfrid Sellars）的到来，三人便联手开创了美国第一个科学哲学同盟——“明尼苏达科学哲学中心”（Minnesota Center for Philosophy of Science），把许多志同道合的朋友们从孤军奋战的困苦中带到了一个能够共同分享的平台，并创办了《明尼苏达科学哲学研究》（Minnesota Studies in Philosophy of Science）这一重要学术期刊。同类型的许多学术组织在此之后如雨后春笋般在美国各地纷纷成立。

在诸多令人佩服的学术观点中，最令人咋舌的，或许要属米尔对达尔文进化论的质疑。他一直认为进化论的产生缺乏理性方法的实施和观点；进化论的盛行只是因为现行的科学理论还无法提出超越这一纵跨整个生物发展史的看法。

左右逢源的心理学研究

米尔于1938年进入明尼苏达大学学习，刚开始修的是医学预科。出于早年对心理学的兴趣，米尔一进校便以过人的魄力和中学时期所涉猎的心理学知识，说服了当时的心理系主任破例让他去听本应只有大二学生才修的普通心理学课程。一年后他转到心理系，并把这种与老师直言不讳的交流方式一直保留了下来。明尼苏达大学心理学系的确有如此大的魅力，1938年的教学队伍中有许多现在闻名遐迩的心理学大家。其中最著名的当属操作行为主义创始人斯金纳，还有应用心理学领域的肯尼思·克拉克（K. E. Clark），个体差异研究方面的佩特森（D. G. Paterson）和神经心理学方面的哈撒韦（Starke Hathaway）。

之所以说米尔的心理学是"左右逢源"，除了心理系本系的课程范围广泛以外，他自己在精神病学、哲学、统计学、数学以及政治上的兴趣让他具备了一个极为开阔的视野。有一则趣闻说，米尔在高中阶段对于如此多学科的喜爱使学校的咨询员一时也没了招，无法对他的未来发展作出明确的规划和建议。

佩特森要求米尔获得一个有关寿命测定方面的副修学士学位。哈撒韦则要求他掌握甚至超越医学本科生的生理学知识，这让抽象思维很强、形象思维能力较弱的米尔在学习解剖学的过程中备受折磨。虽然他最终仍以优异的成绩完成了要求，可每每走进解剖学大楼，读书时的焦虑就会不可抗拒地向他袭来。

右一为米尔，右二为霍兰德

1941年，米尔成为心理系的助教，这同样为他的心理学研究带来了许多常人难以得到的知识和经验。1944年的海军讲课的授课让他补充了相当多在本科学习时尚未涉及的问题。在帮助学院完成心理疾患的调查研究过程中，MMPI、TAT等量表的大批量使用也让米尔充分接触了心理学的应用研究领域，并在这一过程中获得了相当多的一手资料。

哈撒韦及米尔的好友亨特（Howard Hunt）还帮助他接触到精神分析疗法中的催眠技术，可惜因为一次催眠演示的失败使得他很难再次进入催眠状态。

之后，米尔还与贝克（A. B. Baker）、麦克金利（McKinley）有缘，学习到有关神经实验、神经损伤定位等神经生理学的基础知识，这在他看来与当年的精神病学一样充满魅力。他与亨特在精神病学与神经生理缺陷的关系方面作了相当多的研究。

20世纪40年代，似乎是米尔“四处张望”的10年。同期他还与麦克柯克迪尔合作研究过动物的潜伏学习。试图结合赫尔（L. Hull）的行为解释对托尔曼（C. Tolman）的期望理论作出一些修改，以解释动物是如何在接受某刺激后形成对后一刺激反应的影响的。

米尔自幼学习弗洛伊德精神分析理论，在他早年的一些案例中也

经常使用这种治疗方法。直到1942—1944年期间，在他所接触的一个强迫症病例中，他发现系统脱敏和纠正认知方式等方法更为有效。之后他与行为治疗的沃尔普（Joseph Wolpe），理情疗法的埃里斯（Albert Ellis），认知疗法的贝克（Aaron Beck）的接触，使他对于精神疾病治疗方法的认识产生了很大的变化。特别是和埃里斯有了更多的交流后，他发现自己早年的辩论经历与理情疗法有些许相似。与个案的充分交流使他对精神疾患的心理运作方式有了较多的认识，也为他之后的研究作了前期的准备。

在成为一名教师后，因为自己早年在法律方面的爱好，米尔在法律大学（the Law School）任教长达10年，并充分利用当地的法学资源来满足自己对于法律这"完全理性的事物"特别的喜爱。米尔十分相信《斯特朗职业兴趣量表》（SVIB），并发现他在律师这一项的分数与5次心理测验分数都属于同一水平。后来，他一直不遗余力地推崇法律心理学在协助判决、维护心理病患者的合法利益、合理运用纳税人税款等促进社会发展方面的作用。在法律心理学已受到高度重视的年代里，米尔的贡献或许很容易被湮没在人们的记忆中，但这仅仅是因为米尔自己爱好的学科在后来的发展中验证了他的远见。

回到前面谈过的明尼苏达科学哲学中心。1950年，该组织中的米尔和一些同事成立了一个"激进派小组"（Young Turks），这让能理解大家观点并调和彼此矛盾的米尔成功地做了6年主席，对于他日后任APA的主席有不小的借鉴意义。在学术方面，《明尼苏达科学哲学研究》中所提出并探讨的哲学概念和观点，对于分析心理学的问题提供了很好的切入点和解释方法。据米尔在其自传中描述，这些哲学方面的影响渗透于他的精神分裂理论、潜伏学习、心理疾病的临床诊断和预测等几乎他所有的研究主题中。

严谨负责的学术成就

米尔的几大重要贡献都是他在深思熟虑并收集足够确凿的证据后问世的。其中相当有代表性的就是他在 1962 年提出的“分裂质”(schizotaxia) 这一概念。这是一种在遭受心理伤害性刺激或事件时容易患精神分裂症的人格特质。他认为这与染色体中的显性基因密切相关。具有这些显性基因的人在大脑整合功能上存在一定缺陷，发病时他的思维活动和机体感知难以形成联系，便引发幻觉及妄想等严重症状。通俗来说，具有分裂质的人常常会迸发出很多奇怪的想法，例如自己身担拯救人类的重大使命、自己是世界上唯一没有被外星人洗脑的人……正常情况下，他们会摇摇头告诉自己：“别傻了，全都是胡扯。”然后恢复日常生活。可是，如果他曾幻想自己是一名重要证人，又突然目睹身边亲人的去世，他就很有可能引发精神分裂症，认为自己正被犯罪团伙追杀，身边的一切都和谋杀自己的阴谋息息相关。

米尔这一观点在提出之初，曾受到人们的严厉抨击。许多学者认为，它的提出只是基于个人看法，而缺乏实证研究的文献。但事实上，米尔并不是一时性起，拍着脑瓜在 APA 的重要会议上糊弄专家。只是，米尔对于自己的许多研究结果还缺乏足够的信心，他发表自己的成果更多的是呼吁心理学同仁们能够重视这一主题并提出更好的研究手段做进一步的验证。

米尔当初利用 Q 分类技术、MMPI 量表、自陈量表等多种方法收集信息，分析了大量美国退伍军人管理署医院（VA Hospital）及他自己的部分咨询个案中精神分裂症患者的心理特征，发现了患者在认知上的共同偏差以及眼球震颤等生理学方面的共性。在他看来，基于这些定性研究的猜测证据是不足的，是非理性的。它更适合作为探讨的主题，却不适合作为他人参考引用的依据。于是米尔的许多研究结

果并未公开发表，也因此遭遇了同行的不少质疑。

也许在不少人看来，他的这一行为似乎欠缺大师的气魄。既然已做了相当多的研究，为什么没有底气拿出来打败它的质疑者呢？在米尔看来，这一行为恰恰是严谨负责态度的体现。20世纪60年代是美国社会心理学发展极为迅猛的时期，许多人开始从社会的不同方面重视心理学的实际意义与应用价值，许多人也希望能够利用这块诱人的"蛋糕"。我们并不能责怪他们的无限想象力，对于观察到的很多现象，学者们提出了不少可以用于解释的理论。只是这些理论都存在一个共同的问题，即基于现象谈理论，没有实验等硬件证据的支持，理论的相互冲突不但无法帮助人们揭示本质，还会导致有偏差的实验设计。所以，米尔评价说："那一阶段的心理学研究几乎呈现出一种退化的趋势。"这也就不难解释米尔为何以身作则、不妄下结论的做法了。

在提出分裂质概念之后，米尔时刻关注它是否能得到遗传学、分类学，甚至是人类学方面的支持，以将分裂质与其他人格特质明确区分而非相互包含。之后，随着技术的进步，他终于能够对同卵双生子做深入研究，较为确凿地证明了分裂质的存在。

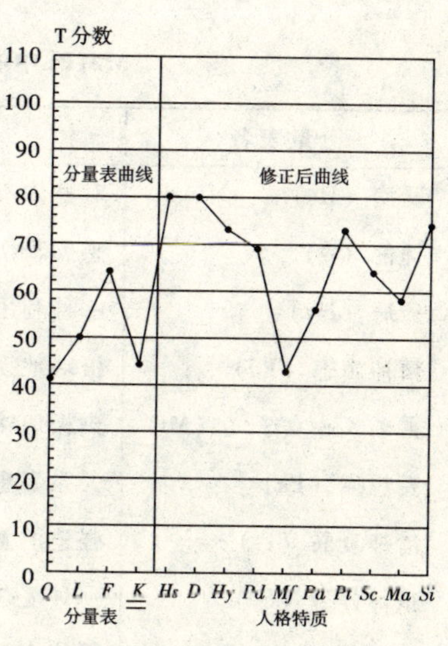

MMPI中的系数和分数呈现方式

米尔的另一成就是对MMPI（"明尼苏达多相人格调查表"）的改进。早期哈撒韦编制的MMPI误判患病的比率较高，探查这一错误诊断的原因并完成量表的修订是米尔早期的重要贡献。在导师哈撒韦的帮助下，他比较了精神病患者在550个项目上表现出的细微差异，并制定了《N量表》，发现了被试的答题态度对于结果的影响，例如一个试图让自己表现得正常的人常常导致“评判结果偏好”。为此，修订后的 MMPI 加入了一些检验被试答题的内在一致性的测题项目，并根据这一系列题目，在最后结果的计算中引入了 *K* 系数（修正系数）。这一改良使得 MMPI 适用性大大增强，学界曾经这样评论：“麦克金利提出了需要，哈撒韦完成了制作，米尔则引起了热销。”足见米尔对于 MMPI 的重要作用。

延续崇尚理性的批判性思维，他对于量表效度的修改并不仅仅止于 MMPI。1947 年，他与麦克柯克迪尔在关于赫尔和托尔曼问题的研究中发现了建立假设和干扰变量的问题。到 1955 年，他与克龙巴赫（Lee Cronbach）提出了关于量表所测内容有效性的一个重要检验标准——“结构效度”（Construct validity），并成为心理测量教育中的一个重要议题。

MMPI 中的人格特质分类维度

分量表名	含　义
疑病（Hs）	对身体不适过于担忧
抑郁（D）	感到悲伤、沮丧和绝望
癔病（Hy）	一种利用疾病来逃避冲突的神经症
精神病态（Pd）	极端地无视社会规范及道德规范
男子气—女子气（Mf）	刻板地接受自身性别角色
妄想症（Pa）	关系妄想、被害妄想和夸大妄想
精神衰弱（Pt）	强迫的意念或行为
精神分裂（Sc）	一种复杂的精神病，表现为认知、情感和意志的失调
轻躁狂（Ma）	情绪介于强烈的愉快感与躁狂之间
社会内向（Si）	极端的退缩和自我关注

美国早期的心理学研究主要集中于正常个体的研究，对内容进行

分类可以帮助人们清楚地了解事物的结构特征，但这种分类方式很难具体区分个体差异。对于复杂的心理活动，这样的分类方法显然太过粗放而不准确，米尔对于这一问题也提出了自己的看法。“内在一致性”是个不错的标准，通过验证个体对待同一问题的前后变化程度，可以确定出个体的态度与行为倾向，从而发现个体存在的不同心理特点。这一做法对于进一步的精细研究提供了可能。

心存遗憾的未竟之路

在完成 MMPI 的新修订后，米尔又开始思考如何更好地利用 MMPI 来进行临床预测与评估。当时大部分学者都试图通过结果拟合出一些线性模型来帮助分析一类现象，这对于后续的研究应当是个不错的方案。但与临床打交道更多的米尔却发现了个体之间太多的不可控因素，难以作精确化数据分析，结果也几乎不可复制。他与同事的一名辅助研究者曾合作拟合出一个并不十分理想的函数，后来发现在实验设计上有太多的漏洞而最终放弃。这一问题困扰他几乎长达 10 年。自 1946 年完成量表修订后，直到 1956 年他在美国中西部学术交流会议上对一些临床问题的预测作了模棱两可的解释，令他在许多专业学者面前显得十分窘迫。在他看来，他的学生通过归因方式来划分个体的人格特征是个相对合理的方法。应当说，在将 MMPI 运用到临床实践方面，他的贡献已经超越了许多其他心理学家，但现在进一步地运用它仍遭遇着一个瓶颈，需要心理学者们提出新的方法或者制作出超越 MMPI 的临床测评工具。

米尔和他的朋友、学生

在20世纪50年代中期，福特基金会向在社会学领域略有建树的研究者广发“英雄帖”。明尼苏达大学包括米尔、哈撒韦在内的一部分学者选择了“完善临床医师的人格描述”这一项目。卡特尔、奥尔波特的人格分类和Q技术是当时被最为广泛研究的主题和方法。为了形成一套统一的人格术语，“福特计划小组”对临床医师与未经训练的人进行了分类研究，期望通过对差异明显的这两类群体的人格描述特点进行分析，得出较为标准的表达。最初的数据共有1808个项目，经过对586个项目进行初步统计处理后得到了40个因素。

然而，由于地域问题，许多小组成员中途离开了研究队伍，福特基金组织也突然中断了对这一项目的资助。研究团队几乎四分五裂，后续的研究十分艰难。在许多难解的实验问题出现后，这项浩大的工程最终夭折了。米尔一直认为，这一项目的结果尽管不尽如人意，但所收集到的数据无论在质量还是数量上都是后来的研究无法比拟的。总共有248名治疗师对791名来访者分别进行了超过10个小时的交流，而留下的1222个项目具有进一步研究的价值。

米尔还一直希望能实现心理实验、测量和分析的“三位一体”，与他同时代的许多学者也有同样美好的设想。大约在1935—1945年期间，心理学家们普遍期待能有一种“宏大理论”（Grand Theory）来解释一切。这种甚至可以发展成宇宙运作规律的哲学观点，可以催促人们不断在科学的道路上向前，不过对于眼下的实际研究却意义不大。以米尔为例，他在学术上的成就的确受人景仰，但是他也承认自己缺乏“服务的意识”，在实践方面缺少足够的经验。在心理实验方法上，他自己也一直感到力不从心。因此在职业生涯的后期，他已不再强调早早地建立起一个“全面的”理论。他认为，发展自己擅长的领域并不断吸收其他领域的知识，才能够不断接近真正的“宏大理论”。

米歇尔：“自我控制”与“延迟满足”的解释者

太渴望成功的人和太急于避免失败的人对失败经历的反应，较之于那些不那么力争成功的人而言，可能有很大的不同。

——米歇尔

“小不忍则乱大谋。”这是一句中国的古话，意思是有时候一时的忍耐对大局更为有利，会有更好的成就。越王勾践卧薪尝胆，韩信甘受胯下之辱都体现了这句古话的深刻含义。而人格心理学家沃尔特·米歇尔（Walter Mischel，1930—）对于自我控制的研究和关于延迟满足的实验也是对于忍耐力的专门研究。那么沃尔特·米歇尔到底是个怎样的人？又有哪些心理学成就呢？下面就让我们一起走近这位心理学大师，了解一下他的个人成长经历和成就吧！

一步一个脚印，逐步走向成功

沃尔特·米歇尔于1930年出生于奥地利的维也纳。1938年，小米歇尔跟随家人迁居到了美国。从欧洲移师到美洲大陆，这影响到了米歇尔今后所从事的心理学事业的风格。1951年米歇尔进入纽约市立大学修习临床心理学，从而正式开始了他的心理学研究道路。在此期间，他受到了弗洛伊德精神分析理论的影响，并从事了一段“少年犯罪”的研究。恰巧此后与他一起做过研究的班杜拉早年也做过此类的研究。大学毕业后，米歇尔又继续深造，在俄亥俄州立大学进修研究生。在那里他又受到了罗特和凯利的影响，这也是他后来涉足社会学习理论研究的主要原因之一。

到了1962年，米歇尔开始在斯坦福大学任教，正是在那里，他与行为主义心理学家班杜拉携手，奠定了社会学习理论的基础，出版了《社会学习理论》(1973)。但是，社会学习理论更偏重于认知方面，而米歇尔本人对于人格研究更感兴趣，因而在此同时，他一直没有放弃对人格的研究，并提出了自己的人格理论，撰写了《人格及其评估》(1968)一书。也正是在斯坦福任教时期，米歇尔开展了他最著名的延迟满足实验。这方面相关的研究著作包括《儿童的延迟满足》(1989)、《延迟满足的冷/热系统分析：毅力的功能》(1999)。到了1978年，米歇尔因为对于心理学所作出的贡献，获得了美国心理学会临床心理分会颁发的“杰出科学家奖”，在1982年又获得了美国心理学会颁发的杰出科学贡献奖。之后，他进入哥伦比亚大学开始新的任教。1991年成为美国艺术与科学学院的一员。1997年，被俄亥俄州大学任命为荣誉博士。1999年成为实验心理学家协会成员。第二年获得该协会的杰出科学家奖。2000—2003年米歇尔担任了《心理学评论》的主编一职。2002—2003年担任人格心理学会会长。2004年进入国家科学院，2007年任美国心理学会的

主席。

对人格心理学的贡献

“软糖实验”——4岁看成就

拥有“自我控制”
智慧的米歇尔

20世纪60年代到70年代期间，米歇尔和他的助手们在斯坦福大学附属幼儿园对4岁左右的小朋友进行了非常著名的“延迟满足实验”。他们把被试儿童带到一个房间，发给每人一块好吃的软糖，同时告诉孩子们：“我有事要出去一会，你们可以马上吃糖，但如果谁能坚持到我回来的时候再吃，就能够再得到一块糖。”然后把孩子们单独留在了房间。米歇尔和他的助手们通过摄像头观察发现，孩子们的表现五花八门：有的孩子急不可待地剥掉糖纸吃掉了糖；有的孩子耐着性子等待了一会儿，在做了一段时间的思想斗争之后还是忍不住把糖塞进了嘴里；还有的孩子干脆闭上眼睛或是自言自语，以转移自己的注意力，避免糖果的诱惑。20分钟以后，研究者回到房间，那些坚持到最后的孩子又得到了一块糖。

在实验中，孩子们的各种表现体现出了他们的个体差异，也反映了他们各自不同的自我控制和满足延迟能力。当然，实验到此并没有结束。在随后的十几年中，米歇尔和助手们还进行了相关的纵向研究，实验一直追踪到那些孩子高中毕业。他们发现那些坚持到最后的孩子，到上中学时大都表现出较强的社会竞争性、较高的自信心、能较好地应对生活中的挫折；而那些经不住糖果诱惑的孩子中有三分之一的人缺乏上述品质，往往屈服于挫折而且逃避挑战。同时在高中毕业的SAT即“学业能力倾向”测量中，坚持到最后的孩子的平均分数，要高出那些经不住糖果诱惑的孩子120分。这充分说明，能够抵挡诱惑的延迟满足的确是成功的重要因素之一。

对于这项研究，米歇尔还制作了另一种变式，这种变式的大致实验过程如下：首先，实验者与被试儿童在实验室中做一些热身游戏，让儿童先熟悉一下实验室环境，以免产生紧张情绪，影响到实验结果的真实性。随后，研究者向被试儿童呈现出两种他们喜好程度不同、或同一种但数量不同的奖励物，让被试作出选择（即第一阶段，延迟选择）。然后实验者告诉被试儿童他要出去办一点事，如果被试儿童能等到实验者回来，就会给他之前选择的奖励物；如果被试不想再等待，也能直接按铃叫实验者回来，但这样只能获得他之前没有选择的偏爱程度较低或者较少的奖励物。在确信儿童理解了等待和奖励物之间的关系后，实验者离开实验室，并通过单向玻璃观察儿童并记录儿童的延迟时间和延迟策略（即第二阶段，延迟维持）。之后，再与上述实验范式一样进行追踪研究。

虽然这两种实验范式之间有些许的不同，但都是对于儿童延迟满足能力的研究和分析。实验不但研究儿童延迟满足时间的个体差异性，也对于延迟策略进行了分析，其所得到的结果对我们日常生活中抵挡诱惑和培养延迟满足能力都是受益匪浅的。据米歇尔的实验分析，延迟满足能力和延迟策略的选择都与个体内部的自我调节能力有关。什么是自我调节能力呢？这就属于我们下面要提到的米歇尔另一项“社会认知学习理论”的研究范畴。

与班杜拉的合作

“社会学习理论”是米歇尔和班杜拉携手研究所建立起来的。先来看看他们的基本观点和研究取向。首先，他们着重理论研究与实验

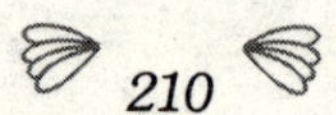

研究的相互结合。其次，他们重视个体对其行为环境的了解与建构。最后他们是从个体认知的内涵去了解他的行为，再进而界定他的人格。

班杜拉和米歇尔指出，行为不仅是从直接的经验，而且也从观察中获得，即“观察学习”。在观察学习中，观察对象为榜样，观察过程为效仿，榜样的作用和效仿活动对人格的形成和发展起着非常重要的作用。例如，研究表明，观察到榜样因攻击行为而得到酬赏的那些儿童，之后也会效仿做出那些攻击行为；而观察到榜样因攻击行为受到惩罚的那些儿童，则不会做出攻击行为。在学习活动中，人是主动的，行为的发生不仅与外部的强化关联，还与内部的、自我的强化关联。我们学会制定出适当的目标，学会以自我赞赏来酬赏自己，或以自我批评来惩罚自己。造成酬赏效果的行为反应被保留，未造成酬赏效果或造成惩罚效果的行为则被修改或丢弃。因此，行为不全然受环境或外界所调整，也受到个体的经验、态度、情绪、期望和自我强化等因素的影响。所谓“自我强化”是指个体已经建立了自己内部的行为准则。当他的行为符合这个准则时，就自己奖励自己；违反这个准则时，就会自己责备自己。由于个体形成了这样的自我调节方式，就不一定得依靠外界的强化。社会学习理论强调观察学习和自我调节在行为发展中的重要性，不仅环境在塑造人，同时人也在影响环境的作用。班杜拉和米歇尔的这些观点使我们对人格的形成和发展有了更深入的认识。

独到的“认知—情感人格系统”

作为一个人格心理学家，拥有自己独特的人格理论是十分重要的。由于以前受到过罗特和凯利的影响，米歇尔十分强调认知因素对人的人格的影响，并主张应当把人格变量与环境变量等同看待。由于他怀疑并否定了以往的人格特质理论所主张的“普遍特质”，因而也就引发了关于人和情境孰轻孰重的争论。

在米歇尔的人格理论中，他强调人与情境之间的相互作用。他认为人的行为是人与情境相互作用的产物，但情境并不能直接地对行为发生影响，情境首先影响到个体因素，再通过个体因素影响到人的行为。个体变量在特定情境下的相互作用，便构成了个体特征行为和情感的独特模式。米歇尔将这一观点称为“认知—情感人格系统”理论（简称 CAPS 理论）。按照这一理论，每个人的人格系统都是独特的，并通过对社会情景的相互作用而产生个体特有的行为模式。

米歇尔把认知变量作为决定人的行为的一个重要因素，并提出了五种重要的认知变量：编码、预期、能力、主观价值和自我调节系统。在认知—情感人格系统理论中，米歇尔提出了两个假设：(1) 长期的通达性的差异：个体在特定的认知—情感单元被激活的难异度上存在差异。也就是说，个体在解释一个情境时，由于被激活的认知—情感单元的不同而会产生差异性，并由此形成不同的反应。(2) 在将各单元之间的稳定关系加以组织上存在个体差异：当个体感受到某一情境的特定特征时，一种典型的认知和情感模式就通过不同的联结网络被激活。系统中的一些认知—情感单元被激活，而另一些则未被激活甚至受到抑制。

米歇尔的 CAPS 理论还将人格稳定性和不变性的社会水平分为四个层次，分别为：人格的心理加工系统、人格的行为表现、人格与人的行为的感知（包括个体的自我感知）以及稳定的个体情境。这四个层次依次由个体内部到行为再到外部环境，层层相扣。米歇尔在《认知—情感人格系统理论》(1995)、《情境—行为轮廓在人格中的联结轨迹》(2002)、《从学前到成年之前预期性的认知控制》(2006) 等论著中，进一步概括和深化了 CAPS 理论。

“不知名的”研究也有趣

以上是米歇尔至今的三大重要研究领域。在此之外，他还有一些

不太知名的研究也十分有趣。他和弗朗西斯·米歇尔（Frances Mischel）从心理学的视角分析了特立尼达岛上的小村落中所谓"魂灵附体"的行为，并用认知学习理论和强化理论去解释这种魂灵附体现象所带来的积极或消极的强化结果。

可以从两个部分来描述米歇尔的这种分析：前一部分是对Shango地区魂灵附体现象的描述；后一部分是对伴随着这种仪式所带来的强化后果。前一部分阐释了魂灵附体对"她"个人生活和社会角色的改变。还着重说明了被魂灵附体的人之行为类型：或说着含混不清的语言；或大步走路；或手中握着工具进行工作；或给其他人就某个事情出谋划策，等等。这些行为都被解释为是"魂灵"在工作，并且这些魂灵在一些时刻以暴力来行事：比如魂灵附体的人被掀翻在地且连续的滚动。有时候会以很温和的方式表现：比如询问人们的姓名、给人们建议、问候大家的健康，等等。每一种魂灵的力量都会跟一定的行为模式联系在一起。据说魂灵附体的发生还具有时间性：16—65岁之间的人都有可能进入魂灵附体的状态，经历这种魂灵附体的状态的人中，有75%的是妇女。诸如其他的特征，如处于魂灵附体状态有不同的水平差异——完全被控制的、半不清醒半清醒的，以及最后从魂灵附体中恢复到常态的过程，不一而足。

后一部分是从心理学层面进行的解释：按照社会学习理论，一种行为的延续依赖于对该行为不断的鼓励和强化。鼓励并不意味着这种行为所产生的结果一定是积极的，比如越轨行为的形成也是不断强化的结果，而其产生的效果却是消极的。此外，一种行为产生的结果既包括积极的方面也包括消极的方面。魂灵附体所产生的结果就是如此：就积极的方面来说，可以让人们做出在正常状态下无法做出的行为，体验到常态下无法体验的心理感受。一种行为的存在必定会对当事者和被作用者产生心理上的影响（积极或消极）。

米歇尔把魂灵附体状态下这些人的行为模式分为两类：一类是魂灵附体的人具有控制周围人的活动的能力，这样的人是仪式的领导者。人们服从他的安排与调度，何时歌唱何时舞蹈都由他发号施令。斧头、蜡烛、油等仪式中要用到的工具和物件等，都会按着他发出的信号准备好。人们从中表现出对魂灵的敬畏。在这种行为中，处于附体状态的人获得了现世世界中并未获得的地位转变：由无名小卒到领导者；由非中心、非重要地位到中心重要地位；头上挂满了这样的光环：有力量、有知识、有地位。

另一种行为模式的特征是带有暴力、虐待倾向的：魂灵附体状态的人撕毁衣物、敲打自己、长时间在地上翻滚，做痛苦状。人们对此的解释是此人曾做了坏事，现在魂灵来惩罚他了。当魂灵震怒，对附体的人的鞭挞强烈且加重时，周围的人会采取措施，使魂灵平息下来，但此种情况不常见。这种模式对人们的行为具有双方面的功能：一是警示人们不要做坏事，否则遭受痛苦和折磨；二是做了坏事的人，可以以此来减轻自己内心的痛苦和折磨。

另外，还有一种行为模式打破了人们日常生活中的人际关系和道德限制，在这种状态下，被魂灵附体的人对他人做出拳打脚踢的暴力行为而不会受到惩罚。总起来说，米歇尔所得到的结论是，这些村落人是通过魂灵附体来展示对越轨之人进行的惩罚以激发人们的善行、善念，并且仪式本身还减轻了这些越轨之人的负罪感。

尾声

米歇尔的许多理论研究，其实用性都很强。如延迟满足和社会学习理论都被人们运用到了日常的生活之中，并产生了不错的效果。这些研究成果对人的发展起到了促进作用，这也是米歇尔的成功之处。如今米歇尔虽然已经将近 80 岁了，但他老人家仍然不放弃心理学事业，依旧在这一科学道路上不停地探索。这种精神也是让我们心理学后辈敬佩不已的。等着吧，他一定还会带给我们新的惊喜！

塞利格曼：左手安抚起忧郁，右手将人们引向光明的天使

既然压抑、退缩等消极品质能通过一定的学习获得，那么乐观、高兴等积极品质也一定能通过学习而获得。

——塞利格曼

马丁·塞利格曼（Martin E. P. Seligman，1942—）专门研究习得性无助、抑郁症、乐观感和悲观感，并由此而创立了“积极心理学”(Positive Psychology)。他现在是宾夕法尼亚大学心理学系的“福克斯领导教授”（Fox Leadership Professor of Psychology），并被评为“20世纪100位最著名的心理学家”（排名第31位），在世界心理学界中颇负盛名，同时他也是一位畅销书作家。

“不意气相投的”讲演

塞利格曼67岁时，在北卡罗莱纳州心理学会的年度大会上做了专题演讲。虽然他已经固定做了30年的心理学报告，但这次他的演讲还是很不同的。他的演讲清晰而生动，他想使美国心理学以及心理学家们发生改变。这并不完全出乎听众们的意料。自从1995年第一次发起“积极心理学”运动时，他就竭力主张将心理学的关注点从心理疾病拓展到促进心理健康上。

在这个10月温和的夜晚，塞利格曼告诫他的听众们：他的发言是彻头彻尾的“不意气相投的”。这也不完全出乎意料。自从1967年塞利格曼获得了心理学博士学位，他已闻名遐迩为一个伟大的“麻烦儿童”。正如他的一位长期牌友、一位经验丰富的亨利·戈尔曼教授所说的：“塞利格曼让我想到了威尔斯，时而天真幼稚，时而思维深邃，在生活中表现得越发明显。就像威尔斯，塞利格曼偶尔是一类麻烦的儿童——同时，他也流露出像奥森那般的严肃神情和先兆，但是谢天谢地，他远没有他那么胖！”

那天晚上加利福尼亚的北部旅馆的一间舞厅被几百位心理学家挤满，他们中的许多人还没有吃饭——哪怕是甜点，屋子里完全弥漫着安静。这些心理学家们，就像电视里的克莱恩（Frazier Crane）教授一般，仔细聆听着：

“我在去年夏天与我的女儿尼基（Nicki）在院子里锄草，当时她只有5岁零11个月，”塞利格曼开始说道：“现如今，你们该知道我是个多么敬业的园丁了吧。在这个特别的下午，我可是非常关注我所做的事哦——那即是锄草。然而尼基却在开玩笑，草在空气中飘扬，灰尘四处弥漫。”

“现在，我应当在此说清楚，尽管我全身心地投入到积极心理学，但在我自己的内心总是笼罩着一层乌云。尽管我的工作都是和孩

子们在一起，虽然我有五个孩子，她们的年龄跨度从5岁到29岁，我仍然和孩子们相处得不怎么样，所以，那天下午我跪在院子里，朝尼基嚷嚷。”

塞利格曼从领奖台向下看了看。重温那一刻显然是一种伤害。然后他再次抬起头，接着说：

“尼基径直向我走来。‘爸爸’她说道，‘我想要和你谈谈。’这就是她想说的：‘从我3岁到5岁期间，我不断地抱怨。但我下定决心，从我5岁起，就开始停止抱怨。实际上，从我5岁那天开始，我一直都没有抱怨过。’”

他停顿了一下，接着说，“然后尼基看着我的眼睛，说着‘爸爸，一旦我停止抱怨，你也就不再发脾气了。’”

大厅内充斥着阵阵笑声……

“他的心怎样思量，他的为人就是怎样。”

这是生活中的一个普通事件，但也是一个积极心理学的故事。

塞利格曼的女儿

一位父亲在自己屋前的花园里割草，他的小女儿尼基在一边玩着。这位父亲是个做事认真的人，他割草时也是如此——埋头割草、专心致志。他的女儿是个天真活泼的孩子，她在旁边又唱又跳，还不时地把父亲割下的草抛向天空。父亲对女儿的行为不耐烦了，于是对着她大声地训斥了一声。尼基一声不响地走开了，可不久她又走回到花园，并且一本正经地对父亲说：

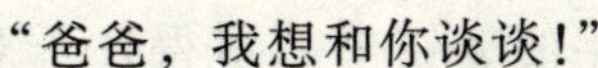

“爸爸，我想和你谈谈!”

“可以啊，尼基。”爸爸回答。

“爸爸，你还记得我在过5岁生日之前的情况吗？你常说我在3岁到5岁之间是个经常爱抱怨和哭诉的孩子，那时的我经常对许多事

抱怨和哭诉，也不管这些事是要紧的还是无关紧要的。但当我过了5岁的生日后，我就下决心不再就任何事对任何人抱怨和哭诉了，这是我迄今做过的最艰难的一件事。不过我却发现，当我不再抱怨和哭诉时，你也会停止对我吼叫和训斥了。”

女儿尼基的这番话使这位父亲顿悟，他一下子明白了许多道理——至少是三方面的道理：首先，他觉得抚养孩子并不是一味地呵斥和纠正孩子的不当行为，而是要理解孩子的心，要多与孩子交流，要相信孩子本身具有的积极力量；只有对孩子的积极力量进行有意识地鼓励和培养，孩子才能真正克服自己的缺点，并取得进步。其次，他发现自己的生活方式有待改进，因为他总是生活在消极的阴影里，总是用消极的方式去对待他人的缺点和不足。也许换一种积极的方式去应对他人的消极行为会更有效果。再次，女儿尼基的这番话还使他对自己从事的职业产生了新的认识。

这位父亲就是美国心理学会前主席塞利格曼。从此，他开始构想发起一场新的心理学运动——一种关注人的积极力量和积极潜力的心理学运动——“积极心理学”运动。

从研究悲观主义的专家到乐观主义的大家

当塞利格曼获得西恩大学博士学位之后，他于20世纪七八十年代，致力于重新定义心理学以及精神病学看待抑郁症的视角。他开创了“习得性无助”理论——人类抑郁的主要组成部分是一种“习得的”消极态度。这一开创性的、严谨的论证，使得抑郁症的治疗和预防均有了重大突破。

如今，我们要感谢塞利格曼1990年的畅销书《习得性乐观》，这使他成为世界上研究乐观的超前权威。似乎这对于他自己承认的“坏脾气”显得有些讽刺。

但直到20世纪80年代末，和文学代理商派恩（Richard Pine）

关于写一部畅销书的探索性会议，塞利格曼才开始将他的研究转向习得性乐观。“在会议最后，派恩说，‘我要给你个礼物：习得性乐观——那即是你的名称’。”一种怀旧的微笑泛于塞利格曼的脸上，他说：“直到那一刻，我深深感到自己这么多年以来研究的都是悲观主义。”

塞利格曼在大学期间

从研究悲观主义和抑郁症转向后来的“积极主义”，体现了塞利格曼变化多端的性格。他说：“在任何一年里，我都尝试将 10 个球投向空中，然后看哪一个会弹得足够高，能抓住。”当他于 1998 年 1 月 1 日担任美国心理学会（APA）主席时，他至少投了这么多个。他清晰地表明他对于那个监控 APA 的月度新闻“主席专栏”的关注。这个专栏的名称叫做“增强人类的力量：被心理学遗忘的使命”。它包括以下一些塞利格曼所关注的要点：

在第二次世界大战之前，心理学曾有三大任务：治疗心理疾病；使得所有人的生活更为充实；培养并鉴定高级技能。在第二次世界大战后，有两件事改变了心理学的面貌：1946 年，“老兵管理学”出台，应用心理学家们发现他们会使生命遭受精神疾病；1947 年，建立了国家心理健康的组织，并且学院心理学家发现他们被同意和准许研究心理疾病。

50 年后，要提醒心理学家不能偏离跑道。心理学不只是研究脆弱与伤害的，它也能研究力量和美德。治疗不只是修复我们受损的东西，它也能滋润我们身上最好的东西。

塞利格曼认为，从事 50 年对于个体疾病与大脑损伤的药物治疗，使得心理健康工作的预防有效性变差了。我们需要大量的精力来研究人类的力量与美德。我们需要临床工作者明白，最好的工作就是放大力量，而非治好病人们的疾病。我们需要与家人、学校、虔诚的社区一同工作的心理学家，齐心协力强调他们发挥促进力量的作用。

10 年前，这一积极心理学的“革命”——花言巧语的东西只有很少人会支持，如今却发生了翻天覆地的变化，它赢得了尊重与美名。

塞利格曼上任美国心理学会主席的主要任务之一是加强“防御工作”。他任命两位知名心理学家来负责这项工作。一个是威斯伯格（Roger Weissberg）博士，在伊利诺伊大学为社会学习与情绪学习的结合担当创建者和执行官。另一个是约翰逊（Susan Bennett Johnson），她的学术背景更着重于身体健康方面。

顺便说一下，约翰逊和塞利格曼先前几乎不认识。当塞利格曼从1967—1970 年在康奈尔大学教实验心理学时，约翰逊是他的一个本科生。塞利格曼把她请来加入他的心理学实验室。要知道，在这之前该实验室可只招收男毕业生的哦！

“是塞利格曼使我成了一名心理学家。”约翰逊说：“在当时，进入研究院的女性是不多的。”她从来没想过要进入研究院，是塞利格曼说服她，他说她“很优秀”。

塞利格曼从来都是会令人兴奋的。约翰逊说：“当你年轻时，你相信你可以改变世界。但随着时光的流逝，你开始意识到我们所能做的并不是什么了不起的，于是乎我们就把精力集中在我们力所能及的较小的领域。”约翰逊停顿了一下，说道：“塞利格曼从不曾长大过，他依旧相信他可以改变整个世界。因此，他会搞些像民族政治那样稀奇古怪的东西，比如战争。”据她所说，塞利格曼之所以在他任职期间要完成这次任务，其深远的目的在于，为了对种族冲突所导致的战争进行干预而募集资金。

塞利格曼也承诺，在其任职期间募集资金大力研究心理疗法的有效性——这是心理学家该做的，该做好的。事实足以证明，所改变的一切并非是医疗健康决策者们、协会以及美国公众们迫不得已做出的，而是心甘情愿做的。

NIMH 同意大规模投资在这些研究上，批准了塞利格曼所提出的 2000 万美元。这对心理学家来说是福音。大量事实表明，心理学程序和疗法是既有效也实用的。心理学家们可以依靠更为严格的操作程序并从法律制定者和公众那儿获得更多的荣誉和自信。

偶得："习得性无助"

1967 年，当时 21 岁的宾夕法尼亚大学的大学生塞利格曼，在第一次去他的教授的实验室时发现了一个奇怪的现象。当时教授和他的助手们正在做一个实验。他们在一个大笼子里用一排矮栅栏隔断（狗可以轻易跨越过去）成两个小笼子，两个小笼子一个有电击，另一个没有。教授和他的助手希望狗在受到电击后或听到某个与电击相关联的声音之后，能很快逃到另一个小笼子去躲避电击。但实验却做得很不成功，狗蹲在那里一动不动，发出"呜呜"的吠声。这令所有在场的人都不知所措，谁也不能解释这个奇怪的现象。

年轻的塞利格曼却由这一现象受到了启发。他发现这些狗在此之前已经学会了把某个声音与电击联系在一起的条件反射。也就是说，狗在此之前已经接受过多次的电击，不管声音在何时响起，也不管它做怎样的挣扎，它从来就没有逃脱过电击。这种再怎么努力也逃不脱电击的经历，逐渐使狗形成了一种"习得性无助"的特性。依据这一发现，塞利格曼对人类做出了一个大胆的假设：许多人存在的诸如压抑等心理问题的主要原因，可能就源于形成了"习得性无助的人格特质"——对现实具有一种"无可奈何"的信念，而不是他们真的无法解决自己的问题。随后的一系列调查研究证实了塞利格曼的这一假设。

“儿童乐观主义”——烦恼无不折射出你思维的影子

一项有效的心理学实验，是不需要太多的重复实验来验证的，塞利格曼所做的关于如何阻断抑郁的研究即是其中之一。他于 1995 年出版了《乐观的儿童》这一精彩著作。这项研究是由塞利格曼和三位年轻的心理学教授一起合作进行的。这项研究使不同情景中的儿童，在几年时间里，抑郁症的发生率减少了一半。

1984 年，塞利格曼参加麦克阿瑟基金会举行会议时，这项研究被易名为“佩恩（Penn）韧性研究项目”。塞利格曼将这次会议描述成：显赫的心理学家与免疫学家们的一次见面。问题的关键在于，对于这个名叫“心理免疫学”的新兴学科，我们该做什么？尤其是该怎么做？现如今，这个研究心理（Mind）是如何影响身体免疫系统的研究领域，已被科学界广泛接受。

在这次会议中，其中一位最该受欢迎的与会者是索尔克（Jonas Salk）博士，他的脊髓灰质炎疫苗于几十年前就改变了世界。作为世界上最著名的免疫学家，老索尔克试图对那些在生理免疫学家与心理学家之间被热烈讨论的言论作出公断。关于习得性乐观，他私下里对塞利格曼这样说：“如果今日我是个年轻的科学家，我依旧会做免疫研究。但我不会研究如何使孩子们的身体得到免疫化，取而代之的是我想像你那样来研究。我希望使他们在心理上得到免疫，我想看看是否这些心理上得到免疫的孩子，能够更好地抵御心理上的疾病和生理上的疾病。”

“佩恩韧性研究项目”是一个典型，它向我们展现了塞利格曼如何成功地将科学的方向盘从习得性无助转向了心理免疫。到那时为止，他关于习得性无助的研究已使得他成为抑郁和消极问题的专家。他成功地研发出了有用的工具，能诊断出人们的消极水平，能够计算

出他们发展成为抑郁的风险的大小。受到该校心理系名誉教授贝克（Aaron T. Beck）博士的传奇式研究工作——“抑郁症向导”的鼓舞，塞利格曼也花了几年时间完善大量的认知技术和练习来帮助缓解与治愈人们的抑郁，阻止那些无孔不入的疾病在未来的发生率。

为了大大简化纷繁复杂的认知心理学领域，贝克于20世纪60年代晚期第一次阐述了他那革命式的理论观点，即严重的消极或抑郁情绪状态，是由我们“对自己说的”消极思想所导致的。这似乎是个简单的常识，但在当时，他是具有开创性的，并且寓意深远。

自从弗洛伊德开创了精神分析式心理疗法开始，所有的疗法都基于那些能够影响到人们日后生活的自然事件，并且人们所发展出来的行为和情绪状态都是那些事件所导致的结果。步贝克之后尘，塞利格曼公开表明，真正决定我们是否会得抑郁症的并不是那些“往事”本身，而是我们过去对这些事件做出解释的那些“思想”。如果这样，那么贝克与塞利格曼的观点就能成立了。那些处于抑郁风险中的人们，应当可以通过聪明地反思原先对于不同生活事件所持的严重消极的那些思想，来击退抑郁。

举例说来，由于使人们自我归因风格发生改变的疗法，以及养成非消极思维的条件反射，人们经历痛苦的离婚反应就应该是这样的：“我的婚姻失败了——这没什么大不了的！也许有一半婚姻是失败的？也许是我的错：我本可以挽救它的——如果可以重来，我那不挣钱的配偶本也可挽救的，现如今我想起它，我错过最多的是我婚姻早期记忆中美好的、了不起的东西。实际上，如果我们现在还在一起，我们可能会像最后几年那样痛苦地生活在一起。我犯了太多的错——我不是婚姻中唯一的受害者。毕竟，是人都会错。”

塞利格曼和来自各地的合作者们已经证实，学习这些内在的“自我辩护技巧”，是可以加速从抑郁症中恢复过来的；也许更为重要的是，这种技巧还可以预防抑郁症的发生。

"感觉好不如做得好"

在过去的8年里，"佩恩韧性研究项目"表明，认知疗法不仅可以帮助成人，还可成功地使儿童对抑郁症产生免疫。最近它又获得了一项来自NIMH持续5年的200万美元经费的支持。

即使是最吹毛求疵的科学资金使用的批评家，都会催促将大量经费投入到这样的研究中来。就在两代人之前，儿童抑郁症还是一个相对罕见的症状，然而，今日的美国儿童正经受着抑郁症的折磨。据统计，大约有1/4的儿童在成年之前都有某种程度的抑郁。

到底哪里出了错呢？塞利格曼自有答案。他批判了所谓"自尊心"运动，认为应将"感觉好"来代替昔日的"做得好"，以此作为目标再次简化一个过去比较复杂的观点。

就在"佩恩韧性研究项目"因其有效性而获得了全世界儿童心理学家们的关注的同时，它的高效成本也赢得了学校管理者的垂青。其中有一项课程包含12个部分，每周一次，一次90分钟，用于那些其问卷答案可能预示他们为"疑似抑郁的"儿童身上。课程采用了一系列有趣的故事、卡通画、小组讨论以及其他技术，使那些消极被动的儿童获得了一种超强的条件反射。这种条件反射使他们改变了原先对自己的失败所作的归因，从而鼓励他们能直面失败。

更为重要的是，这个项目试图给当代的儿童灌输上一代人的价值观。塞利格曼在给北美心理学家们的演讲中，他略微谈到了他孩提时代最喜爱的一本书。三十年前，当时最具影响力的儿童读物是《自信的小发动机》。此书讲述的是一部可爱的机车发动机的故事。这部发动机不能确信自己是否能推动火车翻过山丘，但它不断告诉自己，"我可以，我一定可以"。后来，这句话也就成为名言而流行了。

"想想你最骄傲的时候吧，"塞利格曼曾向他的听众们发出呼吁："我打赌，你们现在所能想到的，肯定与你们最初没能实现的目标有

关，而正是这些失败，促使你继续不断追寻着你的目标。也许那就是爱，是工作或是娱乐。”

这种直接面对失败的意义便成为塞利格曼针对儿童抑郁的“疫苗”之核心。它不仅涉及高级的“自我辩护技巧”，同时又涉及“老式的”努力工作的好品质。塞利格曼强调说，努力工作明显把他和其他一些更有名、但不够科学的“文化乐观主义”的同事区分开来，并将他提升上了一个新的层次。

“消极态度似乎能深深地扎根成为永恒。”塞利格曼在他的一本现实意义深远的畅销书《你能改变的和不能改变的东西》（1993）中写道：“然而，我发现消极是可以避免的。那么消极主义者实际上不可以通过愚笨的手段如哼着快了点的曲调，或是说着什么陈词滥调而变为一个积极主义者吗？”

给“失败”一个笑脸。他说，那种由“自尊心”所推动盲目乐观反而会起反作用。“不恰当的乐观是空的，而且注定会土崩瓦解。”他在《乐观的儿童》里写道。从长远来看，应当鼓励孩子通过努力学习和工作来达到他们的特定目标，这样显然才会更有效。“自尊是做得好之后带来的副产品。一旦一个孩子的自尊心摆在那里了，它就会照亮他更深远的成功。任务似乎会进展得更顺利，不断尝试失败，更易于和其他孩子们打成一片。毫无疑问，这种高自尊心是个美妙的状态，但要想获得这种感觉，在一切都运作完好之前，必定要经历一段严重的困惑阶段。”

一个全新的研究领域：“习得性幸福”

在塞利格曼于除夕夜交出 APA 主席交椅的几个月前，有人问他，在将心理学的目光转向一个更为积极和有利的方向后，接下来最想做的是什么？是去迪斯尼吗？塞利格曼说他会去大鳄鱼岛。多亏从盖洛普公司得来的丰厚奖金，他将与其他 20 多位诺贝尔奖获得者为伴，

在那里过几天“上帝过的日子”。

“美好的生活”，正如塞利格曼说的那样，要远比“保时捷、冠军、阳光浴”复杂得多（虽然当他在大鳄鱼岛上思考的时候，至少在那个月里享受了三者中的两个）。一天，他和《侏罗纪公园》的作者迈克尔·克赖顿（Michael Crichton）出去游泳，试图探索远离一下海岸线的水下拱——但当大暴风袭来时，安详的水面立刻变得波涛汹涌，他们俩差点被水淹死。

在塞利格曼悉数了这段惊险经历的小插曲后，有位记者问他：“在那一刻，你们两位凝思死亡时在谈论什么呢？”他回答说：“我们谈论了很多，如我们说本应买更多的保险来着。迈克尔还悲叹道，他还没看到《侏罗纪公园》的电影版呢！”从此他们两人开始了一段美好的友谊。

当时，遭遇不测的不仅有塞利格曼和克赖顿，还有西克斯森特·米哈伊博士，匈牙利籍的芝加哥大学心理系教授，同时也是《流》的作者，这本书描绘的是人们如何达到富裕的生活状态。当时，在被卷入强水流中后，西克斯森特米哈伊挣扎着游回岸上，但不幸又被冲走，且流了血。一个男人发现了他并向他伸出援手。这个男人就是塞利格曼，直到后来他才知道他救的这个人是谁。

如今，塞利格曼和西克斯森特米哈伊不仅仅是“好生活”研究调查的主要先驱，同时也是塞利格曼称之为“和幸福有关”的一本书的共同作者。

当被问及在那个被他女儿尼基反对发脾气的提议后，他个人是如何处理这个挑战的，塞利格曼说：“有生以来，在和尼基对话的那一刻，我才将幸福视为主要目标。西克斯森特米哈伊将幸福视为自己的终极目标。我此前却一直将幸福视为一种微小的现象，只是工作表现优异的副产品。”“当我最近学了很多关于幸福的事情后，我才发觉些许有趣的东西。我读了许多先进科学的进展，强烈支持了这样一个前提——你生活得越幸福，你就越是富裕。这也就不断地激励着我。”

塞利格曼打算将这些思想和研究成果汇编成另一本突破性的书，开发可测量的幸福以及幸福生活的科学构成。他说：“我一定会在此书里以尼基和我在花园里的故事作为开始。”

他是“人间的天使”

塞利格曼就是如此。犹如古希腊神话中的幸福天神一样，指引着光明的方向，他天生地就是守护我们心灵的“天使”，他的使命就是让世界明白：在乐观中撷取一份坦然，你的面前就会精彩纷呈；在悲观中摘下一片沉郁的叶子，只能瓦解你积攒的力量。我们每个人都曾身处过低落情绪抑或正经历着生活的坎坷，但没关系！勇敢而坚毅地抬起你的头，去端详塞利格曼的笑容和坦然，去欣赏他的著作吧，顿时就会感到一股激流融入你的心头……

社会心理学大师

纽科姆：架起心理学与社会学的桥梁

信念会使你成为一个完整的人。

——耶稣

我们的所想决定我们的行为。

——爱默生

狄奥多尔·纽科姆（Theodore Mead Newcomb，1903—1984），美国社会心理学家，在个体的社会化、大学对学生的影响、问题青年的矫正等研究方面作出了很大贡献。和荣格、希尔加德等心理学家一样，他也曾想成为一名传教士，把宗教作为自己一生的事业。但是当他遇到了心理学，他的生活从此就改变了。

什么叫做幸福？

如果说能做自己感兴趣的事叫做幸福，那么他是幸福的，他找到了自己喜欢的事并尽力而为；如果说在自己的领域里拥有一席之地叫做幸福，那么他是幸福的，他获得了该领域的最高荣誉并载入史册；如果说拥有美满的家庭生活叫做幸福，那么他是幸福的，他拥有相濡

以沫 50 载的爱人伴其一生……

从上帝的怀抱“误入”心理学的圣殿

美国俄亥俄州东北部的阿什塔比拉市的岩溪是一个宁静的乡村，那里民风淳朴。1903 年 7 月的一天，当地的公理会会长的儿子出生了。在那个宗教鼎盛的时代，在乡村浓郁气息的滋养下，在父亲的言传身教下，这个男孩儿从小就立志要成为一名基督教传教士。他在克利夫兰念完高中后，就进入奥伯林学院学习，1924 年大学毕业，因为要偿还大学所欠下的学费，他没能马上实现成为传教士的梦想，而是到高中当了一年的教师。无债一身轻，摆脱了经济的负担和生活的困扰，一年后他进入了梦寐以求的纽约联合神学院学习，向他的传教士梦想挺进。但是，世事弄人。在师从沃德学习伦理学期间，他也跟随华生学习教育心理学，在 G. 墨菲门下学习普通心理学，这使他领略了心理学的巨大奥秘，看到了这个新生学科的潜力，并激发了他前所未有的研究兴趣。所以在神学院学习两年后，他发现自己想成为心理学家的想法甚于成为传教士了，于是他转到了哥伦比亚大学学习心理学，并在 1929 年获心理学哲学博士学位。就这样，这个曾梦想成为传教士的小男孩儿在“上帝的使者培训班”中途退学了，进入了心理学研究的圣殿。若干年后，在岩溪这个小乡村少了一个传教士却多了一个拥有高度政治觉悟的社会心理学家，这个人就是狄奥多尔·纽科姆。

“心理学界的政治家”

有的人天生就是要担起重任的，因为他的肩膀够结实，可以顶起巨大的负担；同时他也愿意接受使命、完成使命，接受挑战、完成己任。

笔者一直认为每个人的成就都是有其一定的必然性的。纽科姆之所以能成为一个有着非常高的政治觉悟和责任感的心理学家并选择社会心理学作为自己一生奋斗的领地，这和他的家庭是分不开的。纽科姆的父亲是当地公理会的会长，拥有很高的声望。纽科姆就曾在他的回忆录中写到他父亲对乡村的教会有着极高的热情和责任感。因此，他们的家不断从一个乡村搬到另一个乡村，这样的经历给纽科姆留下了对宗教和真理的忠诚。

纽科姆的家庭坚守公理教会的思想，坚决抵制加尔文派的教义，他们有对信仰的忠诚和理性，从不屈服。他的父母还很早就拥护废奴主义，并在第一次世界大战后成为坚定的共和党人。纽科姆越来越觉得他的家庭是与众不同的。因他的父母都是受过高等教育的人，他们会订阅普通民众不熟悉的艰涩难懂的杂志，他们会花非常多的时间带领孩子一起高声朗读书本。后来他们的家庭还经历了一段被排斥的时光，因为父亲从教堂讲道坛接受了不受欢迎的职位，支持和平主义。但那段时光却成了纽科姆的人生第一课，他受到了极大的政治鼓舞，他知道坚持自己认为对的东西，坚持自己的理想是多么的可贵。可以说从那时起，他的灵魂里就有了政治的种子，他开始关心政治，关注政治的透明、合理和人性化。所以在高中毕业时作为致告别辞的学生代表，他的演说内容是关于纽约州议会拒绝给两位当选的布尔什维克主义者合法的议员席位这件明显不是他这个年龄应该关注的事情，尽管他的演说被同学们嘲笑、鄙视，也不被校长接受，但是他很高兴他的父母很喜欢他的演说。

一个人的天职和本性不会因为他奋斗的领域而改变，尽管纽科姆从上帝的怀抱进入了心理学的圣殿，但他的正直、社会责任感，他的政治敏感度并没有改变。1929 年获心理学哲学博士学位的纽科姆在里海大学心理学系获得教职，校方让他这个丝毫没有经验的人做关于学校管理政策方面的调查，显然，他的真实的调查结果没有能让校长满意。他的领导要他对调查结果做大量的改动，从而增加学校的正面影响力，正直的纽科姆拒绝了。随后他辗转到克利夫兰大学、凯斯西储大学任职。1931 年 8 月，他和玛丽（Mary E. Shipherd）结婚了，这是一段令所有人羡慕的婚姻，在长达半个多世纪的婚姻里，他们一直恩爱、相濡以沫。婚后，他们有了三个孩子，但那个经济大萧条的时候是他人生的低谷。他曾回忆说他能深切地感受到报纸上说的那些学生和他们家庭的痛苦，经济上的困扰加上事业上的不得志曾让他陷入深深的痛苦中，也就是在这个时候他加入了社会主义党。1934 年纽科姆受聘于佛蒙特州贝宁顿学院，他的人生也出现了转机。在以后的 7 年里，尽管难以置信，纽科姆还是投入到了频繁的政治活动中，参加了学生的政治组织和教师的政治组织，他一直尽自己的全力为社会做事。

每当谈起第二次世界大战，往往让我们难以忘怀的是那些震惊于世的军事行动，那些雄才伟略的指挥家，还有那些在硝烟战火中浴血拼杀的反法西斯战士。然而伟大的胜利背后值得纪念的绝不仅仅于此，心理学家正是为反法西斯战争的胜利默默付出的幕后英雄。他们在第二次世界大战中闪亮登场，怀着满腔的壮志豪情，用他们的聪明才智为反法西斯战争的胜利献计献策。

美国密歇根大学一角

1941 年纽科姆受密歇根大学之邀成为该校教授。但是，在他上任前几个月，珍珠港事件爆发了，没有经历过战争的人，难以估价战争对美国社会心理学的巨大影响。珍珠港硝烟未散，政府就开始招募社会心理学家帮助解决国家在战争中所面临的问题。可以说这场战争是抛给纽科姆的一个珍珠，使他的心理学生涯发生了重大改变。珍珠港事件发生后，他就前往华盛顿同许多社会学家一同研究战争成就，并服务于美国对

外广播情报部门及战略情报局，和其他心理学家一起研究如何建立国民士气与克服士气低落，国内的态度、需要和信息；敌人的士气和心理战，军事管理，国际关系，以及战时经济等心理学问题。漫长的战争岁月虽然耗费了心理学家们大量的宝贵时间，但是他们也不是空手而归。在这期间的工作让纽科姆感受到了学科间交流的重要性，意识到了心理学家们的合作的重要意义。所以战后，他回到密歇根大学安阿伯分校，就提议成立了联合博士班，吸引了许多社会学家和心理学家，促进了相关学科的发展和不同学科间的融合，扩大了心理学的影响。

纽科姆的一生都对社会问题、政治问题、国家问题有着坚定的使命感，他一直尽自己最大的努力为国家、为社会服务，并积极促进心理学的发展，运用心理学的知识解决社会问题。

所以，纽科姆赢得了“社会心理学界的英雄”这一声誉。

“贝宁顿研究”——社会化问题

心理学拥有一个长长的过去，却只有一个短暂的历史……所以心理学如何走，怎么走，一直是困扰心理学家们的问题。社会学是先于心理学产生的，那么社会心理学是社会学的分支、附属品，还是要继续心理学的色彩，走一条属于心理学的“社会”之路呢……

在社会心理学诞生后的第一个三四十年里，它主要是解决自身作为一门“合法的经验研究学科”的问题。社会心理学家起初把他们的注意力投向了形成基本概念和设计适当的研究方法。到 20 世纪 30 年代中期，它已能承担重大实际问题的研究。在不到 10 年的时间里，纽科姆作出了重大的研究，即“贝宁顿研究”。

1943 年，纽科姆采用典型的纵向性研究方法，在实地而非实验室里开始了他的第一个项目研究，这种研究方法在当时是非常先进并且有一定难度的。纽科姆通过对贝宁顿学院的部分学生在 4 年学校生

活期间“对公共事务态度的转变”的研究。他发现个体的性格与其团体成员之间是通过互相作用而影响其态度的变化的。无论是在校就读的 4 年左右时间里，还是在离校达 15 年以上的时间里，都存在着这种影响。

在这一研究之前，存在着两种类型的社会心理学：一种偏向于心理学，另一种偏向于社会学。两种观点相持不下，这无疑是在削弱社会心理学的学术力量，不利于社会心理学的发展。纽科姆以贝宁顿研究结果为背景，在 1950 年出版了《社会心理学》一书。他在书中科学地揭示了个体内部（心理学）和人际关系（社会学）这两大因素是如何相互依赖的，任何一方都是影响另一方社会化过程中的重要因素。可以说他为“处在十字路口的社会心理学”指明了前进的方向。他认为，社会心理学的主要问题在于，不善于把心理学观点与社会学观点结合起来，而传统社会心理学中占优势的心理学观点的主要缺陷却在于：它“降低或忽略了被试者作为其成员的社会结构的本质”。所以社会心理学不应该割裂心理学和社会学，而是应该互相结合，取长补短，最大限度地利用两者的优势，以促进社会心理学的巨大发展。

纽科姆首次使用了“心理学的社会心理学”和“社会学的社会心理学”概念，并且对这两种社会心理学都提出了尖锐的批评。首先，他批评“心理学的社会心理学”从来不考虑有机体的环境问题。心理学的社会心理学家对人类有机体生活的社会环境没有进行系统的说明，他们最低化，甚至完全忽视被试所处的社会结构的性质及其对被试的社会影响。在他们那里根本不存在人类和非人类环境的区别。结果是，作为人类的社会心理学里面却没有人，而只有动物。而他对社会学的社会心理学家的批评是，他们从不考虑人类有机体选择、参与其社会环境的生物的和心理的条件。他们天真地认为，人类有机体是等待文化简单注入的真空体。但是，由于纽科姆的“愤世嫉俗”和两面出击，他的这些真知灼见在当时并没有引起这两种社会心理学家的重视，反而被他们这两派所攻击。不过，纽科姆在关键时刻对社会心理学方向的指引在日后还是得到了肯定，并逐渐被许多社会心理学家所接受，以至成为他们研究的指导性基础。

物以类聚、人以群分——“A—B—X 模型”

生活在世界上的每个人都需要在共同的活动中寻求彼此的满足，寻求人际关系的稳固与和谐。但是人际关系并不总是和谐的，甚至常常处于紧张状态，因为人与人之间的关系，不仅取决于彼此之间的交往，而且有时取决于“第三者”。由于第三者的存在，造成了彼此之间的关系紧张；因为第三者的存在，形成了“人以群分”的心理格局；也正是由于第三者的存在，使我们的生活充满了人性的味道——温暖、冷漠、复杂、高深……

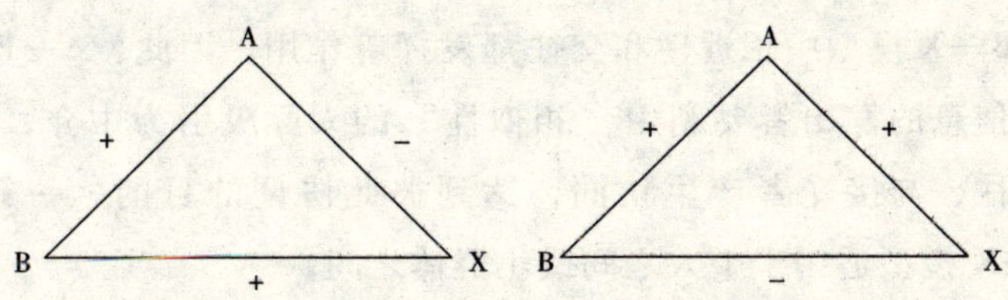

图示：+代表亲密，-代表紧张

如上图所示，A 与 B 分别是两个独立的认知个体，X 是第三者。第三者可能是人，也可能是事物或事件。这种紧张关系主要取决于：A 与 B 的亲密程度；X 对 A 或 B 的重要程度；A、B 因 X 而发生的相关关系；A、B 对 X 的分歧程度；A 或 B 对自己态度的自信程度。

中国有古话“物以类聚，人以群分”，还有“道不同不相为谋”，都是说人与人的交往是建立在志同道合的基础上的。当人们彼此有了了解，他们往往会选择与自己相似的人做朋友，即相似的人往往也相互喜欢，不相似的人也成不了朋友。但是，虽说“听得古话驶得万年船”，可是这些终归很难说是有科学依据的。

1950年纽科姆提出了他所理解的群体的概念。他认为“群体”由两个或两个以上的个体所组成，并且他们要相互分享有关特定事物的规范，同时他们要扮演相互密切制约的社会角色，他们之间有着紧密的联系和相互关系。1953年，纽科姆在《心理学评论》上发表了《一个传播行为的研究途径》一文，在其中提出了他的对称理论。“对称理论”（Symmetry Theory）的主旨是解释群体得以形成的A—B—X“模型”或“共向模型”（A—B—X or Coorientation Model）。A—B—X模型认为，人们之间相互吸引是基于他们对与双方共同相关的目标具有相似的态度。个体之所以相互交往并建立关系，形成群体，是因为他们具有共同的态度和价值观，他们对一些事物的看法相同，能够理解彼此的态度和处世方式。这个相互关系一旦形成，群体参与者将努力在吸引和共同态度之间保持对称的平衡。如果出现不平衡，这个关系将会瓦解，群体就会解体，所建立的关系网就会崩溃。在A—B—X模型中相近性和交往都发挥着作用。因此，A—B—X模型强调信息的发出者要利用“相似性”的人际吸引为中介，通过沟通与交往，与接受者产生认同，达到彼此协调的目的。一般来说，A—B—X模型适用于个人之间或小群体之间。

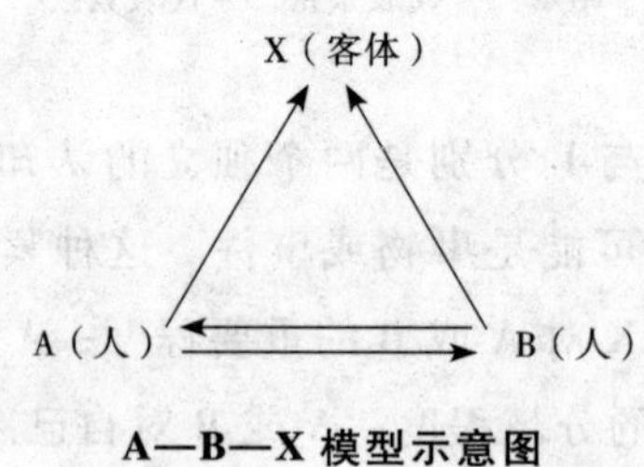

A—B—X 模型示意图

A—B—X模型是一种关于认知过程中人际互动与认知系统的变化和态度变化之间的相互关系的假说。它由3种要素、4种关系所构成。3种要素是：认知者A，对方B，认知对象X；4种关系是：A—

B 感情关系，A—X 认知关系，B—A 感情反馈（B 对 A—B 感情关系的认知），B—X 认知反馈（B 对 A—X 认知关系的认知）。这 4 种关系构成认知主体 A 的认知系统；当把“反馈”包括在认知系统中时，A 和 B 的地位是可以互换的：A 是认知主体，又是认知对方；B 也亦然。于是，当 B 作为认知主体出现时，也形成一个认知系统。A 的认知系统和 B 的认知系统组成一个复合系统，呈集合状态，是一种群体式认知系统。纽科姆的这一模型是把认知平衡扩大到人际互动过程和群体关系。他关于人的认知理论的基本观点是，人们相互之间的感情、态度、信念均具有一定的联系和相互作用，因此人们的认知系统就具有趋向于某种一致性的倾向。对方对于自己的态度，往往是自己对对方态度的反馈。这样，他的模型已将认知过程加以平衡化，更多地应用到多人之间的沟通中，最终形成人际传播和群体间的有效传播。

纽科姆在提出模型时还引用了 1951 年美国总统 H. S. 杜鲁门解除 D. 麦克阿瑟的职务后不久的调查资料，发现对杜鲁门怀好感的学生的亲戚也对杜鲁门有好感；而在反杜鲁门的学生的亲戚中，绝大部分都是反杜鲁门派。他认为，认知不平衡是由这种趋于一致性的倾向在人们心理上形成的压力所造成的。他把这种压力叫做“趋对称压力”。在这种压力下所产生的认知不平衡，沿着趋对称压力的方向发生变化。人际关系中的认知变化，并不取决于任何认知主体自身的心理压力，而是取决于人际互动中的合力。

1961 年，纽科姆在密歇根大学做了另一个实验，研究小组成员之间的相互吸引问题。实验对象是 17 名大学生。纽科姆为他们免费提供住宿 4 个月，其交换条件是要求他们定期接受谈话和测验。在被试进入宿舍前，先测定他们关于政治、经济、审美、社会福利等方面的态度和价值观以及他们的人格特征。然后将那些态度、价值观和人格特征相似和不相似的学生混合安排在几个房间里一起生活 4 个月，4 个月后再定期测定他们对上述问题的看法和态度，让他们相互评定室内的人，喜欢谁不喜欢谁。实验结果表明，在相处的初期，空间距离的邻近性决定了人际之间的吸引；到了后期相互吸引则发生了这样的变化：彼此间的态度和价值观越相似的人，相互间的吸引力越强。这项研究在两年内成功地重复了多次，从而支持了关于伙伴的赞成和伙伴之间的吸引这两者之间的关系理论。

人们对“小人物”似乎有一种与生俱来的同情感。这其中的原因之一，就是“将心比心”视之为同类的感情。根据纽科姆的研究，如果某人认为对方与自己相似，那么他就有夸大这种相似性的倾向，并且进而在情感上与对方产生亲近，为之吸引。相似性越大，相互之间的吸引力就越大。对此他称之为“自己人效应”。的确，我们能作如是观，那就不难看出是你中有我，我中有你。在你对别人的情感、忧愁、不幸等感同身受的时候，不就是在疼惜自己，悲悯自己么？试问，世上有哪个人是不爱自己，不疼惜自己的呢？

留得生前身后名

什么是英雄？法国伟大的批判现实主义作家、诺贝尔文学奖得主罗曼·罗兰在他的《名人传》中说：“我称为英雄的，并非以思想或强力称雄的人；而是靠心灵而伟大的人。”一个人只要他有一个颗高贵的心灵，他在为正义和自由而战，那他就是英雄。

什么是大师？孔子云：“君子不器。”不器，就是大师。大师是秉天地之气而来的，领的是“天命”，他只按照自己内心的意愿行事。做大师的人，是有献身精神的！

第二次世界大战中纽科姆就成了为夺取反法西斯战争胜利而付出的无名英雄中的一员。同时他对美国心理学会的事务也十分关心，特别是在战后，他积极承担心理学会的事务，为心理学的发展贡献自己的力量。他一直把心理学和社会学作为自己的“衣食父母”，并为二者之间感情的交流和融合做着各种各样的努力，积极促进“社会心

理学”的发展。他曾担任社会问题心理学研究会的主席（1946）、个体和社会心理学分会主席（1950），以及美国心理学会主席（1955—1956）。

纽科姆不仅是心理学家，还是政治家、社会活动家，因为他的领域不仅局限于传统社会心理学的领域。1961—1966 年，他每年都会花大量的时间到西部的行为科学研究所做访问学者，并在纽约大学等许多大学里做客座教授，培养了大批社会心理学工作者，促进了社会心理学思想的传播，而且拓宽了社会心理学的研究领域。

纽科姆为心理学、社会心理学所做的一切，历史是不会忘记的。1974 年他当选为国家科学院院士，1976 年获得美国心理学会杰出科学贡献奖，1981 年获得美国心理学会的年度金质奖章。这些都是对心理学家最高的褒奖。他所获得的荣誉名至实归，“最著名的社会心理学家”名册中永远都会有他无可替代的位置，而他的思想随着时间的流逝将会放射出更耀眼的光芒！

阿施：雕琢人类灵魂的巨匠

所罗门·阿施是一位光芒四射、才华横溢、有着深厚哲学涵养的智者。他不仅是一位优秀的格式塔心理学家，还是卓越的理论家、哲学家，更是一位伟大的人文主义者。

——斯坦利·米尔格兰姆

“那是一个动荡的年代，到处充斥的是焦虑、危险和恐慌。在那个最萧条的年岁里，留在我记忆中的不仅仅是那些战争中的灰色碎片，还有着一些依稀可见的快乐时光。”

“那是在一战开始不久后，我们家过的第一个逾越节。虽然战火纷飞，时局动乱，但是对于我们这个犹太族家庭来说，这样一次节庆是令人欣喜的。晚宴开始了，我乖乖地坐在叔叔旁边，耐心地等待着。祖母给在座的所有人包括我们这些小孩子，每人都斟上了一杯红酒。最后，她缓缓地朝着一个精美的高脚杯中又斟上了一杯，可是这

个杯子对着的座位上却是空着的。我很迷惑地问叔叔：‘为什么祖母会给这个空着的座位斟酒呢？’叔叔告诉我，在每年的逾越节之夜，先知以利亚（Elijah）都会从开着的门进入犹太族人的家里，然后坐下轻轻的啜上一小口红酒，并为我们祈福。原来，这杯酒是敬给先知以利亚的。我从小时候就对先知充满了无限的好奇和崇敬，如果有一天先知真的来到我们家，坐下和我们一起进餐，这是多么美妙的事情啊。但是‘先知真的会把酒喝掉吗？’叔叔让我仔细看着酒杯，说：‘看，杯里的酒正在下降呢！’我一丝不苟地盯着杯子，生怕漏掉这个看着先知‘喝酒’的机会。真的！神奇的事情就这样发生了！我看着看着越来越觉得杯子里的酒在慢慢减少，先知真的来我家了，我开心极了！”

“长大后，我才明白当时杯子里的酒丝毫没有减少，但那种真切感觉到先知在喝酒的情景，在我的脑海里却久久不能忘怀。虽然这只是件小小的趣事，但是它却着实影响了我的一生！”

故事里这个犹太裔的爱思考、好奇心极强的小男孩就是今天我们的主人公——美国著名社会心理学家所罗门·阿施。

平实而不平凡的一生

所罗门·阿施（Solomon E. Asch，1907—1996）是一位世界知名的美国格式塔心理学家和社会心理学的先驱。1907年9月14日，阿施出生在俄罗斯帝国统治下的波兰首府华沙。1920年他的母亲带着他和哥哥一起移民到美国，同早年已在美国谋生的父亲团聚。当时的美国有世界一流的学术队伍和最活跃的科学思潮，也正是这段特殊的移民经历，让阿施在日后有幸得到名师指点，结交一批志同道合的挚友，从而成就了他勤奋的研究素质和辉煌的学术生涯。

阿施继承了犹太民族的智慧和勤奋，并且一直坚持不懈地努力着。在他的学术生涯中，每一步都走得那样平稳、扎实且深厚。1928

年阿施获得纽约市立大学的学士学位，1930 年获得哥伦比亚大学的硕士学位，1932 年又获得该校的哲学博士学位。毕业后，他先后在纽约社会研究学院、拉特格斯大学、斯沃斯摩学院、布鲁克林学院以及宾夕法尼亚大学从事教学和科研工作。这种游学和频繁在不同的机构任职的经历，对阿施以后自身学术思想和生涯发展产生了深远的影响。铸就了阿施全面看问题的视角，让他能够集众家之所长，汲取更多科研成果的精髓，从而开辟出一片属于自己的学术新天地。

从教生涯中的“知遇之恩”

阿施的良师益友
——韦特海默

“世有伯乐，然后有千里马”，正所谓名师方能出高徒。在阿施的从教生涯中，特别是他在哥伦比亚大学的求学生活和布鲁克林学院的从教经历，这段时间让阿施有机会接触到很多心理学界的大师，他们深厚的理论功底和先进的研究方法给阿施的科学研究奠定了坚固的理论基础。其中最著名的一位就是格式塔心理学派的鼻祖韦特海默（Max Wertheimer）。他与阿施既是师生也是挚友。正是这位大人物，引领着阿施进入了格式塔心理学的“殿堂”，给阿施提供了坚实的思想支柱，使得日后阿施本人也成为了格式塔心理学派创始人之一。在韦特海默逝世后，阿施继承了其在社会心理学方面的思想和成果，并最终作出了伟大的突破和杰出的贡献。

学术生命中的“难求知音”

阿施在斯沃斯摩学院有长达 19 年之久的科研经历，其间他与沃尔夫冈·苛勒（Wolfgang Köhler）等众多格式塔心理学派的心理学家共事。也正是在与这些“志同道合”的朋友们共处的日子里，美国

掀起了一股以格式塔思想进行心理学研究的热潮。就在此时，阿施的科学研究进入了一个令世人瞩目的阶段。可以说，在阿施的学术生涯中，1946—1956 年这 10 年是他最为多产也最为辉煌的时期，他对社会心理学所作出的贡献都源自于这一时期的研究成果。其中最为著名的就是 1950 年阿施进行的“阿施从众实验”。这一研究发现了人们在社会压力下会做出与自己主观判断完全相违背的错误选择，也即产生“从众行为”。这个既有趣又发人深省的结论，使阿施“一夜成名”，从此他在社会心理方面的研究和贡献便开始广为人知。

阿施的重要合作伙伴——苛勒

丰硕的研究果实——实践下的真知

阿施的科研工作和成果除了在社会现象的探索方面之外，还主要集中于特质的因素分析、测验的编制，特别是文化因素和团体差异对测验分数的影响等多个方面，并著有《群体压力对判断的变化和歪曲的影响》（1951）、《社会心理学》（1952）、《格式塔理论》（1968）等多本著作。其中，特别是 1952 年出版的《社会心理学》一书，保留了许多格式塔心理学的信条，并详细阐述了人类社会生活的各个方面，对后来社会心理学的研究都有着深远的影响。

阿施的学术成就直至今日仍然在深深地影响和指导着大众的社会活动，可以称得上是经得起时间检验的经典理论。随着经济的发展、社会的进步，阿施的理论并没有被淘汰，而是在新的时代背景下给以其更新的诠释，使其更加充实。在这些理论成果中，最具启示、最有现实意义的，集中在以下三个方面：

（1）“热情”的中心性品质——“改变命运的黄金支点”；

（2）印象形成的模式——“你的形象价值百万”；

（3）社会服从和从众行为——“木秀于林，风必摧之”。

“改变命运的黄金支点”——“热情”的魔力

爱默生说过：“热情是能量，没有热情，任何伟大的事情都不能完成。”如果你多多留心观察身边的人，那些幸福的人都是充满热情、愉快、笑口常开。他们不仅性格光辉灿烂，而且命运也是铺满阳光。相反，冷酷的人似乎总是不幸的，他们总是受到众人的厌恶和排斥，却从来不受幸运之神的青睐。其实，真正的不幸并不是他们缺乏对别人的吸引力，而是“冷酷”使他们失去生命的光芒，无法开启幸运之门。

阿施就是这样一个对生活充满热情的学者。他从自身的生活体验出发，以独特的视角认识到“热情”这一品质在社会交往中对于个人发展的重要意义。在阿施看来，“热情”就是我们“改变命运的黄金支点”。于是在1946年，阿施用实验的方法向世人证实了“热情”的中心性品质效应。

在这个实验中被试分为A、B两组，阿施给A组被试一张有关某个人的品质的描述表格，其中包括这样七种品质：聪明、熟练、勤奋、热情、坚决、实干和谨慎。同时，也给B组被试一张描述表格，这张表格中只是把上述的七个品质中的“热情”换成“冷酷”，其他品质则同以上一模一样。然后，让两组被试对表格所描述的这个人进行较详细的人格评定，并要详细地说明最希望这个人具备哪些品质。

结果，阿施从两组被试那里得到了完全不同的答案。A组被试所做的描述明显较B组被试更为积极，赞美之词也更多。A组中仅仅因为这个人有“热情”的品质，被试们就毫不吝啬地把一些表格中根本没有而且与所列品质无关的好品质，统统地“送给”了他。B组则恰恰相反，被试们在进行评价时，明显对这个人产生了消极的厌恶情绪，把在表格中本没有而且与所列品质无关的一些坏品质加在了他的头上。

接着，阿施又设计了一个验证性实验。在这次实验中，阿施用“礼貌—粗鲁”这一对词代替了上述的“热情—冷酷”这一对，其他六个词仍保持不变。实验程序也与上次实验相同。结果发现，这次实验中的两组被试对两个表格中所描述的那个人的评定，没有显著性差异，对其品质的期待也几乎是相似的。这两项实验的结果表明，在关于人的品质的描述中，热情和冷漠成为人类品质的中心，它决定了其他一些相关的品质的有或无，并且它包含了更多地有关某个人的内容。

阿施告诉我们，一个人最让人无法抗拒的魅力就在于他（她）的“热情”，热情在社交和工作中有着强烈的感染力和吸引力。热情的人，之所以被人喜欢，是因为热情的品质包含了更多个人的内容，它能够让人们联想到与之相关的其他优良品质。从这个意义上讲，热情不仅能感染我们的情绪，带给我们美妙的心境，而且还像一簇神奇的火焰，照耀着我们身边的人，并把他们紧紧吸引在我们身旁。

“你的形象价值百万”——“第一印象”至关重要！

在现代社会中，每个人都在为自己的目标不懈地奋斗着，这样一来竞争形势也愈演愈烈。要想在职场中成功地占领一席之地，我们要做的第一步就是，给人形成一个绝佳的“第一印象”。第一印象的质量与日后我们形成人际关系、获得发展的空间是紧密相关的。毫不夸张地说：“你的形象价值百万！”

要形成一个好印象，第一步我们需要明白印象形成的过程是怎样的。这个问题，早在20世纪40年代，阿施就为我们做出了解答。

首先，如果要对一个人做一定的描述，在形成某种印象之前，我们通常必须至少掌握此人的几项特征。不过，我们在头脑中所形成的

思考中的阿施

印象并不是由这几种特征简单拼凑而成的，相反，它应是一种一般的整体印象。为了了解个体在对他人形成某种印象时的认知过程，阿施设计了这样一个巧妙的实验：

在这个实验中，为了证明形成对人的印象，假定一个人有5种不同的特征：分别以A、B、C、D、E代替，阿施总结了两种一般理论，用来解释人是怎样组织这些特征并形成印象的。第一种理论假设认为，印象就是把这些特征简单相加：A+B+C+D+E=印象。第二种理论主张一种更加一体化的模式，是把这些互不相干的特征充分综合，使其融合成为一个整体。前者意味着个体是根据这些互不相关的特征来形成对某个人的印象的，而后者则认为每个人性格中的各个特征是彼此关联的。

阿施认为，鉴于知觉的整体性特征，第二种理论应更容易被接受。事实证明，第二种理论也更符合人们的实际生活经验。阿施非常重视印象中的认知成分，他认为当个体在形成对他人的第一印象时，人们认知方式的作用是决定性的。阿施指出印象是知觉性的，是一种对外部特征的整合。所以，根据阿施的理论并结合阿施对“热情”的中心性品质的研究，对于我们现代人来说，给人形成一个好印象，整体感觉很重要。我们并不需要把所有方面都做得完美无缺，而真正更应该追求的是一种整体上的得体舒适、易被接受的感觉。

在我们初次出席一个场合时，要尽力给人留下一个“热情”的好印象。“热情”的整体感可以让他人对我们自身作评价时，表现出更多的认同和喜爱。卡耐基在其名著《怎样赢得朋友，怎样影响别人》一书中，总结了给人留下良好第一印象的六条途径，即真诚地对别人感兴趣；微笑；多提别人的名字；做一个耐心的倾听者，鼓励别人谈自己；谈符合别人感兴趣的话题；以真诚的方式让别人感到自已很重要。这些途径充分体现了阿施的研究思想，可以说是在新时代背景下对阿施理论的一种运用和发扬。

木“秀”于林，风必摧之——为什么我们会“从众”？

木“秀”于林，风必摧之。在一个群体内部，谁做出与众不同的判断或行为，往往都会被其他成员所孤立，甚至受到严厉的惩罚，因而某个群体内的成员的行为往往高度一致。可见，来自群体的压力是从众行为的一个决定因素。

生活中这样的实例比比皆是，在一些高度讲求生产效率的单位里，员工们会自发形成非正式群体。在这个群体中的成员，对工作任务都是抱着消极对待的态度。一旦有人破坏这个规则，就可能会遭到全体员工的白眼和排斥。在群体的压力下，“服从”成为员工们的行为准则，久而久之就形成了一套消极怠工的潜规则。

作为一名公司高层主管，遇到这种情况将如何处理呢？是强制打压？还是适时调整呢？而这种“从众”行为又为何会发生，怎样发生？它一定会带来消极效果吗？还是也具有一些积极意义呢？这种种疑问，阿施在其社会服从和从众行为的著名研究中，都为我们做出了解答。

1950 年，阿施用著名的“阿施实验”巧妙地验证了群体压力的作用和从众行为的表现。在实验中，被试者要坐在一张有 7 到 9 个人的桌子旁，而这些人都是主试的助手。（如图 1 中所示）首先，主试会让这些人看一张卡片，卡片上有一条直线，之后再看第二张卡片，卡片上有三条不同长度的直线，其中有一条很明显的是和第一张卡片上的直线长度相同（如图 2 所示），而这群人被要求轮流回答第二张卡片上哪一条直线的长度是和第一张卡片的长度相等，此时这名被试是坐在倒数第二个位子上。正确答案是非常明显的（被试应该能够清楚判断出哪条直线是正确答案），在大部分的实验中每个人都会给予相同的答案，但在某一些操作的实验中，这些实验者的助手被指示

图 1　阿施实验的真实情境

要给出一个错误的答案。在实验的设计中，表面上是调查被试对线段长度的判断，而实际上阿施真正感兴趣的是在群体压力介入的条件下被试将会出现什么样的反应。于是阿施在助手都故意给出错误的答案之后，观察被试的真正反应。实验结果令人震惊，结果发现有 33% 的被试屈服于小组的压力而做出错误的判断，而且被试在屈服于群体压力的过程中伴随着激烈的内心冲突。

“阿施实验”表明，有些人情愿追随群体的意见，即使这种意见与他们从自身判断得来的信息相互抵触。群体压力导致了明显的趋同行为，哪怕是以前人们从未彼此见过面的偶然群体。如同上文所举的公司管理的例子，“阿施实验”在实际生活中给了我们很大的启示。阿施认为，实际上每个人都有不同程度的从众倾向，而且总是倾向于与大多数人的想法或态度保持一致，以证明自己并没有被孤立。调查

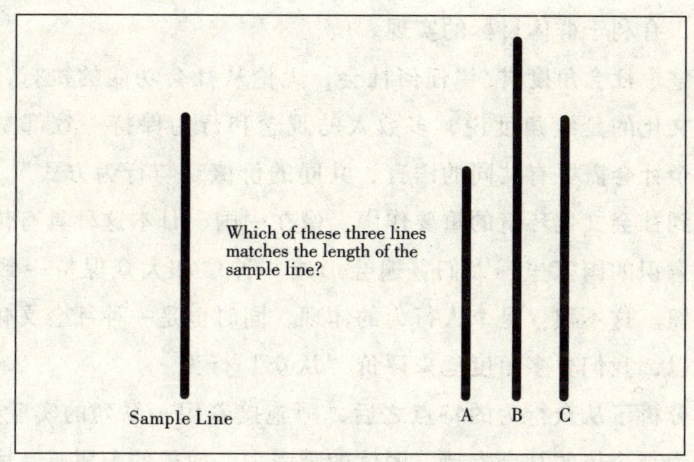

图 2　著名的“阿施线段”

发现，持某种意见人数的多少，是影响“从众”行为最重要的一个因素。“人多”本身就是有说服力的一个明证，很少有人能够在众口一词的情况下还坚持自己的不同意见。

从众行为究竟是好还是坏呢？大多数人认为从众行为扼杀了个人的独立意识和判断力，因此是有百害而无一利的。阿施却给出不同的意见，他指出对待从众行为要辩证地看。固然，一味盲目地从众会扼杀一个人的积极性和创造力，这是从众行为可能会产生的消极后果。但同时我们也不能忽略其积极的意义。

从个人角度看，一个人只有在更多的方面与社会的主导倾向取得一致，他才能够适应其赖以生存的社会，否则他将困难重重。另一方面，个人的知识和感知的范围是有限的，因此在没有足够的信息或者搜集不到准确的信息的情况下，从众行为是在所难免的。从一定程度上来说，这种“随大流”的策略还可以有效地避免风险和取得进步。这样，从众就成为一种个人适应生存的必要方式。

从群体角度讲，群体压力使得个人保持与群体的联系，维护群体

的完整性，维持群体的生存和发展，可以保证群体行为的一致，目标的一致，有利于群体目标的实现。

从整个社会角度讲，“任何社会，无论从社会功能的执行，还是从社会文化的延续角度说，多数人的观念和行为保持一致都是必要的。一个社会需要有共同的语言、共同的价值观与行为方式”。我们要认识到社会文化环境的重要作用，像在中国、日本这种具有传统集体主义意识的国家里，人们普遍会形成一种“和大众保持一致”的行为习惯。这不仅仅是个人行为的体现，同时也是一种社会文化的要求。所以，我们要多角度地来评价“从众”行为。

在分析了从众行为的特点之后，阿施接着用一系列的实验证明，从众行为与个体的社会支持、团体的吸引力、成员的归属感、团体的规模以及个体的性别等因素均有关联。并进一步指出，从众行为的核心动力是群体压力。这是一种群体对其成员的影响力。当群体成员的思想或行为与群体意见或规范发生冲突时，成员为了保持与群体的关系而需要遵守群体意见或规范时，就会感受到一种无形的心理压力。

群体是人们生存不可缺少的社会空间。阿施用一个简单的实验巧妙地揭示了人们的“从众”心理，向我们展示了“从众”的需要对我们的行为影响到底有多大。这一发现，不仅对社会心理学的研究是一个重大贡献，而且对管理心理学、人力资源管理、经济学、人类文化学等多个学科都产生了巨大的影响。

尾　声

阿施在动荡战乱中的波兰出生，在民主自由中的美国长大。在曼哈顿下东城——这个坐落于纽约历史最为悠久的犹太社区的那些日子里，幼年的阿施通过阅读狄更斯的小说来学习英语。自小这种勤于学习、善于学习的品质就在他的身上凸显出来。一路走来，阿施学术生涯中的每一个突破，都是从实际生活的点点滴滴中挖掘出来的。

这种睿智的眼光、卓越的见识都是阿施用辛勤的汗水和过人的智慧刻苦练就出来的。功夫不负有心人，阿施用自己的一生为整个心理学界，甚至为整个人类社会都作出了巨大的贡献。为了表彰他的学术贡献，1967 年美国心理学会颁发给阿施“杰出科学贡献奖”。1979 年阿施于宾夕法尼亚大学退休，并被认定为终身教授。1996 年 2 月 20 日阿施辞世，享年 88 岁。

老骥伏枥，志在千里。阿施用自己辛劳而辉煌的一生在心理学史上留下了浓墨重彩的一笔。

费斯汀格：“心理学界的爱因斯坦”

他有着令人称奇的智慧人生，广泛地探索那些无人涉猎的领域和研究课题。他在生平涉及的任何一个领域都有不凡的成就。他曾被比作心理学界的毕加索、凡·高，甚至是爱因斯坦，心理学界曾因他而面貌一新。

——斯坦利·沙赫特

犹太裔少年，开拓心理学新纪元

1919 年 5 月 8 日，在纽约的布鲁克林区，艾利克斯·费斯汀格的妻子萨拉生下了一名男婴，夫妇俩为他取名为莱昂·费斯汀格（Leon Festinger，1919—1989）。

艾利克斯是第一次世界大战前大批从东欧迁往美国的犹太裔移民中的一员，是一个勤劳务实的刺绣工厂厂主。也正因如此，小莱昂无须像许多孩子一样背负家庭的经济压力，而是有更多的时间和机会去接触外界事物，培养广泛的兴趣爱好。自由欢快的童年，使他长成了一个思维活跃，对自然世界充满无限好奇心的少年。不愿受束缚、不爱依循刻板的方式做事。

从男子高中毕业后，怀着对科学的浓厚兴趣，费斯汀格走上了科学探索之路。在获得纽约城市大学的科学学士学位后，他选择了心理学作为自己科学探索的方向。

库特·勒温，刻在生命里的名字

在报考爱荷华大学的研究生时，费斯汀格并不确定自己真正感兴趣的研究方向，甚至可以说，他对社会心理学几乎没有兴趣。而这一切随着他加入了一支研究队伍而逐渐改变。而这支队伍的领导者——库特·勒温，更是对费斯汀格毕生的轨迹产生了不可估量的影响。

勒温是行为主义动力学派的主导者之一，亦是将格式塔心理学原理应用于社会心理学研究的先驱者。他的研究并不集中于刺激—反应的联结，而是以知觉、动机、认知的动力过程为主。当时，由勒温主持的群体动力研究团队主要研究人的决策、抱负、期望等问题。

完成硕士和博士的学业后，恰逢第二次世界大战。费斯汀格告别了老师的研究团队，去罗彻斯特大学任教，并在美国空军甄选飞行员时，负责评估和测量。三年后的1945年，费斯汀格又重新跟随勒温，在麻省理工学院的团体动力学研究所担任助理教授。他们关于团体如何产生一致性压力，团体怎样对待不同的意见者，以及制约团体一致性压力强度的团体凝聚力变量等研究，都孕育着费斯汀格其后的思想。

费斯汀格是勒温的得意门生，两人在许多方面都不谋而合。他们的研究团队组织了一系列关于期望、决策、社会偏见、社会影响等诸多方面的研究。也是基于这些研究结果，费斯汀格在 1954 年的一篇论文《论社会比较》中阐发了“社会比较理论”（social comparison theory），促进了团体动力学的发展。他的这一理论指出，团体中的个体具有将自己与他人进行比较，而从中确定自我价值的心理倾向。由于受到社会情境的影响，个体时而与条件胜于自己者相比较，时而又与条件劣于自己者相比较，旨在追寻自我价值。

恩师勒温对费斯汀格的影响实在不小。费斯汀格不仅在他的带动下走上了社会心理学的研究道路，就连他的研究方式和观点也有着鲜明的“勒温派”风格。更值得一提的是，他给自己的一个儿子取名也叫库特（Kurt）。可见，库特·勒温在他生命中有多么重要的意义。

执著的天才，不断挑战新领域

要说费斯汀格和勒温有缘，真是毫不夸张——他们两人都对挑战未知领域的知识乐此不疲，哪怕之前对此领域几乎一无所知。当费斯汀格加入勒温的研究团队时，勒温才刚刚对社会心理学研究产生兴趣。因此，当时的情况就是：一个心理学“门外汉”和一个专长行为主义研究的社会心理学“门外汉”碰到了一起，满腔热情地共同开始全新的研究旅程。

费斯汀格的学习热情和挑战新领域的激情的迸发远不止这一次。终其一生，他都凭借着自己超人的智慧和持续高涨的学习热情，不断开拓新的研究领域。

费斯汀格这样做，绝非因为在先前的领域毫无建树而悻然离开，正如许多熟识他的人所言——但凡他涉及一个领域，就必定有所建树，绝不会“无功而返”。只是，他永远像一个带着新奇的目光刚刚来到这个世界的孩子，对一切都充满好奇心和探求欲，因此，只要他发现自己想知道又不曾知道的东西，他的热情就开始燃烧起来。他的一个同事曾说：“和他一起工作充满了乐趣，他喜欢嚷嚷，爱玩猜谜、机智问答和游戏，他几乎无法容忍陈词滥调和枯燥乏味的东西。"像个孩子，他讨厌无趣、绝对化、单调重复的东西。因此，每每他对自己的工作产生了类似的感觉，他就想要变换研究方向，找些新鲜有趣又有挑战性的东西来钻研。

年轻而充满智慧的费斯汀格

费斯汀格广交朋友，他总是会热情真诚地对待每一位朋友，当然，也满心期待着对方的回应——能说些有趣的东西。不管对方是哪个研究领域的，不管自己当时懂不懂，都要求对方详细讲解。通过这种方式，他有更多机会激发自己的新思路，确定新的学习和研究方向。他比较低调，不爱夸夸其谈说自己的研究进展和成果，而总是孜孜以求地听别人讲解他专业领域外的东西。好友加扎利加（Micheal Gazzaniga）是一名著名神经生理学家，在他们初次见面前，加扎利加就曾被人"告诫"：你最好在去拜访费斯汀格之前好好准备准备，他真是非常的聪明！

让人意想不到的是，费斯汀格后来竟完全舍弃自己在社会心理学界的卓越地位，而建立了一个感知觉研究实验室，进行眼动等感知觉生理学实验研究。56 岁时，他却关闭了这个实验室，开始了考古学和人类学的研究，后来又钻研起宗教文化来。虽然晚年他对于罗马帝国和宗教的研究成果尚未发表便与世长辞，但他的研究贡献被一位考古学家郑重引用，影响甚大。

除了在心理学、生理学、历史、人类学、宗教学方面的贡献外，由于深厚的数学及统计学功底，费斯汀格还开发出几种最早的非参数检验方法，并广泛地运用于科学实证研究。他以其饱满的学习热情、执著的科学探索和天才的悟性，为科学界作出了巨大的贡献。

大胆直接，实事求是

费斯汀格一向讨厌刻板守旧，敢于打破常规，挑战权威。只要他认为是对的，他就敢在一片反对声中，大胆站出来支持；一旦他确定了那是错的，那么，哪怕眼前这个人是学术权威，而他本人在这个领域毫无地位，他也敢站出来毫不留情地批评。

有一次，他应朋友邀请去参加一个神经生理学的研讨会。与会者都是该领域的权威级人物，而费斯汀格则作为一个“外行人”坐在台下。他舒服地坐在沙发里，抽着他的“骆驼牌”香烟。当讲座还未结束时，许多专家因疲倦而纷纷离座出去休息，这使演讲者大为不快。可是费斯汀格仍坐在那儿，抽着烟，仔细而安静地听着。然后，突然他站起来说：“抱歉，可是我认为你最后一部分的计算出错了，所有的数据应全部除以二。”讲台上的专家怔了好一会儿，随即接受了他的意见。费斯汀格笑笑说：“但你的观点非常有意思。”

他并不是只敢于挑战别人的观点，有时候，似乎也给自己“拆拆台”。在一次学术会议上，一个年轻的科学家做了关于验证费斯汀格理论的研究报告，研究结果完全支持他的理论。可是，听罢，费斯汀格倏地从听众席上坐起来，大声地反对说这个实验是完全错误的。整个会场震惊了，年轻的发言者更是瞠目结舌，怔怔地道：“可是博士，这个研究完全是支持你的理论的啊！”费斯汀格认真地答道：“但是，这个实验操作导致它什么问题也说明不了。”

我们不难相信——几乎所有认识他的人都会对他严谨的怀疑和批判精神大加肯定，心悦诚服地接受，并将其视为宝贵建议和帮助的源泉。

累累成果，源于生活

生活现象，启发研究灵感

费斯汀格几乎所有的研究课题都是源于生活的。由于他是一个细心观察、善于思考的人，因此每每在生活中发现什么有趣的现象，他都想探探究竟。

比如，他在麻省理工学院进行一项关于住房情况的调查中发现，不同人群之间有着明显的"态度分化"，而且这种分化呈现出某种规律。正是这一次的启迪，让他的研究思路有了转折性的突破——社会态度和认知的研究也可以通过严密操控的实验和理论架构相结合来实现。这种思路较之于从前一贯的社会心理学研究思路有了质的飞跃。

比如，他看到有些人上下班总是喜欢固定地坐在车厢的某一个座位上，或者总是习惯于在某家餐厅就餐等等，这些现象的反复出现提示他发现其中的规律：原来人们都寻求着或保持着社会生活的稳定或稳固，那些生活习惯的稳定对于个体而言是十分重要的。

还有他最著名的理论——认知失调理论，也是受到1934年印度地震后广为散布的谣言的启发。当时，一种可怕的谣言传遍整个印度：在灾区之外还会有地震，而且规模比这次的更大，波及的范围会更广。而事实上，这纯粹是谣言，没有任何科学依据。费斯汀格十分纳闷，人们为什么要散播如此具有毁灭性的耸人听闻的事情呢？后来，他恍然大悟——谣言并不是为了增加焦虑，而是人们用来为自己的焦虑作辩护的。散播谣言的人住在灾区以外，他们对于自己未来的安危十分焦虑。可是，连他们自己可能都不得不承认，这种焦虑在当时实在是有点杞人忧天。于是，费斯汀格就推测：通常我们在遇到自身内部信念与对外主张不一致时，人们很容易因认知失调而产生不适感，于是，他们就会想方设法地调节这种不适。

从表面上看，似乎费斯汀格每一次新想法的产生都是因为偶然事件的激发，但是，这种偶然中有很大的必然性。这种必然，正是由于费斯汀格一贯细心观察、勤于思考，且对自然和人类社会的规律充满了好奇心。

柳暗花明，迎来和谐美满的婚姻

很多人都知道费斯汀格的妻子叫朱迪·布莱德莉。其实这是费斯汀格的第二任夫人。1942 年，也就是他博士毕业后，他与第一任妻子、钢琴家玛丽·巴洛结婚，婚后育有两儿一女。但最后由于种种原因，两人分手了。

与玛丽离婚后，费斯汀格的单身生活持续了相当长的一段时间。直到 1969 年，他才与朱迪·布莱德莉相遇并结婚。第一次婚姻失败后多年，直到与玛丽相遇，正可谓柳暗花明。

朱迪是纽约大学的社会学教授。费斯汀格与她志同道合，两个人有许多共同语言。这一次的婚姻不仅使费斯汀格在生活上找到了理想伴侣，也找到了事业上亲密合作的伙伴，婚姻生活和谐美满的同时，学术上也大有进展。在婚后的几年里，费斯汀格与朱迪前后合作组织了多项研究，尤其是关于被领养儿童的社会支持和生活情况的调查和分析，成果颇丰。包括其后他的一部关于人类文明发展的著作《人类的遗产》，也接受了妻子朱迪的许多意见和建议，他也在该书的前言中表达了深切的感激之情。可以说，婚后费斯汀格的研究和成果不仅仅是他智慧的结晶，仿佛更是他们之间相互理解和支持的爱情的结晶。

父亲的临终遗言，引发对人性的思考

费斯汀格的父亲艾利克斯是来自东欧的犹太裔移民，一生都是绝

对忠诚的无神论者。但是，当他生命垂危之际，却对儿子说："莱昂，我错了一辈子。人在死后，灵魂是依然存在的，"老人激动地指着屋内四周："这些，这些，都是死后的生命。"

父亲临终的这段话，让费斯汀格思绪万千：人的本性，究竟是怎样的呢？这让我们不禁联想到，费斯汀格晚年对人类历史、发展的研究，以及一本几乎与他之前的研究毫不相干的《人类的遗产》。

对待生命，如研究一般客观严谨

生活中的点滴，都是他研究的动力源泉。甚至是对待自己生活中的事件，他也如同对待科学研究一般认真客观。

晚年费斯汀格仍不断探索

晚年，费斯汀格患了癌症。到1988年时，他的癌细胞已经扩散到了肺部和肝脏。在常人眼里如此残忍痛苦的事实，他却没有一蹶不振或是痛苦万分，他知道自己必须在治疗和不治疗之间做出最后抉择。他非常理性地将其视为一项研究课题来对待，认真查阅文献，走访专家，仔细权衡治疗的副作用与自己的身体状况。最后他决定放弃繁重的治疗，静候死亡的到来。这一决定是勇敢的，在生命逐渐走向终点之际，他选择珍惜最后的平凡生活。最后的生命时光里，他继续着他热爱的生活——研究、写作、探访亲朋好友……没有太多痛苦和绝望，于1989年2月11日走到了生命的终点。

认知失调，让人“不信也得信，不认也得认”

推陈出新的理论突破

在对印度地震灾后谣言的思考后，费斯汀格对人们的认知失调有了一些新的思考。然而，这种想法并非纯粹异想天开，俗语有云：推陈方能出新。费斯汀格的认知失调理论，也是受到了之前一些理论的启发和指引的。

对费斯汀格的理论影响最大的，要属他的老师勒温的“心理动力场论”，以及同样受勒温影响的他的前辈——海德（F. Heider）的“认知平衡论”了。

勒温一贯强调从人的整体性来分析、说明人的行为，特别注重认知在组织和决定人的行为中的作用。他所说的动力场主要是人的心理和行为场。他借用物理学中“场”的概念，用来描述人分析处理问题的方法。可以明显看出该理论对主体认知动力的强调。他提出人的认知结构一般是处于平衡状态下的，而这种平衡之所以取得是由于其中的各组认知之间彼此没有冲突。著名社会心理学家阿龙森曾这样说：“失调理论是费斯汀格从深深植根于勒温思想方法的观点中产生出来的。”但是，在继承的同时，费斯汀格把行为动因从交互作用动力观转变为认知矛盾动力观，把动机从需求水平转移到认知水平，从而实现了理论参照点的转换——实为源于勒温，但又不囿于勒温。

海德的认知平衡论也是一种心理动力理论。他将认知定义为人们已产生的态度和行为所凭借的一种知识基础。当这个基础失调时，也即态度的认知因素中含有相互对抗的成分时，便会使人产生一种矛盾的、不平静的紧张感，因而促使人要去克服这种心理状态，消除认知基础上的失调。海德的平衡论虽能解释一些行为学派难以说明的问题，但是对真实情境中的多因素的复杂影响几乎未触及，理论体系不

甚严密，说服力不足。而费斯汀格不仅由现实生活中的现象中引出了"失调"的思考，更用严密的实验验证了认知失调论的正确性和科学性。

认知平衡论和认知失调论常被笼统地称为"认知一致性"理论，这两种理论都强调有机体追求平衡的倾向，不平衡状态会导致紧张，因而对平衡状态的追求将克服不平衡状态。费斯汀格认为，如果用"协调"来代替"平衡"，用"不协调"来置换"不平衡"，那么海德的平衡论和认知失调论所描述的便是同一种"过程"。

认知失调机制，用实验说话！

相信我们都不会反对这样一个说法：通常情况下，个人所公开表达的看法与其私下里（内心里）的观点或信仰应是一致的。于是，费斯汀格提出了这样一个理论假设：如果一个人相信 X，但是却由于承诺、压力、奖励等各种原因而公开地主张"非 X"，那么他就会体验到这种由认知失调所引起的不适感。对多数人而言，如果对外公开的态度无法改变，那么降低这种不适感的方法便是改变自己原有的观点，以便让自己的行为和信念相符合。

基于这种假设，费斯汀格和他的助手卡尔·史密斯设计了一个实验。他们通过对三组被试实施不同的实验操作，从而想要验证：1. 人们会为了得到奖励而去改变自己的原有观点，即目的在于降低认知失调。2. 奖励的数额越高，认知失调会越小；反之，则失调更为严重。

在三组被试中，第一组会因为他们根据实验任务要求向后来的被试"撒谎"而得到 1 美元的奖励；第二组被试会因为他们的"撒谎"而得到 20 美元的奖励；第三组即控制组，不必撒谎也没有奖励。这样的实验安排有两个前提：每个被试都明白——撒谎是不对的；金钱是有诱惑力的，而且数量越多，诱惑越大，人们也更愿意为此付出努力。

根据假设，前两组应该都会出现认知失调，而且第一组会比第二组出现更严重的认知失调。研究结果以每位被试在最后访谈阶段所表达的对实验任务的真实感受作为测量指标，要求他们对几个关于实验的问题做出等级评定。通过对实验数据的分析，费斯汀格发现：相对于那些“撒谎后得到20美元”的人（第二组）和“不用撒谎也得不到任何奖励”的人（第三组即控制组）来说，得到1美元的被试（第一组）表示更喜欢这些实验任务，也更加愿意参加其后类似的实验——这一结果十分有力地验证了认知失调的产生机制。

或许，在一般人看来，第一组被试这样的表现，实在是“口是心非，自以为是”。但是，他们这么做仅仅是为了让自己的内心好受一些，让认知失调带来的不适感减轻一些，如此而已。那么，第二组被试也撒谎了，为什么就没有那么明显的失调呢？如果被问到这个问题，他们一定不约而同地回答：我不必为自己的撒谎过分懊恼和难受，我是有理由的！他们认为，为了20美元，撒一个小谎，又算得了什么？

一个生动有趣的实验，通过严密的实验控制和精确化的测量，将社会认知和行为转变这种如此抽象的现象科学而具体地呈现了出来。我们不得不说：费斯汀格是一个实验天才。

费斯汀格的认知失调理论，不仅对前人的认知动力观点作了系统的提炼和发展，更是再一次用严密控制、精确量化的实验向心理学界郑重表明——社会心理学，也能做科学实验！

“心理学界的爱因斯坦”

或许有人会说，凭什么把费斯汀格跟爱因斯坦相提并论？诚然，他没有爱因斯坦那样空前绝后的影响力和知名度，但这样做比，绝非毫无根据。不管是从客观因素上，还是个体的发展上，他们都有可比之处。

首先，费斯汀格和爱因斯坦一样，都是犹太后裔。众所周知，犹太民族是一个"人才辈出"的民族，诺贝尔物理学奖获得者爱因斯坦、弗兰克、玻尔，文学巨匠普鲁斯特、海涅都是犹太人等。"书的民族"、"诺贝尔奖的摇篮"，都使得这个民族披上了一层神秘的面纱。而纵观费斯汀格的一生，不难发现他天才的智慧和惊人的洞察力。就连他朴实的父亲艾利克斯，也是一个勤奋好学、自学成才的人。是"巧合"，还是犹太民族的"特质"？

另外，费斯汀格和爱因斯坦一样，有广泛的兴趣和成就。爱因斯坦专攻物理学，但在天文学、地理、动植物学方面也广泛涉猎。而费斯汀格，除了社会心理学领域外，在数理统计、人类学、宗教、历史方面都有一定建树。两人只是所处时代不同、领域偏向不同而已。

和爱因斯坦一样，费斯汀格一生辉煌和荣誉无数。20 世纪 50 年代，他被《财富》杂志评选为"十大杰出青年科学家"，1959 年，他获得了由美国心理学会颁发的杰出科学贡献奖。1972 年当选为国家科学院院士。1978 年他被授予德国曼海姆大学的荣誉博士学位，并在 1980 年被评为美国实验心理学协会杰出青年科学家。有趣的是，同年，他还获得了一项与爱因斯坦有点关系的荣誉——他被任命为以色列科学与人文学术委员会"爱因斯坦访问学者"。

悉数费斯汀格一生的每一步，都能看到他对科学孜孜以求的精神和严谨的态度，这种精神和态度感染了他周围的每一个人，也感动了所有学习他，甚至只是知道他的人。作为一个科学家，他 70 年的生命，亦是 70 年的漫长科学道路，造就了无数辉煌，为心理学谱写了划时代的篇章。

多奇：从硝烟中走出来的社会心理学大师

我认为，战争是一个处理人的问题的相当愚笨的方式。

——多奇

提到20世纪的三四十年代，你的眼前立刻会浮现出什么？我想无一例外，大家都会想到第二次世界大战吧。如果要你说出你的主观感受的话，萧条、恐怖和阴霾一定是第一时间出现在各位的脑海中。

没错，对于生活在地球上的每一个人来说，不管他年长还是年幼，也不管他到底有没有经历过那次战争，那个年代的战火在所有人的心中或多或少、或轻或重地都会遗留下些许的灼伤，在不经意的时候，甚至会隐隐作痛。现在的我们时常感到庆幸，因为我们并没有出生在那个硝烟四起、战火连天、哀声遍布的年代。但是，总有些人出生了，对于他们而言生在那个荒乱的年代，到底是他们的可怜、可悲，还是他们的幸运？战争的开始也许并不意味着他们的终结，相反，战争预示着他们生命转折点的出现。所谓时势造英雄，乱世出豪杰！

在20世纪100位影响心理学的杰出人物中就有这样一位诞生在乱世中的英雄，他坚强，执著，满怀着梦想，他就是多奇。

坎坷的生活之路

出生于美国纽约市的莫顿·多奇（Morton Deutsch，1920—），正是出生在第二次世界大战爆发前的1920年2月4日。他本人的童年生活我们知之甚少，我们所知道的仅是，他是家里的第四个儿子，虽然是最小的，但是他并不是家里的宠儿，反而因此而不受重视。再加上犹太人的身份背景，从小多奇就经常受到周围人的欺负。可以说，不管在家里，在学校，还是在社区，他都是弱者，长相平平，又没有什么特别的才能，从来都不是大人们、同伴关注的焦点，寂寞、孤独始终如影相随。虽然在多奇的童年到底发生过什么我们无从查证，但是，我们可以推测，多奇的童年并不是阳光灿烂、一帆风顺的。瘦小单薄的多奇就这样独自从他颇为坎坷的幼年之路上走来。我们可以试着想象这样的场景：初升的太阳在很远的地方，一个小男孩独自走在崎岖的小路上，周围一片空旷……

对自由的追求成就了他的精彩

可能是小时候的经历使得多奇成长为一个有理性、有主见的人。也促使他从一个默默无闻、有点孤僻的小男孩成长为一名颇有成就的心理学家。对于多奇而言，大学以及硕士生、博士生的求学时期应该是他最快乐、最惬意的时光了。多奇在此时得以带着一颗自由的心，展翅翱翔十多年来被压抑的心灵，在这一刻被解放了。

他之所以热衷于学习并从事心理学研究主要是受到了20世纪30年代纽约市立大学所谓“理性气氛”的影响。

1929—1933年，是美国历史上著名的“大萧条”时期。从1929年10月发生的纽约股票市场崩溃开始，引发了美国全境的企业破产，农产品价格猛跌，失业人数激增。在此大萧条期间，美国城市出现了成百上千万的失业人士，女人根本没有任何收入，这里还没有将那些遭受巨大损失的农民纳入在内。国民经济完全陷入了绝境之中。中等收入水平的人群迅速沦落，不少著名文化人也被无情地卷入赤贫的人群中。约翰·斯坦贝克描述当时的生活状况说，他连肥皂也买不起，使用猪油加草木灰和盐做肥皂洗衣服，连寄稿件的钱也没有。许多人没有工作，被迫到处流浪。而大量失业的农业工人又纷纷地涌入城市，在城市里，大批无家可归的穷人沿街乞讨、露宿街头，其情状惨不忍睹。“胡佛”的名字成了贫困的代名词，人们把流浪者住的窝棚称为“胡佛小屋”，称他们自己席地而居的旧报纸为“胡佛毯”。

在大萧条期间，美国的人口进入了一个逆增长时期，结婚率和生育率都十分低，许多家庭不堪生活的重压，感情破裂导致了最终的解体，人们的道德和信念水平也随之发生了强烈动摇，当街的偷盗行为随处可见；就连中小学的教育也受到了严重破坏。因此这个年代的学生们基本上属于“沉默的一代”，那时的学生既没有伟大深厚的爱，也没有深沉刻骨的恨，他们本应拥有的澎湃热情在那个环境中显得少得可怜。到那时为止的大部分时间内，大学基本上是一种培养精英的机构，也就是说学生是那些来自美国人口中的享有特权的很小部分。大学同时也是保守主义的大本营，唯有20世纪30年代广泛报道的纽约市立大学，有一些激进学生，当时的纽约市立大学“托洛斯基主义者”相当有势力。由于受到托洛斯基的影响，许多人开始向往自由。

在那个介乎于灰色和黑色之间的时代，我们完全可以想象得到普通民众们的生活水平，上大学继续深造成了他们的奢望。但是多奇却顺利地进入了高等学府进行他的学习，可见，多奇的家庭在当时来看，算是经济水平较富裕的了。对于多奇而言，他就拥有了足够的自由，毫无后顾之忧地来选择他今后的发展方向，并且可以一心完全扑在他热衷的学科上了。他唯一所要考虑的是，什么有利于他的成长。于是在精神分析、马克思主义、勒温心理学非常活跃的纽约市立大学中，多奇顺理成章地选择了心理学。在几年的潜心攻读之后，多奇以优异的成绩获得了纽约市立大学心理学学士学位。由于他最初选择心理学的时候被临床心理学所深深吸引，加上不错的家庭环境，因此在得到心理学的学士学位之后，多奇马上考入了费城的宾夕法尼亚大学，继续他的研究生学习。惊人的是，经过短短一年的时间，多奇就获得了文科硕士学位，之后他又马不停蹄地开始从事临床实习。

为什么多奇会选择在宾夕法尼亚大学进行他的研究生学习呢？原来，美国的第一个临床心理诊治所（或称临床心理门诊，psychological clinic）就建在宾夕法尼亚大学，因此这里在临床心理学的研究方面是美国最领先的，用独领风骚来形容毫不为过。这个诊所的建立要归功于冯特的学生魏特曼（L. Witmer），是他真正将心理学应用于医学临床实际，开始解决临床问题，从根本上推动了医学心理学的发展。这个临床心理门诊在建立初期专门诊断治疗有情绪问题或学习困难的儿童。多奇在寻求自由的同时并没有成为一无是处的“激进分子”，他理智地规划自己的人生，也许在激进学生的眼中，他是一个懦弱、甘于被操纵的人，但事实证明，那些貌似追寻自由的激进学生才是迷茫、迷惘的人们，相反，多奇找到了新的方向，并朝着这个方向努力着、坚持着。

老天和他开了个玩笑

可是，正当年轻的多奇想要在心理学的舞台上大展拳脚之际，由于第二次世界大战的爆发，他不得不卷入这场荒唐、可笑的战争中，加入了美国的空军部队。1941 年 12 月，日本海空军对美国在太平洋的海军基地珍珠港进行突然袭击，日本以微小的代价重创美国太平洋舰队，由此爆发了太平洋战争，使得第二次世界大战达到最大规模。正因为美国舰队遭受重创，导致更多的美国青年被迫加入战争的行列，而这时，才参加临床实习仅仅 1 年多时间的多奇也面临着人生的一大挑战——由于不可改变的外部原因而不得不放下自己钟爱的学术研究。

一个玩笑成了生命中的转折点

战争的到来有时不一定意味着一切的终结，更多的时候，它可能会给人们的生活带来意想不到的转折。正所谓“塞翁失马，焉知非福”。对于多奇而言，“黑色的”时空赐予了他一双黑色、深邃、透彻的眼睛，使他在黑暗中不致迷失自我，并努力寻求光明。

加入美国空军后，每天他都面对着成百上千次的轰炸，战争给他带来的巨大震动和启示，使得他在参与战争的同时思索着自己将来的研究方向：是继续他的临床心理学博士学位，还是做一些其他的工作（例如与战争相关的一些研究）。最后，他将自己的学术研究重新定向于社会心理学。

1945 年他从部队归来，这对于多奇来说是多么欣喜的事情啊！温暖的阳光再次沐浴着他的心灵，曾经因为战争而有所迷茫犹豫的心，好像一下子回到了他读研究生的那段时光，坚定而执著。他决定回到校园，在 1948 年以优异的成绩获得了麻省理工学院“团体动力

学研究中心”的心理学博士学位。

贵人近在眼前

在取得博士学位后，多奇就留在了麻省理工学院，在那里与库尔特·勒温（Kurt Lewin）一起共事，成为麻省理工学院团体动力学研究中心“勒温派”的嫡系成员之一。其实早在多奇读大学本科的时候，勒温的研究就对他有很大的触动。甚至可这样说，多奇心理学研究的开始在很大程度上应归于勒温的推动。在他撰写博士论文的这段期间，勒温对他的影响更大。

说到勒温，我们不得不在此介绍一下他。勒温是20世纪30年代社会心理学家中的杰出代表，他的“团体动力学”是当代西方社会心理学发展史上的一个里程碑，在很大程度上影响着当代西方社会心理学的研究和发展。因此可以说，真正意义上的“实验社会心理学”诞生于20世纪30年代后期，主要是因为有了勒温以及他的那些出色的学生们的推动，其中自然也包括多奇。

在多奇后来的众多研究中，勒温最初的影响在许多方面都有影子可寻。多奇主要研究重要的社会问题。这也受到当时美国整个社会都很关注迫在眉睫的社会问题的解决这一氛围的影响。他使得人们对种族歧视、个体一致性和社会公平等问题的理解都更进了一步。他对个体的正义感的研究产生了较大影响，他在团际关系、合作与竞争、社会遵从以及团体动力学方面的研究也卓有成效。例如他曾研究过不同种族间的住房建筑、信息和规范的社会影响、人际冲突和分配公正等。

多奇的生活照

恩师勒温不仅在多奇的学术生涯上起了不可忽视的重要作用，更促成了多奇的一段美好姻缘。勒温不知不觉地在多奇的婚姻中当了一回红娘。当然我们也可以说心理学才是真正的月老。多奇向往男女之间美好的情意，但绝不愿受感情上的丝毫束缚。因此，在婚姻生活中，他依旧埋头于自己的研究，为此，他的太太付出了很多，牺牲了许多，这是常人所难以想象的真正的爱情。

大胆的设想成就了他

在多奇从事的很多研究中，“合作与竞争”这一课题是他首次进入社会心理学研究领域的开始。那么，多奇为什么会从事这方面的研究呢？我们知道，一项课题的最终提出并实施研究往往是很困难的，会经历许多的曲折。那多奇是基于什么提出了这样一个想法，什么启发了他，抑或是什么触动了他呢？

我们从对多奇的某次访谈中得到了答案。原来，多奇在恢复学术研究前不久联合国就成立了，与此同时，震惊全球的原子弹也已经被投在了广岛和长崎。就在这时，多奇萌生了一个与安理会一起按合作或竞争方式进行工作的想法。他认为，如果与他们一起合作工作、共同努力，我们也许会有一个更加和平的世界。正是这个信念使他决定从事关于合作和竞争问题的研究，事实上是研究五个人的作用，一个小组，就像联合国安全理事会永久成员那样。但这是一份理论学术论文和一份实验性学术报告。他随即提出了一个理论，关于合作和竞争对于“组内互动”将发生什么影响。在多奇看来这是一个很有趣的研究工作。殊不知，他的一个突发念头竟使他一辈子专注在了这个领域。更出乎他意料的是，就是当初这个简单的想法居然造就了 20 世纪心理学的一颗耀眼的星星。

于是在 20 世纪 40 年代末，多奇提出了完整的合作与竞争的理论，这对“合作学习”的发展产生了直接的影响。后来，多奇的学

生 D. W. 约翰逊和 R. T. 约翰逊兄弟将这一理论进行了整合与拓展，形成了“社会互赖理论”（Social Interdependence Theory）。当然，这是后话。在多奇看来，在合作性的社会情境下，群体内的个体目标表现为“促进性的相互依赖”，也就是说，个体目标与他人目标紧密相关，而且一方目标的实现有助于另一方目标的实现；而在竞争性的社会情境下，群体内个体目标则体现为“排斥性的相互依赖”，虽然个体目标之间联系紧密，但一方目标的实现却阻碍着另一方目标的实现，这是一种消极的相互关系。

他是一只向往和平的白鸽

多奇这个人，其思维能力高于本能，是个先锋派人物。他感兴趣的不是昨天而是明天。因此，他并不像许多经历过第二次世界大战的人那样，一直沉浸在战争的痛苦中无法自拔。而是抬起头，勇敢地向前看，朝前走。多奇给人的印象是朴实直爽，但他总是在矛盾的心境中徘徊。内心世界极为丰富的他，就这样抱着美化世界的愿望，一直尽其所能地努力着。

在多奇一生的研究中，第二次世界大战所留下的烙印，是使他进行科学研究的重要动力。最有力的证据是，多奇曾写过关于防止第三次世界大战的文章。那是在冷战最盛的期间，大约是 1982 年写的。其中，多奇将美国和苏联之间的关系描绘成一种恶意的关系。此文所产生的反响是非常巨大和强烈的。

已经拥有相当知名度的他，在求知欲的驱使下又进入心理卫生方面的进修，把自己训练成了一名精神分析学家。于是，从 1957 年以来，他就一直从事这方面的工作。

纵观多奇的一生，其著作有《不同种族间的住房建筑》、《社会关系研究方法》、《防止第三次世界大战：若干建议》、《解决冲突》、《应用社会心理学》等。他曾先后就职于纽约大学、贝尔电话实验室、哥伦比亚大学师范学院。他也曾担任心理学社会问题研究学会主席，纽约心理学会、东部心理学协会主席，国际政治心理学会主席，并荣获美国科学促进会社会心理学奖、霍夫兰纪念奖、勒温纪念奖、G. W. 奥尔波特奖。1987 年，他又获美国心理学会颁发的杰出科学贡献奖。

多奇所看重的是，这个世界有没有因为他的努力而有所改变，变得更加和平。在多奇的脑海中，创建一个和平和谐的地球是他毕生的理想。也许所有的男人都有过这样一个梦，一个成为拯救全人类的“超人”。但是又有多少人能实现呢？有梦想并不稀奇，可贵的是为实现理想所做的一切努力。

耄耋之年精神矍铄

多奇在一次学术庆祝活动上

看到他在第四次年度庆祝活动宴会上的多奇，和颜悦色、和蔼可亲、泰然自若、神采飞扬、笑容可掬、谈笑风生。这哪里像是一位八旬老人！

西装笔挺的他，看上去身体很棒，红色的领带衬得他很精神。宴会上许多人都围着他，他举着酒杯同别人一起庆祝着，交谈着。

这次宴会的举办是为了庆祝多奇获得了“社会正义奖”。照片上，多奇的笑是那么真诚，那么欣慰。

现在的多奇，已被公认为研究解决冲突的方法的创始人。他是“国际交流中心”的创始人之一，“心理学教育”的创始人之一，同时又是一名精神分析治疗师。他的临床观察发现，人们往往在他们的关系中

在第四次年度庆祝活动上的合影，中间的是多奇

有“后续破坏性模式”，这与他关于团体动力学研究的发现相一致。此外，由于第二次世界大战的经历对他产生的重大影响，他一直试图建立一个和平的世界，念念不忘他的研究宗旨。

他就像太阳一样，燃烧着自己

现在，年过八旬的他已经成为世界上最受人尊敬的学者之一了。

他对于自由，对于和平，对于梦想的追求与执著着实令我们敬佩不已。似乎没有什么能够阻挡他的脚步。名利和地位也许是许多人一生中最重要的追求，而多奇却甘愿为整个世界而燃烧自己。

沙赫特：“情绪的认知理论”的奠基人

没有人能像沙赫特那样，让想象力在不同的领域自由驰骋，并在众多领域做出杰出的贡献。

——理查德·E. 尼斯贝特

他在 1969 年获美国心理学会颁发的杰出科学贡献奖。

他在 1983 年当选为院士，成为为数不多的当选院士的社会心理学家之一。

他在美国《普通心理学评论》新千年伊始对“20 世纪最著名心理学家”进行排序中名列第七。

看到这里，也许你不禁要问他究竟是谁；他对心理学究竟做出了哪些贡献；他又是如何做到的呢？

他就是斯坦利·沙赫特（Stanley Schachter，1922—1997）。也许你从未听说过他的名字，但你想知道社会（群体）对我们有哪些影响，绩效与群体的凝聚力有什么关系，我们是如何与他人进行沟通的吗？你想知道为什么我们害怕孤单吗？你想知道情绪是如何产生的吗？你想知道肥胖的原因是什么吗？你想知道吸烟为什么会上瘾吗？那就让我们一起回顾一下他的一生和他的贡献吧！

成功的关键——兴趣与"好老师"

沙赫特 1922 年 4 月 15 日出生于纽约的皇后区。他进入耶鲁大学，主修了艺术史。上学期间，他对大学的那种脱离实际的学术气氛很不满意。在完成本科学业（1944）之后，他继续在耶鲁攻读心理学的硕士学位（1946），他发现自己更喜欢心理学。在那段时间对沙赫特影响最大的是新行为主义者、学习理论的创始人之一赫尔。第二次世界大战期间，他在空军医学实验室中工作。在这之后，沙赫特觉得自己对社会现象有着浓厚的兴趣，渴望研究社会问题。于是在 1946 年进入麻省理工学院，参与勒温在该校设立的"团体动力学研究中心"的研究工作。该中心的其他成员有卡特莱特、费斯汀格和利比特，他们之后都成了著名的社会心理学家。勒温去世后，团体动力学研究中心搬到密歇根大学，费斯汀格成为该研究中心的主任，沙赫特在其手下工作了一段时间。1949 年他取得了博士学位。20 世纪 50 年代初，他获阿姆斯特丹大学富布赖特奖学金，后供职于该校比较社会研究所多年。沙赫特的大部分职业生涯在哥伦比亚大学度过，1960 年后任哥伦比亚大学心理学系教授。

沙赫特从他的老师那里学到了很多。勒温和费斯汀格都认为社会心理学可以像其他学科一样进行实验研究。于是沙赫特致力于用实验的方法研究社会问题。

学人对沙赫特的评价是：他是个机智、诙谐幽默而从不带恶意，

工作室里的沙赫特

具有超凡魅力的杰出心理学家。他具有别具一格的演讲天赋，但又不脱离主题。他要求学生一定要谦逊，并以身作则。例如，在他的学生写完特别简洁的研究报告后，他坚持让他的学生再写一遍，但这次是要求用“对外婆说话的语气”写——尽可能地通俗易懂。

他的兴趣爱好广泛，喜欢艺术、文学、歌剧、旅游、打网球、下象棋。他感兴趣的学科很多，从地理到医学，无所不包。也许是出于个人兴趣的原因，他从不做“无趣的”研究，包括那些最杰出的科学家也会做的——为了凑数以保证他们多产的那些研究。他并不像许多科学家那样是工作狂，他能够在工作之外享受玩的乐趣。当然对他来说，工作也是一种乐趣。

我们并不孤单

我们处于社会之中，总要受到社会这样或那样的影响。那么社会和他人究竟是怎样对我们施加影响的呢？

沙赫特发现，如果个体与群体的意见不相一致，个体就会承受来自群体的巨大压力，让他的意见符合群体的意见。这种压力是对他脱离群体的一种惩罚；但一旦个体赞同了群体的意见，群体可能就会原谅个体早先所犯的“错误”！

社会因素又是如何影响个体对现实的理解的呢？沙赫特发现，在既定情境中，人们有时根据群体的反应来决定自身体验着何种情绪。当所处情境是模糊的并有潜在的威胁时，人们又倾向于寻求他人的情

绪体验，来帮助认识自己所处的情境，产生恰当的情绪体验。而这一点在长子、长女中表现得尤为突出，因为他们需要做出传统所希望他们做出的行为。

群体凝聚力和对群体成员的诱导对生产效率是否会有影响呢？沙赫特带着这个问题，又进行了实验，结果发现：无论凝聚力是高还是低，积极诱导都提高了生产效率，而且高凝聚力组的生产效率更高；消极诱导则明显降低了生产效率，而高凝聚力组的生产效率更低。这表明高凝聚力条件比低凝聚力条件更易受诱导因素的影响。

这就给企业管理如何提高生产效率带来了启示。我们在营造高群体凝聚力的同时，还要考虑到群体的目标；只有当群体目标与组织目标一致时，高群体凝聚力才能提高效率。反之，高群体凝聚力会起反作用，而并非我们理所当然认为的群体凝聚力越高越好。

此外，沙赫特还对群体沟通感兴趣，研究了群体内沟通的动机。其实验过程为：在 5—7 人组成的大学生群体里，加进主试事先安排好的 3 个人。第一个人充当反对该群体大多数成员意见的离异分子，第二个人充当起初反对后来赞成群体立场的动摇分子，第三个人充当赞成群体立场的一般分子。结果发现，群体沟通起初集中于离异分子，目的是迫使他改变观点。而当离异分子被认为接受群体的立场已经不可能时，群体成员便打消了对他沟通的念头，转换成把离异分子从群体内排除出去的动机；对动摇分子，沟通集中于其最初所持的反对立场，而当其立场转变后，沟通随之减少；对一般分子沟通的量很少，这种情况在凝聚力大的群体中表现得更为明显。由此沙赫特认为，群体内的沟通主要是与脱离群体准则的离异分子的沟通；亲密关系的伙伴之间出现某种态度不一致时，更迫切需要进行沟通。

你畏惧孤单吗？

请先不要轻易地回答这个问题。让我们先看几种情况：在现实生

活中，你是否会在你的某个观点得不到他人支持或被他人反对时，感到沮丧与恐惧？在你知道与你持同样观点的人不在少数时，你是否感到安全？你会不会因为有人觉得你穿的衣服不好看，而从此再也不穿这样的衣服出去？在社会生活中，我们每一个人都有合群的需要，那么什么因素会影响着我们合群的需要呢？

沙赫特的一项实验探讨了处于孤独状态下的个体的“合群需要”。

实验是这样的：他将被试分为：高恐惧组和低恐惧组。在高恐惧组条件下，主试告诉被试，他们将参加一项电击实验，电击会很厉害，很痛，但不会留下永久性伤害，而且这项研究是为了获取有关人类发展的某些有用的资料。在低恐惧组条件下，被试被告知，电击时只是有点痛，感觉有些轻微的震动，不会有任何伤害性后果。然后，在被试等待接受电击的时间里，实验者逐个询问他们，是愿意独自等待，还是想与其他人一起等待。

结果发现，高恐惧组更倾向于想要与他人在一起，寻求他人陪同，因为他们对周围环境缺乏了解和把握，心情紧张。而低恐惧组的这种合群的需要并不那么强烈。沙赫特由此认为合群与恐惧有关。合群能降低恐惧，恐惧程度高的人比恐惧程度低的人更倾向于合群，与人交往能增加人的安全感，减低恐惧感。他还发现，出生的顺序也与合群有关。长子、长女和独生子女害怕时表现出更强的合群倾向。这种倾向随出生顺序而递减。

看来在恐惧时我们需要他人的陪伴，我们有着与他人交往的需要，并且畏惧孤独。如果上面的这个实验还不足以说明这一点，那么请看沙赫特进行的另一个实验：

他以每小时 15 美元的酬金聘请 5 个人到一个与外界隔绝的小房间里去住，其中有一个在小房间里只待了两个小时，就受不了要出来。有三个人待了两天，还有一个人待了 8 天。最后出来的那个人说：“如果再让我在里面待一分钟，我就要发疯了。”

情绪从何而来?

当遇到野兽时，我们会产生恐惧的情绪体验，那这种情绪体验是从哪里来的呢？长久以来，研究者们一直就此进行着争论。

我们经常会形容一个人生气的时候火冒三丈，悲伤的时候肝肠寸断。詹姆斯和兰格就是这样对情绪体验做解释的：刺激引起生理反应，而生理反应引起情绪；生理反应是情绪产生的直接原因。我们感到恐惧，是由于我们感觉到的生理变化：心跳加快、双腿颤抖而导致的。坎农更进一步指出，这种生理反应就是刺激所引起的神经冲动向丘脑部位的传递。巴德则验证了丘脑在情绪产生中的直接作用。

后来阿诺德提出，对外部环境的认知评价是情绪产生的直接原因；认知—评估作用产生于有机体生理反应、情绪体验和采取某种行动之前。例如，当我们看到一个漂亮女生时的脸红心跳或说话不利索，是由于我们首先对这个女生有好感。

在这样一种争论的背景下，沙赫特和辛格设计了如下有趣的实验，希望通过实验综合地考察生理、认知和环境三方面各自对情绪的产生所起的作用。

实验是这样的：将被试分成三组，对他们都注射肾上腺素，使所有被试的生理唤起状态相同（即处于唤起状态），以便对生理因素进行控制。接着对三组被试作出三种不同的说明来解释这种药物可能引起的反应。告诉第一组被试注射肾上腺素的真实效果；告诉第二组被试与肾上腺素的真实效果完全不同的效果；告诉第三组被试，药物是温和无害的，而且没有任何副作用，即不告知这组被试肾上腺素的效果。这就诱使三组被试对自己的生理状态作出不同的认知解释，即该实验情景操纵了认知因素。最后将每组被试各分成两部分，并让这两部分被试分别进入两种实验情境中。在一个实验情境中，被试能看到一些滑稽表演，这是一个愉快的情境；而另一个实验情境中，强迫被试回答烦琐的问题，并强加指责。这是一个惹人发怒的情境。这个步骤便操纵了环境因素。

实验的结果是：第二组、第三组被试在愉快情境中表现出愉快的情绪，在愤怒的情境中表现出愤怒的情绪，而第一组被试在两种情境中都比较冷静。显然，这是由于第一组被试能正确地估计和解释后来的真实生理反应，并将环境对他的影响也进行了认知解释，因而能平静地对待环境的作用。而第二组、第三组被试对真实生理唤起水平的认知解释是错误的，因而他们的情绪反应随着环境的不同而变化。

由此可知，在情绪的产生过程中，生理唤起和环境对它都有影响，但其中认知过程起着至关重要的作用。大脑皮层将环境、生理和认知信息整合起来后，产生一定的情绪。据此，沙赫特和辛格推论情绪是认知过程、生理状态和环境因素共同起作用的结果，其中认知因素对情绪的产生起关键作用。

此研究现今为“情绪的认知理论”提供了最早的实验依据，并对认知理论的发展起了推动作用，是现今几乎所有实验心理学教科书都不得不提到的一个经典实验。

吓出来的“心动”

沙赫特研究小组还做了另一个有趣的实验。实验是由一位漂亮的女性对一些男大学生做一个调查。调查的内容是让这些被试填一个简单的问卷，并根据一张图片编一个小故事。但实验的特别之处在于，调查发生在三个不同的地点。一是在一个安静的公园；二是在一座安全的小桥上；最后是在一座危险的吊桥上。这位漂亮女性在对所有的大学生进行完简短的调查之后，把自己的名字和电话号码都告诉了每一个参加实验的大学生，如果他们想进一步了解实验的情况或者跟她联系的话，可以打电话给她。结果发现，在可怕的吊桥上接受调查的被试给女调查员打电话最多。可这是为什么呢？

沙赫特对此的解释是，人的情绪体验需要两方面的认知：一是对当前情境的认知；二是对自己生理唤起的认知；它们共同作用的结果使人产生了相应的情绪体验。例如，遇到歹徒时，看到歹徒身强力壮，拿着武器，十分危险，这是对情境的认知；体验到生理上的反应，如心跳加速、呼吸不均等，两者的结合便产生了恐惧的情绪体验。在本实验中，对于这些被调查的大学生而言，在危桥上的被试其生理唤起与平时有所不同，被试对自己生理上的反应会产生两种认知，一种是将此归因于对吊桥的危险；另一种是漂亮的女调查者使其心跳加速。而正是由于后者，致使此条件下的被试在调查之后拿起电话的可能性最大。

迪斯尼动画片《人猿泰山》

沙赫特的观点也可以解释我们在生活中或者影视中常常看到的场景：007 与 007 女郎在危及时刻之后，总能碰撞出爱情的火花；《人猿泰山》中泰山救了珍妮之后，两人就喜结良缘；英雄救美后，两人的关系更加密切了。所有的这些场景都有一致之处，即情境引发了人们的生理唤起，而人们往往将这种反应归因于我"为"他（她）而心跳（虽然认知不一定正确），最终导致了感情的升华。沙赫特的这个理论似乎给恋爱中的人们一个启示，那就是想要进一步发展感情，就多创造一些危险或刺激性的情境吧，让他（她）"为"你心跳！

挖掘肥胖的秘密

也许现在的你正想要减肥，那你知道究竟为什么有些人肥胖呢？

你是不是认为肥胖的人就是吃得太多了，少吃一点就好了。事实是这样的吗？肥胖者究竟与体重正常的人有区别吗？让我们一起看看沙赫特从一个全新的视角，带给我们与众不同的启示。

由于一种生理的唤起状态可以对应许多情绪体验，即人们可根据自己对情境的认知做出不同的解释，如前面说的心跳加快可以是由于喜欢漂亮的主试，也可以是由于恐惧，这取决于人们的认知因素与情境因素。因此沙赫特假设，生理的状态可能不一定要解释为情绪体验，也可以解释为饥饿的信号。如果一个人一直使用这样的解释方式，那么如果给予此人平常的刺激，他也许就会吃，从而导致了肥胖。实验的结果虽没有支持这一假设，但他有着更为有趣的发现。

实验是这样的：实验从 17:00 开始。被试被分成两组，均被告知实验中需要接触的物体会腐蚀金属，请被试脱下手表，由主试保管；两组被试分别进入两个小而无窗的房间，使被试除了房间中的钟之外，没有其他可以参考的时间线索。其中一个房间的钟走得比正常的慢一半，另一个房间的钟比正常的快一倍。要求被试做一些无关的问卷，其中有 10 分钟时间主试不在，被试可以吃主试提供的东西。此时实际的时间为 17:40—17:50，而两个房间的钟显示的时间分别为 17:25—17:35 与 18:10—18:20。

结果发现：肥胖者在钟较快的房间比在钟较慢的房间吃得多；而体重正常者在这两种情况下，吃的数量差不多。

沙赫特进行的另一项实验发现，体重正常者在饥饿时吃得较多，在恐惧的情况下吃得较少；而肥胖者在这四种情况下都吃得差不多。

这说明，体重正常的人根据实际生理需要来决定是否摄食，而肥胖者则不管自己是不是真的饿了，仅根据外界线索而进食，如食物的色香味、易取得的程度等。由此沙赫特假设，在这样一个充满着食物线索的世界中，会诱使肥胖者吃得比实际需要的多，从而导致了肥胖。后来他的学生通过实验进一步验证了这一假设。

烟瘾的罪魁祸首

在沙赫特对生理状态与认知的关系的持续兴趣下，他与他的学生们开展了对尼古丁成瘾的研究。那是在20世纪70年代，当时，对于尼古丁是否成瘾还是有争议的。在这样的背景下，沙赫特进行了如下"双盲实验"。

实验一

实验是这样进行的：被试与主试是熟人，由主试按标准并根据被试的主观报告把被试分为两组：一组是重度吸烟者，另一组是轻度吸烟者。整个实验持续两周。在第一周中被试从周日到周三的连续四天中，要抽主试给予的香烟，不能抽自己的香烟，在第四天时主试对被试进行访谈，而在剩下的三天内主试收回所有剩下的香烟，被试抽自己的香烟。在第二周，被试被给予另一种香烟，其要求同第一周。两种香烟的尼古丁含量分别为0.5mg/根和1.3mg/根，但主试与被试都不知道被试在哪周被给予哪种香烟。有一半的被试在第一周被给予低尼古丁含量的香烟，而另一半被给予高尼古丁含量的香烟。实验结束后，被试根据两种香烟口感对这两种香烟分别做出八级评分。共有七名重度吸烟者与四名轻度吸烟者参与了实验。

实验结果是，那些重度吸烟者吸的低尼古丁含量的香烟的数量，显著地多于他们所吸的高尼古丁含量的香烟的数量，尽管他们不喜欢吸低尼古丁含量的香烟，而认为高尼古丁含量的香烟是可以接受的。而轻度吸烟者则没有这种倾向。其中，有两个人的结果与重度吸烟者的情况相反，只有一名被试显示出了对尼古丁的定量的需求。重度吸烟者中程度最轻的三个人均在访谈中反映，他们在吸尼古丁含量的较低香烟时伴随有生活上的困难。

上述实验说明，重度吸烟者需要每天摄入定量的尼古丁，而对于其他人，则不是这样。更准确地说，有些人对尼古丁成瘾，而另一些人不成瘾或者是成瘾但能够成功而严格地控制他们吸烟的数量。

事实上，重度吸烟者需要每天摄入定量的尼古丁这一发现并不令人惊讶。而这一实验的惊人之处在于，其结果能够应用于现实生活中的戒烟。现代戒烟运动的目的在于引诱吸烟者戒烟，但如果吸烟者不能够做到不抽烟或不想这么做，那么至少可以说服他们吸尼古丁含量较低的香烟。这样的忠告被大众传媒广为传播，并得到了政府政策的支持。如纽约市对香烟所征收的税与香烟中的尼古丁含量直接挂钩，这样就使用经济杠杆帮助吸烟者戒烟。

实验二

但上述实验并不能完全证明人对尼古丁成瘾，因此沙赫特又做了一项实验。要说明尼古丁成瘾，就要证明人在生理上对尼古丁有依赖，因此之后的这个实验偏重于生理方面。

因为尼古丁是一种生物碱，而且它的排泄比率可以由小便的 pH 值决定。而用苏打水或橙汁这类含大量酸的食物来操纵尿的酸碱度很容易。结果发现，吸烟者的确在吃了许多酸性食物之后，会抽更多的烟。

人们普遍认为，一些社交场合（如聚会）与压力会导致吸烟者抽烟的数量增加。实验的结果也正是如此。但当实验者对被试摄入食物的酸碱度（即尿液的酸碱度）与压力分别加以操纵时，发现抽烟的数量取决于被试尿液的酸碱度，而非压力的大小。若降低被试尿液的酸性，则即使抽烟者处于高压力的环境中，仍然会减少抽烟的数量。因此可以认为，重度的吸烟者是为了获得尼古丁而吸烟，而对吸烟的治疗，应该着重改变重度吸烟者的生理化学酸碱度的平衡。

由此，沙赫特证明了尼古丁成瘾，并给出了戒烟的途径。

卓著贡献

科学贡献奖的获得

一个人的贡献是需要社会和他人来评定的。在沙赫特获得杰出科学贡献奖（1869）时，对他的评价是这样的："他的一贯坚持不懈而又富有创造性的工作，使我们对人在社会中的行为有了更深入的了解。他对新的领域中的新问题进行探索，使用十分精巧的实验使他的探索十分成功。他对问题敏锐的感觉使他知道实验结果要用何种理论来解释，因此他的研究一直给我们带来有意义的知识。他用现场实验与实验室实验来检验他的假设，都准确而丰富。一个人对科学的贡献，是用我们从他的工作成果中学到什么来衡量的。从沙赫特的工作成果中，我们知道了被群体分离所带来的心理影响；知道了在何种情况下一个人要与群体在一起，寻求群体的支持；知道了群体对个人的情绪产生的影响；甚至知道了社会环境对个人生理与心理的作用。他的贡献是如此的广博而深入。"

科学研究方法的建立与理论创新

除了在他的研究领域——社会与情绪、肥胖与吸烟、群体凝聚力等——作出的贡献外，沙赫特还将科学研究方法引向了那些难以研究的方面，这是具有革命性的。以前在社会、人格与临床心理学的研究中，一些本质的东西很难被揭示出来，只能做推论。而他的贡献在于使这些方面的本质性研究成为可能。沙赫特设计的实验在各方面都控制得很好，实验的结果真实可靠，没有第二种可能性。在他之前，在这方面的研究只是表明了 X 类人的 A 行为比 Y 类人多。而沙赫特的研究却表明，在某种情况下，X 类人的 A 行为比 Y 类人多；而在另一种情境下，这两类人的行为没有差异。现在的我们早已习惯了沙赫特的实验方法，以至于我们很难想象他当时发明这种操纵方式是多么的富于智慧。

沙赫特对社会与人格心理学的理论作出了巨大的贡献。在他之前，社会与人格心理学的理论都是极为复杂的庞大体系，如精神分析理论与行为主义学习理论。与此形成鲜明对比的是，沙赫特的理论源于身边随处可见的现象，他的理论是为解释这些特定现象服务的，而并不是用已有的理论去寻找符合理论的现象。用华东师范大学心理系乐竞泓教授的话说，就是："理论的产生是发现问题、解决问题的过程；而不是拿着锤子到处找钉子的过程。"沙赫特的理论被认为是有"中等适用程度"的。一般来说，一个理论越是复杂，它的适用范围就越广，像沙赫特这样简单的理论能有中等的适用程度，已是很好的理论了。他的理论看上去似乎十分奇怪，甚至难以置信，但看完后又好像是常识。他的理论，相对于那些复杂的理论来说，是最好验证或修改的理论。

后继有人

沙赫特对心理学的重大贡献还在于他培养了一大批学生。可以说，没有哪个社会心理学家培养出了如此众多的杰出的人才。他那敢于探索的精神与人格魅力的结合，使心理学的研究变得如此有趣。他将他的学生在这方面的潜能挖掘出来。作为回报，他的学生也"依样画葫芦"，用相似的方法培养他们自己的学生。在美国，他的学生和他学生的学生，在社会心理学家中占有相当可观的数量。

阿龙森：失败的棒球运动员，成功的社会心理学家

人若害怕犯错误，是不可能做出什么有价值的事情来的。

——阿龙森

失之东隅，收之桑榆

用埃利奥特·阿龙森（Elliot Aronson，1932—）自己的话来说："我喜欢成为一个实验社会心理学家，但是那其实又不是我的第一职业选择。"

阿龙森1932年生于加州的圣克鲁斯。1954年毕业于布兰德斯大学，1956年从弗吉尼亚大学获得了硕士学位，继而于1959年从斯坦福大学获得博士学位，并任教于哈佛大学。1962年他去明尼苏达大

学任教，1965年转至得克萨斯大学，接着又于1974年任教加州大学圣克鲁兹分校。

作为20世纪排名第78位的最著名心理学家，阿龙森在心理学界是光芒四射的。但是在幼年时，他的理想却是要成为一名职业棒球队员。更具体一点说，他想成为“波士顿红袜队”的主力队员。春去冬来，阿龙森一直坚持一小时又一小时很认真地练习。然而，“我自丹心向明月，奈何明月照沟渠”。他在棒球上的能力后来达到了极限，而当时他还只是个14岁的孩子。

然而，“上天在关闭一道门的同时，会给你打开另一扇窗”。幸运的是，阿龙森在心理学上的天赋为他打开了人生旅途上的另一扇窗。此后，他将自己的社会心理学生涯演绎得非常精彩！

“那又算得了什么，我为什么要让那样小的事情阻挡我呢?”在棒球梦破碎时，在面对强烈的打击时，一个14岁孩子的这一句话让人惊叹不已！从此，这种良好的心理素质便成为他后来成功道路上斩荆披棘的利剑。

“他是一个全才”

1999年，阿龙森获美国心理学会颁发的杰出科学贡献奖，此奖项被称为“心理学的诺贝尔奖”，是对一个心理学家研究成就的最高承认。先前受此奖项的有斯金纳、罗杰斯、皮亚杰和费斯汀格等。阿龙森是社会心理学研究领域的宠儿。他先前的荣誉包括被推选进入美国艺术科学院，曾获得实验社会心理学突出事业奖，获得过专门为科技进步而设置的“古根海姆奖金”。在“20世纪100位最著名的心理学家”的评选中，阿龙森位居第78名。面对此殊荣，阿龙森以他独特的幽默方式说道：“我只获得排名第78，但换个角度说，我是其中尚在世的22人中的一人。对此我非常感谢！”

阿龙森有才，而且是“全才”。有的学者满腹经纶，却不知道如何表达自己，如何让别人理解自己的想法。能成为一个学者，甚至能成为某个领域的“大家”，“有才”当然无可厚非。然而能想、能写又能教，那便是“全才”。阿龙森是第一个在“写作”（1973），“教学”（1980）和“研究”（1999）三方面均获得美国心理学会最高奖的心理学家。有人不禁赞叹：“他是一个全才。”

点滴生活触发研究灵感

阿龙森主要从事人的行为、认知失调和人际吸引等方面的研究。这些研究都是旨在解决重大的社会问题，包括减少偏见，节约能源，以及艾滋病的预防等。

马西亚斯，哈佛大学麦克林医院的心理健康研究员，也是阿龙森的学生。他赞誉阿龙森的研究“把心理学推向一个新的层面，在这个层面上，心理学上严谨而理性的思维与现实生活中的理性联系在一起”。“他让我们明白，用心去研究和验证的理论是最符合实际的。”心理学是关于生活的心理学，心理学的研究只有真正地建立在生活的基础上，才有价值和生命力。阿龙森的研究正是如此。他将他的理论应用于现实生活，并且用通俗的语言向人们展现出来。同时他又挑战性地让心理学家和社会学家接受和承认他的新的研究构想。

笑对人生的阿龙森

天赋异禀

未出茅庐第一捷

阿龙森有着心理学研究的天赋。他十分擅长艺术与科学的相交研究。在他还是一名研究生时，他的“起始实验”便已相当有名。该实验表明：人在外工作，若开始时接受重项的训练——如像新兵训练那样，相比于接受轻度的训练，他以后便会表现出更大的“耐心”和“忠诚”。

万绿丛中一点红

经典的强化理论曾经是有关人类行为的权威性主导理论。但是阿龙森勇于挑战权威，对强化理论提出质疑。在阿龙森看来，行为是出于奖赏和惩罚。他揭示了“自我分辨”的关键作用，即人遇到的情境越是艰难，人们越是会把注意力集中在较有吸引力的方面，而把对问题解决最没有吸引力的方面的注意力降到最小，以此来激发自己克服困难情境的动机。这是一项十分有力的研究，它很快被心理学有关文献频繁地引用。

美国心理学会曾高度承认阿龙森对心理学的基础研究所作出的贡献。他在实验风格上所表现出的天赋，他那勇于探究高难度问题的勇气，竟被他的同行戏谑为“胆大包天”。阿龙森在加州大学圣克鲁兹分校的同事这样评价他：“大多数重要研究者，如果在他们的一生中，能做出一次这样具有震撼力的实验，那就已经是很幸运的了。但是，阿龙森在他的整个生涯中，他经常能做出这种水平的实验。”“他的研究从根本上改变了人们看待世界的方法。”而阿龙森自己则说：“我相信只要足够的聪明，几乎所有的现象都能在实验室里被检验。”

“七巧板课堂”

一封给“大胡子高个”的信

1982年，阿龙森收到来自一位名叫卡罗斯的学生的感谢信。当时卡罗斯是得州大学的大四学生，并且已经拿到了哈佛法学院的录取通知书。他之所以写感谢信给阿龙森，是因为阿龙森的“七巧板课堂”改变了他的生活。卡罗斯是“七巧板课堂”的第一批学生中的成员。他曾经特别恨学校，觉得自己是多么的愚蠢，一无所知。但是当他五年级的时候参加“七巧板课堂”后，他开始意识到自己并不是真的愚蠢。原来他以为都是残酷和敌对的人，都成了他的朋友。他也开始爱学习了。到现在卡罗斯对阿龙森的印象依旧历历在目——“非常高——大约61/2英尺，有一个大黑胡子，十分有趣，幽默。”卡罗斯在信中写道：“我妈妈告诉我，当我出生时，我几乎死掉。我在家里出生，脐带缠在我的脖子上。是助产士对我进行人工呼吸，挽救了我的生命。如果助产士还活着，我会写信给她并告诉她，我在健康地成长，并很聪明将要去哈佛法学院读书。可惜她在几年前去世了。我写信给你，因为你和她一样也救了我。”

从竞争型课堂到合作型课堂

“七巧板课堂”与其说是一种课堂教学类型，不如说是一种技术方法。这种技术可以缓解学生之间的种族冲突，促进合作学习，激发学生的动机和增加有趣的学习经验。“七巧板课堂”是在20世纪70年代初期，由阿龙森和他的学生们在得克萨斯大学和加州大学开创的。自那时起，数百所学校采用过“七巧板课堂”上课，并大获成功。

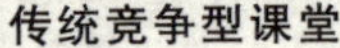

传统竞争型课堂

“七巧板课堂”

关于“七巧板课堂”，阿龙森自述道：“我的研究生和我在1971年发明了‘七巧板课堂’。该课堂首次在得克萨斯州首府奥斯汀使用。奥斯汀一直以来都是存在着种族分隔的。而现在，白人青少年，非裔及拉美裔的美国青少年第一次发现他们在同一课堂里上课。”

“七巧板课堂”旨在促进学生们学会相互合作，重点在于把无情的竞争氛围转变成友好的合作氛围。原来的典型课堂，其氛围要么沉闷，要么竞争气氛过浓；在后者情况下，在老师选中谁回答问题的同时，会有一双双原本积极想回答问题的手放了下来。而在“七巧板课堂”里则不会出现这种情况，大家都处在相互合作的氛围中。这对孩子们的学习效果和人际交往都有很好的积极作用。孩子们在参加“七巧板课堂”后，到课率和成绩均有了十分明显地提高。并且这种课堂操作起来也十分简单，能给老师的教学提供很大的方便。

艺海拾珠

阿龙森以他简单却精妙的实验风格而著称。实验也是一种艺术。

在心理学实验研究的理论、研究方法、应用及教育方面，阿龙森都作出了突出的贡献。从历史的观点看，当一个人能从理论和实践上改变我们看待生活的方式时，这个人的贡献就是划时代的。而阿龙森划时代贡献的主要领域有：

——人际吸引：在明尼苏达大学和得克萨斯大学，阿龙森进行了

一项巧妙而持续的研究。结果发现，一个人要是想被人喜欢，就必须先对别人表现出认可和尊敬。这些实验都是与时俱进的——在社会实践的基础上，推动心理学理论的向前发展。

——认知不协调动机：这是阿龙森最知名的理论贡献。他认为与“自我”概念的冲突最能引起认知不协调动机。这是对他的导师费斯汀格的理论的创新。

——实验设计：阿龙森是“一个为检验自己的假说而创造正确的实验室情景的天才”。例如，1959 年阿龙森所做的启动效应实验中，他创造了这样一个情景：让女大学生以为她们加入一个以性教育为主题的讨论组。她们被分成两组，分别被安置在两种实验条件下。一组要求她们大声读出带有略微涉及“性”的词语，而另一组则要读一些很明确的“禁语”。之后每个人被通知已通过筛选，进入讨论小组。从被试其后的评价中发现：读过明确禁语的小组对性教育的评价明显高于另一组。而对于此次实验的成功，阿龙森只说了句：“结果很清楚。”而当时的他还在斯坦福大学攻读博士学位。

斯坦福大学心理学教授罗斯说，在设计一个实验时，他和阿龙森合作 10 分钟的受益程度，要高于和别人合作 1 小时。实际上，阿龙森的实验风格已经启发了整整一代社会心理学家。他对实验室工作有着献身精神，而这种精神与他把研究成果应用于实际生活中的兴趣是分不开的。他的实验目的就是为了改善人们的生活。阿龙森曾经说过：“我不想简单地观察，我要准确地确定是什么原因引起了一种现象。如果这种原因对人们的生活造成了负面影响，我就想采取下一步行动：创造一种干预，使情况好转。”

“笔杆”+“枪杆”

“笔杆”硬者，谓之“文人墨客”；“枪杆”硬者，谓之“帅将勇士”。阿龙森的实验研究成果已证明他有着顶级先进的“枪杆”。但同

时他手里也握着一根过硬的笔杆。作为一名社会心理学家，阿龙森共著书18部，其中他最喜欢的是《社会性动物》这本书。阿龙森曾把他的著作比作他的孩子。要是谁问及哪一部是他最喜爱的“孩子”，他说他最喜欢的是《社会性动物》这本书。这本书充分展现了他的写作技巧、渊博的知识和缜密的思维。语言通俗易懂，用大量简单巧妙的例子来表达晦涩的知识点，经常发问引发读者的思考。阅读《社会性动物》这本书，你感觉自己就不是面对着一行行的文字，而是在与一个学者进行交谈。即使对社会心理学一无所知的人读起来也难以释手。

一个平凡又不平凡的人

阿龙森是一个平凡的人，因为他和许许多多的人一样，在生活中扮演着一些平常的角色。他是一个丈夫，一位父亲，一位导师，一位同事……但阿龙森又是一个不平凡的人，因为我们不可能每个人都成为像他那样的社会心理学家，都能在自己的事业上取得那么高的成就。不仅如此，不是每个人都能像他一样真正地扮好那些“简单的”角色。

一个成功的男人背后有一个幸福的家庭

阿龙森有一个幸福的家庭。“我有一个我深爱的妻子，四个我引以为豪的孩子，九个特别的孙子。”他和妻子相处和睦，用他自己的话来说：“40多年来，她一直是我最好的朋友和顾问。”他爱他的孩子们。在《社会性动物》一书的致谢词中，他这样写道：“从某种角度看，这本书是我全家的作品。尤其在近几年，长大成人的子女以各自的方式极大地影响了我，使我体验到强烈的满足感。我的小儿子乔舒亚·阿龙森（才华横溢的实验心

阿龙森和他的孙子们

理学家)，以自己的方式时刻提醒我关注方法论和理论上的最新发展。我的大儿子哈尔·阿龙森（环境社会学家）帮助我拓宽视野，使我避免囿于实验室的局限。其他两个孩子尼尔·阿龙森（桑塔克鲁斯市的救火员）和朱莉·阿龙森（教育研究者和评估员）每天都工作在救死扶伤、教书育人的社会工作的前沿，这提醒我，社会心理学最终必须努力为人们的日常生活提供帮助。”

阿龙森不会因为自己所取得的成就而对孩子们的事业进行干预，或采用“家长式”的教育，抑或忽视孩子们的工作。相反，他尊重每个孩子的职业，不管是科学家还是救火员。他担心自己会落伍，不断地向孩子们学习新的知识和听取孩子们的意见。对于孩子们来说，他是一个父亲，也是一个朋友！

良师益友

阿龙森将自己取得成功的很多因素都归功于他的老师和学生。他曾经说过：“我是如此的幸运，因为在我前进的道路上，有一些英明的老师和出色的学生。”而事实上，作为一名导师，他和学生们的关系非常好。俄亥俄州立大学的心理学教授们在推举阿龙森心理学最高奖项时说：“与他的研究和应用工作一样，阿龙森作为一名导师与学生的关系对社会心理学领域作出了突出的贡献。他是一位很棒的导师，他先前的学生现在也都是这个领域领先的研究者，他的友爱行为甚至超过他的学生。”

阿龙森在写《社会性动物》时，是把它当作社会心理学教科书来写的，他把内容写得短小精悍，深入浅出。他“像一个‘新闻分析家’，而不是‘记者’”。其原因在于这本书是他写给学生的，而不是写给同行的。他用了一个十分形象的比喻：“把所有的观点详细地展示给同行无疑是非常有意义的，但是这样做不免冷落了学生。就像学生问我们‘现在几点钟了’，而我们却向他们提供了一份全球时区表，讲述从日晷到最先进的电子计时器的历史由来以及落地大摆钟的

《社会性动物》书影

内部构造。我想不等我们讲完，学生早就索然无味了。”

阿龙森在说这段话时，不是站在一个社会心理学家的角度，而是站在一个导师的角度来说的。他说出了学生们的心声，同时也说出了最基本但又被许多教育工作者忽视的方面。

笑看人生的“5A”学者

失败、犯错、成功、事业、疾病等都是人生必不可少的组成部分。面对生活中的这些，阿龙森的态度是怎样的呢？如果给我们的“态度”进行等级评价（A—B—C—D—E……），阿龙森拿到的又是什么呢？（A代表Attitude的首字母，同时也是等级评价中的A）

“A1”——对失败和错误的态度

在棒球生涯中，尽管成百成百小时地练习，他从未进过他所梦想的“红袜队”，甚至都没有资格在高中棒球队的中心场上参赛。事实上，他自己也意识到自己跑得太慢，除此之外，他还不能击中一个曲线球。他已经到了能力的极限。

当你在理想与现实之间发生强烈的冲突时，你会怎么做？

当你发现虽然你特别地努力，但因为你自己的能力而让你不得不放弃理想时，你会怎样？

当这种情况发生时，你只有14岁时，你又会怎样？

生活中你会不会犯错呢？害不害怕犯错？犯错后该怎么办？

面对以上问题，你的心里一定有自己的答案。痛苦、灰心那是毋庸置疑的。但接下来你该怎样？自暴自弃，还是绝不回头？还是像阿

龙森一样——

承认事实：阿龙森承认自己的失败，他也承认自己很难过。但是他觉得这就是生活，这就是事实。

笑看失败："虽然我最终没有能成为一个棒球运动员，但是打棒球让我学到了一些东西，它对我作为一位社会心理学家十分有用。不用说，棒球比赛是一个隐喻，但是，那又算得了什么呢？我怎么会让那样的小事阻挡我前进的脚步呢？"

笑看错误："当人们害怕犯错时，他们就不愿去冒险，他们的发挥就会受到极大的限制。打棒球使我领悟到犯错是比赛的一部分。是棒球游戏的一部分，是实验心理学游戏的一部分，是生活游戏的一部分。"

"A2"——对成功的态度

当一个人面对成功时，说不在乎，心里丝毫不起波澜那是不可能的。人类先天地在面对成功和夸奖时，都会产生愉悦的情绪和成就感。这一点是没有任何问题的。但有问题的是对成功的认知和态度。生活中不乏成功之后拿着奖杯到处炫耀，或是整天泡在成功里止步不前，或是骄傲自大，自诩天下第一，不把别人放在眼里。但是阿龙森并非如此。在功成名就之时，他认为自己并不像人们所说的那样聪明。"对于我自己来说，我只是找到了世界上存在着的好的事情。要是换着别的事情，我无法想象自己会像现在这样快乐和有成就感。"

"A3"——对疾病的态度

在阿龙森68岁时，疾病降临到他身上。他被诊断患有"湿隐性黄斑变性疾病"（AMD）。视网膜色素上皮分离，导致他的双眼视力急剧下降，逐渐模糊不清。

他的这种特殊病症目前还没有可行的治疗方案，此病对阿龙森以后的生活产生了重大的影响。他要继续写作、教书和作讲座。但是这

样一来，阅读就变得极其困难。“我需要把字放大好几倍，但字看起来还是很模糊。我仍在继续着我的学术活动，但与以前相比，我约需3倍多的时间和精力。”让阿龙森最为难受的是他看不清他心爱的人们的脸。“当我和我可爱漂亮的4岁外孙女玩的时候，她的脸让我看起来就像在一个放满镜子的房间里看她。”

其实一开始，当医生告诉他得了AMD，很可能会丧失70%—90%的视力，阿龙森感到沮丧。在诊断后的几周里，他经常冒着冷汗半夜醒来，心想：“现在已经这样糟糕，接下来的两三年会怎样呢?”后来他告诉自己不要再想这些。疾病让他更具同情心，接触更多的残疾人，当他们遇到困难的时候，给他们提供帮助。他学会拿疾病开玩笑，因为他觉得玩笑不仅可以减轻自己的痛苦，同时也减轻了他身边爱他和他爱着的人的担忧。“要学会如何去享受我有限的视力，去实现它最大的功能。即使在最坏的情况下，我仍然可以享受我的生活。”“毕竟，我失去的只是我的视力，而不是我的视野。”

“A4”——对社会心理学的态度

对于自己从事的社会心理学，阿龙森曾经这样说过：“幸运的是，我最终发现，社会心理学是一种不一样的游戏。在这个领域的实验中，你不一定非要击中曲线球不可，你只需要每隔一段时间扔出一个球就可以了。”“作为一个社会心理学家，我现在在任何时候都想达到我能力的极限，正如我们红袜队球迷最喜欢说的一句话：或许就是明年。”

阿龙森把社会心理学当作一个“游戏”，但毕竟是和打棒球不一样的游戏。一个原因在于，这两个领域对犯错的认识是不一样的。犯错是棒球游戏的必不可少的组成部分，但却是不值得做的。但在社会心理学的实验中，“我搞砸了很多次实验。通常是由于我不够聪明或熟练。偶尔是因为我在试图解决一个本身就难以捉摸和检验的假设。但那都是无关紧要的，甚至是有价值的”。

“游戏”这个词，往往代表一种不认真的生活态度。生活中的“游戏”是被当作人们消遣之用的。但阿龙森所说的“社会心理学游戏”并非如此。它倾注了阿龙森的天赋、汗水、智慧和激情。它是阿龙森造福于社会的工具。

“A5”——对社会的态度

阿龙森是名副其实的社会心理学家，是因为他有一颗“社会的”心；他的所有研究都是基于“真实的世界”，其目标都是为了服务于社会。他想用自己的研究成果去改善人们的生活。

阿龙森是名副其实的社会心理学家，还因为他有一颗社会心理学家该有的敏感的心。或许他自己也迷失过，但是他始终以此为目标，并不断地反省自己。正像他在《社会性动物》中讲述过的他和他的大儿子的一段对话：

“多年以前，我还是一位年轻的父亲。有一天，我在家里看沃尔特·克朗凯特播报的电视新闻，当时越战正酣。在节目中，克朗凯特先生报道了美国飞机在越南南部的一个小村庄上空投凝固汽油弹，当时美国人认为这个村庄是越共的据点。当我正在看电视的时候，年仅10岁的大儿子好奇地问：‘喂！爸爸，什么是凝固汽油弹？’

‘噢’，我漫不经心地回答，‘那是一种能灼伤皮肤的化学物质，具有黏性，粘到皮肤上就去不掉。’

几分钟后，我无意中看了儿子一眼，只见他泪流满面。看到儿子的痛苦与悲伤，想想刚才发生的一切，我感到沮丧和懊恼。我开始质问自己到底怎么了。如果我不是如此残忍，怎能轻率地回答这种问题——就好像儿子问我垒球是怎么做的，或者树叶有什么功能一样。难道我对人类的残忍已那样习以为常了吗？”儿子的反应让阿龙森深深地检讨了自己。

最后，如果说我们对社会心理学家阿龙森的现状作一个星级评价（5颗★为最高），那就是：

家庭：★★★★★

事业：★★★★★

健康状况：★★

生活态度：★★★★★

所作出的贡献：★★★★★

罗森塔尔："皮格马利翁效应"的神奇魔力

说你行，你就行，不行也行；说你不行，你就不行，行也不行。

——相声《小偷公司》

罗伯特·罗森塔尔（Robert Rosenthal，1933—），美国著名社会心理学家，加利福尼亚大学教授，以其发现"皮格马利翁效应"而闻名于世，被人选为"20 世纪 100 位最著名的心理学家"。近半个世纪以来，他的主要研究兴趣是人际期望，即一个人对另一个人行为的期望本身将导致该期望成为现实。他在非言语交流研究方面也有很大影响。同时他在实验设计和统计推论方面也颇有造诣。

罗森塔尔·童年·父母

1933 年 3 月 2 日，罗森塔尔出生于德国吉森的一个犹太人家庭，可想而知在这样的一个年代，一名犹太人的出生对整个家庭乃至他本人而言是多么的糟糕。1939 年，罗森塔尔举家离开了德国，原本想去美国，却因为人数超过限制只好乘坐 Watussi 号被送往了罗得西亚的首都索尔兹伯里（如今津巴布韦的首都哈拉雷）。在那里，罗森塔尔真正开始了他的学习生涯。按照他的话说，他的人生经历中有许许多多的“好消息和坏消息”。而在罗得西亚，好消息就是他在那里学了一口标准的英式英语，而坏消息就是他经常因为其德国人的身份而被那儿的英国小孩欺负。不过还有更好的消息，那就是他遇到了一个非常好的小学老师，每天罗森塔尔都被允许可以提前 5 分钟离开学校，从而可以躲开英国小孩们的追逐。对于罗森塔尔本人来说，这是一段非常重要的经历——一堂让他懂得关注个体并独立思考的“启蒙课”。这样的经历势必对他后来的研究思路和方向有着举足轻重的影响。

1940 年的秋天，罗森塔尔终于获得了远渡美国的机会，罗森塔尔一家乘坐着埃及的 El Nil 号来到了一个崭新的国度——美国，这个在他印象中不但充满了牛奶和蜂蜜，而且还到处都有口香糖的国家！

罗森塔尔第一次感受到“人际期望”的作用，是从他慈祥的母亲那里。那时候，罗森塔尔的母亲坚定地认为，儿子可以在这个学期获得 8 个 A 以及一个 A⁻的成绩，但在成绩出来的第二天，他的母亲就来到了校长的办公室，询问关于成绩没有达到她预期的原因以及如何能帮助自己的儿子提高成绩。当然，这里的“提高成绩”并不是像中国家长通常所说的，要帮助孩子提高成绩，而是罗森塔尔的母亲希望校长可以同意将罗森塔尔的成绩单上的成绩改成 8 个 A 以及一

个 A⁻，几乎是奇迹，校长竟然同意了这位母亲的要求。所以，理所当然地，罗森塔尔就必须得做点什么来对得起这张 8 个 A、一个 A⁻的成绩单了。或许这次是罗森塔尔第一次真正体会到了期望的力量，而这股力量正是来自于他最亲爱的母亲。

罗森塔尔第二次关于人际期望的难忘经历来自于他的父亲。高中时代，罗森塔尔酷爱沙地足球运动，他的父亲骄傲地坚信罗森塔尔会踢得很好，并告诫了他一些成为职业足球运动员的缺憾，让他可以经过自己的深思熟虑，做出判断。

在罗森塔尔高中生活的最后一年，他们举家又从纽约搬到了洛杉矶，那一年罗森塔尔申请参加了加利福尼亚大学洛杉矶分校的预备海军军官训练营，在毕业之后他可能会要去服役两到三年。当他跟父亲讨论这件事情的时候，父亲非常赞许地点了点头并且告诉他对国家来说，作为一名海军上将是一种多么重要的奉献，并希望他可以认真考虑。这一次，罗森塔尔又体会到了父亲对他的期望有多么的坚定和执著。

从罗森塔尔的青少年经历中我们可以看到，父母对孩子的正面期望以及鼎力支持是多么的重要，他们总是给予孩子一个很高的人际期望值，让罗森塔尔相信，自己有能力也有可能达成父母的期望，并为之努力奋斗。同时，罗森塔尔的父亲并不是指出一条路，让他去走，这一点和许多中国家长不同，他会跟儿子亲切交流，告诉他有关这件事情的一切，并让罗森塔尔自行做出决定，而无论他做出的是什么样的决定，父亲都将全力支持，并给予儿子充足的自信心。正是这样的一个犹太人家庭，培养出了罗森塔尔自主、坚定、充满信心等诸多积极的人格特征。

要不是罗森塔尔的大学生活和初次工作中的一些机缘巧合，说不定我们还真有可能在绿茵场上甚至是海军军官的名单中见到他的名字，而不是在这本关于 20 世纪最著名心理学家的书里。

罗森塔尔·成年·成就

1953年，罗森塔尔在美国加利福尼亚大学洛杉矶分校（UCLA）获得了心理学学士学位，三年之后又获得了他的心理学博士学位。在此后的37年里，他都在哈佛大学任教，一开始他只是一名普通的讲师，后来成为哈佛大学心理系主任。

罗森塔尔教授在宣讲会之后与来宾亲切交谈

经过实验研究，他发现当老师对学生们有更好的智力表现的期望时，学生们就会更倾向于达成老师对他们的期望；当教练员对运动员有更好的比赛成绩的期望时，运动员就会更倾向于达成教练员的期望；当行为研究者更倾向于获得某种反应时，他们的研究对象也就更容易产生这些反应。

同时，罗森塔尔对于实验心理学的分析领域也有着非常浓厚的兴趣，实验设计、数据分析、对比分析和元分析都是他的兴趣所在。近年来，罗森塔尔在提出一种新的统计方法上有着很大的贡献，他向众多心理学家介绍了“双项影响大小排列法”、“文件抽屉问题”和其他的革命性概念。他在这方面的研究成果非常易懂，这与他能够用简明而清晰的手法进行表达有关。他的一本大学教材《行为研究的本质》受到普遍的认可，同时也成为许多大学心理系的参考书目。

因为罗森塔尔对研究方法和数据分析的创造性贡献，同时也因为他实践上和理论上的观察和发现，他作为一位当代心理学大师而被全

世界所熟知。由他作第一作者或者第二作者所撰写的实验报告、研究论文以及著作，都被视为经典之作。他在1966年所发现的"实验者效应"在行为研究中的体现，推动了关于这方面的问题的研究，同时鼓励了关于这个主题的研究程序的发展，并由此推进了科学的发展。

罗森塔尔对于统计推论这门学科的兴趣是普通人难以想象的。在他眼中，统计甚至可以说得上是一门艺术。他还担任过美国心理学会副主席一职，专攻统计推论方向。关于统计推论，他竟有如下这样一段宛如诗歌一般的描述：

Part Ⅰ *The Problem*	***第一部分　问题***
Oh, *F* is large and *p* is small	啊，*F* 值很大 *p* 就很小
That's why we are walking tall.	凭着它我们就能挺起腰杆
What it means we need not mull	它让我们无须慌乱
Just so we reject the null.	就这样我们把零假设都抛开
Or Chi-Square large and *p* near nil	如果 χ^2 很大而 *p* 近零
Results like that, they fill the bill.	要是结果是这样，他们就合适了
What if meaning requires a poll?	如果需要来一场投票怎么办
Never mind, we're on a roll!	没关系，我们做得很好
The message we have learned too well?	我们把信息掌握得太好
Significance! That rings the bell!	重要的是，我们成功了
Part Ⅱ *The Implications*	***第二部分　暗示***
The moral of our little tale?	我们小故事的教义
That we mortals may be frail	告诉我们临死前意志可能变得薄弱
When we feel a *p* near zero	当我们觉得 *p* 近零时
Makes us out to be a hero.	我们就成了英雄

But tell us then, is it too late?	但是请告诉我们，这会不会太晚了
Can we perhaps avoid our fate?	我们有可能逃开命运吗
Replace that wish to null-reject	用拒绝零假设代替我们的愿望
Report the *size* of the effect.	报告我们得出的结论
That may not insure our glory	这样不能保证我们的成功
But at least it tells a story	但是至少它告诉一些故事
That is just the kind of yield	这只是一种退让
Needed to advance our field.	我们需要它来使我们的研究更进一步

罗森塔尔教授在"Let's Talk"节目

罗森塔尔还有一个延伸的贡献是，关于教师期望对学生的学习能力和肢体行动的影响，以及外科临床医生对他们病人在身心恢复方面期望的作用。他在人类非言语交流研究领域做出了先驱性的工作，并且也得出了类似的期望效应。在考虑到社会心理学的理论原则后，这个研究重新反过来探讨，而且尝试着用更深层次的观察方法来研究人类非言语交流的本质，这些非言语交流可以发生在老师—学生、医生—病人、上司—下属、法官—陪审团、心理医生—来访者之间。

罗森塔尔获得过许许多多国际性的奖项，诸如应用心理学杰出科学奖（美国心理学会，2002）、杰出科学贡献奖（关于评估、测量以及统计，美国心理学会，2002）、杰出科学家奖（社会实验心理学会，1996）、年度黄金专论奖（言语交流协会，1996）、行为科学研究奖（美国艺术与科学研究院，1993）、唐纳德·坎贝尔奖（社会人格心理协会，1988）、古根海姆奖学金（1973—1974）、卡特尔基金奖（美国心理学会，1976）、社会心理科学奖（美国艺术与科学研究院，1960）。

"皮格马利翁效应"·谎言

有这样一个古希腊神话：塞浦路斯王子皮格马利翁（Pygmalion）喜爱雕塑。一天，他成功地塑造了一座美少女的雕像，爱不释手，每天以深情的眼光观赏不止，每天都为这个美少女祈祷。一百天之后，他的爱情感动了爱神阿佛洛狄忒，爱神给雕像注入了生命，这个美少女竟然活了！

皮格马利翁和他的美少女

而在美国，这位名叫罗森塔尔的心理学家，在1966年提出了这样一个问题：研究心理学的人，可能会因为实验者本身的一些操作问题，而把实验结果"污染"了。为此，他设计了一些实验，试图证明实验者本身的因素是否会影响实验结果，也就是是否存在"实验者效应"。其中有一项实验是这样安排的：他让大学生用两组大白鼠做实验，并告诉这些大学生说这两种大白鼠品种是不一样的，一组十分聪明；另一组特别笨，事实上这两组大白鼠本来是同一窝的。而做实验的大学生们都相信，实验结果肯定是不一样的。学生们让这两组大白鼠学习走迷宫，看看哪一组学得快。结果他们发现，"聪明"的那一组大白鼠比"笨"的那一组学得快。

罗森塔尔对这种结果怎么解释呢？他推测，这有能是由于实验者对"聪明"的大白鼠和蔼友好，而对"笨"的大白鼠简单粗暴而造成的。

另外，在1968年的一天，罗森塔尔和助手们来到一所小学，说要进行7项实验。他们从一年级到六年级各挑选了3个班，共18个班级，并对这些班级的学生进行了“未来发展趋势测验”。之后，罗森塔尔以赞许的口吻将一份“最有发展前途者”的名单交给了校长和相关老师，并叮嘱他们务必要保密，以免影响实验的正确性。8个月后，罗森塔尔和助手们对那18个班级的学生进行复试，结果奇迹出现了：凡是上了名单的学生，个个成绩有了较大的进步，性格活泼开朗，自信心强，求知欲旺盛，更乐于和别人打交道。老师对罗森塔尔说：“这简直神了！那些您选出来的学生，原本下游的都成了上游，上游的都几乎超过了老师！”他答道：“其实那些学生都是我随便挑出来的，根本没有什么依据，实验仪器其实也都是摆设而已。”

显然，罗森塔尔的“权威性谎言”发挥了作用。这个谎言对老师产生了暗示，左右了老师对名单上的学生的能力的评价，而老师又将自己的这一心理活动通过自己的情感、语言和行为传染给学生，使学生变得更加自尊、自爱、自信、自强，从而使各方面得到了异乎寻常的进步。罗森塔尔根据古希腊神话的典故，把这种由于他人的期望和热爱而使人们的行为发生了与其期望趋于一致的变化的现象称为“皮格马利翁效应”（Pygmalion effect，也称其为“罗森塔尔效应”或者“期望效应”）。

“皮格马利翁效应”·暗示·催眠

也许你有过这样的经历。某天到了公司，突然听别人说某位同事似乎对你有些意见，然后当你见到这位同事的时候，即使他什么也没说，什么也没做，你也会觉得他的眼神和平时不一样，甚至会觉得其实他心里面正念念有词。

这实际上就是暗示造成的一种定势，这种定势让我们在发生某件

事情之前，就对其有了自己的态度、自己的情绪，从而影响了我们对这件事情的判断，最终造成了不同的结果。比方一个人平时酷爱吃烧鸡，每天都得吃上一顿而且百吃不厌，突然有一天听到了禽流感的新闻，就对昨天还吃得津津有味的烧鸡顿生恐惧之感，再也不想吃鸡了。可见，暗示作用往往会使人们不自觉地按照一定的方式行动，或者不加批判地接受一定的意见或信念。

人为什么会不自觉地受到别人的影响呢？其实，人的判断和决策过程，是由人格中的"自我"部分，在综合了个人的需要和环境条件之后做出的。这种决定和判断就是"主见"。一个"自我"比较发达、健康的人，通常就是我们所说的"有主见"的人。但是，人无完人，谁也不敢说自己是最有主见的，完全不会受到别人的影响。"自我"的不完美，以及"自我"的部分欠缺，就给外来影响留出了空间，给别人的暗示提供了机会。

说到暗示，不得不联想到催眠。很多人对催眠非常有兴趣，但是却对心理学上的催眠有些错误的理解。笔者遇到过很多人，说他们最近睡眠不好想让我给他们做做"催眠"。其实催眠并不是像影视作品中描绘的那样"让人睡觉"。简单地说，催眠就是用言语引导自己或者对方进入一种与平时不同的意识状态，在这种状态下，人的行为、情绪等会发生一些改变；在这种状态下，人更容易受暗示，更容易感受自己本身的状态。但是，在催眠的过程当中，意识是清醒的，并不会像电影里拍的那样任人摆布。正因为催眠的这种暗示作用，有人为了证明自己的"自我"很发达，意志力坚定而去参加催眠，但坚持让自己不接受催眠师的暗示，结果弄得自己面红耳赤、一身冷汗。

当然，相比于催眠，"皮格马利翁效应"所造成的暗示，更多的是基于非言语交流，别人的一个肯定的眼神，一些细小的帮助，甚至比先前更多的关心和关注，都会产生积极的暗示，给人一种如沐春风、充满力量的感觉。当然，对于我们自己，也可以在平时经常使用积极的暗示语来增强自己的信心，改善自己的情绪。我们可以在每天睡觉前，都默默地对自己说：“随着日子一天天过去，我的各方面状态都会越来越好，等到明天一觉醒来，我会像重获新生一般，将自己调整到最佳状态！”日本有很多公司，每天上班前都要求员工大喊“我是最棒的！”“我可以创造更好的业绩！”等等，这不正是对自己的积极暗示吗？

“皮格马利翁效应”·自我形象

Kim是一名高中生，她在一年之中已经整过三次容，并且每星期要去看三次牙医。她认为自己是个丑陋的女孩，所以别人都不愿意靠近她。自从两年前她的朋友对于她的长相提出了一些不太好的看法以后，她就显得非常抑郁，为之困惑，甚至有时难以呼吸。如今，她已经向精神病医师寻求了帮助，希望能够修正她的自我形象。

在我们身边有许多人，甚至就是我们自己，都在因为自己的形象而感到非常困扰。这种困扰可能是因为长相引起的，也可能是因为身材、学历或者工作表现。这种困扰会对我们的身心造成双重的破坏。很多人经常抱怨自己的体重超标，不断地节食减肥，而这种情况在女性群体中更为常见，最终不但弄坏了身体，还影响了自信心、人际关系等诸多对我们来说甚为重要的东西。有一项韩国某大学研究小组针对中学女生的研究表明，有42.1%的标准体重的女学生有过节食的经历，同时，有10.9%的女学生表现出进食障碍的症状。在美国也有相关的研究报告表明，白人女性患厌食症的比例要远超过黑人女性，白人女性认为自己还是太胖，并不断地设法减肥，而黑人女性则常认为自己的体形非常好，她们在镜子里所见的是一个比实际更加苗条的自己。显然，黑人女性的自我形象更加积极、健康。

罗森塔尔的研究也表明，正面的自我形象不仅有助于儿童青少年的身心发展，并且对于成年的学习和工作也颇有作用。正因为如此，“皮格马利翁效应”被运用到了教育、管理和自我培养等诸多的领域。实践表明，我们可以通过暗示的力量，改善别人和我们自己对自我形象的定位，在帮助别人的同时也可以创造出更完美的自我。

每一个名人——就像罗森塔尔那样——都有仅属于他自己的传奇经历。可能你会觉得这样的传奇离我们太远，我们只是生活在一个终日往复交替的沉闷世界里，但是你要相信：只要我们相信“我们可以”——正如罗森塔尔的“人际期望”理论所表明的那样，我们就可以创造出一个属于我们自己的传奇！

米尔格兰姆：对抗权威、让世界警醒的人

我们可能都是被社会中那些无形的线牵动着的木偶，但是至少我们是有意识、会认知的木偶。或许，我们可以通过我们的意识踏出通向真正自由的第一步。

——米尔格兰姆

引　子

耶鲁一隅的“奇迹”

曾经，位于美国耶鲁大学旧校区的林斯利·奇腾登会堂是那么容易被人们忽视。这座建筑风格趋于罗马宫廷式与近代哥特式之间的小

楼只是不起眼地立在那里，而大多数时候它更是被其他高大宏伟的建筑物的阴影笼罩着。

耶鲁大学林斯利·奇腾登会堂

1961 年 7 月，这里却被熙熙攘攘的人流打破了原有的寂静，进进出出的人是来参加由一个名叫斯坦利·米尔格兰姆（Stanley Milgram，1933—1984）的实验者主持的心理学实验项目的。然而，曾经的那些人们，不管是主试也好，被试也好，都不曾预知，在不久的将来，这项实验研究的结果将撼动整个人类心理学界，成为 20 世纪最伟大的实验发现之一。

巴别塔的“玄机”

不知道大家有没有看过影星布拉德皮特主演的一部奥斯卡获奖电影——《巴别塔》？该部电影以近乎神奇的叙事手法，将看似不可能有联系的几个故事连接在了一起，然而这些故事甚至是发生在地球上不同的大洲、不同的国家，发生在不同肤色的人种身上的。看到这里你可能会问，这是与本文毫无相关的影评？而要催促着快点进入正题。其实你错了。从某种意义上来说，就是米尔格兰姆将这几个故事联系起来的，是他给了大家这个全新的概念，让如今导演的那些看似天马行空的奇思妙想有了科学的佐证。

不畏揭露真相的实验派大师

那个心理实验项目就是著名的“电击”服从实验（obedience to authority experiment）。说到这里，你可能就恍然大悟了吧！当时年仅28岁的米尔格兰姆刚刚从哈佛大学取得自己的社会心理学博士学位，所以如果说当时你没有听说过他的名字十分正常。但是到了1963年秋天，你就不得不注意到这颗冉冉升起的新星，因为他的名字几乎遍布了各大心理学报纸杂志的头条。正是他的那个实验，发现那些前来参与实验的被试，不顾坐在那里正受到电击的人的惨叫，仅仅是出于对“权威”的服从，将电流一调再调，最后调到了令人发指的近400伏特，对坐在椅子上的人实施电击。当然，这是完全安全的一个实验，因为实验中那些人并没有受到真正的电击，而只是一些演技优秀的演员在做戏。而现今，当年米尔格兰姆做实验时用过的电击机器现在仍可以在美国阿克伦大学找到，而且被用于美国心理学会自1992年开始举办的巡回展览，似乎正是要无声地向人们生动展现当时的场景。

而那部电影的“前身”或者说思想原型，就是“六度分隔”理论（six degrees of separation）。这个理论的大意是说，世界上任何两个素不相识的人之间的关系网络最多只隔着6个人。也就是说，只需用6个人就可以将两个陌生人联系到一起。而如果说没有米尔格兰姆对于生活的悉心观察与认真求证，我们相信不会有这么有趣又与我们生活紧密相关的这样一个事实，被呈现出来，并且竟然可以被科学来辅以证明，然后被我们运用来激发我们的创新思维，揭示一些人生的道理，阐释一些原本难以说明的现象，从而有了这么多可利用的后续价值。

这一切的一切，都要归功于这位著名的社会心理学家。所以接下来更应该说，是米尔格兰姆本人，要带领我们走入他的世界，了解过

去曾经发生过的关于他这个人的点点滴滴。

举世闻名却备受争议的“电击实验”

1961年7月，米尔格兰姆通过公开方式募集到了40名自愿参加者，他们之中有各行各业的从业人员，如教师、工程师、公司职员、商人，等等。实验由一个主试、一个扮演学生的实验人员（主试的助手）共同配合实施，而被试则扮演教师的角色。主试先解释说，这是一项有关学习与记忆的研究，其目的是想了解体罚对学习的效果。要求被试和混于其中的实验人员两人一组，用抽签的方式决定其中一人当学生，另一人当教师。这样的方式减少了被试怀疑的可能性。实验中，教师的任务是朗读一些词语，而学生的任务是记住这些词，然后教师呈现这些词，让学生在给定的四个词中选择两个正确的答案，如果选错了，教师就通过按电钮给学生以电击作为惩罚。事实上，指导者事先已经安排了每次抽签的结果总是真正的被试作为教师，而作为学生的却是主试的助手。实验过程中当学生的假被试和当教师的真被试被分别安排在不同的房间。学生的胳膊上绑上电极并被绑在椅子上。教师与学生之间是通过声音的对话进行联系的。教师的操作台上每个按键都标明了电击的严重程度，从15伏特——“轻微”到450伏特——“致命”，从400伏特开始，仪器表上就贴有“危险，强烈电击”的警告字样。这些电击实际上都是假的，但为了使教师相信整个实验，让其接受一次强度为45伏特的电击作为体验，使他们相信真的有电流通过。这无疑又降低了被试怀疑的可能性。实验中，学生每答错一题，教师就要加大电压。随着电击强度的增加，学生也由呻吟、叫喊、怒骂逐渐到哀求、讨饶，以至最后的昏厥。若被试表现出犹豫，主试就会严厉地督促他们继续实验，并说一切后果不需要由被试承担。

最后实验的结果令人吃惊。在整个实验过程中，当电压增加到300伏特时，只有5人拒绝再提高电压，当电压增加到315伏特时，又有 4 人拒绝服从命令，电压为 330 伏特时，又有 2 人表示拒绝；之后，在电压达到 345、360、375 伏特时又各有 1 人拒绝服从命令。共 14 人（仅占被试的 35%）做出了反抗，拒绝执行指导者的命令。而另外的 26 个被试（占被试的 65%）都服从了指导者的命令，坚持到实验的最后。后来米尔格兰姆又将实验在许多不同群体的人和不同的情境重复好几十次，所得的结果都是一样的。而这一切的一切仅仅是因为主试是来自耶鲁大学的专业科研人员，在外界人们看来，耶鲁大学从事的实验研究一定是有它自己的道理的，就是“权威”，而我们这种不谙研究之道的普通人就只有服从权威，而不应该有所异议，因为如果那样做了就等于是挑战了权威，而这就像一种禁忌被人们所逃避，故意地忽视掉了。

1963 年秋天，米尔格兰姆的服从实验论文一经发表，就遭到了《圣路易斯邮电报》的抨击，说米尔格兰姆本人与耶鲁大学做的这项实验对实验中的当事人造成了巨大的压力。在此之后，米尔格兰姆找到了当时这份报纸的编辑罗伯特进行交涉，最终事情以米尔格兰姆在该报的编辑版上发布辩驳而告终。而在 1962 年秋天，就在他著名的服从实验论文发表的前一年，美国心理学会更是曾经对米尔格兰姆提交的申请加入该会的议案搁置，原因就是这个实验从道德人性角度对世俗进行的挑战。考虑到种种因素，美国心理学会做出了这样的决定，但是在一系列的调查考证之后，米尔格兰姆还是最终成了美国心理学会的会员。这些“小小的”阻挠并不能拦住米尔格兰姆的脚步，他只是沿着自己的路继续走下去，走他自己想走的路。

米尔格兰姆曾经说过一段话，大意是说人们都会被告知要去做一件什么事，而不管是什么事，只要他们觉得这个命令是来自合法的权威者，那么他们的良知就不会设限。这就是这项研究中最基本的核心思想：平凡的人们只是在做他们被要求做的事情，并没有任何的恶意，然而却可能成为可怕行为甚至罪恶的执行者。而米尔格兰姆自己所要做的，就是将这一切的事实揭露开来，展示在世人面前：纵然人们不愿意面对，却还是要正视自己的伤口。

你可能会对这个实验所引发的道德争论有所异议，也可能对它嗤之以鼻。但是，就是这样一个实验，让我们不得不正视我们所生活着的这个社会中的一些问题，包括人性、服从、良知等值得进一步反思的问题。

“六度分隔”理论横空出世

米尔格兰姆的成就并不仅仅在于对服从行为的研究，只是因为其富于盛名而掩盖了其他同样也令人瞩目的成绩。六度分隔理论就是这样。在开篇提到过的这一理论，可以通俗地被阐述为：任何两个陌生人之间所间隔的人不会超过六个。也就是说，最多通过六个人，就可以让任何两个陌生人相识。

1967 年，一切皆起因于米尔格兰姆想要描绘一个联结人与人、人与社区的人际关系联系网，成为六度分隔假说的雏形。当时的米尔格兰姆认为，任何两个陌生人都可以通过“朋友的朋友”这样的途径建立联系，而这种联系之间所需要的中转媒介大约最多为六个人。在米尔格兰姆之前，也不是没有这样的研究。麻省理工学院的政治学家索拉·普尔和数学家曼弗雷德·科臣就曾经做过相关的计算，他们得到的关于中介所需要的人数的答案是三个。而一直是一个不折不扣的实验主义者的米尔格兰姆对这一数据并不满意与信服，于是亲自设计并实施了著名的“六度分隔”实验，成了第一个用实验的方式来证明这个理论的人。

这个实验非常有趣。米尔格兰姆从内布拉斯加州和堪萨斯州招募了一批志愿者，随机选择出其中的 300 人，请他们邮寄一封信。信最终要到达的目的地是米尔格兰姆事先指定的一位住在波士顿的股票经纪人。由于几乎可以肯定信不会直接被寄到目标人的手中，米尔格兰姆让志愿者把信寄给他们认为最有可能与邮寄目标建立联系的亲人或朋友，并要求每一个转寄了信的人都同时寄一封信给米尔格兰姆本人。出人意料的是，有 60 多封信最终到达了股票经济人手中。以下就有一个例子，是米尔格兰姆讲述另一个实验中的一份文件是如何仅用了 4 天时间，就从堪萨斯州的一个农场主手中转交到麻省坎布里奇某神学院学生的妻子手中的：农场主先是将文件交给一个圣公会教父，然后教父将其转交给住在坎布里奇市的一位同事，然后文件就到了神学院学生的妻子手中。这整个过程只需要三步，而中间人只有两个。但并不是每一个实验对象都如此成功的。尽管如此，这项实验平均所需的中间人的数目仍为五个。也就是说，“六”是最远的距离。这是一个多么引人联想的有趣结论啊！

以上种种研究仅仅是米尔格兰姆对于这个世界的贡献之一。他的所作所为，所思所想，早已经在潜移默化中影响了许多人、许多事。那么，这样的一个人物又有着怎样的一生呢？相信此时你与笔者一样被勾起了巨大的好奇心吧？

注定平易而又不平凡的一生

短暂却令世人铭记的一生

1933 年 8 月 15 日，米尔格兰姆出生于美国纽约市布鲁克斯区的一个普通家庭里，他的父母都是来自欧洲的移民，父亲是一名烘烤蛋糕的好手，母亲则在面包店里工作。

米尔格兰姆在家里三个孩子中排行第二。有一个说法是说，如果家中有几个孩子，那么一般排行老大的最沉稳，而老二最平庸，较小的孩子则更喜欢冒险，更容易有成绩。但是米尔格兰姆绝对不符合这个说法。他的个性，他对生活的热爱，他那敏锐的视角与敢做敢为的勇气和毅力，注定了他会成为一个不平凡的人。

米尔格兰姆最好的朋友也是同班同学，著名的寄生生物学家伯纳德·弗里德忆起这位儿时玩伴，说米尔格兰姆是一个“全才”，你不

能将任何片面的评价放到他身上，因为他几乎是同时在艺术与科学这两个领域里发展，并且找到了他自己想要的方向。在詹姆斯—梦露高中学习的日子里，米尔格兰姆积极参加各种学校活动，不仅是文艺社的一员，更是学校里科学观察报的编辑。与此同时，他还积极参与学校剧团的舞台工作，这从一定意义上为他成年以后拍摄电影的经历埋下了伏笔。而他日后的那些著名的实验，也难怪是如此的生动，真实而引人思考。热爱艺术的人都是热爱生活的人，试想一下，一个热爱生活的人怎么会不去思考生活的意义呢？米尔格兰姆就是把自己的思考融入了实验中，才有了今天的这一切。当时，他和后来成为斯坦福大学社会心理学家的菲利浦·津巴多是同班同学，而后者在今天也为人们所熟知。不知道他们两个是朋友这个事实是否对米尔格兰姆今后选择心理学这条道路产生过影响。

高中毕业以后，米尔格兰姆进入大学深造，虽然他后来成了20世纪举足轻重的心理学家之一，但他在皇仁学院读本科的时候却没有上过一节心理学课，而是学习政治学。1954 年，米尔格兰姆获得了皇仁学院学士学位。在大四那年他改变了职业规划，向哈佛大学社会关系学系递交了攻读社会心理学博士的申请表，却被无情地否决了，因为他没有任何心理学方面的知识储备。所以米尔格兰姆不得不在纽约三所不同的社区大学学习了六门心理学课程，才最终被破格暂时录取。米尔格兰姆终于如愿以偿地进入哈佛大学深造。1960 年 6 月，他作为著名的心理学家奥尔波特的学生，获社会心理学博士学位，同年就到耶鲁大学担任心理学系副教授一职。在求学期间，米尔格兰姆对社会问题产生了浓厚的兴趣，他的博士论文即是在挪威和巴黎两地进行的关于跨文化服从行为的差异的调查。他曾在普林斯顿研究所担任以研究服从行为而著名的社会心理学家阿施的研究助理。1962 年，他又回到哈佛大学，担任该校社会关系系国际比较研究课题的行政负责人。后来却又因为种种原因不得不离开母校。在这期间，米尔格兰姆在 1961 年 1 月在曼哈顿遇见了后来的妻子亚历克桑德拉·门金，两人一年后喜结连理。他们育有两个孩子。

然而，这样一位伟大的人物在1984年12月20日不幸卒于心脏病。我们在震惊的同时，看到的是他短短51年的生命所放射的那无比巨大的能量与夺人眼球的异彩。我们在庆幸上天赐予我们这样一个天才的同时，也对他不能做出更多令全世界瞩目的实验研究，不能再这样有声有色地生活在这个世界上而感到惋惜。

影响重大的二三人

要知道，米尔格兰姆虽以研究服从现象而闻名于世，但是他在带领学生从事科学研究的时候，从来不将自己的意愿或者个人喜好强加给学生，而是尊重学生们的兴趣与他们希望有所发展的领域。在他带的博士生中，1967—1984年，只有一个博士论文的主题是与服从有关的，这很好地证明了米尔格兰姆对于学生的教导并非专制型，而是十分民主的。当年，米尔格兰姆在联系博士生导师的时候，是与奥尔波特接洽的。说起奥尔波特，名字是如此的如雷贯耳！他是心理学史上举足轻重的人物之一。米尔格兰姆当时和奥尔波特保持着书信往来，也没有什么特别的目的，纯粹是学生与导师之间的学术交流。奥尔波特从不限制学生的发展，不将自己的观点强加于学生，只是在适当的时候对学生给予必要的帮助和指导。这样的教育方式对当时的米尔格兰姆产生了巨大的影响，以致后来他自己成为一名导师的时候也继续沿用了这样的指导方式，培养出了许多人才。就这样，奥尔波特成了米尔格兰姆生命中最重要的人之一。

当然，这样的人不止一个。还有一个不得不提的就是同样为世人所熟知的著名社会心理学家所罗门·阿施。米尔格兰姆后来之所以走上研究服从行为这一条道路，很大程度上是因为耳濡目染了当时阿施对服从行为的研究。早在1955年的时候，阿施来到米尔格兰姆当时就读的哈佛大学访问演讲，也许是巧合，米尔格兰姆被分配做他的助教。当时阿施正在研究服从行为，他那个著名的实验就是让被试判断自己看到的一条线段和主试给出的线段哪一条是等长的。实验中有若干事先就安排好的人员，用来误导被试，从而验证被试是否存在服从行为。就是这样的一次机缘，让米尔格兰姆从此与服从实验结下了不解之缘。后来，在完成自己博士论文的时候，他研究了法国和挪威两个不同国家的人的不同的服从行为。当时，米尔格兰姆就是沿用了阿施的实验模式，但是他认为视觉刺激应该用听觉刺激取而代之，让被试判断所听到的两个提示音的长短。在被试判断之前，让他们听其他一些“被试”的回答，当然这些被试都是事先安排好的。这项实验有 400 多个被试参与其中，最后的结果是挪威人比法国人更多地发生了服从现象。而在 1959—1960 年写作论文的这一段期间，米尔格兰姆一直跟随阿施在普林斯顿大学工作，并帮助他修订著作。后来，回忆起这一段时光，米尔格兰姆说阿施是对自己影响最大的一个人。

影响重大的二三事

1960 年，米尔格兰姆来到耶鲁大学心理系任教，并立即着手进行自己的下一项实验：关于飞行员的服从心理的研究。当时的他雄心勃勃，想要研究一些更深层次的东西。他想，如果使被试所做出的选择后果的影响性提升到一定程度，那么服从行为是不是会有所改变呢？因为原来类似阿施那样的实验，被试所做的选择仅仅是判断线段的长短，并没有“后果”可言。但是，我们不禁要问，能做出电击服从实验的米尔格兰姆，曾经那么急切地想要找到关于服从行为的答案的米尔格兰姆，仅仅是出于兴趣吗？米尔格兰姆在给友人的通信中曾说过这样的一段话：“我觉得我的精神家园不在这里，而是在欧洲。我不是指法国、英格兰、德国、东欧……都不是，我是指像慕尼黑、维也纳、布拉格……我一直认为我该生在 1922 年布拉格德语区犹太社会中，然后在 20 年后的某一天死在某个毒气室里。而为什么我会像现在这样，在我现在真正出生的地方，在哪个医院里出生，我至今也没有弄明白。”从这封信的字里行间不难看出，米尔格兰姆作为一个犹太移民的后裔，不明白为什么自己的同胞会这样默默地承受这一切，而没有一个人站出来反对，任凭肆意屠杀犹太人。他也不明白，为什么以希特勒为首的那些谋杀者，会如此泯灭良知地残害活生生的生命。他不相信曾经是这样伟大的一个民族会在一瞬间残弱殆尽，虚若飞灰。就像当年鲁迅先生“哀其不幸，怒其不争”，这便是这个“大问号”之所以在米尔格兰姆的心中滋长起来的缘由。在进行此实验的一年间，米尔格兰姆对实验进行了近 20 次改进，探索如何改变实验条件，就能改变被试是否服从的意愿。

1963 年的秋天，在本文伊始提到的实验结果公布后，米尔格兰姆受到了来自母校哈佛大学的邀请回校教书，这本是一件令人愉悦的美事。然而世事不能皆如人意，那时候，有很多人对米尔格兰姆和他的那个实验颇有微词。一时间，对服从实验有负面影响的谴责声不绝于耳，引起了很大的争议与激烈的辩论。最终，米尔格兰姆不得不离开他的母校，选择远离尽管心向往之却又不得不舍弃的旧事、故地。物是人非，米尔格兰姆收拾行囊，担任了纽约市立大学的教授，那一年，他 34 岁。或许是觉得该安定下来，或许是疲于再次卷入是非纷争，米尔格兰姆在他的这个岗位上一直工作到最后一刻。

潜移默化的号召力和影响力

米尔格兰姆的一言一行和处世风格对关注他的人们形成了不小的影响，大家在看到他学术方面的贡献与成就的同时，也将他的生活方式与信念融入了自己的生活中。

有一个由法国人和德国人共同组建的朋克摇滚乐队竟然取名为“米尔格兰姆”，为的就是要向米尔格兰姆这种不按常理出牌、做自己想做的事的生活态度敬礼。1986 年，音乐家彼得加布里埃尔，一个米尔格兰姆的崇拜者，录制了一首歌，歌名就叫做：《你叫我做什么我就做什么》（We do what we are told）。这显然是受了服从实验的影响而对某些时候令人恼怒的服从行为进行反讽。

人们还从米尔格兰姆的实验中汲取了丰富的戏剧性和想象力。1973 年，就有一位英国剧作家写了一幕戏剧，名为《巴甫洛夫的狗》，而其灵感正是来自于米尔格兰姆的服从研究。此后，社会上还陆陆续续地诞生了很多以服从研究为灵感并对生活有自己思考的艺术作品，这似乎也呼应了米尔格兰姆本人的意愿与初衷。要知道，他是一个极其富有艺术细胞的天才。1976 年 8 月，美国哥伦比亚广播公司推出了一档黄金时间的剧集，其主题就是根据服从实验改编的，由威廉·夏特纳出演一个以米尔格兰姆为原型塑造的心理学家史蒂芬·亨特，而米尔格兰姆则为该剧担当顾问——圆了他年少时起就开始怀揣着的戏剧之梦。

极富创想力的米尔格兰姆

尾声：做好你自己

米尔格兰姆已经不能再给我们任何像当初一样激动人心、让人振奋的实验发现了，因为他过早地离开了我们，但是那些他留下的东西，那些发现，那些思想，永远不会离开我们。因为他真正地影响了我们的心理学界，影响了我们的生活，甚至影响了整个世界。

从某种意义上，我们并不需要米尔格兰姆告诉我们，我们有这种“服从权威，听从指挥”的倾向，或许这是与生俱来的天性的一个侧面。但是我们可以确信的是，在米尔格兰姆之前，没有人提醒过我们这种倾向性是多么的强大，没有人曾试图做些什么来唤醒世人，而这种倾向性不仅不容置疑，而且可能会决定我们的发展，我们的命运：

如果我们不去学会控制它，说不定会有不堪设想的结局。所以我们应该从这里得到启发：当我们不愿意服从某些权威的时候，我们可以尝试采取一些行动来防止自己继续错下去，勇敢地说不！米尔格兰姆所做的这一切，无疑给我们敲响了警钟，让我们意识到了一些从前不曾意识到的东西。而这一切的另一个重要影响，则是体现在了美国军队中。根据米尔格兰姆的研究，他们设计出了某些实用性极强的心理学必修课程，在美国军校中试行，取得了理想的效果。

而我们，一定要试着记住米尔格兰姆说过的一句话。尽管我们不想让这一切无论是伟大的实验还是伟大的思想流于形式，但还是要试着时不时回忆："当你试图站在权威的对面时，要从自己身后的那一方人中寻求支持。因为只有人与人彼此之间的支持，才能构成对抗权威和独裁的最坚实的堡垒。"请你要记住，做好你自己。米尔格兰姆做好了他自己！他就是斯坦利·米尔格兰姆，不是别人，就是那个最坚定的自己！

发展心理学大师

吉尔福特：智力三维结构理论的创始人

创造性再也不必假设为仅限于少数天才，它潜在地分布在整个人口中。

——吉尔福特

乔伊·保罗·吉尔福特（Joy Paul Guilford，1897—1987），美国著名心理学家。他主要从事心理测量方法、人格和智力等方面的研究。他因运用心理测量方法和因素分析法进行人格特质的研究，特别是对智力结构和智力的分类而驰名世界。1950 年当选为美国心理学会主席，1954 年当选为国家科学院院士，1964 年获美国心理学会颁发的杰出科学贡献奖。1987 年病逝于美国加利福尼亚州洛杉矶。

走过的路

1897年3月7日，吉尔福特出生于美国内布拉斯加州马奎特（Marquette）的一个农民家庭。在他呱呱坠地的一刹那，或许就决定了他今后在心理学领域的不凡。吉尔福特的父亲是一位聪明且积极接受新事物的农夫。吉尔福特还有一个哥哥和一个妹妹。吉尔福特从小聪颖过人，热爱学习，并且对新鲜事物有非常大的兴趣。他在小学一年级的时候，学习的成绩。就已经超过小学三年级的程度，12岁的时候就通过了高中的入学考试。可惜因为家庭的种种原因，他没有马上直接进入高中，而是等到跟同龄的同学同年进入高中。

1914年，吉尔福特从奥罗拉高中毕业，之后当了两年小学教师，又进内布拉斯加大学学习一年。吉尔福特曾一度对化学痴迷，想成为一名化学家。后来第一次世界大战爆发，吉尔福特应征入伍。1919年，一战结束后，他回到内布拉斯加大学，在那里，海德（Winifred F. Hyde）让他担任助理以筹措学费。而正是在这里，让吉尔福特对心理学产生了兴趣。1922年和1924年，吉尔福特先后在内布拉斯加大学获学士和硕士学位。在此期间，他担任该校临时心理诊所主任，处理了约100多例个案。这一经历让他感到，单靠智商（IQ）来了解儿童的能力是非常有限的，因此他认为对于智力需要有更完整的鉴别方式。

1924年，他进入康奈尔大学师从铁钦纳攻读博士学位，还曾与L. 瑟斯顿、C. 斯皮尔曼和赫尔森（Harry Helson）有过交往，并曾听过K. 达伦巴哈的课程。1926年，他和露丝（S. Burke Ruth）结婚，后育有一女成为工业心理学家。1927年，他获得哲学博士学位。在伊利诺伊大学和堪萨斯大学工作不久后，1928年返回内布拉斯加大学任心理学教授，在这里，他逐渐赢得国际声誉并成为美国有名的心理学家之一。1940年，他在南加州大学任职，除了1941年曾在圣

安娜陆军航空基地负责对机组人员进行选拔和排名外，一直工作到1962年退休。退休后他仍然致力于心理学方面的研究并多次获奖。1964年获美国心理学会杰出科学贡献奖，1974年获教育测验服务社教育与心理测量贡献奖，1977年任国际智力教育协会主席。1983年获心理学基金会金质奖。

智力的“魔方”

三维智力结构模式

1956年，吉尔福特发表了关于智力的一篇论文。他认为，前人所认为的语文能力测验和非语文能力测验与计量能力测验是“正交的”看法，是错误的。举例而言，在测验非语文能力的方式上，仍会用到英文字母，所以应该做较为清楚的区分。1959年他提出三维智力结构模式，1967年又在其主要著作《人类智力的性质》中对此模型作了较为全面而详尽的论述。

他在多年“因素分析”研究的基础上于1959年提出了“智力三维结构模型”（Structure of Intellect，SOI），从中，他否认了普遍因素G的存在。认为智力结构应从“操作”、“内容”、“产物”三个维度去考虑。智力活动就是人在头脑里加工（操作过程）、客观对象（内容）、产生知识（产物）的过程。智力的“操作”过程包括认知、记忆、评价、发散思维、聚合思维5个因素；智力加工的“内容”包括图形（具体事物的形象）、符号（由字母、数字和其他记号组成）、语义（词、句的意义及概念）、行为（社会能力）共4个因素；智力加工的“产物”包括6个因素，即单元、类别、关系、系统、转换、推衍。这样，智力便由4×6×5=120种基本能力构成。吉尔福特还识别出智力结构中的70多个智力因素。

他不断充实自己的三维空间结构模型。1982年，他修正其理论，

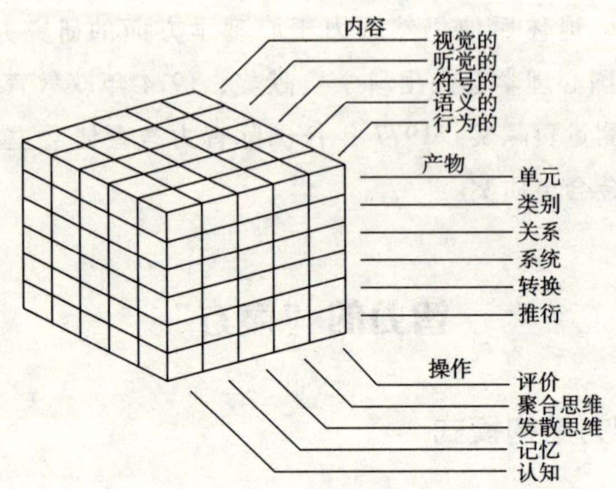

吉尔福特的智力三维结构模型示意

将内容中原属图形的材料，再分成视觉与听觉两种，于是将智力视为5×5×6=150个不同因素的组合体。1983年，他又将操作维度中的记忆分为短时记忆和长时记忆，于是使其由5项变为6项，智力结构的组成因素便增加到5×6×6=180种。吉尔福特认为每种“因素”都是独特的“能力”。例如学生对英语单词的掌握，就是语义、记忆、单元的能力。又如，说出鱼、马、菊花、太阳、猴等事物哪些属于一类，回答这类问题所进行的操作是认知，内容是语义，产物是类别。

吉尔福特将上述智力结构的模式推荐为认知心理学的参考系统。他的智力结构论中引人注目的内容之一是对创造性的分析。他把以前智力概念中曾被忽略的创造性与发散性思维联系起来；还将发散性思维与聚合性思维相对应。他认为发散性思维具有流畅性、变通性和独创性三个维度，是创造性的核心。吉尔福特还提出人格是由态度、气质、能力倾向、形态、生理、需要和兴趣这七种特质组成的一个统一的整体。它是一个呈七角形的交互体，从不同角度可以观察到七种不同的人格特质。

思维的内容、操作和产物

吉尔福特认为，影响智力的首要因素是 4×5×6 的智力因子，而影响这些智力因子发展水平的则是思维内容、思维操作过程和思维产物（结果）。

思维内容是指输入到我们头脑中的信息内容，可把这些信息归为四大类：图形类、符号类、语义类和行为类；思维过程是指我们对输入的信息进行加工，对信息加工的方式有多种，它们是认知、记忆、评价、集中思维（也称聚敛思维）和发散思维；思维结果是指我们对信息加工后的产物，这些产物的形式包括单元、类别、关系、系统、转换和推衍。

1. 思维的内容

每天通过我们的感官系统输入到我们头脑中的信息非常多，这些信息可划分为图形类、符号类、语义类和行为类的信息。（1）图形类：我们可以直接看到、听到或触摸到的具体信息。如图形、形状、简单的声音或一个具体的“东西”等；（2）符号类：指代某种特性的抽象信息，如标志、字母、数字、音符、电话号码、乐曲、统计表格等；（3）语义类：指信息的概念和意义。如“树”的意义在中文中用“树”来表示，在英文中用“tree”来表示，但它们都是“树”这个词所代表的意义和概念；（4）行为类：指那些非语言信息，是人类交往中的感受、想法、愿望、情绪、情感、意图以及行为的信息，是通过非语言线索获得的信息。

2. 思维的操作

我们对输入到头脑中的各类信息会进行加工，加工的方式有认知、记忆、评价、聚敛思维和发散思维。（1）认知：发现、吸收新信息和识别以前接触过的信息的能力。可视同为“理解能力”；（2）记忆：储存和再现信息的能力；（3）评价：按一定的标准进行比较的过程。在实际生活中指做出判断和决定的能力。可视同为“判断能力”；（4）聚敛思维：根据既定信息，找到一个解决方案或确定的答案的能力。可视同为“解决问题能力”；（5）发散思维：找到符合问题要求的多种答案的能力。可视同为“创造性思维能力”。

3. 思维的结果

在头脑中加工后的信息（思维的产物）有不同的生成形式，可归纳为单元、类别、关系、系统、转换、推衍的形式。（1）单元：单元是信息的最简单的组织方式。单元指的是单一个体。一个图形、一个符号、一个词或意思、一个行为等；（2）类别：类别能力指的是理解信息的分类，能按一般特性进行分类的能力；（3）关系：关系指的是不同信息因为差异或某种关联而建立起的联系。如因果关系；（4）系统：系统指的是有组织或有结构的多种信息组成的整体，或复杂的、彼此相关的各个部分组成的整体。系统可以是图形的，比如迷宫、建筑物；也可以是符号的，比如有一定序列的数学操作；还可以是语言的，比如按一定的要求组建的句子等；（5）转换：转换指的是将既定信息转变成其他信息的能力；（6）推衍：推衍指的是从已知的信息中领会到某些更深层含义的能力。比如，一个学生对知识的迁移能力等。

从以上吉尔福特智力结构模型中我们可以看出，思维内容、思维操作和思维结果中的各项能力决定了人类智力活动的水平。

“创造力是属于全人类的”

吉尔福特智力理论的另一大贡献是关于创造力的阐述。这些阐述意义深远，奠定了我们今天对创造力的理解和对创造力的测评方法。

吉尔福特认为创造力主要包含四个关键因素：思维的流畅性、变通性、独创性和精进性，且这些因素都相应地集中在智力结构模型中发散思维层面中的智力因子上。思维的流畅性对应于“单元发散”中的智力因子，思维的变通性对应于“类别发散”中的智力因子，

思维的独创性对应于“转换发散”中的智力因子，思维的精进性对应于“推衍发散”中的智力因子。

思维的流畅性是指尽可能多地找出答案，比如：尽可能多地列举出能够燃烧的物体，这用到的是“语义单元发散”因子；尽可能多地写出“R”开头“M”结尾的英文单词，这用到的是“符号单元发散”因子，等等。

思维的变通性即指思维的灵活性。比如，我们在列举“砖”的用途时，有人列举“盖房、架桥、铺路”之类的用途，而有的人说出“打狗、研成粉末作颜料、顶门、镇纸”等用途，那么说出后面这些答案的人，则因不拘泥于某一类用途而表现出更强的变通性。变通性在智力结构模型中对应的是“语义类别发散”的因子。变通性强的人可能具有较高的抽象思维水平。

思维的独创性的答案一般有三方面的特征：(1) 新颖的、不常见的；(2) 与给定信息只有很间接的联系；(3) 机敏智慧的。独创性对应的是“转换发散”的因子。比如人们在回答“如果从现在起，人类全都变为盲人，世界将会怎样”的问题时，“走路跌跌撞撞”、“不能阅读”等答案都是一些直接结果的答案。这类答案用到的是“语义单元发散”因子；但如果是“以前的盲人将成为世界的领袖”，“照明公司和影视娱乐业将破产”等这类的回答，则超出一般人的想象范围，机智新颖，且对问题而言是一些间接的结果。这类答案越多，则表现出这个人的独创性越强，用到的智力因子是“语义转换发散”因子。

思维的精进性对应的是一种全面细致思考问题的能力。不仅考虑问题的全体，还要考虑问题的细节；不仅考虑问题的本身，还要考虑与问题有关的其他条件。比如在简图上添加装饰性的细节内容，装饰内容越丰富，这种能力越强；或根据某一给定的计划提纲制定出计划实施的具体步骤等等。精进性对应的是“推衍发散”的智力因子。

综上所述，根据吉尔福特的观点，思维能力既取决于思维内容中的各项能力，又取决于思维操作中的各项能力。

人人都是独一无二的

人格和人格特质

吉尔福特不仅以提出“智力三维结构模型”而闻名于世，而且还在人格特质的分类上作出了重要贡献。

1959 年，吉尔福特指出，人格是各类特质的独特模式，而“人格特质”就是个体间有所不同的、可以辨识而持久的特性。各种特质是同一人格的不同方面，可以根据其性质将特质划分为几大类。他认为，一个人的人格是由：（1）需要（need）；（2）兴趣（interest）；（3）态度（attitude）；（4）气质（temperament）；（5）能力倾向（aptitude）；（6）形态（morphology）；（7）生理特点（physiology）七大类特质所构成的统一体。从不同的角度可以观察到不同的特质。吉尔福特认为，人格特质是不能直接观察到的，只能根据可以直接观察的行为推而知之。这种行为就称为“特质指示物”（trait indicator）。他指出特质必须具备下列条件：

（1）特质是可以测量的，一个人所具有的某一特质的量被称为“特质位置”（trait position）。（2）个体的特质位置是变化的，但变化程度是不同的，有些特质比较稳定，变化极小；有些特质比较不稳定，变化较大。（3）不同的特质具有不同的普遍性，有些特质为千千万万人所共有，有些特质为几个人所共有，有些特质则为个人所独有。（4）不同的特质的特质指示物之间的相关系数是不同的。有些特质的各个特质指示物之间的相关系数较大，即关系比较密切；有些特质的各个特质指示物之间的相关系数较小，即关系比较松弛。

吉尔福特还提出，人格的共有特质为 12 种：（1）是否忧郁或容易悲伤？（2）情绪是否容易变化，不稳定？（3）自卑感是大还是小？

（4）是否容易担心某种事情或容易烦躁？（5）是否容易空想、过敏而不能入睡？（6）是否信任别人，与社会协调？（7）是否不愿倾听别人的意见而自行其是？是否爱发脾气，有攻击性？（8）是否开朗、动作敏捷？（9）慢性还是急性？（10）是否喜欢沉思，愿意反省？（11）是否能当群众的领袖？（12）是否善于交际？在12种特质中，第1—4个特质是情绪稳定性的指标；第5—7个特质是社会适应性的指标；第8—12个特质是向性的指标。

人格的“阶层式结构”

吉尔福特认为，各个特质最后组成一个“阶层式结构”（hierarchical structure）。在这个人格结构中，最基层的特质叫做“基倾”（hexis）。一个基倾是个体在少数情景中表现出某种一致性行为的倾向，例如，喜欢参加舞会、喜欢参加宴会等。基倾所涉及的范围较小，与习惯相似，但它并不一定是通过学习而来的。中间一层叫“基本特质”（primary trait），它位于基倾之上，每一个基本特质都是几种基倾的共同元素，因此涉及的范围比基倾要广得多。社会性就是一种基本特质，而喜欢某种社交场合则是一种基倾。最高一层叫“类型”（type），它位于基本特质之上。在吉尔福特看来，类型是涉及范围极广的特质，因此同一个人可以同时具有几种类型（这与一般的人格类型论者对类型的看法有所不同），每一种类型是由多种基本特质的共同元素所组成的。吉尔福特指出，在人格阶层式的结构中，上层的特质可以影响或决定下层特质。

一般来说，特质论者运用客观观察、主观问卷、实验和统计分析等方法直接研究人本身的行为特点，具有一定的客观性。他们编制了各种人格问卷，已为各国心理学家广泛采用。但是，由于各研究者采用的方法和选材的来源不同，各人所依据的理论也不尽一致，因此，各家所提出的“特质”并不一致。如有些研究者只发现5个特质（维度），另一些研究者却发现20多个特质，分歧甚大。除了基本特质的数目缺乏一致外，还出现了特质和特质之间的某些重叠现象，而且对特质的命名也是因人而异，相当混乱。

有些特质论者对遗传因素强调过多，对特质的稳定性、不变性强调过多，没有强调社会环境、社会生活对人类行为的作用。实际上，一个人的行为很大程度上依赖于环境，同一个人在两种不同场合下会产生完全相反的行为。如一个“攻击性”很强的人，不会在所有场合下，对所有的人都有攻击行为，有时甚至会表现得非常温和。

从系统论的观点来看，人格是由彼此密切联系的成分所构成的多因素、多层次、多水平的统一体，是一个“完整的构成物”而不是几个特质的简单组合。特质论者虽然也涉及复杂的人格结构，提出了几种人格结构模型，还指出了各特质之间的某些联系。但是，总的看来，他们还是倾向于用分离的特质来解释人格，并没有指出这些特质究竟是如何有机地组织在人格结构之中的，忽视了人的整体性，这与人格的“类型论”相比有不足之处。人格理论的发展是应该将从质和整体上理解人的类型论与从量上分析人的特质论结合起来。实际上，目前这两种理论已经有开始整合的趋势了。

1987 年 11 月 26 日，吉尔福特走完了他人生的最后一步，病逝于美国加利福尼亚州洛杉矶。然而他却给人们留下了丰厚的宝藏，在心理学史上留下了浓重的一笔。

洛伦兹：所罗门王*指环的持有者

对自然状态下的野生动物而言，符合自然的行为和“必须做”之间不存在根本矛盾，而这正是人类所丧失的乐园。有文化的人类已经无法盲目地依赖本能行事，多数的本能多少与社会对个人的要求相对立，所以非常素朴的人类必须认清自己是反文化且反社会的。

——洛伦兹

康拉德·洛伦兹（Konrad Lorenz，1903—1989），奥地利比较心

* 所罗门王：据《圣经》记载，所罗门王是大卫王的儿子。传说他可以借助魔戒的帮助说出各种禽兽的言语，能人之所不能。

理学家、动物学家，“习性学”的创始人之一。他在1973年与卡尔·弗里西和尼可·廷伯根共获诺贝尔医学生理学奖。他的一生丰富多彩、曲折离奇，既有一生追随自己兴趣的开心无悔，也有因为对“优生学”的笃信而加入纳粹的痛苦遗憾；既有一生与自己真爱的妻子相濡以沫的幸福，也有被关入苏军监狱生死系于一线的惊险。他热爱大自然，并与大自然亲密接触。大自然转而回报给他无尽的财富：无限的创造灵感。他曾经写道：“当我在阿尔姆湖的石子滩上，坐在我的大雁中间或者当我在艾顿堡（Altenberg）的家里，坐在我的大热带鱼缸前时，不出几个小时，我就会看到某些让我完全感到意外的东西，那是我无法解释的；不仅如此，它还向我提出了新的问题。”正是这些无尽的创造灵感使他硕果累累。他不仅率先打开了动物行为研究的大门进而窥见很多动物行为的奥妙，还把动物行为的发现运用到人类的身上。下面就让我们来看一下善于与各种动物沟通的这位大师的辉煌一生。

兴趣至上——洛伦兹的童年

洛伦兹于1903年11月7日出生在维也纳附近的爱丁堡。这里风景秀丽、多瑙河正从它的中央穿过，因为河水每年要泛滥一次，因此，此地不仅人迹稀少而且附近的耕地也无人耕作。这使它成了一块原始的自然绿洲。这里的动植物的种类繁多，为洛伦兹以后的动物研究生涯提供了很大的可能性。洛伦兹的父亲阿尔弗莱德（Alfred Lorenz）是维也纳大学的医学教授，还是一个非常富有的国际知名的外科整形专家。他曾获得过诺贝尔奖提名，只因一票之差而与诺贝尔奖失之交臂。阿尔弗莱德在艾顿堡买了一处相当大的房产，这处房产位于维也纳郊区，延绵了20英里。这为洛伦兹以后的动物研究提供了很大的便利。在洛伦兹童年发生了几件意义重大的事情。这些事情决定了洛伦兹一生的兴趣指向。

在洛伦兹 4 岁的一天，父亲带小洛伦兹去维也纳森林散步，在散步的途中，他们发现了一只蝾螈（也称火蜥蜴、娃娃鱼）。小洛伦兹对此充满了好奇，他拼命恳求父亲同意他把这只蝾螈带回家饲养。经不住爱子的苦苦哀求，老洛伦兹终于同意了他的要求，但是要求他必须在 5 天内把这只蝾螈放走。不料，这只蝾螈却在此期间生出了 44 只小蝾螈，而且，洛伦兹家善于饲养动物的保姆蕾西（Resi）把其中的 12 只养到改变形态的阶段。成功的喜悦在小洛伦兹幼小的心里打下了深深的烙印。另一件事情是拉格罗夫的名著《尼尔斯骑鹅旅行记》对他的影响。在这本书中，拉格罗夫形象生动地描写了尼尔斯的神奇遭遇。小洛伦兹对这本书的印象深刻极了，整天嚷着要成为一只鹅。当他发现这是不可能的时候便很渴望能够获得一只鹅，不过，这同样被证明是不可能的。最后，他只好以饲养家鸭替代之。在养鸭的过程中，洛伦兹发现了著名的印记现象，这使得他的兴趣牢牢地固定在了水禽上。在大约 10 岁的时候，洛伦兹通过阅读威尔海姆的一本书首次接触了进化论，一下子就迷上了进化论。进化论回答了一个长期困扰着洛伦兹的疑问：如果爬行动物可以经由始祖鸟演变成鸟的话，那么环节动物的虫子也可以演变成昆虫。因此，洛伦兹便期待将来能成为一名古生物学家。

师恩难忘——影响洛伦兹一生的三个关键人物

霍赫施泰特尔

洛伦兹很小便对进化论产生了兴趣，渴望长大后能够成为动物学家或古生物学家。但由于自己的父亲是位有名的医生，他很希望洛伦兹继承他的事业，所以便一直坚持让洛伦兹学习医学。最终的结果便是洛伦兹于 1922 年去美国的哥伦比亚大学就读医学，并在此期间遇到了对他产生深远影响的老师费迪南德·霍赫施泰特尔（Ferdinand Hochstetter）。霍赫施泰特尔是洛伦兹的解剖学老师，同时也是个信奉比较学方法的老师。在他的影响下，洛伦兹很快地意识到比较解剖学和胚胎学比古生物学更能说明和解决进化论方面的问题。不仅如此，比较法也可以很好地应用于行为模式上。洛伦兹甚至在取得医学博士学位之前，便在霍赫施泰特尔的部门担当了助教继而讲师的职位。在此期间，洛伦兹在学习动物学的同时参加了心理学的研讨班，并且阅读了很多心理学著作，深入地了解了华生的行为主义和麦独孤的本能论。洛伦兹猛然意识到这些心理学家都不了解动物，而他本人恰好具有这一优势，他可以把自己这方面的知识与心理学很好地结合起来，用比较法来研究动物的行为。他被动物行为学的前景所深深地打动着，热切地着手这一新学科的建设。霍赫施泰特尔曾于71岁生日在维也纳大学作告别演说之后的答谢词中说："你们在感谢那些我不应该得到的东西。感谢我的父母、我的祖先。他们遗传给我顺其自然的性格。假若你们问，我这一生在研究和教书的园地里做了些什么？我必须诚实地回答：我常常做那些我当时感到有趣的东西。"而这其实也是洛伦兹一生的工作缩影。

海因洛特

奥斯卡·海因洛特（Osker Heinroth）与洛伦兹的交往开始于20世纪20年代。在洛伦兹当解剖学助教期间，他利用闲暇继续在爱丁堡饲养动物。在他养的众多动物中，他尤其钟爱穴乌。当他养第一只穴乌时，恰好他的好友赫耳曼送给他一本海因洛特的书——《中欧的鸟类》。看过这本书后，他猛然意识到海因洛特清楚地了解麦独孤和华生所忽略的动物行为并可堪称动物行为学方面的专家。海因洛特对洛伦兹的影响极其深远，尤其是他那注重观察事实的研究特点。这一特点被洛伦兹坚定地传承着。洛伦兹的一生几乎就是在与虫鱼鸟兽的亲密对话中度过，他的研究特色在于注重在自然或至少是半自然的条件下，对自由长大的个体所特有的行为进行考察。他与驯服的雁鹅、穴乌及其他鸟类生活在一起，同时又几乎不改变它们的野生属性。要做到这一点着实不易，他的太太为了使他们尚幼的孩子远离家中自由活动的危险动物，竟发明了“颠倒用笼法”——把动物放出的同时把孩子们放在一个特制的大笼子内。在一般人家，我们通常会听到这样的语言：“快把窗户关上，小鸟要飞出去了！”但在洛伦兹家却恰好相反，看见一群鸟飞过，家人着急的是：“赶快关窗，看那只大鸟就要飞进来了！”

海因洛特认为，除了雄性野鸡的翅膀外，现代人类对工作速度的追求可谓是物种内部选择最愚蠢的产物。洛伦兹也深深认同这一观点。他认为，对于野鸡以及其他有着类似结构的动物而言，物种内部的竞争可能使该物种的发展越来越畸形与可怕，并最终导致灾难性后果，但环境却可以阻止这种异常发展。然而，这却不是人类的发展状况。由于人类的异常强大，外界的环境力量微乎其微，从而使得人类之间的竞争异常强烈。在竞争的巨大压力下，不仅那些对人类群体有益的事物，甚至连那些对个人有用的事物也已经被完全忘却了，而只有那些可以帮助自己超越同伴并使自己在无情的竞争中处于不败之地的事物才有价值。

克雷格

华莱士·克雷格（Wallace Craig）是美国的一位著名的鸟类学家。他是除霍赫施泰特尔和海因洛特外，对洛伦兹影响最为深远的一位老师。他批判了洛伦兹把本能行为看作是一连串的反射的思想。而且正是他让洛伦兹提出了“行为的先天释放机制”理论。行为的先天释放机制理论的主要观点是：本能行为具有以下四个特征：①先发性，是指本能行为可以不需要外界刺激自发形成。②种属特殊性（species-specific）。③行为模式固定不变。④由行为的先天释放机制激发。本能行为是由先天释放机制激发而成的。比如，雄性刺鱼的红色腹部可以激发出另一雄性刺鱼的攻击行为，则雄性刺鱼的红色腹部便是刺鱼攻击行为的激发者。在提出行为的先天释放机制理论之前，洛伦兹一直坚信着行为的反射理论。他认为，刺激的长期缺乏可以降低本能行为的反应阈限，甚至可以使得本能行为在无刺激的情况下自发产生。尽管本能行为具有明显的自发性，洛伦兹却认为这些现象全部应该用本能的反射理论来解释，凡是对谢灵顿反射理论的任何偏离都意味着对生机论的妥协。洛伦兹对本能行为反射理论的放弃始于1937年2月的一次学术会议上。这次的放弃过程异常迅速，只持续了几分钟。使他做出这种改变的是一个年轻人。这位名叫霍尔斯特的年轻人在此次会议中坐在洛伦兹的妻子的前面，因而他的整个表现都尽收洛伦兹妻子的眼底。当洛伦兹讲到行为的自发性时，霍尔斯特喃喃自语："就是这样，就是这样。"但是发言末尾，当洛伦兹讲到这种本能性的活动模式终究是一连串的反射时，这位年轻人却用手蒙住脸，发出抱怨声："胡说八道，胡说八道！"

其实，霍尔斯特对神经生理学的研究已经证实，中枢神经系统会自发产生刺激，这就是内源刺激。在外界刺激不存在的情况下，这种内源性刺激积累到一定程度，就会引发出一个自发性的行为。在通常情况下，是外界刺激与内源刺激的叠加诱导一个行为，这就意味着，当内源刺激已积累到一定程度时，一个小小的外界刺激就能诱导一个行为。用通常的话来说，就是行为的阈值降低了。当洛伦兹接纳了这种新观点后，他猛地被它的解释力所折服，彻底地放弃了受到克雷格批判的本能行为的反射观。

雁鹅之父——"印记"的研究

"印记"（imprinting）是习性学上的一个关键术语，是指初出生的稚鸭或稚鹅等动物会对出生后所见到的第一个活动物体表现出依恋和跟随的现象。英国生物学家道格拉斯·斯普拉丁（Douglas Spal-

“洛妈妈”与对他产生了印记的“鸭孩子们”

ding）在19世纪对印记进行了最早的描述。不过，对印记现象进行详尽研究的却是洛伦兹。洛伦兹在8岁时便发现邻居家刚出生一天的小鸭子整天跟着自己，而对它真正的妈妈不怎么搭理。当时的洛伦兹很奇怪，不明其所以然，直到他在灰雁身上也发现了类似的现象，并对其进行了系统的研究。洛伦兹发现，刚出生的灰雁会对它见到的第一个活动物体产生依恋，而水鸭子虽然不会对见到的第一个活动物体产生依恋，却会对类似于母水鸭的叫声产生印记。印记是进化的产物，具有适应性。许多稚禽一孵出来便需要与母亲建立联系，以便识别它。随后，它们才会跟随母亲，受它保护。如果刚孵出的小鸡或者小鸭不这样做的话，就会迷路乃至死掉，况且它们又很好动，如果母鸡或母鸭不借助于印记行为，是很难保护它们的。印记过程其实只需几分钟就能完成。它像摄影时胶片曝光那样，是一种快速的被动记录。小鸡或小鸭一出生，就把自己第一眼看到的较大的移动物体认作“母体”。在一般情况下，它们第一眼看到的当然是孵化它们的母鸡或者母鸭，但在实验中，如果让它们看到的移动物体不是母鸡或者母鸭而是一个用线牵着的橙色气球的话，它们也照样会紧紧地跟随它。因为，它们把气球印记成它们的母亲了。印记的效果非常强烈，假如几天后让它们在那只气球和它们真正的母亲之间做出选择的话，它们还是会跟随那只气球，而不会跟随任何其他东西。印记具有以下几个特点：①印记只在出生后某段时间内发生，刚孵出的稚鸭、雏鸡等禽类的印记现象，只能在一天之内发生，超过30小时印记将不会发生。同理，小狗出生后如在一个半月之内不与人接近，以后将无法与人建立亲密关系。②印记一旦形成，即长期不变。③印记虽属学习，但此种学习并不需要像行为主义所说的强化作用，而是一种快速的学习过程。印记的发现在心理学上意义重大。其实心理学上的关键期在某种程度上便可以看作是一种印记。比如，人类的语言习得便存在一个关键期，婴儿只有在特定的时期内学习语言才会事半功倍，过了这个时期便会事倍功半，甚至终其一生也学不会。

人与自然——失去的“伊甸园”

在早期改造自然的过程中，人类高叫“人定胜天、势与天公比高”的辉煌口号，滥砍森林、占用耕地、污染大气、玷污水源……人类在自然界中的地位变成了超级“Boss”，所有的生物都被人类玩弄于股掌之间。几乎所有的生物见了人类都会战战兢兢。洛伦兹曾说过：“今天，在人与野生动物有所接触的所有国家里，人都已经臭名昭著，因为他是所有猛兽中最危险也最没同情心的；几乎没有一种动物不是一发现有人接近就逃跑的，不管它有多大、多强壮，身上还有什么重型武器。只有人对动物还是陌生的情况下，它们才会充满信任地走向人，遗憾的是，这常常是错误的。”

人类早在至今5万至1万年前的石器时代便已经失去自己的“伊甸园”。人类的所作所为其实已使自己付出了惨重的代价。不仅损坏

由人类导致的森林火灾

了生物的多样性，最终对人类造成了无法弥补的损失，还使得自己的生存环境越来越糟。美国著名生物学家威尔逊在其名著《生命的未来》中精辟地分析了人类对自然冷淡的根源。他认为，这一根源可以上溯至人类本性的深处。人们倾向于忽略任何较远的可能性，这是从旧石器时代直接继承下来的传统。在旧时器时代，那些为短期目标而奋斗的远古人倾向于有更多的后代，从而使得那些为短期目标而奋斗的人具有更大的适应性。“短期”和“长期”两种价值观的矛盾使人类陷入了一个难堪的境地：一方面，为自己的部落或国家的不远的将来选择一种价值观相对来说比较容易；把整个地球的长期将来作为价值观来选择也相对容易——至少从理论上如此。但另一方面，把这两种观点融合起来形成一个全球的环境伦理观就非常困难。那么出路是什么呢？洛伦兹和威尔逊都认为，可以从科学技术、国家政策、宗教道德乃至人们的觉悟上去寻求答案。

“攻击本能”——攻击的秘密

洛伦兹对攻击的探讨始于对鱼类的观察。洛伦兹发现，攻击行为只针对同种个体。若把同种类的几条鱼放在一个水槽内，顷刻间只剩下最强的一条还活着，但如果把异种的鱼放在一起，它们便能和平共处。为什么本是同根生，却相煎如斯急呢？洛伦兹认为原因是同种个体对生存条件的要求非常相似，从而使得它们之间的竞争异常激烈。你也许会想知道这种残酷的同种残杀是否会导致该物种的灭绝。其实不会！因为，鱼通常生活在大海里，败者可逃离胜者的领域，而且胜者也不会将战斗进行到底。同种个体尽管仍然相斥，但却不必导致你死我活的结局。同类竞争不会导致种族的灭绝的另一个原因是，多数物种已经进化出了防止这种现象发生的抑制机制。我们拿狼为例，狼的杀伤力在动物界里是很大的，如果不加抑制会很容易导致狼的灭绝，而抑制机制却很好地防止了这种悲剧的发生。狼的抑制能力在所有动物中数一数二。当战败的狼把自己全身最脆弱的咽喉完全暴露在胜利者的利齿下时，胜利者是无论如何也下不了口的，哪怕它多么想把那只战败的狼杀死。

洛伦兹还认为，正是攻击行为造就了个体之间的牢不可破的联盟。他曾在鱼类中观察到这样一幕：两条早已配对的希屈里德鱼，当雄鱼以惯常的方式向雌鱼接近时，雌鱼却不表现出羞怯顺从，而是摆出迎战的姿态。雄鱼大怒，它的攻击冲动再也无法抑制，它就要冲向雌鱼，意外出现了，事实上，它的确发动了愤怒的一击，但不是对准雌鱼，而是旁边的一个同伴。洛伦兹被深深地震惊了。这就是说，第一个对象呈现的刺激既能诱导攻击反应，也能诱导出抑制攻击的反应。强烈的攻击冲动就这样寻找了另一个替代对象。重要的是，从这一现象中，洛伦兹得出结论：最初是具有攻击性的行为，后来可以演变为求和，再进一步则演变为爱的仪式，于是，参与者之间就形成了

牢固的联盟。他认为，人类的大笑有助于消除双方对峙的紧张状态，所以，也可看作是求和的姿态，继而还成为友谊的象征。

洛伦兹关于攻击性观点的一个鲜明特色是强调攻击行为的先天性。他认为，攻击性是人类的一种无法消除的生物本能。尽管它可以进一步产生爱和友善，但它毕竟具有很大的危害性。尤其是当群体内的攻击行为转化为友情与爱之后，攻击行为就会直接转向群体外的人，这也许就是民族与民族、国家与国家之间纠纷不断的由来。对此，洛伦兹开出的处方是，为攻击行为找一条释放出路，比如，体育竞赛。赛场上的奋力拼搏也许就能避免战场上的兵戎相见；对艺术和科学的追求也能转移人们的注意力，艺术无种族，科学无国界，真和美的东西能引起人们共同的兴趣；还有就是幽默，无论如何，一个正在笑的人是不会举起屠刀的。最后，当然是借助于人们的道德和理性。在洛伦兹看来，攻击的倾向可以转化为人与人之间联盟的纽带，但在自然的条件下，这种联盟只限于相互接触的个体之间，但它无法化解陌生人之间的敌意。要做到爱全人类，光凭我们的本能是不够的，只有通过理性，我们才能让世界充满爱。

风云突起——洛伦兹被俘

1938年，在德国侵占了奥地利以后，洛伦兹加入德国纳粹。按照洛伦兹在自传上的说法，他加入纳粹的原因是由于自己清楚地知道驯养动物的行为会产生严重退化，而这就好比是文明社会中人种的退化一样。比如，家鹅与野生的灰鹅杂交后所产生的鹅的新品种会发生极大的变异，它们一般的社会和性行为都会发生很大的改变。为防止这类现象的产生，洛伦兹便加入了纳粹。他希望能够建立一个在科学基础上的种族政策，把一些有缺陷的种族或人排除在人类进化的长河外。我们不得不说这样的做法真的有些残酷。有人认为，洛伦兹加入纳粹可能还存有一个私念——他希望新政府能在艾顿堡建立一个威廉

身着纳粹服饰的洛伦兹

皇家研究所。不管原因如何，事实却是洛伦兹加入了纳粹，这一决定让他深感后悔。洛伦兹在1940年担任柯尼斯堡大学心理学教授一职（这是康德曾担任过的教职）。这一职务使他有机会更多地接触康德哲学并且考虑有关进化认识论的问题。1941年，洛伦兹举家迁往柯尼斯堡。同年10月，洛伦兹以医生的身份应征入伍。由于他对神经系统解剖结构和精神病学的了解，他在苏联的一所医院里获得了一个职位。幸运的是，他又遇见了一个极好的老师韦格尔（Herbert Weigel）博士，他是当时少数几个严肃对待精神分析学的精神病学家之一。洛伦兹有机会掌握了大量有关神经症（如癔症）以及精神病（如精神分裂症）等的一手资料。当后来涉猎社会领域时，他就以这些知识作为背景来考察当今有点失控的人类文明。真的是“天有不测风云，人有旦夕祸福”！1942年春天像以往一样悄悄来临，但就是在这个春天里，洛伦兹不幸成为苏军的俘虏。但幸运的是，由于他对医学的了解，他未曾受到苏联人的虐待而是被安排到一家苏联的医院里，负责600个床位。当这家医院倒闭后，他又被派往亚美尼亚当战地医生。在那儿，由于空闲时间挺多，他开始写一本有关认识论方面的书。庆幸的是，苏联当局不但不反对他进行写作，还鼓励他。但正当洛伦兹这本著作要完成之际，苏联当局拒绝洛伦兹打印即将完成的手稿。尽管有他们允许让他把手稿带回奥地利的承诺，但是洛伦兹返回奥地利的时期眼看就要临近，他还是不由得担心起他的手稿的命运来。在这种度日如年的情况下，洛伦兹终于盼来了“春天”。一天，营地的负责人把洛伦兹叫到办公室，请求他以名誉作为担保，肯定手稿中确实仅有非政治的科学内容。当洛伦兹给予一个肯定的答复后，他被允许带走手稿以及已被他驯服的当地椋鸟。至此，洛伦兹的俘虏生涯也终于到了尽头！

峰回路转——洛伦兹的后期生活

1948年2月18日，洛伦兹终于安全返回阿尔滕伯。但他立刻面临失业的境地。幸好有各方朋友相助，家里依然养得起动物，才可以继续研究他所钟爱的动物行为。也正是在此期间，迫于生计的洛伦兹才写作并出版了两本畅销至今的书：《所罗门王的指环》、《狗的家世》。1948年秋天，洛伦兹拜访了剑桥的索普（W. H. Thorpe）教授，索普已经证明在寄生黄蜂中也存在印记现象，所以，他对洛伦兹的工作极感兴趣。他认为，洛伦兹在奥地利不可能得到职务，他希望洛伦兹能够考虑在英格兰担任教职。洛伦兹拒绝了，因为他宁可留在奥地利。然而，现实却使洛伦兹失望。事情是这样的：弗里西因为要回慕尼黑，他在奥地利的位置就空了出来，他提议由洛伦兹接任他的职务，系里的同仁毫无异议地同意了。然而，奥地利教育部却否决了这项提议。洛伦兹不得不与英国方面联系。这时，德国的马普学会（马克斯·普朗克学会的简称，

晚年的洛伦兹与他在研究所养的灰雁们

前身为威廉皇家学会）向洛伦兹提供了一个研究职位，隶属于霍尔斯特（Erich Von Holst）所在的系。这是一个艰难的抉择，但最终洛伦兹选择了后者。这是因为他可以带上他的研究助手。不久之后，洛伦兹所在的单位与霍尔斯特的系合并，新建一个“马克斯·普朗克行为生理学研究所”。正是在这个研究所，洛伦兹进行了大量的行为研究，并一直工作到自己生命的结束。

1949 年，霍尔斯特召集了第一届国际行为学会议。洛伦兹的研究事业步入正轨。他开始关注攻击行为的生存功能以及伴随而来的危险效应。鱼类中的攻击行为以及野生鹅类中的联盟现象很快就成为洛伦兹研究的主要课题。洛伦兹的耐心以及独到细心的观察很快便使得他的研究硕果累累。他那通俗易懂、幽默风趣的语言又使得他的思想和著作广为流传。

在生命的后期，洛伦兹开始把他悲天悯人的情怀用在人类身上。他开始关注人类行为和人类文化。有可能所受的医学训练使他比别人更为清醒地意识到正在威胁文明的危险。洛伦兹认为，对于一个医生来说，无论何时，只要发现有危险就应该发出警告，这正是他的责任所在，即使仅仅只是猜测而已。在他 1973 年的著作《文明人类的八大罪孽》中，洛伦兹详细探讨了威胁人类文明的八大罪孽：地球人口的爆炸、自然生存空间遭到的破坏、人类自己的竞争、人类强烈情感的萎缩、遗传的蜕变、传统的抛弃、人类增加的可灌输性和核武器。

1973 年，退休后的洛伦兹成为一个研究基地的所长，这个研究基地由德国马普学会赞助。他养育了 100 多只雁鹅，继续他的行为学研究。他一生最后的著作就是有关这些雁鹅的故事——《雁语者》。同年 10 月，他与廷伯根和弗里西共享当年诺贝尔医学和生理学奖。

1986 年 1 月，他深爱的、同时也是他一生忠实的伴侣和工作助手的妻子逝世。当洛伦兹于 40 年代处于失业境地时，正是她坚强地担负起养家糊口的责任。3 年后——1989 年 2 月 27 日，86 岁高龄的

洛伦兹于家中逝世。

尾声：洛伦兹与进化心理学

进化心理学是最先在西方国家兴起的一种新的心理学研究范式。其最大的特点是把用于解释生物形成的进化论扩展到解释心理的形成。其实，我们可以说洛伦兹对进化心理学的形成有着直接、深远的影响。洛伦兹在一定程度上证明了行为进化的可信性并把进化论向行为领域进行了推进。行为进化确实存在，比如，一种非洲蚊子可以通过进化使得它们的行为达到异常精确的程度，它们可以不需要任何经验，仅仅通过它们那颗盐粒般大小的大脑就可以完成其生命历程：白天，它们隐藏在房屋的缝隙中，晚上则直接飞到人家，通过分辨人体释放的特殊化学气味逆风飞行并找到攻击目标。

洛伦兹所创立的习性学便是第一个从进化的视角来研究行为的学科。习性学对进化心理学的贡献良多，实际上，在洛伦兹的早期著作中便可以看到进化心理学的影子。他写道："我们的认知和知觉，完全先于我们的后天经验，它们是适应于环境的。这就好比在马儿出生前，马蹄就是适应于平原的；在鱼儿从卵中孵化前，他们的鳍就是适应于水的。"

虽然洛伦兹加入纳粹犯下一个无法弥补的错误，但其实这种错误是不少伟大的科学家们也会犯的。著名科学家所具备的一个共同的特征是对自己所坚信的信仰忠贞不屈，比如，哥白尼。洛伦兹正是由于对"优生学"的坚信才会加入纳粹。再者说，洛伦兹就好比一块上面只有一个小小瑕疵的美玉。它的光彩夺目、它的美丽动人使得人们早已忽略掉了那个毫不起眼的瑕疵。难怪有人把他与达尔文相提并论，有人甚至称赞他为"20 世纪最伟大的人文主义者之一"，还有人把他看成是奥地利的"真正的"科学家，其名望在薛定谔、维特根斯坦和弗洛伊德之前。

哈洛：为爱而生的“猴子先生”

我只关心这些猴子是否能帮助我完成可以发表的论文，我对它们毫无感情，从来就没有过。我压根就不喜欢动物，我讨厌猫，讨厌狗，我怎么会去喜欢猴子呢？

——哈洛

哈利·哈洛（Harry F. Harlow，1905—1981），20 世纪著名的发展心理学家和比较心理学家，因其研究在婴儿的成长和社会发展中与母亲联络的重要性而著名。除了 1949 年起任美军心理学家，在华盛顿从事两年军事心理研究之外，哈洛大部分学术生涯在威斯康星大学度过：从任助理教授开始，直至任灵长目动物实验室主任，同时兼任地区灵长目动物研究中心主任。他是很多科学和心理学会的成员，例如美国心理学会、中西部心理学会、陆军的人力资源研究部门、纽约的精神治疗学会，等等。同时，他也是一位演说家，他在康奈尔大学、西北部的一些大学做过慷慨激昂的演讲。他获得了很多的奖项：1956 年他获美国心理学基金会沃伦金质奖章；1957 年当选为美国心理学会主席；1960 年获美国心理学会和儿童发展研究会杰出科学贡献奖。

在 20 世纪 50 年代的时候，哈洛喜欢谈论“爱”，但别的心理学家不同，他们更多地注重研究认知等方面的东西。于是在一次研讨会上，每当哈洛说起“爱”这个词的时候，有的心理学家总是打断他：“你的意思是‘亲近’吗?”哈洛终于无法忍受了，于是便很不给面子地回答说：“可能你所理解的‘爱’就是‘亲近’。感谢上帝，我还不至于这么弱智。”这就是典型的哈洛的风格——说话刻薄，不留情面。所以有很多人“讨厌”他。实际上，很形象的形容便是讨厌他的人和喜欢他的人一样多!

从闪耀到陨落

Yazoo 世界中的小哈洛

1905 年 10 月 31 日，哈洛出生在衣阿华州的费尔维尔德，在家中他排在第三。他有两个哥哥，一个弟弟。刚出生的时候，他的父亲给他取名为哈利·以色列，但后来他将自己的名字改为哈利·哈洛。他的父亲是一名不太成功的发明家，虽没有什么著名的发明，却一心致力于科学发明。根据哈洛自己一本没有完成的自传的回忆，他的母亲并不像别的母亲那样和蔼可亲，她对哈洛的要求十分严格。在这种家庭背景下，哈洛的性格显得有些孤僻。正因为如此，在学校里哈洛显得很不合群。10 岁之前他几乎没有什么朋友，小朋友都不愿意和他一起玩，大家认为他是一个无法亲近的怪孩子。但他似乎对绘画有特别大的兴趣，于是，他把他所有的业余时间都用来画画。在他的图画世界里，哈洛创造了一个叫做 Yazoo 的地方，在那里，有许多会飞行的动物和长着角的怪兽。他非常讨厌这些怪兽，所以每当他画完一幅画，他就用粗黑线条把怪兽切开，表示一刀杀死了他们。哈洛的童年生活中缺乏友情，他沉浸于这个叫做 Yazoo 的世界中，养成了他那孤僻怪异的性格。

虽然父亲是一位不太成功的发明家，但毕竟是从事研究方面的工作，也给哈洛积奠了这方面的基因，他以后的职业生涯也正是朝着这方面发展。但是，似乎他的童年并不是十分的愉快。而他在 Yazoo 这个地方创造的动物和怪兽体现了他对动物的强烈兴趣，也是他后来与恒河猴结缘的先兆。

学师刘易斯·特曼

1923 年，当哈洛刚踏进里德学院校园的时候，正如他自己描述的，他是一个害羞、羽翼未丰的青年。但在一年之后，他跟着哥哥去了斯坦福大学，在那里，他获得了心理学学士学位。哈洛原本是打算修读英语的，但是，由于英语的成绩不甚理想，而在上完心理学的导论课后，哈洛对心理学产生了极大的热情，于是，他便修读了心理学。

在本科的学习过程中，哈洛靠自己半工半读完成学业。他做过实验心理学家沃特的助手，并且他与其他许多心理学家保持着联系，帮他们做研究，也从他们那里学习心理学中更深层次的知识。这对他以后学习和研究奠定了深厚的基础。

哈洛的老师刘易斯·特曼（Lewis Madison Terman）是当时心理学智商研究中响当当的领军人物。哈洛十分佩服他，从他那里学习了许多心理学的理论，并跟随着特曼念完了本科和研究生。特曼曾经写信告诉哈洛的母亲说，她的儿子在心理学领域中取得了巨大的进步，并且他正准备着从事心理学的教学和研究。可见，特曼对哈洛的评价十分高。哈洛从特曼老师那里学的是关于智力方面的研究。这位导师对哈洛的影响非常大，而哈洛的名字也是在导师的建议下修改的。

特曼不仅引导了哈洛在心理学方面的学习，后来还成了哈洛的岳父。这位老师在哈洛一生从事心理学的研究中起了非常重大的作用。

三段婚姻两个妻子

1932 年，哈洛与他的老师特曼的女儿克拉拉（Clara Mears）结婚了。据说这位妻子智商十分高，并且，她在哈洛后来的实验研究中也常帮他出谋划策。在他们结婚的那天，特曼写了封祝贺信给哈洛，信上说：“我很高兴看见克拉拉卓越的遗传物质和哈利作为一个心理学家的生产率之结合。”这听起来不像是在祝贺他们的婚姻，反倒是让人觉得这是特曼在为这一对动物的结合而感到高兴！这正是这位岳父的风格。哈洛和克拉拉结婚之后，家庭生活幸福美满，不久之后，他们便有了两个儿子，一个叫罗伯特，另一个叫理查德。但这一家四口其乐融融的日子几年之后便不复存在了。1946 年，哈洛与克拉拉离婚。

在离婚之后，他们各自都有了另一位伴侣，组织了新的家庭——哈洛与玛格丽特（Margaret）结婚。玛格丽特是一位儿童心理学家，在事业上，她与哈洛同样都是心理学的研究者，并且她与哈洛一起做了很多实验研究，包括对爱的本性的研究。同时，在哈洛任编辑的几年中，她帮助哈洛出版了一些文章。在这段婚姻中，他们也拥有了两个孩子——帕米拉·安和乔纳森。在外界看来这是多么幸福的一家呀！可惜，不久之后，玛格丽特便患了癌症，于 1971 年去世。

在玛格丽特去世不久之后，哈洛与克拉拉复婚。并且，1974 年，随着他从威斯康星大学退休之后，他和克拉拉搬到了亚利桑那州的图森，在那里，哈洛在亚利桑那州立大学任荣誉教授，并且在那里生活了一段时间。

哈洛一生中的这三次婚姻，为他带来了许多快乐。这两位妻子都不仅是哈洛的伴侣，同时也帮助他进行了一些研究，她们与哈洛有着亦师亦友的关系。正因为有了这坚强的后盾——家庭的支持，哈洛便在关于爱的研究中取得了重大的成就。

晚年生活

1971 年，在哈洛的第二任妻子因乳腺癌离世后，他也因病到明尼苏达州的梅约医学中心接受治疗。在那里，他接受了一系列电击治疗，就像一只动物一样被皮带绑在桌子上，就好像自己也成了实验中的被试。在这个过程中，哈洛的生活糟得无法想象。直到他与克拉拉复婚后，这种日子才停止。再后来，哈洛回到了麦迪逊，由于他在明尼苏达州接受了大量的电击治疗，自从他回来以后，人们都觉得他改变了，好像不再是以前那个哈洛了。有人说他停止了对剥夺母爱的研究，开始同情恒河猴，不再对它们做那些“残忍的”实验，这其中的原因或许在于他自己也接受了那些电击治疗，体验了那种无助感，了解了感情被剥夺后的痛苦。于是便开始放弃此类的研究。

但与此同时，他的病情也越加的严重了。或许也正因为如此，他再也没有精力对恒河猴进行实验了。但是他的不少学生继承了他的研究思想，争相在美国的各个研究所进行相关的研究。

在此后的十年中，哈洛饱受病魔的折磨。有人说这是上帝对他的惩罚，因为他不尊重动物，更何况是与人类最接近的恒河猴，所以才让他经受这种痛苦。最终，哈洛于 1981 年死于帕金森氏综合症，享年 75 岁。

自此，心理学界的一颗巨星陨落。

与恒河猴结下不解之缘

哈洛获得博士学位之后，曾在麦迪逊的威斯康星大学教心理学。他是一个博学、谦虚的老师，而且十分健谈。他很喜欢和学生待在一起，尤其是在讲授心理学方面的课程的时候，他特别喜欢和学生讨论

自己的想法，也希望学生能够提出自己的想法、建议。有将近40名学生在他的指导之下获得了博士学位。哈洛最开始的时候是打算研究老鼠的，但后来由于种种原因他开始研究恒河猴。由于他的老师特曼是从事智力方面的研究的，因此他刚开始的时候，设计了一个研究猴子智商的实验。不过，他没有继续这方面的研究，反而对人的依恋问题产生了浓厚的兴趣。于是，他打算研究刚出生的婴儿对母亲的依恋，但是，因为涉及实验研究，而这些实验过程不能直接用人来做试验，于是他就想到了与人类最接近的动物——恒河猴。

自此，哈洛便与恒河猴结下了不解之缘。虽然恒河猴94%的基因与人类相同，但对于这些与人类从某种程度上有着亲缘关系的实验对象，哈洛没有表现出丝毫的怜悯。他备受赞誉但充满“残忍的”职业生涯就此开始了。他因此还获得了一个“猴子先生”的外号。

绒布妈妈

1959年，哈洛做了一个里程碑式的实验。哈洛将刚出生的小恒河猴与它们的母亲分离，并打算做两个代母来作为它们的母亲。哈洛认为，生命最基本的欲望就是食欲、睡欲、性欲等。按照这个想法，小恒河猴对母亲的依恋应该就是由于它们能够提供奶水来填饱它们的肚子。

小恒河猴与代母

于是，哈洛制作了两个代母：一个是用铁丝做的，它胸前有一个可以提供奶水的装置；另一个是用绒布做的，没有可以提供奶水的装置。哈洛假设：小恒河猴会紧紧地依附在铁丝做的代母身边，因为它们提供奶水，而远离绒布母亲。但是，当哈洛将小恒河猴和这两个代母关在一起之后，结果却出乎意料。猴宝宝们全部都选择了留在绒布母亲身边，只有当它们肚子饿的时候，才会到铁丝代母那边去喝奶，一旦填饱肚子，它们马上又回到绒布母亲这里。它们拥抱绒布妈妈，亲吻它。

这个现象很奇怪，但毫无疑问，将它运用在儿童心理学上，将具有十分重大的意义。因为从20世纪30年代直至50年代，一些著名的儿科专家，比如本杰明·斯波克（Benjamin Spock），都建议应该根据时间喂奶，而且认为婴儿对母亲的依恋有很大一部分是因为母亲的奶水。另一个知名哺育专家约翰·沃森（John Watson）认为，父母不应该溺爱宝宝，不应该在睡觉之前亲吻他们的宝宝，而应该握握他们的手，然后离开。但哈洛认为，父母应该毫不犹豫地和宝宝拥抱，而不是光握手就可以了。哈洛和他的同事证明了："接触所带来的安慰感是'爱'最重要的元素。"这也为我们现在育婴的过程中所运用的抚摸方式有重大的关系，因为，对婴儿进行安慰很重要的一方面便是抚摸他们。

后来，哈洛又对他的实验作了改进。他和他的妻子以猕猴为被试，并制作了三种不同类型的金属母猴：一种是只在表面包着绒布且装有奶瓶的；一种是只在表面包着绒布的；另一种是身上虽装有奶瓶，却未包绒布的。结果发现，幼猴最喜欢第一种母猴；在后两种母猴中，幼猴宁愿与不供乳汁的母猴接触，也不愿与供乳汁的铁丝扎成的母猴在一起。这进一步证明了哈洛的假设，即幼猴与母猴身体接触所造成的安适感对幼猴形成依恋感起着重要作用。

这个实验说明了从出生的那一刻起，生命便必须有被关爱的感觉。这个被关爱的需要将影响生命的整个发展。

"无脸的"母亲

哈洛认为，人的脸是爱的另一个变数。猴宝宝出生后见到的第一张脸就是它的母亲，并且，它们会十分依恋这张脸。于是，他就让他的助手做一个逼真的脸面具，打算在猴宝宝出生以后马上让它离开亲生母亲，使得它见到的第一张脸便是这张人工做的面具。

但是，面具在完工之前，猴宝宝就已经诞生了。无可奈何之下，哈洛把猴宝宝与一个脸部没有任何特征（无脸）的绒布代母关在一起。结果，猴宝宝爱上了无脸代母，吻它，轻轻地咬它。用哈洛的话解释，这是因为猴宝宝把这个无脸的母亲当成了自己的母亲，因为从它出生以后，它见到的第一张“脸”便是这张没有任何特征的脸。

不久之后，有着逼真的面部表情的猴面具做好了。哈洛将这张脸与那个无脸的代母替换，但是，小猴子看到后反而十分恐慌，吓得不停地惊叫，躲到笼子的角落去了，全身还一直在哆嗦。可见，小猴子对于母亲的脸没有记忆，它刚出生的时候接触的“脸”就是没有任何特征的代母的脸，而这张脸在它的脑海里便认定了是母亲的脸；而当它接触到真正的恒河猴的脸面具时，便害怕了。

看起来，哈洛的这个实验很“残忍”，但是不可否认的是，哈洛的实验也的确为我们带来了很多非常有价值的信息，比如，我们的需求远不止饥饿，拥抱接触也是我们十分需要的东西。而我们出生后见到的第一张脸是我们心中最可爱、最喜欢的脸。

虽然各种评论声随着哈洛的实验持续不断，但是，哈洛还是一如既往地坚守在自己的实验岗位上，于是便有了更多的关于恒河猴的实验。

“铁娘子”的到来

可以说这是哈洛生命中的第三个“女人”——“铁娘子”（Iron Maiden）。

这里所说的女人其实不是真正的人类，而只是哈洛对恒河猴研究中的另一个代母。铁娘子是哈洛设计的一种特殊的代母，她会向小猴子发射锋利的铁钉，并且向它们吹出强力冷气，把猴宝宝吹得只能紧贴笼子的栏杆，有时候甚至冷气的压力强到可以将猴宝宝的皮吹掀起来，使得猴宝宝因害怕而不停地尖叫。

哈洛声称，这是一个“邪恶的母亲”，他想看看这会导致什么结

果。于是他制作了各种各样邪恶的铁娘子，它们有的会对小猴子发出怪声，有的会刺伤小猴子，有的会吹出强力冷气让小猴子疼痛。哈洛假设，这会使得小猴子远离这些邪恶的母亲，但是，实验结果恰恰相反。不管这些母亲是多么的邪恶，对待小猴子的方式是多么的残忍，小猴子始终都不会离开这些母亲，反而紧紧地抱住这些母亲，不愿离去。可见小恒河猴对母亲的依恋十分强烈，虽然是如此邪恶的母亲，小恒河猴都不愿意离去，甚至相信自己的母亲可以被感化。

哈洛的实验越发的“残忍”了，正是因为这个实验，使得原本就备受指责的哈洛名声更糟了。

“绝望之井”

不合群的恒河猴

在有些人看来，这也许是哈洛做过的最为“残忍”的一个实验。在20世纪60年代，生物精神医学兴起，出现了通过药物减轻精神状况的可能，而这引起了哈洛的极大兴趣，于是他再次开始在恒河猴身上进行实验。他建造了一个黑屋子，把一只猴子头朝下在里面吊了两年。在这两年中，这只猴子过着没有任何光线的生活，而且它的头朝下，很多的生理功能都打乱了，而这在哈洛来说，只是他做的一个实验研究，为的就是能够证明自己的一些观点。

哈洛把这间黑屋子叫做“绝望之井”。意思显而易见，在这种地方生存的猴子，怎么可能不绝望！两年之后，哈洛把猴子从黑屋子里面放了出来。在久违了两年之后，那只猴子首次接触到了阳光，它表现出了慌乱、紧张，后来更是出现了严重的、持久的、抑郁的精神障碍。它根本无法与其他猴子沟通，无法与他们一起玩耍，就算是在放出来9个月之后，它还是自己呆呆地坐在一旁，双臂永远都相互抱着，根本恢复不了应该属于猴子的那些活动特征。

这或许可以说哈洛成功地进行了一个“习得性无助”实验吧！这只猴子原本可以愉快地生活在正常的环境中，和另外的猴子交流，生育后代。但是，最终，由于哈洛选中了它来作为实验的对象，它的一生从踏进哈洛的实验室那一刻起有了翻天覆地的改变，造就了它悲剧的一生。

根据对猕猴实验的结果，哈洛提出了“学会学习”的概念。他把学习分为“问题内学习”和“问题间学习”两类。1949 年，他凭问题间学习的事实提出了“学会学习”的概念。他让猴子解决一系列奇怪的问题，发现猴子首先用尝试错误的方式工作，逐渐地能在某些问题上走捷径，即快速获得解决某些问题的策略。他认为这是“学会了怎样学”的结果。哈洛认为像这样的“学会学习”就是“学习定势”。哈洛还研究了学习过程中的好奇心和动机的作用。他中止猴子的食物奖励，猴子仍持续不停地操作“新”事物。哈洛认为这纯粹出于猴子的好奇心。他提出好奇心乃是学习的一种内驱力。

当然，哈洛最为著名的理论研究还是关于依恋和母—婴社会化方面的系列实验，包括他认为婴儿对母亲的依恋是建立在接触抚摸的基础上的。这些实验研究的结果为儿童心理学的发展作出了重大的贡献。

哈洛的贡献与对当代的影响

哈洛通过研究猴子的社会行为为我们了解人的行为和发展作出了重大贡献。他关于依恋的典型实验已被当代心理学教科书广泛引用，有关依恋和母—婴社会化方面的系列研究，引起了人们对人类心理发展中社会问题的关注，并成为儿童心理病理学的开端。

哈洛的发现对当代育儿的理论与实践也产生了极大的影响。许多孤儿院、社会服务机构、爱婴医院和产业都或多或少地依据哈洛的发

现调整了自己的关键决策和措施。部分是因为哈洛的缘故，医生现在知道要将新生婴儿直接放在母亲的肚子上；孤儿院的工作人员知道仅仅向婴儿提供奶瓶是不够的，还必须抱着弃婴来回摇动，并且要对其微笑。当然，更要感谢哈洛，正是他的实验使我们开始重视动物权益的保护。几年前，“动物解放前线组织”在威斯康星大学的猿类研究中心举行了一场示威游行，以悼念数千只在实验中死亡的猴子。而正因为如此，当代心理学的研究十分重视对动物的保护，并出了相关的条例来保护动物。

哈洛的一生，人们对他的评价不同，有褒有贬。对他的评价高是因为他对心理学作出的贡献的确是十分伟大的；对他的评价不好，是因为他所做的实验在道德上违背了心理学的原则。他的学生曾经说过，之所以有那么多人对哈洛的评价过低，是因为他对待恒河猴这些动物的态度。他会说“它（恒河猴）死了”，而不是说“它的生命结束了”。这在别人看来就是对动物的不尊敬。虽然心理学界对哈洛的看法不一，但不可否认的是，哈洛的实验成果推进了心理学，特别是儿童心理学和比较心理学的发展，在心理学的历史上留下了不可磨灭的印记！

卡甘：发展心理学家中的“探花”

我当然很愿意相信我的贡献仅次于皮亚杰对心理学的贡献。但一个人的“伟大”是很难界定的，最好的办法就是把它交给时间。所以现在对我的某些观点进行评定还为时尚早。不过，我希望我的研究能在今后的30 或50 年后被认可，并激发出相关研究的热潮。

——杰罗姆·卡甘（在电子邮件中回复笔者的问题“您对您被认为是除皮亚杰之外最伟大的发展心理学家有何看法?”）

杰罗姆·卡甘（Jerome Kagan，1929—），美国当代最著名的发展心理学家，特别是以研究儿童气质的抑制和非抑制特征而著称。不仅入选“20 世纪 100 位最著名的心理学家”，而且还被许多学者推崇为仅次于皮亚杰的发展心理学家。然而，对于这样一位对心理学作出了杰出贡献的心理学家，我们却知之甚少。所以非常有必要将他介绍给大家。而更加难能可贵的是，在笔者准备撰写这篇文章时，卡甘本人慷慨地提供了很多宝贵的资料。这让我们更加感受到了这位大师的可亲、可爱与可敬。

大师头衔，“得来全不费工夫”

小小少年，不少烦恼

1929 年 2 月 25 日，卡甘出生在美国新泽西州纽瓦克（Newark）的一个普通的中产阶级家庭。父亲是一位犹太商人，脚有点跛，谦逊、从不炫耀，但常因生意或是妻子小小的批评而发火。母亲对卡甘要求很严格。在卡甘的成长过程中，有很多小事件成了卡甘后来选择心理学的重要原因。

一天下午，12 岁的卡甘在回家的路上发现了一只被卡车碾死的松鼠。他觉得这是他观察动物内脏的好机会。于是就用纸将松鼠包起来，带回了自己的卧室。他从厨房里拿来一把刀，切开了松鼠的肚子，就这样激动并有点害怕地观察起松鼠潮湿的内脏来。后来卡甘说：“这在当时是一个不能告诉父母的秘密，我担心他们知道后会惩罚我，那以后的很长一段时间里我都有点焦虑。但当时‘就像天文学家欣喜地仰望星空’一样，那种感觉妙极了，虽然这种做法在今天看来不正确，但这无疑加深了我对研究有生命物体的热爱，所以我没有选择法律之类的学科。”

卡甘的母亲经常满怀激情地给卡甘讲他外祖父的故事，激励他努力读书。有个故事卡甘几乎听了上百遍。他的外祖父非常爱读关于人性方面的书。当卡甘的外祖母发现他外祖父因心脏病突然去世时，外祖父的胸口上还放着一本关于人性的书。卡甘从这件事中知道了外祖父在母亲心中至高无上的地位。他想知道母亲的这种想法是怎么产生的，同时将这种传统继承下去，发奋读书，也许还能取代外祖父在母亲心目中的地位。

20 世纪 30 年代，不少美国人都有反犹太人的思想。甚至一些和卡甘同龄的青少年也受到了希特勒的影响，将卡甘作为发泄仇恨的对象。卡甘不明白，为什么一个白皮肤、没有犯错、踏实努力、不伤害他人的少年会受到这样的不公平对待。他想知道这种偏见的根源是什么，为什么它如此牢固。可能正是这个原因，加上母亲的严厉和父亲的经常发怒，常使少年卡甘觉得不安。这一切使得卡甘对人的心灵产生了强烈的好奇心。

青年时代，激情燃烧

卡甘本科就读于拉特格斯大学。虽然学的不是心理学，但凭着兴趣，他对这方面已经有了一定程度的了解。一次变态心理学课后，老师叫卡甘一起在校园里散步。那位老师对他说：“你可以成为一位心理学家。”就因为在课上卡甘发表的精彩评论。卡甘听后非常激动，因为他正想学习心理学呢！卡甘回忆说：“这个陌生人为什么没有说我可以成为其他的呢？所以当一个陌生人无缘无故地说你将来会成为什么人物，而这又正是你所向往的时，那么理性的分析是愚蠢的，唯有朝着这个方向努力才是正确的。”

还有一件更加巧合的事情。当时卡甘已经从哈佛大学取得硕士学位，一天，他从家乡的镇图书馆借了赫布的《行为的组织》。他看到这本书的参考文献时，他惊讶地发现赫布引用了很多弗兰克·比奇（Frank Beach）的文章中的成果。而他刚刚接到耶鲁大学的弗兰克·比奇的信。信中说，他被耶鲁录取了。如果他去，那么他可以成为弗兰克·比奇的研究助理。众所周知，赫布是一个伟大的心理学家，而赫布认为弗兰克·比奇同样伟大，从此以后，卡甘将有幸跟随弗兰克·比奇搞研究。

年轻的卡甘很快就取得了很多成就。1957 年他进入俄亥俄州耶洛斯普林斯（Yellow Springs）的费尔斯研究所任研究助理，并于1959年任心理系主任。在这里，他积累了宝贵的研究经验，同时取得了很多研究成果。这促使他与霍华德·莫斯（Howard Moss）合作出版了《从出生到成熟》一书。该书荣获美国精神病学学会1963年的“霍夫海默奖”。受到获奖的鼓励，卡甘和他的同事继续两个方面的研究：一个方面是称之为“反射—刺激的个体差异”，预测学龄儿童在饮食反应不确定的情况下所表现出的行为；第二个更为重要的方面，是关于个体在行为质量和动机质量上的差异进行预示的时间之研究。研究成果体现在《幼儿时期的变化和延续》、《幼年期在人的发展中的地位》等著作和一系列论文中。

哈佛岁月，铸就辉煌

1964年，卡甘来到了颁给自己硕士学位的哈佛大学工作，后来还担任了哈佛大学脑与行为系的系主任。在哈佛，他达到了自己的学术巅峰。他主要致力于儿童气质类型的研究，也涉及0—10岁儿童发展的相关问题。他以跨文化和纵向研究的方法探究儿童内在气质和外在文化环境对儿童发展的影响。其中他对婴儿和幼儿认知与情绪发展，特别是对气质形成的原因的研究十分著名。他以大量不可辩驳的事实、数据让我们相信，“个体气质的差异既受环境又受基因的制约”是合理的论断。毫无争议，他是儿童气质研究领域中最有影响、最权威的人物。现在，年近耄耋的卡甘仍然在继续从事他所热爱的发展心理学事业。他说，他享受他的研究，享受和他的学生们在一起，他“永远不想退休”。

在哈佛期间，卡甘发表了近百篇发展心理学方面的论文，执笔的专著也有多部。其中《气质的阴暗面》、《生命中的第二年》、《人的发展的稳定与变化》、《嘎伦的预言——人类的先天气质》等，都有很高的学术价值，好评如潮。近年来，年事已高的卡甘仍然笔耕不辍，出版了《三种有魅力的思想》（1998）、《惊奇、不确定与心理结构》（2002），以一种更宏观的角度来审视发展心理学的研究成果，不仅在学术上占有重要地位，而且对贫穷、犯罪、教育、政治等社会问题也具有深远的意义。

《三种有魅力的思想》

卡甘的研究得到了学术界充分的肯定。1987 年，他获得了美国心理学会颁布的杰出科学贡献奖，1994 年获得了美国心理学会 G. S. 霍尔奖。

谢谢你，女儿

卡甘在接受美国 ABC 电台《心灵大观》（ALL IN MIND）节目采访时，讲述了这样一个故事。1957 年，他和妻子、两岁的女儿住在俄亥俄州立大学的一幢校园公寓里。公寓的后面是高速公路，高速公路 100 英尺下面是一片森林。一次，从动物园回来后，女儿要在车旁边玩，他们同意了。一分钟之后，他们听到了一声巨大的声响，很明显女儿碰到了排档（当时的排档还在车轮上），使车冲出去了。他猛冲出来，心想女儿一定受伤了。但谢天谢地，女儿奇迹般的没受一点儿伤。这之后，他得了创伤后应激障碍，大约过了半年才康复。但他认为女儿可能得了健忘症，不记得这件事情了。他自己受过精神分析思想的影响，也不提起这件事，怕女儿想起这可怕的创伤。直到 20 年后的一个圣诞节，晚餐后，他不知道为什么，什么都没有想，就问女儿：“你记得的最早的事情是什么？”女儿说：“爸爸，你犯了一个错误。这些年来我一直在想，当时我在车旁发生的事情是真的吗？是我编造的，还是一个梦？我想我们需要好好谈谈这个问题。这样你才能写出好文章，才能成为一个真正的发展心理学家。如果你所持的假设是错误的，即使你观察的是你自己的孩子，你也会犯错误的。”女儿的话对卡甘的启发很大，他说：“我必须感谢我的女儿，他让我的思想发生了重大转变，这对我有很大的意义。其实我们可以从孩子身上学到很多东西。”

“长大后我就成了你”

从2001年开始，卡甘在哈佛大学设立了以自己名字命名的奖学金，以表彰那些在儿童研究方面取得较好成绩的学生，每年评选一次。他和他的妻子决定将一直支持这个奖学金，卡甘希望以这种方式和心爱的事业永远不分离。卡甘希望有更多的学生来研究儿童，希望发展心理学取得更大的突破。在第一届“卡甘奖学金”的颁奖典礼上，卡甘对获奖者说了一番语重心长的话：“学生就像是一双双温柔的手，悄悄地走进研究室、实验室，打开一扇窗，让光亮进入房中，以看到更美的东西。我希望你们每一个获奖者都高兴、激动。但偶尔也不要忘了这是赠与好奇和发现的礼物。”而获奖者们则向这位发展心理学界的慈祥的前辈表达了他们的敬意与对发展心理学的热爱，并希望成为像他那样伟大的心理学家。

一代气质宗师

卡甘早期从事儿童的情绪和认知发展的研究，后来转向儿童气质（temperament）的抑制和非抑制特征，并一直致力于对此的研究，取得了丰硕成果，被誉为皮亚杰之后最伟大的发展心理学家。下面就让我们来简要回顾一下卡甘的主要心理学思想。

以“抑制性”和“非抑制性”划分气质

1979年，托马斯和切斯出版了《气质与发展》一书。他们根据多年研究提出了气质的9个维度、3种类型。托马斯和切斯的分类方法有一定的道理，但他们采用的方法有很大的局限性。因为他们的资料主要来源于对父母的访谈。虽然这种方法对一个复杂领域进行初探是非常可行的，但当父母描述自己的孩子时，经常涉及的是一些他们主观感觉到的抚养难易度之类的表面上的问题。所以很容易形成偏见，甚至有可能隐瞒某些事情。

正是基于对托马斯和切斯理论的吸收、批判，以及对气质类型形成基础的生理学模式的深刻理解，卡甘开始了自己关于气质的研究。20 世纪 80 年代，卡甘根据实验事实将儿童的气质分为抑制性和非抑制性两类。行为的抑制性和非抑制性，涉及儿童面对不熟悉的人、物和环境或有挑战性的情境时他们最初的行为反应。在面临陌生情境的最初很短的时间内（大约 10—15 分钟），儿童所表现出的敏感、退缩、胆怯的行为就是抑制行为，而稳定地表现出这类行为的儿童就是抑制性儿童。相反，在陌生情境下，如果儿童在这个时间内没有任何拘谨的表现，继续做游戏，甚至主动接近陌生人，这些行为就是非抑制性行为，而稳定地表现出非抑制性行为的儿童就是非抑制性儿童。他还指出，并不是所有抑制性的儿童长大后都成为害羞的人，非抑制性行为的儿童也并非长大后就不害羞，环境的作用尤其是父母的教育方式的影响是不可忽视的。

这种气质类型的提出不仅在心理学上影响很大，而且在儿童的教育方面也有积极的意义。它强调尊重孩子的天性，同时环境中其他人对孩子的干预、与孩子的互动对孩子气质的影响也是至关重要的。

气质不光是后天的

“气质既不是由生物性决定的，也不是全在社会性的相互作用中形成的。”今天，这似乎已经被大家普遍接受，但当时卡甘明确提出这样的观点是需要很大勇气的。20 世纪 20 年代以后，气质研究走过了一段曲折而灰暗的道路：心理学中行为主义一度占有统治地位（他们强调气质是由环境决定的）；生物学对人类遗传的了解还很不全面。所以，卡甘富有创见性地提出这样的观点的确难能可贵。

卡甘通过严谨的实验证明了抑制性和非抑制性特征是可以遗传的。同卵双生子比异卵双生子在害羞、腼腆等行为上的表现更为相似。卡甘及其同事进行的一项实验显示，在实验室和家庭的直接观察的基础上，抑制和非抑制行为的遗传率在0.5和0.6之间。抑制性儿童的父母比非抑制性儿童的父母更内向。这是对占统治地位的行为主义理论的有力回击，它让沉寂的气质研究重新掀起高潮，让气质的研究又迈进了重要的一步。

实验室里的故事："陌生情境"的新妙用

卡甘认为在鉴别儿童气质时，应采用实验室实证和问卷相结合的办法，只靠原来心理学家普遍采用的问卷调查方法是不怎么可靠的。于是卡甘借鉴了爱斯沃斯研究母婴依恋的个别差异所设计的"陌生情境"，并对该情境做了改进，继而采用纵向研究方法测量儿童的气质差异，让这个经典的实验方法派上了新的用场。

卡甘假设，在实验情境中不同的行为方式反映了各个儿童不同的气质。这个实验的被试是来自中产阶级家庭的117名智力水平相当的白人儿童。实验中，让儿童与他（她）的母亲一起进入一个陌生的房间，在40—60分钟内不断变换陌生人（成年女性，同年龄同性别的儿童）和陌生物体（如机器人、面具、玩具火车等）。考察指标主要有三个：（1）从实验开始时待在母亲身边到离开母亲的时间；（2）从陌生物体出现到第一次接触陌生物体的时间；（3）儿童在母亲一臂距离之内的时间。卡甘对每个情境的行为表现进行编码，以确定儿童抑制性或非抑制性的类型。此外，由于这是一个纵向研究，所以在婴儿14个月、20个月、32个月、48个月、66个月、89个月时还要对他们的抑制性进行测查。而且，由于在儿童的成长过程中抑制性可能受到环境的影响，所以卡甘还加入了可能与抑制性有关的一些测验，如认知能力测验、社会交往能力测验等。除了对儿童的观察记录外，他还结合问卷法和Q分类技术向父母调查儿童日常生活中与抑制性有关的行为。每次实验都有录像资料。

实验研究结果显示，在14个月时，被试样本中抑制和非抑制的

儿童各占 20%—30%。但从后续的追踪实验结果中了解到，儿童在 14 个月时的抑制性值与 4 岁时的抑制性值之间的相关很低，且不显著。但实验结果也显示，在 14 个月时处在极端抑制和极端非抑制的儿童（大约占总样本的 15%—20%），他们各自的行为特征一直会稳定地保持到 7 岁半左右。

这个实验获得了心理学界的高度肯定，但批评的声音也并不是没有。有人就认为这些儿童都来自中产阶级家庭，结论很可能不能推广到来自其他类型家庭的儿童身上。针对批评，后来卡甘又做了很多相关的实验来验证自己的推断，所得的结果也基本相同。

心理学必将记住你

心理学界的高度评价

在过去的 40 年中，卡甘是心理学界的一个直言而雄辩的声音。卡甘的儿童气质研究具有重大的突破意义，因为他从发展心理学的角度研究儿童气质和性格特征，把生物基础和环境影响都提到一个相当的高度。这已经成了当前发展心理学研究的一个趋势。

无论是卡甘在儿童气质研究上的理论和方法的进步，还是他严谨认真的跨文化和纵向研究，都为我们树立了榜样。所以当我们再次想到他被认为是除皮亚杰之外的伟大的发展心理学家时，就丝毫不会感到惊奇了。

卡甘的研究已经超出了心理学的范畴，对贫穷、犯罪、教育、政治等社会问题都产生了深远影响。他指出个体的发展受到遗传和环境的双重影响。这样的论断强调了社会急需处理这些问题的复杂性，并且对解决这些问题有积极的指导意义。

卡甘的自我总结

工作中的卡甘

最后让我们以卡甘自己对自己的总结来结束全文。笔者在写这篇文章时，在网上查到了他的邮箱地址。于是很冒昧地给他发了第一封电子邮件，同时对他回信没有抱多大希望。因为我知道，像他这样的大师，工作很忙。但出乎我的意料，在我发出邮件仅仅几个小时后，他就回复了我！对于一个素昧平生的中国大学生，他竟也如此认真地回复！我顿时觉得这位可亲可敬的老人仿佛就在眼前，对他的崇敬之情油然而生。于是我又试着发了几封邮件，向他提问我不是很清楚的问题，他都一一做了回复。其中第一封邮件他对自己做了一个简要的总结，信的全文如下（后附英文全文）：

“1954 年，我放弃了生物化学，改学了心理学。因为比起化学，我对人类的心理更感兴趣。我还在弗兰克 · 比奇的动物性行为研究室工作过。尽管我相信我自己能专心于儿童发展的研究，但我还是被比奇先生深深地影响了，因为他对各种有趣的理论持有怀疑的精神而且相信实验数据所揭示的东西。到现在，我依然相信这是真理。

“我有三个重要的发现。第一个便是 1962 年在俄亥俄州费尔斯学院发现的：我们不能在 6—10 岁前预测一个人成年以后的人格。第二个发现是：圭地马拉高地的印第安婴儿之所以第一年是弱智，2 岁以后逐渐恢复正常，是因为他们在出生后的一年内没有接受到来自外界的刺激。因此个体的发展是可塑的。第三个发现便是关于气质的。特别是，带有或高或低的气质活动水平的个体，后来在多大程度上将发展成为羞涩的或社会型的人。”

Xu:

I chose psychology over biochemistry in 1954 because I was more interested in the human mind than chemicals. I worked in the lab of Frank Beach who was studying sexual behavior in animals. Although I knew I would concentrate on child development I was influenced by Beach because he was suspicious of fancy theory and believed in inferences from data. I still believe this to be true.

My three most important discoveries were (1) the early discovery at Fels Institute in Ohio in 1962 that you cannot predict adult personality until age 6 to 10 years, (2) the discovery in the highlands of Guatemala that Mayan Indian infants who are retarded in the first year because they receive no stimulation, recover after age 2 years, and therefore development is malleable, and (3) the later work on temperament, especially the high and low reactive temperaments that become timid or sociable children later in life.

J. kagan

普洛闵：信仰科学的行为遗传学大师

我信仰的宗教是科学！

——普洛闵

罗伯特·普洛闵（Robert Plomin，1948—），现任英国“伦敦行为遗传学研究所”教授，当今世界上最负盛名的行为遗传学家。他的最杰出贡献是把基因、遗传与环境的研究，与人的行为的发展研究结合起来，致力于遗传和环境在人的行为发展中的各自的不同作用。高贵、帅气是人们对他的第一印象，然而他所给予我们的远远不止这些。

孤独而又倔犟的花朵——童年

现在的普洛闵可谓是行为遗传学中的天之骄子，其举手投足之间总是散发着贵族的气息，但是与其光鲜外表相反的，却是他那无法改变的“卑微”出身。

作为一名出生在芝加哥的波兰德国裔移民，普洛闵从小就意识到了自己的“与众不同”，可这份“独特”却不是一个孩子所期待的。没有哪个心智正常的孩子会渴望孤独，而对于儿时的普洛闵来说，与伙伴们一同在夏日的午后追逐嬉闹就是个遥不可及的梦想。“外国人”，这就是他孩提时代被赋予的唯一头衔。幸运的是，普洛闵天资聪慧，在学业方面，相对其他孩子来说，总是更胜一筹。正是那段求学生涯给予了他极大的自尊，并让他在今后从事任何有争议的研究项目时从不退缩。

虽然普洛闵家境略显贫寒，可是他的父母却不像大多穷人那般患得患失。他有位聪颖的母亲，而父亲则是个爱为人打抱不平且宽容大度的仗义之士，这对普洛闵今后性格的形成都起到了关键的作用。普洛闵自认为他从母亲那里继承了智慧，而从父亲那里继承了对不公的宽容和对弱者的保护。这样的性格曾让他不断卷入是非和争议之中。每每看到身边的孩子受欺辱时，普洛闵总是挺身而出，从不向恶势力低头；然而当别人犯了错误时，他却总能以平和的心态去包容他人。即使是这样，童年时的他却依旧是孤独的，他倔犟、正义，却不善交际，高高大大的他在与人打交道时竟会感到焦虑，这使得他不能与同学们打成一片。很多人也许会认为只有家中的独子才会享有这份孤独，其实不然，普洛闵并不是家中唯一的孩子，他还有一个与自己截然不同的姊妹。事实上，他的姊妹没有给他孤寂的生活带来任何色彩，他们性格迥异，爱好更是风马牛不相及，根本没有共同语言。这一切都使得儿时的他经常独自待在自己的小屋，生活在自己筑建的美妙世界里。或许这也是他今后研究遗传和环境对一个人的发展中所起的作用的重要原因。

他曾解释说，即使在同一个家庭之内也不一定共享“同一种环境”。每个儿童的基因组成都会通过影响他人的反应从而改变他们自己成长的环境。最明显的例子是，孩子的性别、性格和活跃程度的作用对父母反应的影响。而且，他们会试图寻找与他们基因特征相匹配的生活经历和人际关系。当孩子越来越大时，这些“非共有的环境”通常会产生“雪球效应”，导致个体差异愈加显著。

人生中的转折点

普洛闵的父母都是天主教的忠实信徒，于是他们毅然决然地将他送往了天主教学校。普洛闵童年时所接受的教育对他今后事业的选择有着决定性的影响。

当普洛闵读四年级时遇到了他人生中第一个重要的转折点。当时他从家里带了一本关于生物进化的书到学校，但被学校的修女发现了，修女惊恐万分，警告他说，相信生物进化论是一条不可饶恕的大罪。可是普洛闵拒绝承认这一点，在他的眼里，进化论才是真正的科学，是应该被推崇的。然而就因为这个原因，年幼的普洛闵被停学了。可是他从未后悔过，从那时起，对普洛闵来说，正式的宗教再也不是天主教了。停学，成了他对科学信仰的宣言，科学也从此成了他终生奋斗的目标！

在普洛闵取得一所天主教大学的奖学金之后，他学习的第一门课程是哲学。然而，当他开始学习这门有着悠久历史的学科时才发现，这根本不是他想要的理想哲学。每天毫无休止地讨论一个“书桌”的现象让普洛闵无法忍受；而此后教师更是要求他将“书桌”和“黑暗”的本质作对比，这让他毅然放弃了哲学转而投身心理学的研究，这成了他人生中的第二个重要转折点。而普洛闵自陈的理由也很简单：心理学的理论至少还能通过实验来验证，不会像哲学那样虚无缥缈；而且，他发现自己最钟爱的是科学数据。“用数据说话”，这就是普洛闵做科学研究的基本准则。

普洛闵从其父母身上还遗传了旺盛充沛的精力，这也是影响其一生的重要因素。他清晰地记得当他还是小孩子的时候，在教室里上课时总感到坐立不安，似乎总有使不完的劲，他不得不经常在座位上难受地扭动。每当上课上到无聊至极之时，他总有着到教室外面去奔跑的冲动。然而，对于教会学校来说，如此的举动是绝对不允许的，正是修女严格的管教才让他控制了这种过度活泼的天性。

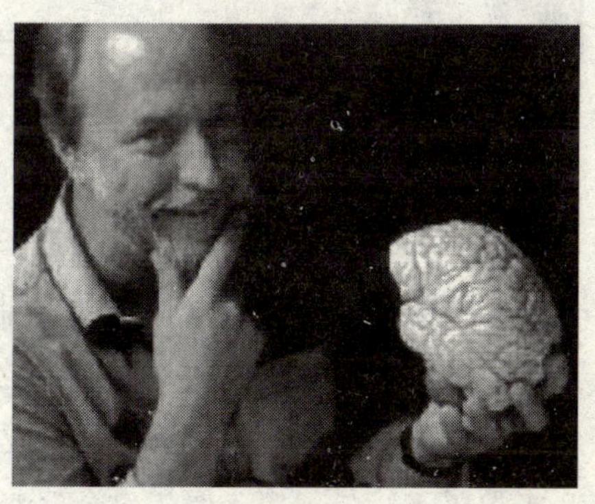

实验室中的普洛闵

因家境贫困，他不得不通过做一些杂工来弥补家用。在15岁时他就开始靠铲雪和倒垃圾挣钱；进大学后又做过快餐的送货员，还给一个教育协会的研究室主任做过助理。不过做助理的时候他学会了快速地打字，其速度绝不比一个颇有经验的文员差劲，这对他今后论文的发表起了一定的作用。如果说世界上举办一个打字速度竞赛，普洛闵定是其中的佼佼者，后来普洛闵研究论文的高产也要在一定程度上归功于他极快的打字速度。与所有家境贫寒的大学生一样，如何交纳大学学费是一个令人头痛的问题。正当他为凑齐大学学费而忙得焦头烂额之时，得克萨斯大学许诺，只要他跟随阿诺德·巴斯（Arnold Buss）学习心理学，就可以免去他所有的费用。这对于当时的普洛闵来说当然是个天大的好消息，所以他并没有与父母商量便毫不犹豫地答应了下来。而这次迫于生计的选择也成了普洛闵人生中第三次重要的转折点。所谓无心插柳柳成阴，当时的普洛闵怎么也想不到，这一学，就是一辈子。

一波三折的爱情

普洛闵近照

普洛闵高大、帅气，虽然不善交际，但还是吸引了许多女孩子的目光。在20岁时普洛闵就跨入了婚姻的殿堂，和他喜结连理的是一个极度热衷于妇女解放运动的小姐。她美丽，她热情，可是她也过于冲动。她急切地在她丈夫之前领取飞行员驾照，为的就是将妇女解放运动实现于自身生活。当她取得驾照后便立即驾驶飞机带着普洛闵冲向蓝天，冲动的结果可谓触目惊心。他们驾驶的飞机陷在了高谷的一端，飞机不得不迫降，就在这千钧一发之际，幸运女神突然降临——虽然飞机由于强烈的冲击变得面目全非，但是他们两个竟然安然无恙！就这样，他们与死神擦肩而过。不过这件事最终还是导致了一个悲惨的结果：他们的婚姻走到了尽头。也许是为了祭奠这早逝的爱情，普洛闵之后考取了飞行员驾照，偶尔也会驾着飞机在天空翱翔。

普洛闵随后又结了一次婚。他的第二任妻子温柔贤淑，正当周围的亲友都认为他们会携手走到最后之时，意外却发生了，他的妻子不幸去世，为他留下了一个儿子和一个继子。这对普洛闵的打击很大。但是幸运的是，他的两个孩子都十分努力，并没有想要依靠这样一位有着学术权威的父亲去谋取什么利益，他们现在都已经长大成人并且拥有自己成功的事业。

普洛闵现在和朱迪·唐娜（Judy Dunn）组成了一个幸福美满的家庭。朱迪是著名的社会科学研究人员，她关于家庭和子女关系的研究在社会科学界相当有名。对于普洛闵来说，朱迪不仅仅是他的贤内助，更是其学术研究的好搭档，他们已共同撰写了三本著作。我们相信在日后的生活中，这对学术夫妻会给世人带来更多的惊喜。

学术界高产的天才

如今的普洛闵俨然已经攀登到了其行为遗传学领域的最高峰。1994年，在伦敦精神病学研究所他被任命为英国医学研究理事会第一位行为遗传学教授，他还是那里的“社会、基因和发展精神病学研究中心”的副主任。在这之前，他曾担任宾夕法尼亚州立大学“发展和健康遗传学中心”的主任，在那里他还被授予“杰出教授”的荣誉称号。他也曾担任过行为遗传学协会主席和秘书长，之后又被授予了英国心理协会的特别会员，并且他还是医学科学院的会员。目前，普洛闵主持的五个主要研究项目的资助总额超过1000万美元。他独著或合著了400多篇研究论文和13本著作。这些成就对于一个年仅59岁的心理学家来说简直是无法想象的！可事实就是这样，普洛闵本身就是一个学术界的奇迹，他高质高量的科学论文一次次让人们惊叹不已。那么，普洛闵是如何一步步从一个穷学生走向学术领军人物的呢？

师从阿诺德·巴斯之后，普洛闵来到了专门研究行为遗传学的得克萨斯大学心理学系，这极大地激发了普洛闵的求知欲。在这里，他能够接触到最前沿的心理学，外加先进的心理实验设备，这对普洛闵来说简直是如鱼得水。这一切让他彻底地从金钱的胁迫中逃离出来，自由地从事研究，他从心底爱上了这门尚待人们开发的新科学。普洛闵认为每位研究人员都需要坚持逆流而上；也正因为这种倔犟的性格，使得普洛闵在申请第一个项目的研究经费失败后，又不屈不挠地申请了三次。他这样的韧性让基金会委员们惊讶不已，最终批准了他的申请。他在大学时的交际能力似乎依旧没有什么进步，但正是这样的性格似乎特别适合做研究工作。例如，他自我描述说他不善交际，在社交方面比较容易焦虑，喜欢独处或在一个不多于两个人的小组中进行学术交流。

在大学期间，他已经通过无数次的实验，测试了不同环境中的老

鼠的行为，并且证明它们的行为主要取决于上一辈老鼠的基因组成，而来自不同的生态环境所产生的影响却甚是微小。这对当时的行为遗传学来说，已是跨进了一大步。然而不幸的是，普洛闵潜心钻研，与老鼠一起待的时间过长，导致其出现了严重的过敏症，以至于他不得不中断对老鼠的研究。时至今日，他依旧会对接触过老鼠实验室的任何东西产生过敏反应，可见其过敏程度是何等强烈。

由于普洛闵严重的过敏症，他不得不转变了研究方向。幸运的是，他对人格的发展问题同样很感兴趣，于是他的博士学位论文便基于这个方向进行了深一步的研究。他的博士论文中包含了他关于137对2—6岁双胞胎以及他们的父母亲的评估调查表。结果显示基因组成对这些双胞胎的活跃程度、情绪性、社交性和冲动性有着明显的影响。就在杰森（Jenson）将智商与种族联系在一起引起巨大的争论后，巴斯和普洛闵于1975年共同出版了一本著作，其中关于性格的观点是具有创造性的。在书中普洛闵指出，虽然个体之间肯定存在基因上的区别，但种族之间由于基因导致的平均差别却是微不足道的。这样的结论让许多种族主义者纷纷为其叫好。该著作不仅仅成为普洛闵科学生涯中的里程碑，更让许多被冤屈的种族沉冤得以昭雪。这就使遗传行为学的研究更加具有人类学的意义。

普洛闵研究的双胞胎

“遗传学家”这个称号总让人们对普洛闵产生许多误解，认为遗传学专家都相信“基因”会预先决定一个人几乎一切的特征。但是普洛闵自己却认为，偶然性——或被他称为“无定性”——在谱写他的生活轨迹上起了举足轻重的作用。他的多数早期教育和工作都显现出某种无定性。而且正是这种无定性引领他在1974年来到科罗拉多大学。在此之前，他的前任突然自杀了，但他并没有受到这个突发事件的影响，倔犟的他毅然决然地来到

这个世界顶尖的行为遗传学研究机构。由于他出色的专业知识及高效的研究，1982 年被任命为心理学和行为遗传学专家。此后，1986 年在宾夕法尼亚州立大学任人类发展学教授。在 20 世纪 70 年代，他完成了关于收养儿童的两个大规模研究项目（“科罗拉多收养儿童研究”项目和“瑞典收养儿童研究”项目/“双胞胎老龄化研究”项目)，1986 年他又开展了涉及 300 对双胞胎的“麦克阿瑟（MacArthur）纵向双胞胎研究”项目。这些研究的结果表明，基因会对一些以前没有预料到的特征产生影响，例如移情和行为抑制；而且遗传因素实际上在儿童发展期间显得非常重要，尤其体现在认知能力方面，同时也体现在人格和身心健康上。普洛闵还发现，遗传因素同时会造成人的变异性以及连续性。另一个有趣的发现是，身处同样的环境比身处同一个家庭更容易改变一个儿童的特性。这是因为父母会根据他们孩子不同的基因组成做出相异的反应，而且父母对非收养的子女更倾向于做出正面的情绪反应。更为令人咋舌的是，生活中的各类事件与基因组成有着高相关性。

后来，普洛闵对 15000 名英国出生的 2、3、4 和 7 岁双胞胎进行了调查研究，并在 2003 年 9 月上旬举行的英国科学促进会年会上对其做了评估，提出了与已被广为接受的观点相反的论点：“个体基因可能会导致不止一种学习障碍。这项研究表明，基因是多面手，而不是许多科学家认为的专才。”那些影响常见学习障碍（如阅读、数学和语言的障碍等）的基因，与学习能力正常的正常基因的变异是一样的。所以，一个与一种学习障碍连锁的基因，可能也与另一种学习能力的缺陷有关。以前的许多研究都误入歧途了，因为大脑中有一整套基因控制着所有的学习过程，而不是单一的“点对点”的简单反应。正是他的大胆创新，提出下一步的研究应该识别出对初级教育中的学习障碍影响最大的那一组基因，而初级学校中有多达 10% 的儿童存在学习能力障碍，这就为今后的行为遗传学研究指明了方向。

那么普洛闵究竟怎么解释基因和环境是如何影响了他的生活呢？

对他而言，基因很少产生决定性的影响，因此它们在他的生活中大多起着一个“预先影响”的作用。他认为，由于各种生活事件将他的基因组成、环境和“无定性”之间构建起了一个幸运的巧合，使得他在生活中成为一个成功者。比如说，他原本可能被征兵去越南打仗，但是他的排名实在太靠后，所以根本没有机会去服役。经过动荡流离的时期，现在他在位于英国北诺福克的家里安定地生活着。

普洛闵相信行为遗传学前途似锦。举例来说，据他的研究，注意力不集中和活动过度混乱，这样的认知障碍已证实有70%的遗传因素；抑郁症有30%—40%的遗传因素，但是犯罪只占10%的遗传因素。许多行为反应很大程度上都取决于基因组成，但是行为同时也反过来影响其生态学的特征。例如，女性之间的亲密接触会使她们的月经周期同步；鼠群中支配方式的变迁会导致雄鼠激素分泌量的增减；伦敦出租汽车司机在学会某种“知识”后，他们的大脑生理结构也会有某种改变。

未来无极限

社会基因精神发展研究中心

辉煌的成就并没有让他停下脚步，渐长的年龄也不曾让他产生丝毫懈怠。59岁，对于一位学者来说正当盛年，丰富的研究经验与扎实的学术功底更成了他继续前进的动力。

“我信仰的宗教是科学！”从开始到现在，他从未动摇。同样，从他的研究生涯中所呈现给我们的惊人成就、满腔热情和坚定信念，看得出事实的确如此！

管理心理学大师

西蒙：首位问鼎诺贝尔奖的心理学家

心理学界认为他是心理学家，计算机科学界认为他是计算机科学家，而经济学界认为他是经济学家。他不愧称为“社会科学家”。他以自己活生生的范例否定了那种只能走学术专门化道路的主张。

——马克·布劳格

赫伯特·亚历山大·西蒙（Herbert Alexander Simon，1916—2001），一位游走于各个学科之间的科学全才，在所涉及的每个学科领域，包括经济学、政治学、管理学、心理学和计算机科学等，都取得了登峰造极的成就。令我们好奇的是，他是如何攀登到境界如此之高的科学殿堂的？他的人生又是怎样的五彩缤纷？让我们一起来解密西蒙吧。

小小少年，天资超群

西蒙1916年6月15日出生于美国威斯康星州密尔沃基市的一个典型的中产阶级家庭。父亲阿瑟·西蒙是1903年从德国移民到美国的犹太人，拥有多项发明专利的电气工程师，他的严谨认真和一丝不苟深深地影响了西蒙；母亲埃得娜·玛格丽特·默克尔来自一个钢琴世家，是音乐学校的钢琴教员，教会了西蒙一手出色的钢琴技艺。除了父母，西蒙的舅舅哈罗德·默克尔对西蒙也有着很大的影响，他去世后留下来的书籍被西蒙广泛地阅读，为西蒙搭建了通往经济学和心理学的最早的桥梁。

西蒙4岁时，在华盛顿岛上，常跟着一群人去摘野草莓。但是发生了一件十分奇怪的事情：当别人轻而易举地摘满一大桶时，他的桶底只有可怜巴巴的几个，在他眼里，觉得草莓和叶子的颜色十分相近。从而，他发现自己是色盲，同时他也意识到，他看到的事物并不完全等同于别人看到的事物，真实的世界和个人知觉的世界是有差别的。这个事件，也促进了他对于认识论相对主义的接受。

在学校里，他很快发现自己比伙伴们更聪明，上学时跳了三级半，在学习上从来不用下很大的工夫。他有些内向，有点书呆子气，还有点孤独的气质，喜欢从书本、玩具或收集邮票中寻找快乐。通过阅读舅舅和哥哥留下的书，他学习了经济学、心理学、古代历史和物理学等方面的知识。早在12岁以前，他就发现离家3英里外的一幢楼里有公共图书馆和博物馆并常常流连在那里，翱翔于知识的海洋。如果你认为西蒙只是一个不善于交际的书呆子，那你就大错特错了。他喜欢游戏、喜欢运动、喜欢结交朋友。初中时，每天放学后若是天气好就在空旷的地方玩棒球和足球，若在又冷又黑的冬天，就进行室内游戏或滑冰。高中时，他活跃于辩论协会、科学俱乐部、学生会等各项学生组织当中，展现出惊人的社交能力和领导能力。

西蒙是个虚心听取意见的人，这也使得他在相当年轻的时候就常被人当作知心朋友，在家庭发生冲突时，他常从一些原则出发听取对方的评说。这些经历使他意识到，明理的可信赖的人能通过非常不同的方式来认识同一类事件，不管面对什么观点，他都能从相反的观点出发看到其优点，这使他获得的一个非常重要的实践真理。而高中时的辩论又使他学会了另一条真理，他在自传中写道："你不能靠逻辑击败人们以改变他们的观点，人们并不仅仅因为一时不能答辩而觉得有义务同意。"从他获得这个真理开始，他明白了要怀疑所谓人类的"实时逻辑"。这些辩论不仅让他明白了这样的一个真理，也让他带着一种批判性的思维方式广泛而深入地阅读各类社会科学书籍从而准备充分的论据来迎接辩论对手的挑战。

中学毕业后，西蒙获得了芝加哥大学的全额奖学金，1933 年，正式开始了他丰富而奇妙的大学之旅。初到芝加哥大学，他就感觉到在艺术、智力和政治上遇到的所有东西都是密尔沃基所没有的。大学里，他本来想学经济学，并且他已经读过大量经济学书籍了，但学经济学要求先修一门会计课程的要求使他放弃了这个想法，转而投向了政治学专业。他到芝加哥大学的第一年是该校实行新计划的第三年，学生可以通过参加综合考试来完成学士学位的大部分课程要求，只要通过指定学科的考试，不要求学生去听课，这种灵活的教学方式让西蒙超常的自学能力得以充分发挥作用，因此，在大学二年级时，他就修完了政治学方面的课程，把自己的精力放在物理学、心理学、计量经济学和逻辑学等方面，这也奠定了他运用严格的数理逻辑研究社会科学的学术方向。

芝加哥大学政治学的学习对于西蒙的人生有着十分重要的作用，它教会了他如何在思想历程上跋涉，帮助了他理解新观念是要靠科学家自己来发现、宣传和传播的，还使他明白了学科的社会组织与科学研究的相互作用是如何对研究的方向和步调起决定性作用的。

在西蒙读大学期间发生了一件有趣的事情，他参与了一次投资：养牛。他们种了600英亩牧草放养小牛，但牛群什么都吃，就是不吃他们栽种的牧草，还撞开了牧场旁边的电网冲了出去。这次经历让西蒙意识到不仅人是有计划的，动物也有自己的“计划”，任何有道理的理论，都可能会在现实世界中被推翻。

科学之星，冉冉升起

1936年，西蒙获得了芝加哥大学政治学学士学位之后当上了研究生助教，与此同时，他也是《对城市行政管理的衡量》这门课程的老师克拉伦斯·里德利负责的一项课题的研究助理。他的心思可谓是全部花在了研究上，当然，功夫不负有心人，他和里德利合著的《计量市政活动》作为专著出版了。这可谓是西蒙科学研究合作的最初经历，由此开始，他也迈向了通往学术生涯的道路。

1938年，西蒙成了国际城市管理者学会的一员，在这里，他极好地丰富了他的管理学知识。同时，也有了和计算机的第一次亲密接触。在准备作统计报表时，他第一次享受到了使用计算机的快乐。他用穿孔计算机为机器编制程序、做一些简单的算术计算以及重新排列打印了信息的行列。从这个时候起，对于计算机的热情在他的脑中开始萌生，从此以后对于任何关于计算机的进展都十分留心。由于在国际城市管理者学会深受管理知识和信息的熏陶，西蒙开始反思行政管理领域的种种现象，而这些反思为《管理行为》一书的诞生谱写了前奏。

从1939年开始，西蒙在伯克利担任行政管理计量研究室主任的三年间，将其管理研究的领域更加扩大。他和他的同事们完成了三项重大的研究，每项研究都出了一本专著还有许多论文。这三项研究分别是：在加州救助管理机构的实地实验、火灾的危险和损失，城市财产税范围的理论分析，以及对旧金山都市地区市政税收和服务的实际样本的考查。除了实施研究项目以外，在此期间，西蒙还完成了博士论文的写作，也就是《管理行为》一书的雏形。

1942 年，完成伯克利的研究项目之后，西蒙转至伊利诺伊理工学院政治学系教书。不得不说，他是一位称职并且很受学生欢迎的老师。学生们邀请他在毕业班的宴会上讲话，他从北极的旅鼠这种使人着迷的生物开始了他的精彩演讲，用夸张而生硬的技巧发表了关于领导的训诫。他认为，教学并非娱乐，但只有在它使人快乐和有兴趣时才能发挥作用。于是他尽他所能，用最能让学生理解的方法来教学，及时运用反馈，收到了不错的成效。在伊利诺伊理工学院教书期间，西蒙在比尔·库柏的建议下参加了考尔斯委员会的讨论班，这使他了解了一些有关宏观经济的知识，并结交了一批终生的朋友。与考尔斯委员会的协作并没有削弱他对决策问题的专注，他认为，第二次世界大战后一系列新思想，如运筹学和管理科学、博弈论等的核心就是决策，可见他对于决策的重视程度。1946 年，西蒙接受了伊利诺伊理工学院政治与社会科学系主任职务，重操旧业，加入到行政管理领域当中。

1949 年，受卡内基理工学院的工业管理研究生院建设计划的吸引，西蒙离开了伊利诺伊理工学院，来到了匹兹堡。他与利·巴赫、比尔·库柏组成了工业管理研究生院的领导小组，管理着院系的大大小小的各项事务。在卡内基－梅隆大学，西蒙沉醉于管理学、数学、政治学、心理学、计算机科学等各学科领域的研究当中，收获了一生中最辉煌的成就。

青涩恋情，美满婚姻

女孩对于西蒙来说，是很有吸引力的。甚至在幼儿园时就体验到了这种吸引力。最早的记忆是一位金发、圆脸的撒克逊小姑娘，名叫玛丽·米勒。之后，在他 13 岁拜访弗吉尼亚母亲家的庄园时，又被

一位名叫玛丽·米切尔的小女孩深深吸引。

初中时，他并没有很多与女孩有关的记忆，而到了高中，情况则大不一样了。他开始对漂亮女孩目不转睛，但由于生性腼腆，年龄又比同班同学小，多半只是暗恋。他第一次感觉到自己爱上的人应该是在他 16 岁时在一次徒步旅行中遇到的吉妮。她比西蒙小一岁，全身焕发着爱尔兰式的青春美，有些男孩子气，她的青春和纯朴吸引了西蒙，与她保持了两年细腻亲密的友谊。他特别喜欢帮她做家庭作业，美好地感受着她的存在，在弹钢琴时也想象着她的模样。在大学里，西蒙通过信件继续与吉妮保持着柔情蜜意，但不久之后，他意识到吉妮并不是他理想的终身伴侣的类型，因此他开始重新考虑什么样的女生更适合他。

这时，他对几年前在密尔沃基的教堂里认识的玛丽的思念越来越强烈，于是 1934 年回到密尔沃基就对玛丽展开了强烈的攻势，很快他们就开始热恋。玛丽高中毕业以后进了离芝加哥很近的一所大学，西蒙偶尔在周末去看她。但这段甜蜜的恋情最终还是破裂了，她在大学里找到另一个和她有着共同爱好的男孩，并且给了西蒙一封“让我们还是好朋友”的断交信。西蒙没有体面地接受失败，他还尝试着挽回这段恋情，但是一切都是徒劳无功的。

西蒙与妻子多萝西亚是在芝加哥大学相遇的。那时，多萝西亚是芝加哥大学政治学系秘书同时也是研究生。在一位朋友安排的约会之后他们开始正式交往，随着认识的加深，他们越来越觉得与对方在一起很愉快，也发现了越来越多的共同点。她正是西蒙所寻找的那种可以与他共享他的智力兴趣并在政治行动中合作的人，他们在对世界的认识和改善方面也有许多共识。多萝西亚身上散发着的友好、乐观，以及对生活真正的感到愉悦的气息深深感染了西蒙，于是在 1937 年圣诞节，他们携手步入了婚姻的殿堂。从此之后，西蒙无论是在生活上还是在工作上都有了最有力的支持。但事实上，他们的婚姻并不是没有任何波折的，有一段小插曲着实考验了西蒙夫妇俩。婚后六七年，西蒙班里来了一位年轻的女子，叫卡伦，她的美丽、聪明和超凡的想象力又一次触动了西蒙的心，西蒙爱上了她并向她表白，但是卡伦以不能插足一个有妇之夫而拒绝了他。西蒙很快就为他与卡伦的这种柏拉图式的关系而感到深深的负罪，于是向多萝西亚摊牌了，西蒙决定不再见卡伦，事情最后还是得到了很好的解决。这段插曲让西蒙深深地意识到：你可以同时爱两个或更多的女人，但是只能忠诚于一个人，这个人便是你的妻子，她是你一生的承诺。与多萝西亚一起度过的 53 年在西蒙的生活中有着无可取代的重要意义。

良师益友，合作无限

纵观西蒙的学术生涯，和他有过学术交流，有过合作研究的人不计其数，这些人当中，有一部分对他的影响是终生的。

芝加哥大学的同学哈罗德·格茨科夫在西蒙 20 多年的教育和生活中起着重要作用。他们同在密尔沃基长大，有着相似的教育背景。他们喜欢在茶余饭后自由讨论关于科学兴趣、认识论、伦理学等相关方面的问题。哈罗德专心致力于心理学和教育，而西蒙研究经济学和政治学，正因为他们学的课程不同，所以可以彼此指出对方忽略的看问题的立场。在美国行为主义者几乎不提皮亚杰，是哈罗德最先提醒西蒙注意皮亚杰。西蒙后来修改即将要出版的博士论文时，把哈罗德当作第一位读者，让他提意见。后来，西蒙在卡内基工作时，还说服哈罗德加盟卡内基理工学院的工业管理研究生院，从而成功地把商业和心理学结合在一起，直到 1957 年哈罗德离开卡内基。

在芝加哥大学研究生学习阶段，政治学系以外的三个人对西蒙起着特别重要的作用，他们分别是尼古拉·拉什夫斯基、亨利·舒尔茨和鲁道夫·卡尔纳普。尼古拉·拉什夫斯基是生物物理学家，有着在生物学系统建模中提出简单假设的惊人才能。亨利·舒尔茨的《需求的理论和测量》以及他举办的研究班，使西蒙对经济学的数学应用以及现代统计理论有了深入透彻的理解，在促进西蒙对沃尔拉斯的“普通均衡理论”的理解、“内曼—皮尔逊的统计检验理论”的理解与应用，以及认同问题的重要性和困难的正确评价这三方面起着非常大的作用，他也教会了西蒙理论与数据相符合对于科学的重要性。由于西蒙对社会科学中的逻辑有浓厚的兴趣，因此修读了鲁道夫·卡尔纳普的逻辑学及科学哲学课程，这也导致了西蒙在写博士论文《管理行为》时，首先考虑到了对管理科学的逻辑基础的研究。

克拉伦斯·里德利是芝加哥大学兼职教授，给西蒙讲授《对城市行政管理的衡量》这门课程，同时他又是国际城市管理者学会主席，是西蒙心目中“有效管理者”的榜样，在西蒙书房的墙上挂着的7张照片中就有一张是他的。通过在国际城市管理者学会与他的合作，西蒙懂得了良好的组织对达到重要社会目标是有力的工具，而不是对成员的束缚，这也促使了西蒙在《管理行为》中对组织如何能拓展人的理性做出解释。

阿伦·纽威尔和西蒙
1985年在回顾过去

西蒙1952年在兰德公司初次见到阿伦·纽威尔（Alan Newell）时，就觉得他有着成为科学家所必需的想象力和全面的技能，不久后，他就成了西蒙探索认知科学和人工智能研究领域的最亲密的伙伴。阿伦是个工作狂，工作起来特别卖力，这点给西蒙留下了很深的印象。每当他们在一起时，共同的信念、态度和价值观让他们工作上配合得相当默契，正是由于这种默契，才有了《人类问题解决》这本书的问世，也才有了图灵奖的荣誉。除了工作以外，他们也常常聚会，而且通常是家庭聚会，包括多萝西亚和阿伦的妻子诺埃尔。多萝西亚和西蒙还希望阿伦能当他们孩子的监护人，可见他们对他是多么的信任。

辉煌成就，硕果累累

组织管理的佼佼者

国际城市管理者学会和伯克利行政管理计量研究室的经历为西蒙的组织管理研究铺设了极其宽广的道路。在他的管理心理学经典著作《管理行为》一书中考察了作为决策过程的组织管理，把决策看成是沿途迷路的岔口所作的一步步选择，为分析和描述组织化现象提供了一个新的概念框架，即决策过程。另外，《管理行为》提出了“有限理性”的思想，基本观点是人类只能获得非常有限的理性，这是一种认知上的局限性，经济学家所期望的效用最大化框架在应用于人类实际行为时会受到限制，组织或个人在决策过程中通常只能实现“满意化”而并非“最优化”。

在卡内基工业管理研究生院关于组织的研究从经验和理论上填补了《管理行为》中搭起的关于决策问题的框架，建立了系统研究实验室，并通过模拟防空预警站来研究组织决策。凭着在管理研究中的努力和付出，西蒙获得了美国管理科学院学术贡献奖（1983）、美国运筹学学会和管理科学研究院冯·诺依曼奖（1988）和美国公共管理学会沃尔多奖（1995）。

诺贝尔经济学奖获得者

西蒙与经济学领域的关系也是相当密切的。在参加考尔斯委员会的研究班时，他写了一篇关于城市迁移经济学的理论文章发表在《计量经济学》期刊上。1976 年，西蒙被选为美国经济协会的荣誉会员，这仿佛在一定程度上预示着诺贝尔经济学奖的到来。果然，1978 年，凭借着对“有限理性”的阐释，西蒙获得了诺贝尔经济学奖。

可能很多人都对他入选诺贝尔奖感到诧异，许多经济学家甚至认为他只是个“圈外人”，但这些人完全无视了经济学专业的社会学特性，他们不知道，20 世纪 50 年代在文章被引用频率最高的经济学家中西蒙排名第 5。所以说，西蒙的诺贝尔奖，实至名归，他也成了首位问鼎诺贝尔奖的心理学家。

人工智能的先驱

从第一次在国际城市管理者学会负责年鉴统计时接触到计算机后，西蒙就和计算机结下了不解之缘。第二次世界大战之后，随着数字计算机的发展和“图灵测验”（Turing Test）的提出，西蒙从中看到了计算机的革命性应用。1954 年，西蒙和阿伦尝试着创造出一种会思维的计算机程序。他们从形式逻辑中定理的证明过程出发，研究出了世界上第一个人工智能程序——“逻辑理论家”。随后，他们进行了用“逻辑理论家”证明定理的几个实验，主要是数学家罗素的《数学原理》一书中的公理和定理，被证出的定理都会存入到“定理记忆”中与公理一起应用于后续的证明。西蒙向罗素写信汇报了“逻辑理论家”证明定理的情况，信中提到“我们正在借助于电子计算机来模拟人类的某些解题过程。我们把《数学原理》第二章作为题材，并试图详细说明能发现定理证明的程序，它类似于书中给出的证明”。罗素得知他们的研究成果很高兴并充满鼓励地回复了他们。“逻辑理论家”说明了尽管计算机本身并不具有任何智能，但是计算机程序语言可以“模拟”人类的思维活动，只要能在计算机内部设计好程序，整个计算机系统就具备了一定的逻辑推理能力和智能。

继“逻辑理论家”之后，西蒙他们又写出一个更为聪明的程序——“通用问题解决者”（GPS），它不仅能求证几何公理，还可以解决一系列诸如解决密码算术、下国际象棋等各种各样的智力任务。此外，西蒙以国际象棋为实验材料，通过分析专家和新手的行为，然后用计算机进行模拟，研究了专家知识的数量和组织方式。

在对被试者和计算机模拟的研究基础上，西蒙和阿伦完成了一本关于人类问题解决的专著——《人类问题解决》，在科学界引起了强烈的反响。凭借着在计算机科学领域的杰出贡献，西蒙获得了美国计算机学会图灵奖（1975）、国际人工智能协会杰出研究奖（1978）、美国国家科学金奖（1986）和国际人工智能学会终生荣誉奖（1995）。

信息加工心理学的鼻祖

“逻辑理论家”诞生之后，西蒙就倾向于将它解释为问题解决的心理学理论，而1958年发表在《心理学评论》上的《人类问题解决理论原理》可以说打开了与心理学沟通的桥梁。论文中，他们用“基本信息加工”的程序来描述行为，并把这种思维的信息加工理论与神经学的联想主义解释和格式塔学派的解释作了比较，正式宣告了心理学中新的“学派”——信息加工心理学的诞生。信息加工心理学认为，人是一个信息加工系统，认知就是信息加工，可以分解为一系列阶段，每个阶段可以假定为一个单元，它对输入的信息进行某些操作，然后做出反应。

西蒙和纽威尔把人看成是一个信息加工系统，也叫“符号操作系统”或者“物理符号系统”。人类思维中的符号操作可以比拟为一个计算机物理系统对符号的加工，两者都具备输入符号、输出符号、储存符号、复制符号、建立符号结构（通过找到各种符号之间的关系而在符号系统中形成新的结构）、条件性迁移（依赖已经掌握的符号继续完成行为）等功能，这就是当代认知心理学中极为重要的“物理符号系统假设”（简称“PSSH”）。根据这一假设可以推断出，人和计算机都是物理符号系统，都能表现出智能。又由于两者都是物理符号系统，因此我们就能用计算机来模拟人的活动，这就在人脑的思维活动和计算机的符号操作之间架起了一座桥梁，从而使认知心理学和计算机科学相结合，催化了认知科学这一新学科的诞生。凭借着对认知心理学领域的创新性贡献，西蒙获得了美国心理学会杰出科学贡献奖（1969）、美国心理学基金会心理科学终身成就奖（1988）和美国心理学会终身贡献奖（1993）。

红色情结，缘分中国

1972 年，西蒙作为美国计算机科学家代表团的一员踏上了中国这块神秘的土地，开始了与中国的亲密接触和长期合作。他与中国科学院心理研究所的荆其诚教授成了好朋友，他曾经担任中美学术交流委员会主席，他与中科院心理研究所进行了关于短时记忆、问题解决和学习等方面的科学合作并取得丰硕成果，他成了中国科学院外籍院士，中科院心理研究所名誉研究员，北京大学、西南师范大学和天津大学的名誉教授。他喜欢上了中国的饺子，他游览了中国各地的名胜古迹，他为自己取了一个中国名字：司马贺……在与中国长达 10 多年的交流中，西蒙深深地影响了中国的心理学，而中国也在西蒙的心里深深种下了一份红色情结。

人格亮点，魅力无穷

西蒙的“有限理性”思想不仅影响了他的学术生涯，还影响了他的人生哲学。他在自传中提到：“作为有限理性的生物，我不抱幻想去完全正确、客观地理解我的世界。但我不能忽视这个世界，我必须尽我所能，通过我的科学和哲学伙伴的帮助去理解他，然后使个人的立场与这个世界所呈现的种种条件和约束不过分地不协调。”因此，他对于任何事，都不会追求尽善尽美，做得满意就很满足了，追求“最好”可能会浪费可贵的认知资源。

西蒙强烈地倡议世界上的知识应该是跨越国界和学科的限制而自由飞翔的，在他担任社会科学研究理事会成员时，强烈主张促进跨学

科合作，寻求跨学科主义。正因为如此，使得他能够在多个学科之间游刃有余、成绩斐然。

西蒙是一个为了科学事业可以放弃一切的人，他对科学的执著与热爱一生中都是如此的强烈。当他有机会担任工业管理研究生院院长职位从而离卡内基－梅隆大学校长之位并不遥远时，他毅然放弃了。因为他对事业的选择从来都是：喜欢研究超过喜欢管理。他不想因为担任了院长或校长的职位而牺牲从事研究的时间。

赫伯特·亚历山大·西蒙，一位游走于各学科领域的科学奇才、一位“学识与人格兼优”的大师，在历史的长空中，留下了一抹绚烂的彩虹。

麦克莱兰德：“成就动机研究之父”

我会非常冷静而理智地谈论那些看起来并不是那么理智的动机问题。

——麦克莱兰德

大卫·麦克莱兰德（David C. McClelland，1917—1998），哈佛大学教授、行为心理学家、社会心理学家、当代动机研究的权威心理学家。1958 年获得古根罕基金奖，1987 年美国心理学会杰出科学贡献奖得主。麦克莱兰德主要的研究领域涵盖人格、职业胜任能力、企业家精神等方面。自 20 世纪 40—50 年代起，他便开始了对人的需要和动机的研究，通过对成就需要的大量调查与研究，他把人的高层次需求划分为对成就、权力和亲和的需求，提出了著名的“成就动机理论”。

麦克莱兰德对成就动机与个人操作、学业成就、职业发展，以及儿童成就动机与父母教养方式之间的关系等的研究，在现实生活中很有指导意义。麦克莱兰德是跨文化研究成就动机的先驱，他对社会心理学、尤其是对实验社会心理学的发展作出了巨大的贡献。他将个人动机与社会进程联系起来，寻求社会进步和经济发展的心理动因。另外，他关于成就动机的理论研究以及成就动机的训练方案也给人们以积极的启示。

天生的学者

1917 年 5 月 20 日，麦克莱兰德出生于美国纽约的芒特弗农。他虽然身材高大，但是看起来显得温文尔雅。麦克莱兰德喜欢待在既现代又阴暗的办公室里埋头工作，是一位具有批评性幽默感的学者并且十分不喜欢现代的美国，但在另一方面，他又十分愿意接受新事物。麦克莱兰德出自一个学术世家，父亲是某学院的院长，同时也是一位卫理公会派教徒兼教会部长，而他的母系祖先则是来自苏格兰的雨格诺教徒，可以说宗教对麦克莱兰德的影响是十分巨大的。他强调自己就是一个"异教徒"，并认为宗教为面临焦虑的人们提供了一个世俗的安慰性框架，而很多心理学家正是为了摆脱传统基督教的影响而从事了心理学工作。也许，正是这种宗教以及对宗教的反叛促使他成了一名心理学家。

学生时代的麦克莱兰德学业十分优秀。他于 1938 年在韦斯利昂大学获学士学位，于 1939 年在密苏里大学获硕士学位，1941 年在耶鲁大学获实验心理学博士学位。麦克莱兰德曾在美国和其他一些国家任政府机构顾问，后来又先后在康涅狄格女子大学、韦斯利昂大学、布林莫尔学院执教，并在 1956 年担任哈佛大学心理学教授一职。对于来自学术家庭的麦克莱兰德来说，成为一个学者似乎对他而言是天经地义的安排，问题是对于学术领域的选择。在 16 岁那年，麦克莱兰德对德国人的浪漫和理想主义十分着迷，差点就成了一名德语研究者，但是他对德语的热情随着时间的推移渐渐发生了变化，进入大学以后，他发现德语只是包含了一些语法而已，从而对德语失去了兴趣。研究生阶段他师从麦克库依（John McCue）与赫尔（Clark Hull），并受赫尔的影响颇深。作为20世纪30年代美国最著名的心理学家，赫尔鼓励麦克莱兰德对科学细节的关注。后来麦克莱兰德关注精确性，关注实验设计，关注结果的检验的精神，正是从这位导师这里习得的。

自1948年起，麦克莱兰德开始研究人们为什么以及怎样获得经济上的成功，并最终走上了动机研究之路。战争开拓了麦克莱兰德的研究，他发现在战争期间再超然的社会科学家也不能不带任何偏见地研究德国人的性格。他认为心理学应该在这些方面应运而生，应该以科学的心理学来对比研究德国人和美国人的优缺点。麦克莱兰德刚到布林莫尔学院工作时，对社会心理学一无所知，他努力钻研，刻苦学习。他觉得对作为高级动物的人类而言，其动机的研究需要一个独立的框架。社会心理学和变态心理学的课程使麦克莱兰德深深感到实验的局限性，他认为光通过剥夺白鼠的食物、水、性和睡眠是不能彻底理解人类的动机的。正是由于麦克莱兰德具有丰富的人文学科背景，他对相关文献的兴趣使得他发现行为主义的观点过于狭窄。在发现了人工实验室中的白鼠根本不能科学解释人类的动机后，麦克莱兰德转向了对幻想的研究。

偶然造就必然——“成就动机理论”的提出

麦克莱兰德是对成就动机研究的集大成者，但是鲜为人知的是，这位大师最初研究成就动机却是出于一个十分偶然的机会。当时麦克莱兰德正在从事其他方面的研究，并想为自己的研究筹集一些资金。一次在一个鸡尾酒会上，有人主动愿意提供资金以支持一些与海军有关的课题，但是由于麦克莱兰德对海军的研究没有什么兴趣，所以这并没有引起麦克莱兰德的关注。值得庆幸的是，尽管研究内容和麦克莱兰德的意愿不符合，出资者仍然愿意为麦克莱兰德的研究提供一些资金，从而支持麦克莱兰德从事其他方面的研究。当时，麦克莱兰德有一位叫做阿特金森（Atkinson）的学生，该学生对于成就问题十分感兴趣，阿特金森还有6个月就要读研究生了，他十分需要这笔钱支持自己的研究，所以麦克莱兰德就用这笔资金来帮助阿特金森从事成就研究。通过与成就动机的接触，触发了麦克莱兰德极大的兴趣。由于麦克莱兰德对成就问题的研究很有自己的见解并且完成得十分出色，所以支持其研究的资金也源源不断，这使得他对成就动机的研究得以不断完善。偶然性，对麦克莱兰德而言起着很大的作用，但是他自身的素养及学识也使得在成就研究方面获得了丰硕的成果。外部因素和内部因素的相互作用，使得这位天才学者在成就问题的研究领域享有很高的声誉。

1938年，美国哈佛大学的亨利·莫瑞教授在他的《人格探讨》一书中首次提出"成就需要"（need to achievement）的概念，指出这是一种追求高目标、完成困难任务、竞争并超过他人的需要。成就动机研究的黄金时期是1950—1965年，在此期间麦克莱兰德对"成就动机"（achievement motivation）进行持续的研究。麦克莱兰德提出了三种需要的概念，认为个体在工作情境中有三种重要的动机或需要，它们分别是：

1. "成就需要"（Need for achievement）：争取成功希望做得最好的需要。

2. "权力需要"（Need for Power）：影响或控制他人且不受他人控制的需要。

3. "亲和需要"（Need for affiliation）：建立友好亲密的人际关系的需要。

麦克莱兰德创立了广泛的社会成就动机理论的经典理论。他倡导

“自上而下”的研究方法，探讨在特定社会中的成员如何在所处的社会文化影响下通过社会化过程塑造成就动机、形成对成就的态度和价值观等，以及分析社会集体成员的成就动机水平与该社会的经济、科技发展之间的关系。麦克莱兰德的研究使得成就动机问题愈来愈得到人们的普遍关注。

麦克莱兰德对成就动机的创造性研究受到温特伯特姆（Winterbottom）和韦伯（Max Weber）的很大影响。温特伯特姆通过访谈研究了29位8岁儿童成就动机的得分，发现人们成就动机的差异是由儿童时期的不同经历造成的。孩子在生活中独立的时间越早，他们的成就需要就越强；高成就取向的儿童的父母，对子女的表现给予很高的期望，当儿童表现良好时便给予赞许。而韦伯在《新教伦理和资本主义精神》一书中指出，加尔文主义严格的教义培育了入世精神，形成了所谓的“新教伦理”，新教改革促成和增强了个人的独立性与责任感、个人主义与自我拯救，新教改革导致了资本主义的发展。麦克莱兰德将社会经济、技术革新与成就需要以及儿童的独立性训练的相关研究与新教革新联系融合在一起，主要探讨新教徒与儿童早期的独立性训练、早期的独立性训练与成就需要、成就需要与经济发展以及新教主义与经济发展这四个方面的关系。1953年以麦克莱兰德为核心的所谓“哈佛学派”正式形成。随着他与阿特金森（Atkinson, J. W.）、克拉克（Clark, R. A.）、罗威尔（Lowell, E. L.）共同编撰的《成就动机》一书的出版，成就动机理论也就正式形成了。

对成就动机孜孜不倦的研究

麦克莱兰德对人的成就动机与社会经济成就之间的关系的研究十分感兴趣，并开创了对成就动机的跨文化研究。麦克莱兰德对不同时代、不同国家、不同文化中的陶瓷设计、国家领导人的讲话、文学作品和儿童读物进行深入分析，探求其中所包含的成就主题并以之作为

成就动机的指数。麦克莱兰德采用档案方法比较了1920—1929年和1946—1950年两个时期的50多个国家和地区人们的成就动机与经济增长的关系。他的研究发现，儿童从教育中所获得的成就动机将在他们成人以后导致经济的增长。他以煤年产量、总贸易量、电力生产总量等作为高度社会成就的客观量度，结果表明，儿童的成就动机与这些国家25年后的经济增长存在显著的正相关（+0.53）。麦克莱兰德认为，若父母在儿童早期就开始培养孩子自信心与独立性，将导致孩子具有高成就动机；而社会中高成就需要的人增多，将会导致国家经济的增长。

晚年的麦克莱兰德

麦克莱兰德指出：“正在取得成就的社会并不是以人口增长、经济状况或自然资源为特别有利的条件，而是由于成就动机较高、企业家的精神、工作热情很高的执行者和一种在儿童训练中强调成就的社会倾向，这是达到高水平社会成就的必需因素。”这一观点在他1961—1964年对欧洲各国和共产党国家的比较研究中得到了证实。这种现象被证实普遍存于各个国家，例如印度的小学教材中有很多鼓励孩子们拼搏奋斗、自强不息、努力取得成就的内容，而中国的教材也大幅度渲染了此方面的信息。国家的领导人对本国人民成就需要的程度和水平的关注度也直接影响着国家的发展。麦克莱兰德通过对1925年与1950年英国经济状况的比较发现，1925年前后英国在儿童读物的成就感的内容方面在25个国家中位列第5名，这时它的经济发展水平较高；而在1950年英国已经降为39个国家中的第27名，这主要是因为该国创业精神的委靡不振所致。另外在中世纪的西班牙、1400—1800年的英国，甚至在古希腊时期，都存在着麦克莱兰德所提及的这种现象。

1958 年麦克莱兰德通过调查研究，发现德国与美国 18 岁的男孩在勤奋和礼仪方面截然不同。美国的男孩喜爱参加集体活动，并更容易接受同伴的建议；而德国的男孩喜欢参加具有较多个人色彩的活动。研究发现美国学生的成就动机显著高于德国学生。1961 年麦克莱兰德把新教占统治地位的国家与天主教占统治地位的国家的人均耗电量进行了比较。他把人均耗电量作为国家经济发展水平的指标，这个指标是具有可行性、可比性、可信性的，通过比较来探究“新教主义”和经济增长的关系。结果发现，新教国家的经济发展水平优于天主教国家。另外，麦克莱兰德还运用“温特伯特姆技术”来测量康涅狄格州较为活跃、宗教信仰较强的天主教徒和新教徒，研究发现，新教家庭的孩子成就动机的得分较高，这与新教家庭的母亲对自我依赖的强调要高于天主教家庭的母亲这一因素有关。麦克莱兰德以德国凯撒斯劳腾的男孩为被试以便消除与社会经济因素有关的复杂因素之影响，结果发现，新教徒的男孩比天主教徒的男孩具有更高的成就动机平均水平。在一项以较高成就动机者为被试的实验中，麦克莱兰德将经纪人、售货商、广告商、商品买主、厂长这五种职业介绍给凯撒斯劳腾的男孩，并发现低成就动机者对这些职业的赞许程度要低于高成就动机者。

麦克莱兰德关于“成就需要单词辨认影响因素”的研究是对成就动机的经典实验研究。实验的被试是 36 位大学生，实验首先通过“主题统觉测验”（TAT）和“字谜测试”（anagrams tests）测量被试的成就动机，然后在三个月后，安排被试通过一个为测试被试与成就相关的单词辨识时间关系的程序。在 30 个被评委选出的大写单词中，有 10 个单词是中性的，10 个单词与成就相关，还有 10 个与安全相关。通过幻灯片放映单词，每个单词停留在屏幕上的时间为 1 秒，要求被试连续辨识这些单词直至能正确地辨识出来。以每个被试辨识中性单词的时间分布为参照，分析每个单词幻灯片呈现的次数标准分，并记录被试实验前的假设单词。实验结果发现，高成就动机的被试比低成就动机的被试更快地辨识出与成就相关的表示“成功”的单词，但是对于与成就相关的表示“失败”的单词没有显著差异；把被试的成就动机的高低按照由低到高的顺序进行排序并比较发现：中间1/3的人对于与安全相关的单词进行的结构性假设较少，上面1/3的人对成就单词所进行的结构性假设相对较少，中间1/3的人在对失败单词进行辨识时速度较慢，上面1/3的人辨识成功单词的速度较快；另外，中间和上面1/3的人辨识安全相关的单词比较快。麦克莱兰德通过这次实验研究发现，具有中度成就动机的被试群体特别注意避免失败，他们较关心安全问题，对成就感的追求不高；而高成就动机的被试群体则会期望得到最大限度的成就感，希望获得成功。

麦克莱兰德对成就动机的得分测评也是对个体动机的强度进行测量，发现成就动机在目标刚超过被试能达到的程度时保持在最高点。早前，精神分析学派和行为主义学派都对动机进行了研究，但是他们的研究很难得出有代表性的结果，并具有可重复性差、结果具有局限性的缺陷。而麦克莱兰德则采用系统、客观、有效的方法研究高层次需要与社会性的动机。他假设，高成就动机组与低成就动机组相比，前者的学习更为优越。他的这一假设在后来的研究中得到了证实。

1951年，麦克莱兰德提出了成就动机的六种唤起条件：放松条件、中立条件、自我涉入的条件、成功条件、失败条件、成功—失败条件。麦克莱兰德修改了莫瑞的“主题统觉测验”（thematic apperception test，TAT），使它变得客观化并适用于团体施测。他把通过自陈量表测得的动机称为“自陈动机”（self-report motive）。自陈动机是来自于对言语表达出来的社会要求的理解，发展较晚，是个体关于事物对个体的重要性以及对文化重视程度的有意识的知觉，是个体自我概念的一部分，能更好地预测短期的、特定情境中的反应及行为。麦克莱兰德把用TAT等投射法测得的动机称为“内隐动机”（implicit motive）。内隐动机不需以掌握言语为前提，发展较早，通常不易被意识到，能更好地预测长期的、自发的行为倾向。麦克莱兰德的TAT测试中较为经典的，当属用投影仪给一组被试呈现图画或者句子，要求被试根据图片写故事，从而推测个体的成就动机。他发现，成就动机得分高的个体在商业上更为成功，即在此测验中，个体的成就动机分数与个体的职业选择和所获得的商业成功相关。在后来的研究里，麦克莱兰德还将实验的方法与主题统觉测验相结合，并开创了一种简单的计分方法。他将故事的特征加以分类，观察各类别的特征在故事中出现与否。这种客观系统的记分方法被后人列为典范。具体步骤如下：

1. 通过实验室的被试处于动机唤醒状态，并选中一组在所要研究的动机维度上具有较高强度的被试；
2. 比较实验中的“唤起组”被试与“非唤起组”被试的“TAT”故事的差异，并归纳成为初步的计分条目；
3. 计分项目要能够区分同一动机的其他唤起方法所得到的“唤起组”与“非唤起组”的“TAT”故事，剔除不具有区分能力的计分条目，确定最终的计分条目，即进行“交叉效度验证”；
4. 进行建构效度的验证。用这种计分系统对非唤起条件下的被试进行TAT计分，得到此动机分所做的关于个体生活行为的预测应该与理论预测的动机分相一致。

麦克莱兰德认为，TAT的指示语会鼓励被试做出有创造性的反应，使得被试改变自己的回答，被试的不同回答会导致重测的相关度偏低。为此，他在实验中改变了重测时的指示语，强调被试无须刻意关注与原来的故事的相似度。结果，测量内隐动机的重测信度提高到0.58。

麦克莱兰德发现，个体的成就动机是可以通过训练而获得、提高的。为了对成就动机进行训练，麦克莱兰德苦心钻研，查阅了大量心理治疗的文献，并设计了相应的训练项目，通过典范和反馈来教育人

工作中的成就动机

们如何行为和思考，使个体了解自己所处的位置，设置个体目标，并建立起社会支持网络。麦克莱兰德的训练项目简单明了，容易实施。他在印度实施了这项计划，并依照自己的计划项目对商人和企业家进行了为期十天的训练，这次训练也获得了显著的成效。在训练计划实施后的6—10个月中，被训练的这些商人和企业家在市场表现得十分活跃，他们所涉及的商业活动范围也扩大了两倍。可见麦克莱兰德的成就动机训练计划取得了很大的成效。

巨星的陨落

1998年3月27日，麦克莱兰德因心力衰竭在自己的家中与世长辞，享年80岁。麦克莱兰德的研究与教学历程长达57年。他一生结了两次婚，他的第一任妻子于1980年去世。麦克莱兰德去世后，留下了他的第二位妻子，以及5个女儿，2个儿子和9个孙子、孙女。

麦克莱兰德终其一生为心理学作出了卓越的贡献。他通过研究较为成功的人士，努力寻求获取商业上的成功以及弥补失败的办法，他

的成就动机理论也被广泛应用到了企业管理中。麦克莱兰德富有创新性、开拓性的研究引发了人们对成就动机研究的狂潮，把“成就动机”这个先前不被人们所注意的课题搬上了历史的舞台。不仅如此，他在深钻自己领域的同时还对社会学家韦伯的理论给予了科学的验证。麦克莱兰德推动了应用心理学的发展。“应用可以让你诚实，并且应用可以让你把精力放在一些重要的而不是鸡毛蒜皮的事情上。”他是这么说的，也是这么做的！

贾尼斯：孜孜不倦的“群体盲思”探索者

有可能每个决策小组中的每个成员，都会不自觉地受到他人的影响。

——贾尼斯

欧文·贾尼斯（Irving Lester Janis，1918—1990），1918 年 5 月 26 日出生于美国纽约州布法罗。美国著名的管理心理学家，主要致力于政策制定的心理学分析、危机管理等方面的研究。1981 年获美国心理学会颁发的杰出科学贡献奖，并被入选“20 世纪 100 位最杰出的心理学家”。

不断创新的贾尼斯

贾尼斯在 1939 年获得芝加哥大学理学士学位。1940 年入哥伦比

亚大学攻读博士学位。期间，他曾和柯林贝格举办社会心理学研讨会。第二次世界大战期间，作为司法部特别战争政策小组的高级社会科学分析家，他与社会学家 C. 霍夫兰共事，战后又回到哥伦比亚大学，完成博士论文。1947 年受聘于耶鲁大学，开始其教学和研究生涯。在耶鲁之初，他参与了霍夫兰主持的“态度改变”研究计划。1958 年出版《心理紧张》一书，提出“术前焦虑与术后情绪状态的曲线理论”，在临床上得到广泛应用。1972 年出版《小群体思维的受害者》。同年，出版《群体盲思》，首次提出群体盲思理论。

1982 年，贾尼斯再次探究美国政府历年外交决策事件，参照各个事件的环境、决策过程和决策结果，归纳出群体盲思的模型。该模型包括八项诱发群体盲思的前置因素，八项群体盲思的表现形式，以及七项群体盲思对群体决策过程和结果的影响。1985 年从耶鲁大学退休，退休后担任耶鲁大学名誉教授及加利福尼亚大学伯克利分校心理学兼职教授。1990 年 11 月 15 日逝世于美国加利福尼亚州圣罗莎市。

20 世纪 50 年代中期，他主要研究心理压力问题，提出了术前焦虑与术后情绪状态的曲线理论：病人由于手术引起的心理应激反应，在手术前后显示不同的特点。术前表现为焦虑，恐惧情绪增强，血压升高，心率加快；术中应激反应水平显著低于术前，术后反应水平较术中有所提高。手术患者心理应激水平的时间特点，反映了手术期不同阶段应激对手术患者心理产生了不同的影响。之后他的研究逐渐转向人在压力下的选择问题。在《小群体思维的受害者》一书中，他认为假设同样是争论问题，赞成的观点比否定的观点先出现，将会使争论更有效。在另一项实验中，他发现，在高可说服性和低自尊之间、在可说服性和社会压制之间存在着相关。

在国际政治心理学研究中，贾尼斯和他的合作者第一次提出了决策分析中的“热认知”研究程序，并系统阐述了情绪因素如何、何时作用于决策过程及其结果。认知制约、组织制约和情绪制约三种因素干扰着我们的有效或理性决策。贾尼斯试图提供一种综合的解释框架，来解释这三种因素是一种竞争、异质的关系，还是一种融合与合成。

卓越的“群体盲思”理论

“群体盲思”（groupthink）是现今群体决策研究中一个非常普遍的概念。这个词语是指群体在决策过程中，由于成员倾向于让自己的观点与群体相一致，因而令整个群体缺乏不同的思考角度，不能进行客观的分析。群体盲思可能导致群体作出不合理的，甚至是很糟糕的决定。特别是高凝聚力的群体在进行决策时，人们的思维会高度倾向于寻求一致，以至于其他变通思维的现实性评估受到压制。

群体盲思是群体凝聚力导致的一个负面结果。这一现象早在20世纪30年代就引起了注意，认为它是一个非常重要的因素，会影响到各种类型的组织决策。最初的群体盲思理论是贾尼斯在1972年的《群体盲思》一书中首次提出来的，他将其定义为：“在一个较有团队精神的群体，其成员为维护群体的凝聚力，追求群体的和谐和共识，却忽略了最初的决策目的，因而不能确实周详地进行评估的思维模式。”

贾尼斯最初对群体盲思的特征描述为：①当人们深深地卷入一个凝聚力很强的群体，并且当人们对于寻求一致的需要超过了合理评价备选方案的需要时所表现出的一种思维模式；②因为群体压力而导致的思维效率、事实验证能力和道德判断能力的退化；③寻求一致的倾向性。这些特征的基本内涵是，具有很高凝聚力的小决策群体，为了保持其凝聚的群体社会结构而无意识地削弱了他们解决问题的基本使命。

1982年，贾尼斯再次探究了入侵猪猡湾事件、偷袭珍珠港事件、越战、古巴导弹危机、“马歇尔计划”、“水门事件”等美国政府历年的外交决策事件，通过参照各个事件的环境、决策过程、决策结果，归纳出群体盲思的模型，概括地分析了群体盲思从原因到后果的各个环节。贾尼斯指出，导致群体盲思发生的是一系列的前提条件，当这些前提条件的全部或者是部分出现时，群体就会表现出寻求一致的倾向。当群体表现出寻求一致的倾向时，群体盲思就发生了，并且有很多种表现形式。具有这些表现形式的群体，在决策过程中就容易产生失误，相应地也有一些标志可以判断群体决策是否发生了失误。

贾尼斯关于群体盲思的定义及其理论分析模型为群体盲思的研究奠定了一个基础。他随后的研究基本上都是围绕着这个定义和理论分析模型来进行的。格兰斯特龙（Granstrom）等提出的群体盲思“两极模型”，扩展了贾尼斯的群体盲思概念。他们认为除了群体盲思表现为妄想和过分自信之外，群体盲思还应该表现为失望和悲观状态这种情形。他们的研究证实了一个群体可能既表现出“妄想”又表现出“悲观”的群体盲思。

“群体凝聚力”——首要的前提条件

群体盲思是一个涉及群体内外两方面的相关变量的动态发展过程。从内部方面来讲，它与群体中的个体特征、群体的发展过程和水平等涉及人的心理、行为因素的变量有关；从外部方面来讲，它与群体所面临的环境特征（政治的、经济的、体制的、制度的等）、任务特性等涉及非心理因素的变量有关。具体地讲，这就是下面要探讨的群体盲思的前提条件。贾尼斯认为引起群体盲思的前提条件有八种：

1. 群体高度凝聚力；
2. 群体隔绝了外界信息；
3. 命令式领导；
4. 决策规范缺乏条理；
5. 群体成员的背景和价值观的相似性；
6. 来自外部威胁以及时间限制的压力；

7. 群体没有信心寻求比领导所提出的更好的方案：可能因为领导具有强大的影响力；

8. 成员自尊心低落：可能由于刚经历过失败。

贾尼斯认为对于群体盲思的产生起至关重要作用的前提条件是群体凝聚力。当一个群体内的成员表现出一种高度的友善和团队精神，并且群体成员对其群体身份有着很高程度的评价时，群体成员一般都愿意继续维持群体身份。群体所呈现出的这样一种状态就被称为群体凝聚力。群体凝聚力是由群体成员之间的人际吸引、执行群体任务的意愿、群体声誉和威望对个人的吸引力所组成的。高水平的群体凝聚力将会导致失误的群体决策。当高水平的群体凝聚力和其他的前提条件相互作用时将会很容易引起群体盲思，这种相互作用的长期效果就是，以群体的外部需求为代价来换取对群体及其内部过程的过分关注。

不过，贾尼斯的这一观点目前也面临挑战。有人研究过所谓任务面向的凝聚力和情感面向的凝聚力以及它们之间的关系。也有人研究过群体凝聚力对群体决策结果的影响，都表明在大多数情况下，群体凝聚力不论是单独作用还是和其他前提条件交互作用，都对群体盲思的产生无多大的影响。目前，研究者们已经将研究重点放在了群体凝聚力和其他前提条件相互结合后对群体盲思有什么作用上。还有一种批评认为，贾尼斯和他的追随者，尽管描述了几种群体盲思的表现和导致这种群体过程的前提条件，但是在他们的文献中，很少出现心理方面的前提条件。在心理动力学的范围内群体盲思的研究进行得很少。

“群体盲思”的表现形式

根据贾尼斯的总结，导致群体决策失误的群体盲思有以下八种表现形式：

1. 无懈可击的错觉。即群体对自身过于的自信和盲目的乐观，

不认为自己存在潜在的危险。这种过分的乐观主义使群体看不到外来的警告，意识不到一种决策的危险性；

2. 行为的合理化。即群体往往将已经做出的决策合理化，忽视外来的挑战。一旦群体形成了某种决策后，更多的是将时间花在如何将决策合理化，而不是对它们重新审视和评价；

3. 对群体的道德深信不疑。即相信群体所做出的决策是正义的，不存在伦理道德问题，也不理会从道德方面提出的挑战；

4. 对群体外成员（对手）看法的刻板化。群体成员一旦卷入群体盲思，就会倾向性地认为任何反对他们的人或群体都是不屑与之争论的，或者认为这些人或群体过于软弱、愚蠢、不能够保护自己，而群体既定的方案则会获胜；

5. 从众压力。群体不欣赏不同的意见和看法，对于怀疑群体立场和计划的人，群体总是处于反击的准备之中，而且常常不是以证据来反驳，取而代之的是冷嘲热讽。为了获得群体的认可，多数人在面对这种嘲弄时会变得没有了主见而与群体保持一致；

6. 自我压抑。由于不同的意见会显示出与群体的不一致，破坏群体的统一，因而群体成员会避免提出与群体不同的看法和意见，压抑自己对决策的疑惑，甚至怀疑自己的担忧是否多余；

7. 全体一致的错觉。从众压力和自我压抑的结果，是使群体的意见看起来是一致的，并由此造成群体统一的错觉。表面的一致性又会使群体决策合理化。这种由于缺乏不同的意见而造成的统一的错觉，甚至可以使很多荒谬、罪恶的行动合理化；

8. 思想警卫。思想警卫的说法是相对于身体安全警卫提出来的。群体决策一旦形成以后，某些成员会有意地扣留或者隐藏那些不利于群体决策的信息和资料，或者是限制成员提出不同的意见，以此来保护决策的合法性和影响力。

总起来讲，这些表现形式能够使群体维持那种表面上"一致"的感觉，在决策过程中使群体更像是一个人一样地行动。"当一个政策制定群体表现出全部或者是大多数的群体盲思症状时，群体成员就会低效地完成他们的集体任务。为了寻求一致，其代价就是最终决策的失败。”

以上贾尼斯的总结基本上涵盖了人们常常在群体决策过程中所观察到的群体盲思的各种表现形式。关于这方面的研究，因为存在的分歧不是很大，因而不是目前所关注的焦点。

“群体盲思”对群体决策的影响

在群体决策过程中一旦出现了群体盲思，决策将不能够按照理性的程序进行，而且会直接导致出现很多的过程性缺陷。贾尼斯总结的这些缺陷包括如下：

1. 不全面研究替代方案；
2. 不全面研究决策目标；
3. 不考虑既定选择的风险；
4. 信息搜集不足；
5. 信息处理过程有偏见；
6. 不重新评估当初放弃的选择；
7. 未制定突发情况的备用方案。

在群体决策中，影响最终结果的往往不是最终拍板定案的那一瞬间，而是整个的决策过程。所以，要说群体盲思对群体决策结果的影响，其实就是说对整个决策过程的影响。尽管引起群体决策失误的原因有很多，但根据上述的过程性缺陷，有理由认为，群体盲思对决策结果是有负面影响的，至少它会使决策结果偏离群体最初所设定的目标。

群体盲思导致的决策失误的防范

贾尼斯曾研究了美国各界高层决策失误的典型案例，对大量错误的群体决策进行分析，结果发现，在具有高凝聚力同时又很少受到外界不同意见直接影响的高层决策小组，常常容易出现为了保持意见一致，使不同意见和评论受到压制的群体盲思现象。贾尼斯得出了一个结论：一个群体的内聚力越强，就越容易导致群体盲思的错误。因为在群体决策时，本来有不同意见者也碍于群体的压力而不再坚持己见，也会觉得集体的决策似乎是对的，按照少数服从多数的原则，听从大家的意见。同时，群体中的成员认为决策是大家作出的，责任由大家分担，个体较少负有直接责任，所以就很容易产生从众心理。

贾尼斯在1982年出版的《群体决策》一书中，提出了防止群体盲思发生的十种具体操作方法：

1. 使群体成员懂得群体盲思现象以及产生的原因和后果；

2. 领导者要保持公正，不要偏向任何立场，防止形成不成熟的倾向；

3. 领导者应引导每一位成员对提出的意见进行批评性评价，应鼓励提出反对意见和怀疑；

4. 应该制定一位或多位成员充当反对者角色，专门提出反对意见；

5. 经常将群体分为小组，让他们分组提出建议，然后再全体聚会交流分歧；

6. 如果问题涉及与对手群体的关系，则应花时间充分研究一切警告性的信息，并确认对方会采取的各种可能行动；

7. 形成预备的决策后，应召开“第二次机会”会议，并要求每个成员提出自己的疑问；

8. 在决议达成前，请群体外的专家与会并请他们对群体意见提出质疑；

9. 每个群体成员都应向可信赖的有关人士交换群体意见，并将他们的反应反馈给群体；

10. 用几个不同的独立小组，分别同时就有关问题进行决议，在此基础上形成最后决议。

由于有越来越多的群体决策应用了计算机辅助支持技术，一些研究者研究了这些被称之为“群体支持系统”（GSS）和“群体决策支持系统”（GDSS）的技术对群体决策的作用。由于群体盲思对群体绩效存在着负效应，因此有理由认为GSS和GDSS能够有效地防范群体盲思。

对“群体盲思”理论的质疑

工作中神采奕奕的贾尼斯

通过以上对群体盲思研究的一个概括的评述，可以看出群体盲思研究仍然是一个很值得再探索的领域。因为到目前为止，很多的观点和结论还是模棱两可甚至是互相矛盾的。

尽管对群体盲思的定义多种多样，但是对群体盲思过程的本质问题基本上尚未考虑。大多数学者认为贾尼斯的群体盲思模型具有“可加性”，即前提条件出现得越多，群体盲思越有可能出现。但由于这种解释缺乏实证检验，一些学者提出将群体盲思框架更多地视为一种引导：只要存在一些前提条件变量就足够导致群体盲思；其次是关于群体中的个体特征问题。目前有研究提出了群体中的个体特征对群体盲思的发展所产生的作用。有人认为群体成员的自我监控倾向可以作为一个引导群体向群体盲思发展的手段。基本上，群体成员所表现出的幻想和盲目乐观可能会迫使群体“为自己划定一个可以阻挡入侵的边界”。群体成员的自我监控越强烈，这种边界将越牢固，群体就越有可能表现出群体盲思。也有人从涉及性别类型的研究文献中得出结论认为，男性比女性更容易陷入群体盲思。贾尼斯和随后的研究者的案例研究中所分析的群体几乎都是由男性所组成的。这与通常的群体盲思实验研究中成员的混合性别形成了尖锐的对比。这可能是为什么群体盲思的实验研究结论总是模棱两可的主要原因；再次是群体的发展水平问题。有人认为在群体发展过程中的不同阶段可能会有不同类型的群体凝聚力，从而会对应着不同的群体盲思的发展水平。特别是，群体盲思在群体成员对期望、规范和地位还感到不太保险时的早期阶段更有可能出现。同样地，那些已经拥有比较长的决策历史的群体，由于成员间彼此的了解和熟悉，对其行为和预期将更加放心。因此他们更有信心挑战占群体多数地位的观点，最终导致出现更少的决策失误。

群体盲思模型扩展不完全

很多研究者认为贾尼斯的群体盲思模型还不是很完全。有人认为此模型中还需考虑两个额外的变量：时间压力和群体领导的地位。也有人注意到即使所有的前提条件都出现了，群体盲思还是可以避免。主要的原因是群体采用了一个系统地收集和分析信息以及严格地评价备选方案的程序。除了这几个变量之外，还有几个变量也是对群体盲思模型的重要补充。首先是群体规范，它会影响群体凝聚力对群体绩效的效果；其次是群体内领导的权力，领导越具有权力和影响力，越能够将群体朝着领导所设定的方向推动；最后还有群体任务的特性，那种需要所有群体成员参与才能成功完成的任务，往往容易引发群体盲思，因为这些需要部分群体成员之间的相互作用。

群体盲思的研究方法存在着局限

案例研究、内容分析和关于理论的局部方面的实验研究，每一种研究方法都对群体盲思理论的发展作出了一定的贡献，但它们各自存在局限性。单个案例的研究不允许严格的比较分析，而且结论也总是令人怀疑。尽管实验研究能够让我们理解一些群体过程，但是它们距

离现实的经验世界太远了。案例研究的特点是由决策的结果反向推至群体盲思的前提条件，并且将注意力放在事件的发展过程上。案例研究大多比实验研究更支持群体盲思理论。但对于群体盲思的本质问题，目前的研究并没有给出一个很清晰的答案。所以，到底什么方法更适合群体盲思的研究，以及如何来验证，还值得进一步探讨。

群体盲思和其他行为的相互作用

根据社会心理学家对群体的研究，群体的动态相互作用过程，实际上是一个非常复杂的多阶段、多变量、非线性的过程，不仅涉及了群体中每个个体的态度、价值观、偏好以及能力、权力等因素，而且会由于群体成员间的社会相互作用而带来一系列的社会心理问题。在群体决策过程中，这些非理性行为和现象常常是同时存在、相互作用的。一个群体可能在表现出群体盲思的同时出现风险极端性转移。而现有的群体决策研究中，大多是针对单个的非理性行为，很少有同时研究它们之间的关系和相互作用的。所以，这也是下一步值得更深入研究的问题。

贾尼斯运用群体盲思概念解释了一些美国历史上失败的高层政治和军事决策事件，例如20世纪60年代的越南战争、尼克松的“水门事件”以及侵略古巴的“猪猡湾事件”。由于这些事件的声名远扬以及群体盲思理论直觉上的可行性，使得群体盲思引起了广泛的研究兴趣。除了上述的一些事件外，研究者们还利用群体盲思理论对很多失败的群体决策事件进行了解释。其中有1986年美国“挑战者”号航天飞机失事和卡特总统解救德黑兰人质行动的失败。

2004年，美国参议院情报委员会发表的伊拉克情报失误报告，严厉批评美国情报部门在伊拉克战争前，夸大伊拉克大规模杀伤性武器的威胁。美国情报部门的过失，也是归咎于群体盲思。

随着时间的推移，群体盲思现象的研究已不仅仅局限在高层的政治、军事和外交决策群体中，而是扩展至几乎任何类型的群体。而且，不仅仅是决策理论研究者和实践者关注群体盲思现象，心理学家和组织行为学家也同样对它表现出了很浓厚的兴趣。

贾尼斯用他的智慧为人们在企业管理决策方面的归因作出了贡献，他的群体盲思理论也成了管理学中一个很重要的决策理论。正是由于贾尼斯对群体决策孜孜不倦的研究，精益求精的创新探索，使后人可以站在巨人的肩膀上，更好地认识和进一步探究群体决策过程中的群体盲思现象。

特沃斯基：不确定条件下判断和决策的探索者

他本来应当和我一起分享这个奖项。

——丹尼尔·卡尼曼（2002 年诺贝尔经济学奖获得者）

阿莫斯·特沃斯基（Amos Tversky，1937—1996），著名认知心理学家，决策领域的专家，致力于人类判断和决策行为的研究。他的研究深深影响了经济学、哲学、统计学、社会学、法律和医学等诸多领域，他的研究也影响着人们的日常生活行为，可是他却并没有为很多人熟知。那么，是什么样的研究能够如此深刻地揭示人们的日常判断和决策行为方式，为什么它能够如此广泛地影响各个学科领域，为什么说他没有获得诺贝尔奖是一个巨大的遗憾？被笼罩在大师光环之下的是怎样的一个特沃斯基？让我们缓缓揭开特沃斯基神秘的面纱……

从少年到老者——一辈子行走在心理学道路上

特沃斯基1937年3月16日出生于以色列的海法。他的父亲尤瑟夫是一名动物保健医生；母亲简尼亚则是一位社会工作者，后来成了以色列第一届议会的成员。

年轻的特沃斯基在耶路撒冷的希伯来大学学习哲学和心理学，并在24岁时获得了学士学位。求学欲望强烈的他之后远赴美国，进入密西根大学学习心理学，师从著名的克莱德·库姆斯教授。他跟导师一起编写了《数学心理学导论》一书，后来这本书成为密西根大学数学心理学和实验心理学研究生的必读书。攻读博士学位期间，特沃斯基在导师的指导下写出了非常精彩的论文，因此获得密西根大学侯爵奖章，并于1965年顺利获得博士学位。特沃斯基聪颖好学，他从学士学位直到获得博士学位只用了短短4年的时间，足以体现出他惊人的聪明和努力。

不过在密西根大学求学期间，还有一个影响特沃斯基一生的重要收获，就是遇见了芭芭拉。当时的芭芭拉还是特沃斯基的同学，后来他们携手步入婚姻的殿堂，组建了幸福家庭，并有两男一女三个孩子；他们在生活上互相扶持，学术上互相鼓励，后来两人都在斯坦福工作并担任教授。

当年毕业后的特沃斯基回到了母校希伯来大学从事教学工作，并在这一岗位上工作了整整12年。1978年，他来到美国斯坦福大学担任行为科学戴维斯－布莱克教授职位和斯坦福大学冲突与谈判研究中心的首席研究员。

虽然特沃斯基离开了希伯来大学，但是他与以色列的浓厚情结却是无法割舍的。1992年以后，他接受任命成为以色列经济学和心理

特沃斯基的妻子，斯坦福大学心理学家

学的高级客座教授，以及特维拉夫大学（位于以色列特维拉夫市的一所综合性大学，成立于1956年）萨克勒研究所的终身研究员，他精心指导故乡以色列的学生进行心理学研究。

特沃斯基一生致力于研究和教学，毕生奋斗，殚精竭虑。即使在晚年患病以后，他仍然没有放弃自己钟爱的心理学工作。直到生前的最后几天，他还在家中坚持工作，与疾病积极抗争，不让自己被病魔束缚，他依然像往常一样诙谐，像往常一样充满斗志……1996年5月2日，59岁的特沃斯基静静地走完了他的一生，结束了富有创造性的学术生涯，但他把勤勉的工作态度、幽默的生活风格延续到了生命的最后一刻。作为一名严谨的科学研究者，特沃斯基长期的过度操劳或多或少影响了他的身体健康。他的离去，不仅是家人的损失，是大学的损失，也是心理学界的损失。

生活中的大师——在平凡与不平凡之间

杰出的大师往往不仅具有高超的学术水平，还拥有独特的人格魅力。如果你认为科学研究者都是“书呆子”的话，那就大错特错了。有人说，只有懂得享受生活的人才能真正成为大师，因为生活能教给你最丰富的东西；有人说，只有幽默风趣的人才能真正成为大师，因为这样的人往往拥有开阔的视野、宽广的胸怀；也有人说，只有意志坚强的人才能真正成为大师，因为只有这样的人才能“路漫漫其修远兮，吾将上下而求索”。特沃斯基，就是这样一个杰出的大师。

大师的“小嗜好”

就如同每一个普通人都会有口头禅，会有标志性的手势一样，心理学大师特沃斯基也拥有印着鲜明个人特点的特殊的小习惯，其中一个就是喜欢在夜里散步。当夜深人静的时候，静静地漫步小道，乳白色的月光倾泻下来，远离白天的喧嚣，没有他人的打扰，在这样一种静谧的仙境中，特沃斯基喜欢一边行走，一边思考。

他的嗜好还不止这些，特沃斯基也是一个爱好广泛的人，他一生热爱犹太文学，迷恋现代物理学，擅长职业篮球运动……他的兴趣涉及文学、科学、体育等方面，这些研究之余的兴趣爱好使他涉猎了大量的、各个领域的知识，开阔了他的视野，锻炼了他的观察力，丰富了他的思维方式，并且积累了丰厚的背景知识。可以想见，特沃斯基的研究之所以能够影响经济学、哲学、统计学、社会学、法律和医学这么多的领域，跟他开放的个人知识背景是不可分的。

朋友们的“开心果”

特沃斯基学识渊博、智慧、幽默。因此，即使是在人才济济的斯坦福大学心理学系，特沃斯基也称得上是一个“人气之星”。在特沃斯基的朋友眼里，他非常友善、温和和乐于助人，很愿意把自己的想法和经验与亲近的朋友们分享，总能把快乐传递给身边的每一个人，朋友们还常常期待他的像男孩一般的幽默，正所谓“独乐乐，不如众乐乐”，特沃斯基自己也常常深深陶醉于这种分享带来的乐趣中。对于同事来说，他谦虚、稳重、公正、有思想，是个非常有价值的合作伙伴。他非常善于观察他人的决策行为，并且善于把自己的想法介绍给他人，因此在心理学系，人们遇事常常会说：“你跟特沃斯基教授谈过了吗？”

难题的“克星”

特沃斯基在生活中幽默风趣，但处理问题却非常严谨，他会一直花很长的时间来研究一个问题，不断地琢磨，并沉醉其中。每次遇到难题，他就会说：“来！我们解决它！”果断！自信！乐观！而他解决这些难题的能力也确实是令人望尘莫及的。特沃斯基的研究风格融合了严格的数学分析、漂亮实际的示范和简单的例证，说明清晰而有力。当 1985 年特沃斯基被问到为什么能够为他的理论或者数学模型举出那么多鲜活的实例时，他是这样回答的：“当一个人生长在一个需要不断为生存奋斗的环境中时，就会在思考理论问题的时候同时关注其应用。”足见生活对其研究风格的深远影响。

跟特沃斯基合作过的研究者会说，它是一位完美主义者，无论是对自己还是对别人都有非常高的标准。但是同时哈佛大学的数学教授戴康尼斯这样评价说：“你跟他在一起会非常快乐，并且你会看到一个闪闪发光的他。”

特沃斯基和他最亲密的伙伴

特沃斯基和丹尼尔·卡尼曼

（卡尼曼是特沃斯基最重要的合作者）

特沃斯基最早关于决策的研究是在以色列与另一位以色列出生的心理学家丹尼尔·卡尼曼（Daniel Kahneman）一起进行的，应该说特沃斯基和卡尼曼非常有缘分：卡尼曼也曾在耶路撒冷的希伯来大学求学，他主修心理学辅修数学并获得学士学位，然后也选择了出国留学，在加州大学获心理学博士学位，然后同样再回母校任教，与特沃斯基有着极其相似的求学经历。卡尼曼一度成为特沃斯基最亲密的合作者。

1968 年，特沃斯基在密西根大学获得博士学位，回母校任教。从 1969 年开始，他就与同在希伯来大学的卡尼曼开始了合作。有趣的是，当时卡尼曼在特沃斯基之前已在希伯来大学心理学系从事了将近 10 年的视知觉实验研究，而当遇到特沃斯基之后，他的研究就开始转型，逐渐转向社会认知和社会行为尤其是判断决策的研究。可以说是特沃斯基独到的学术眼光和非凡的人格魅力促成了他们这一对“黄金搭档”。

说他们是“黄金搭档”名副其实。首先他们的长相就颇为“互补”：特沃斯基瘦高，相比之下卡尼曼有些憨厚；特沃斯基较为年轻，活力四射，而卡尼曼则看起来温和睿智。当然更重要的是在于他们生活中的友谊和研究中的合作。从特沃斯基和卡尼曼在希伯来大学开始合作起，他们就成了形影不离的好朋友。那时候，他们或是共同坐在某个小咖啡馆里，或是一起漫步在希伯来大学的草地上，或是在共有的办公室里喝着速溶咖啡……他们总是在交谈，谈论他们共同研究的问题。后来特沃斯基到了美国斯坦福大学，卡尼曼则去了美国哥伦比亚大学，虽然分别两地，但他们仍然每天都要通几次电话。

特沃斯基和卡尼曼之所以能获得成功，最主要是因为他们都有着非常严谨的学术态度，比如他们在出版论著时对其中的每个字词都会反复推敲斟酌，直到形成完美的结论，现在这些著作已成了研究心理学与经济学的经典。关于书的出版还有一个小趣闻：出书时他们不知将谁的名字放在前面，虽然身为决策研究专家，他们却选择好像小孩子遇到难以确定的问题时一样通过抛硬币来最后决定。

“闪闪发光的”的特沃斯基——成就及荣誉

特沃斯基一生，可谓硕果累累，发表了 120 多篇专业文献（包括收入一些书中的章节），10 多本著作，其中的每项成果都倾注了他的心血。特沃斯基的大部分著作都同时具备发展性和权威性，每当人们阅读他的文献时，就会像是在观赏一位手艺精湛的工匠制作的工艺品一样令人感到愉悦。他能将看似混乱的问题阐述清楚，首先给读者呈现出清晰的研究背景，然后告诉你研究的方法以及思考的路径，逐步深入。因此他的文字有很强的生命力。特沃斯基早期的一些研究在以后的几十年内都是被关注的焦点，可以预见的是，他晚年所做的工作同样也会继续影响相关领域的理论的发展。

特沃斯基的研究兴趣十分广泛，在密西根大学攻读博士学位期间，最早开展了数学心理学方面的研究，他关注个体选择行为和心理测量分析；之后他的研究内容涉及小数伪定律、相似性、不确定条件下的判断与决策，等等；在最后的 10 年研究生涯中，他的注意力又转向了冲突的认知过程。

面对不确定的情况，人们如何应对？

不确定条件下的判断和决策行为，是特沃斯基最为人熟知的研究领域，他和卡尼曼一系列的研究发现，人们在日常生活中尤其是在不确定的条件下，进行判断和决策时并不是完全理性的，而只是在现有的知识和经验基础上采用启发式进行推断，因此会产生各种偏差。

比如在经济学领域，经济学家们一直假设人们的决策是完全符合理性的。他们认为人们为了追求自身利益的最大化，总是先全面地分析问题，进行权衡，然后作出最理性的选择。这就是“理性人”假设。但是，在现实生活中，人们的判断和决策真如经济学家所假设的一样吗？

一个水果市场里有许多水果摊，它们的价格常常是互相上下浮动的。面对价格的不确定，你去买水果的时候是不是每次都要详细调查每家摊位的价格，然后选择“性价比”最高的摊位买呢？好像很多时候我们都不会这样做。事实上，人们的行为（包括经济行为）除了受到利益的驱使外，还会受到多种心理因素的影响。20 世纪 70 年代，特沃斯基等就开始用心理学的方法对这一领域进行广泛而系统的研究。

不确定条件下的判断——直觉和偏差

就如上面所举的买水果的例子，人们在估计不确定事件的概率或者不确定量值的数值时，是怎样进行判断的？特沃斯基等人的研究告诉你：“人们会依赖数目有限的启发式原则，把这些复杂的任务降低为较简单的判断操作。这些启发式可能很管用，但也可能让人犯错。”

人们生活中常用的启发式有三种，即“代表性启发法”、“可得性启发式”、“从出发点开始的调整启发式”。

“代表性的启发式”是指人们倾向于根据样本是否代表总体来判断其出现的概率。A 高度代表 B 时，被人判断为 A 源于 B 的概率是高的；而如果 A 和 B 并不类似，则被人判断为 A 源于 B 的概率是低的。这种“启发式”的问题是容易导致忽略事件发生的先验概率。例如：

他是不是工程师？

有一个人，他是从 100 人的群体中随机抽取的。告诉第一组被试：这 100 人中有 70 个工程师和 30 个律师；告诉第二组被试：这 100 人中有 30 个工程师和 70 个律师。要求两组被试都判断这个人是工程师的概率有多大？

问题 1. 同时问两组被试，有一个人叫杰克，45 岁，男性，

已婚，有4个孩子。他一般显得保守和谨慎，但是很有事业心，对政治和社会问题不感兴趣，绝大部分的时间都花在家庭木工、驾帆船和数学游戏上。请判断他是工程师的概率。

问题2. 只告诉被试这人是从这100个人随机选出来的。

问题3. 有一个人，叫迪克，30岁，已婚，无孩子。他能力强，有干劲，要在自己的领域中成就一番，受同事喜爱。

尝试问问你的朋友，他们对这3个问题的答案是不是截然不同的？

这是特沃斯基和卡尼曼当年的经典实验之一。由于工程师和律师的人数总量是不一样的，随机选取一个人，在第一组中选到工程师的概率应该是70%，在第二组中应该是30%，但研究结果却显示，当向被试描述了一个与工程师形象非常符合的人后，即使是第二组的被试，也判定此人是工程师的概率高达90%，完全无视了基础的概率。当呈现的问题是3时（即提供了不像工程师，也不像律师的描述），两组被试都把迪克是工程师的概率判断为50%，而原始人数的差异也被忽视了。只有当呈现的是问题2时，被试的回答才分别是70%和30%。

可见，描述对象的形象是否与工程师的形象相符合，极大地影响了人们对于概率的判断，这就是代表性启发式在作祟。

“可得性启发式”是指容易知觉到的或回想起的东西常被人们判定为更有可能出现。

哪个更有可能？

你认为字母K在英文单词里是常出现在第一个字母位置，还是第三个字母位置？

绝大多数人认为常出现于单词开头，但实际上，第三个字母是K

的单词数量，却是第一个字母是 K 的单词的 3 倍。人们之所以发生错误的判断，是因为开头是 K 的单词更容易被回忆起来。现在你是不是有了恍然大悟的感觉？

最后一种——“从出发点开始的调整启发式”——是指人们常常用最初的信息作为参照来调整对事件的估计。

速算

1 * 2 * 3 * 4 * 5 * 6 * 7 * 8 = ?

8 * 7 * 6 * 5 * 4 * 3 * 2 * 1 = ?

请不要多加思考，马上估计出它们的值。在如此短的时间内，根本不可能计算出答案，结果被试对第一题估计的是 512，而第二题估计的是 2250。一样的算式结果差别巨大，原因就是开头几个数字大小不同。由此可见，启发式虽然能在某些场合给人们带来便利，但其带来的偏差也绝不容忽视。

不确定条件下的决策——前景理论

除了在不确定条件下的判断，特沃斯基等还研究了在不确定条件下的决策问题，并提出了前景理论（又被称为展望理论或者期望理论），这是他最著名的研究成果之一。研究显示，人们在经济活动中作出决策常常并不是完全理性地使利益最大化。

“前景理论”的核心内容主要有两个，一是人们在面临收益时，是规避风险的，“比较保守”；而在面临损失时，却是趋向于风险的，宁愿“赌一把”。这在人们的决策中非常常见。来看特沃斯基和卡尼曼一个著名的实验：

80 美元和 100 美元，哪个更值钱？

> 稳定赚到 80 美元，或者 85% 的机会赚到 100 美元，当然，也有 15% 的可能是什么也没赚到。你选哪个？
>
> 肯定赔出 80 美元，或者 85% 的可能赔出 100 美元，但有 15% 的可能一分钱也不赔。你又选哪个？

实验的结果是，人们一般在第一种情况下选择稳赚 80 美元，而在第二种情况下则冒险选择可能赔出 100 美元。这就是差别。

不过，损失和收益并不完全绝对，它们是相对于人的主观参照点而言的。改变人们在评价事物时所使用的“观点”，就可以改变人们对风险的态度。

> 假定美国正在为预防一种罕见疾病的爆发做准备，预计这种疾病会使 600 人死亡。
>
> 有两种方案，采用 X 方案，可以救 200 人；采用 Y 方案，有 1/3 的可能救 600 人，2/3 的可能一个也救不了。你会选择哪个方案？
>
> 现在有另外两种方案，X 方案会使 400 人死亡，而 Y 方案有 1/3 的可能性无人死亡，有 2/3 的可能性 600 人全部死亡。你会选择哪个方案？

特沃斯基等人的实验显示，在前 2 种方案中 72% 的被试选择 X 方案，而在后 2 种方案中 78% 的被试选择 Y 方案。你是不是也是这样选的？但是，请你仔细分析一下两种情况下的 X 和 Y 方案就会发现，事实上两种情况的结果是完全一样的。救活 200 人等于死亡 400 人；1/3 可能救活 600 人等于 1/3 可能一个也没有死亡。可见，用“死亡”或者“救活”这两种不同的主观参照点进行评估，结果完全不一样。

显然，救人是一种收益，所以人们不愿冒风险，倾向于 X 方案。

死亡是一种损失，因此人们更倾向于冒风险，更愿意选择方案Y。

“前景理论”的另一个核心内容是人们对损失和收益的敏感程度是不同的，人们总是先考虑损失再考虑收益，于是所损和所得在心理上就存在某种不对等的地位，损失的痛苦要远远大于收益的快乐。有没有这样的感觉：我们在收别人钱时可以少收一角；在买东西付钱时却不想多付一分。或者我们来看以下两个问题：

假设：今天你在回家途中不慎丢失了100元人民币，你会如何的伤心和懊恼？

再假设：今天你在回家途中捡到了100元人民币，你会如何的高兴和兴奋？

假设：你得了一种病，有万分之一的可能性会突然死亡，现在有一种药吃了以后可以把死亡的可能性降到零，那么你愿意花多少钱来买这种药？

再假设：你身体健康，现在医药公司想找一些人测试他们新研制的一种药品，这种药品服用后会使你有万分之一的可能性死亡，那么如果不幸死亡医药公司给你多少钱的补偿，你才会愿意测试他们的新药？

如果你设身处地地假想上述两个情境，会发现$100 \neq 100$，收入100元的快乐远不及遗失100元的伤心来得强烈。同样，可能你愿意花几百元钱来买第一种药，但是即使医药公司给你几万元钱，你也不一定愿意帮他们试药。这是因为捡到钱和买药治病是令你收益或者可能收益的；而丢钱和测试新药则是令你损失或者可能损失的。

另外，即使同样是收益，它们在人们心理上的影响力也会随着情境的不同而不同。你是否有这样的经验，某超市正举行促销，这时即使离得很远，我们常常不惜转换几种交通工具甚至自己驾车前去采购打折的小商品，并为此津津乐道；而对于贵重物品，即使可以节约同样数额的钱，却往往不愿意惹这个麻烦。

总的来说，这些现象可以用右图来形象地描述：其中横坐标左侧代表损失，越左越损失；右侧代表收益，越右越收益。纵坐标表示人心理感受到的价值。从图中我们看到，当收益和损失的程度相同时，损失的价值比受益的价值更大；而在离参照点越近的地方，对差额的反应就越敏感。

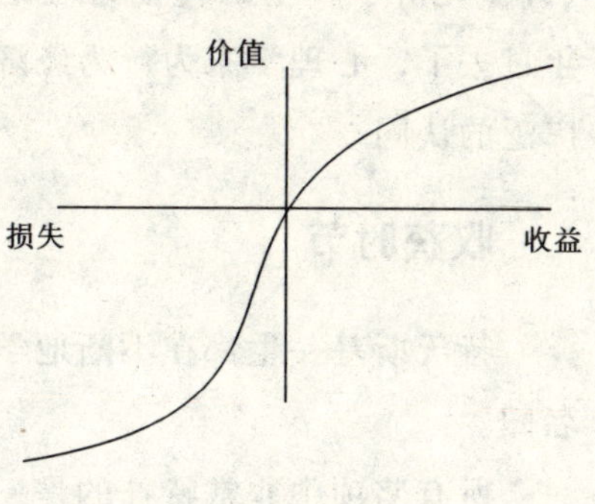

功成名就——谈何容易！

直至 1996 年特沃斯基辞世为止，他在自己研究的基础上，对经济学的“理性”假设重新作了讨论，在重要的心理学和经济学杂志上发表了一系列论文。特沃斯基的工作，极大地推进了行为经济学这一领域的兴起和发展。行为经济学这一门在心理学基础上研究经济行为和经济现象的学科，有力地解释了过去经济学无法解释的一些现象。肯尼斯·约瑟夫·阿罗（Kenneth Arrow）教授这样高度评价他说：“特沃斯基的工作对经济学产生了重大的影响。”

然而，心理学家的研究成果要想获得经济学家们的认可实际上并非易事。在此之前，有心理学家对经济学假设做出批评，但经济学家们却常常对这些批评嗤之以鼻，他们会义正词严地说那些提出批评的心理学家根本不懂得他们所提出的经济学假设，然后将这些对他们的理论构成威胁的评论驳倒。但是对特沃斯基针对经济学的“理性”假设提出的质疑，他们却没有办法反驳，甚至这些以前并不习惯从心理学的角度寻求指导的经济学家们，现在也开始注意这方面的动态了。他们被两篇文章吸引住了，一篇是特沃斯基和卡尼曼搭档于

1974年发表在《科学》杂志上的长篇论文《不确定状态下的判断：启发式和偏差》，另一篇是他们于1979年发表在顶级的经济学杂志《计量经济学》上的《前景理论：风险状态下的决策分析》。这么多年过去了，心理学家为行为经济学所提供的坚实基础的结论终于得到广泛的认同。

收获时节

特沃斯基一生都在不断地学习和研究，他一生所赢得的荣誉实至名归。

所有奖项中非常特殊的是一枚军功勋章。他青年时，曾在一个精锐的伞兵团担任官员，参与了三场战争并晋升至上尉军衔。在1956年的一次边界冲突中，他在极其危急的时刻英勇地成功挽救了一名士兵的生命，成为当时部队里的一个传奇。为了表彰他的勇气，特沃斯基被授予以色列的最高军事勋章，为他的军旅生涯中抹上了闪亮的一笔。

除开这一个特别的奖项，特沃斯基在学术方面获得的荣誉就更为值得关注：

1965年，其论文获得密西根大学侯爵奖章。

1980年，当选美国艺术和科学院院士。该院成立于1780年，入选者均为其研究领域的顶尖专家，能够入选是对其杰出贡献的表彰。

1982年，获得美国心理学会颁发的杰出科学贡献奖。

1984年，获得麦克阿瑟奖，这是一个在美国享有盛誉的奖项，被誉为美国的诺贝尔奖。同年，获得古根海姆基金奖（由美国国会议员西蒙—古根海姆和他的妻子在1925年设立的古根海姆基金会颁发，每年为世界各地的杰出学者提供奖金，不少诺贝尔奖、普利策奖的获得者都曾经获得过该奖金的赞助）。

1985 年，作为一个外籍人员入选美国国家科学院。

1993 年，入选计量经济学会会员。计量经济学会是经济学术圈最具国际影响力的组织之一，分为美洲、远东、欧洲等六区，分会轮流举行；全球会议 5 年举行一次。其成员均为各国国家院士，诺贝尔经济学奖得主，经济学术期刊主编与编委。

1995 年，获得美国心理学会实验心理学沃伦奖章。

同时，他还是瑞典哥德堡大学、纽约州立大学布法罗分校、芝加哥大学、耶鲁大学的荣誉博士。

永远的遗憾——与诺贝尔奖擦肩而过

2002 年，金秋 10 月，在这个充满收获的季节里，特沃斯基最长久的合作者丹尼尔·卡尼曼获得了瑞典皇家科学院颁发的诺贝尔经济学奖。他因为“将心理学研究成果引入经济学研究，尤其是关于判断和不确定条件下的决策行为研究”而获此殊荣。

但是，特沃斯基却“错过”了这个奖项，而且是永远地与他擦肩而过了。虽然这些研究工作正是卡尼曼跟特沃斯基一起进行的，但是由于诺贝尔奖从来不颁发给已经辞世的研究者。

但是，俗话说“失之东隅，收之桑榆”，是金子总会闪光。这个世界以另一种独特的方式承认了特沃斯基在其领域所作出的巨大贡献。68 岁的卡尼曼在公布诺贝尔奖名单的当天就表示：如果特沃斯基博士还健在的话，应当和自己分享这个奖项。他说：“我觉得这个奖是我俩一起得的，我们像兄弟一样共同工作已有半个世纪了。”而在诺贝尔奖颁奖后不到两个月的时间内，特沃斯基终于跟卡尼曼一起获得了同样声誉显著的 2003 年格威文美尔奖。其颁奖组委会，这个在艺术和科学领域有相当权威的机构给特沃斯基的评价是：“特沃斯基和卡尼曼在人类科学领域所作研究的影响力是空前的，很难有研究能超过他们。”在这一次的答谢词中，卡尼曼再次提到了特沃斯基。他表示：“我的工作是跟特沃斯基合作完成的，但是现在我却不能跟他分享此时的经历，这让我的喜悦中始终带上了遗憾……”

一颗心理学巨星陨落了！他曾经的存在留给世人无数的财富；他现在的离开带给人们无限的惋惜。卢梭说人的价值是由自己决定的。特沃斯基正是用他并不长久的一生，在心理学领域，刻下了属于他的深深的印记。至今，他的思想依然被很多普通人援引，他的工作依然被研究者关注，他勤勉的工作态度依然激励着心理学界的后学。

参考文献

1. ［美］坎农著，范岳年等译：《躯体的智慧》，商务印书馆1985年版。

2. ［美］欧文·拉兹洛著，钱兆华等译：《系统哲学引论——一种当代思想的新范式》，商务印书馆1998年版。

3. ［瑞士］J. 皮亚杰著，左任侠等译：《发生认识论文选》，华东师范大学出版社1991年版。

4. Hebb D. O. , The Organization Of Behavior: A Neuropsychological Theory, London: LEA, 2002.

5. ［美］赫根汉著，郭本禹等译：《心理学史导论》（第四版），华东师范大学出版社2003年版。

6. 李蔚、祖晶：《大脑两半球功能的传统观念与斯佩里的观点》，《中国教育学刊》1999年第1期。

7. 王延光：《斯佩里对裂脑人的研究及其贡献》，《中华医史杂志》1998年第28卷，第1期。

8. 赵家业：《斯佩里：1913—1994》，《医学与哲学》1995年第16卷，第3期。

9. Stuart Ellins, Awards for Distinguished Scientific Contributions: John Garcia, American Psychologist, 1980, 35 (1), 37-43.

10. http://asweb. artsci. uc. edu/psychology/departement/history. html .

11. ［美］E. G. 波林著，高觉敷译：《实验心理学史》（第二

版），商务印书馆 1981 年版。

12. 张春兴：《心理学思想的流变——心理学名人传》，上海教育出版社 2003 年版。

13. 孙时进、张韫、莫剑宏：《走进催眠》，《大众心理学》2006 年第 9 期。

14. Andre M. Weitzenhoffer，Ernest R. Hilgard，Stanford Hypnotic Susceptibility Scale，Form C. 1950.

15. ［美］弗农·J. 诺贝尔、卡尔文·S. 霍尔著，李廷揆译：《心理学家及其概念指南》，商务印书馆 1998 年版。

16. 徐世京编著：《心理学家传略》，上海人民出版社 1986 年版。

17. Baranauckas C.，Dr. Eleanor J. Gibson，a Pioneer in Perception Studies，New York Times，January 4，2003.

18. Gibson E. J.，An Odyssey in Learning and Perception，the MIT Press，1991.

19. Gibson E. J.，Pick A. D.，An Ecological Approach to Perceptual Learning and Development，Oxford University Press，2000.

20. Gibson E. J.，Perceiving the Affordances：A portrait of Two Psychologists，Lawrence Erlbaum Associates，2002.

21. Gibson J. J.，Foreword：A Note on E. J. G.，Perception and Its Development：A Tribute to Eleanor J. Gibson，Lawrence Erlbaum Associates，1979.

22. O'Connell A. N.，Russo N. F.，Women in Psychology：a Bio-Bibliographic Sourcebook，Greenwood Press，1990.

23. Pick A. D.，Memoir，Newsletter of the Society for Research in Child Development，46（4），2003.

24. ［美］埃莉诺·J. 吉布森著，李维译：《知觉学习和发展的原理》，浙江教育出版社 2003 年版。

25. Cecilia M. Heyes，A Tribute to Donald T Campbell，Biology and

Philosophy 12: 299 - 301, 1997.

26. Donald T. Campbell (1916—1996), Journal article by Marilynn B. Brewer, Thomas D. Cook; American Psychologist, Vol. 52, 1997.

27. George, A. Miller, The cognitive revolution: A historical perspective. In: Cognitive Sciences Vol. 7, No. 3, March 2003: 141 - 144.

28. 绍志芳:《认知心理学——理论、实验和应用》,上海教育出版社 2006 年版。

29. [美] 墨顿·亨特著,李斯等译:《心理学的故事》,海南出版社 2002 年版。

30. Neisser, U., Cognition and reality: principles and implications of cognitive psychology WH Freeman, 1976.

31. Winograd, E. & Neisser, U., Remembering Reconsidered: Ecological and Traditional Approaches to the Study of Memory, Cambridge University Press, New York, 1988.

32. Fivush, R. & Neisser, U., The remembering self: construction and accuracy in the self-narrative, Cambridge University Press New York, 1994.

33. Neisser, U., The rising curve: long-term gains in IQ and related measures American Psychological Association, 1998.

34. Neisser, U., The Perceived self: Ecological and Interpersonal Sources of Self Knowledge, Cambridge University Press, New York, 1993.

35. Neisser, U., Concepts and conceptual development: ecological and intellectual factors in categorization, Cambridge University Press, 1987.

36. David Matsumoto, Paul Ekman and the legacy of universals, Journal of Research in Personality, 2004, 38: 45 - 51.

37. Gladwell, Malcolm, "THE NAKED FACE." The New Yorker, August 5, 2002.

38. McDermott, Jeanne, "Face to face, it's the expression that bears the message." Smithsonian 16 (March 1986): 112 (9).

39. Elizabeth F. Loftus and John C. Palmer, Reconstruction of Automobile Destruction: An Example of the Interaction Between Language and Memory', Journal of Verbal Learning and Verbal Behavior 13, 585 - 589 (1974).

40. Peter A. Powers, Joyce L. Andriks, and Elizabeth F. Loftus, Eyewitness Accounts of Females and Males, Journal of Applied Psychology 1979, Vol. 64, No. 3, 339 - 347.

41. Elizabeth F. Loftus and Roger A. Ward, Eyewitness Performance in Different Psychological Types, The Journal of General Psychology 1985.

42. David A. Pizarro, Cara Laney, Erin K. Morris, and Elizabeth F. Loftus, Ripple effects in memory: Judgments of moral blame can distort memory for events, Memory & cognition, 2006 34 (3), 550 - 555.

43. Elizabeth F. Loftus, Creating Childhood Memories, Applied Cognitive Psychology, Vol. 11, S75 ± S86 (1997).

44. 徐静、曾文星：《心理治疗学说与研究》，水牛出版社2005年版。

45. Wolpe J., Psychotherapy by reciprocal inhibition, Stanford, CA: Stanford University Press, 1958.

46. Wolpe J., Behavior therapy versus psychoanalysis: Therapeutic and social implications, American psychologist, 1981. 2: 159 - 163.

47. Rachman S., Joseph Wolpe (1915 - 1997), American psychologist, 2000. 4: 431 - 432.

48. Pace E., Dr. Joseph Wolpe, 82, dies; Pioneer in behavior therapy, 1997 - 12 - 8.

49. http://www.a2zpsychology.com/great_ psychologists/hana_j_ eysenck.htm.

50. http://www.wisdomportal.com/HansJEysenck.html.

51. Rotter, J. B., The development and applications of social learning theory, New York: Praeger 343 - 350, 1982.

52. [美] R. Hock 著，白学军译：《改变心理学的 40 项研究——探索心理学研究的历史》，中国轻工业出版社 2004 年版。

53. Paul E. Meehl, Clarifications about taxometric method. Applied & Preventive Psycholog, 1999 (8), 165 - 174.

54. Paul E. Meehl, Symposium on Clinical and Statistical Prediction—The Tie That Binds, Journal of Counseling Psychology, 1956 (3), 163 - 164.

55. Kenneth Maccorquodalea, Paul E. Meehl, On a distinction between hypothetical constructs and intervening variables, Psychological Review, 1948 (2), 95 - 107.

56. Lee J. Cronbacha, Paul E. Meehl, Construct validity in psychological tests, Psychological Bulletin, 1955 (4), 281 - 302.

57. Paul E. Meehl, Schizotaxia, schizotypy, schizophrenia. American Psychologist, 1962 (12), 87 - 838.

58. Robert R. Goldena, Paul E. Meehl, Detection of the schizoid taxon with MMPI indicators, Journal of Abnormal Psychology, 1979 (3), 217 - 233.

59. 修巧艳、高峰强：《CAPS 理论与人格心理学的整合》，《南京师大学报》2005 年第 2 期。

60. 孔克勤、叶奕乾、杨秀君：《个性心理学》，华东师范大学出版社 2006 年版。

61. Mischel, W., Personality and assessment, New York: Wiley, 1968.

62. Gillham, Jane E., editor, The Science of Optimism and Hope: Research Essays in Honor of Martin E. P. Seligman, Templeton Foundation Press (Philadelphia, PA), 2000.

63. Seligman, Martin E. P., Authentic Happiness: Using the New Positive Psychology to Realize Your Potential for Lasting Fulfillment, Free Press (New York, NY), 2002.

64. Louis A. Gottschalk, review of Explanatory Style, American Journal of Psychology, winter, 1996.

65. Geoffrey Cowley, review of Authentic Happiness, Newsweek, September 16, 2002.

66. Robert J. Trotter, Stop blaming yourself; how you explain unfortunate events to yourself may influence your achievements as well as your health, Psychology Today, February, 1987.

67. http://books. nap. edu/html/biomens/tnewcomb. pdf.

68. Roger. R. Hock, Forty studies that changed psychology: Explorations into the history of psychological research, Pearson Education, Inc., 2002.

69. John M. Levine, Solomon Asch's Legacy for Group Research, SEGA publication, Personality and Social Psychology Review, 1999, Vol. 3, No. 4, 358 - 364.

70. Paul Rozin, Social Psychology and Science: Some Lessons From Solomon Asch, SEGA publication, Personality and Social Psychology Review, 2001, Vol. 5, No. 1, 2 - 14.

71. Irvin Rock, The Legacy of Solomon Asch: Essays in Cognition and Social psychology, Lawrence Erlbaum Associates, 1990.

72. 侯桂红:《从众心理现象分析》,《内蒙古民族大学学报》2002年第1期。

73. 时蓉华:《现代社会心理学》,华东师范大学出版社 1988 年

版。

74. 宋官东:《从众新论》,《心理科学》2005 年第 5 期。

75. [美] Rom Harre 著,刘儒德等译:《他们改变了心理学——50 位杰出的心理学家》,华东师范大学出版社 2007 年版。

76. 高觉敷主编: 《西方心理学的新发展》,人民教育出版社 1987 年版。

77. 朱月龙编著:《自从有了心理学》,海潮出版社 2006 年版。

78. Festinger, L., The Human Legacy, New York: Columbia University Press, 1983.

79. Gazzaniga, Michael S., Leon Festinger: Lunch with Leon, Perspectives on Psychological Science, Blackwell Publishing. 2006: 88 - 94.

80. Leon Festinger, James M. Carlsmith, Cognitive Consequences of Forced Compliance, Journal of Abnormal and Social Psychology, 1959, 58, 203 - 210.

81. Stanley Schachter, Leon Festinger, Biographical Memoir, National Academy of Sciences, Washington D. C., 1994.

82. Richard E. Nisbett, A Biographical Memoir: Stanley Schachter (1922 - 1997), Vol. 78, National Academy of Sciences, published 2000 by the national academy press Washinton, D. C..

83. Schachter, Stanley, Recidivism and self-cure of smoking and obesity; American Psychologist, Vol. 37 (4), Apr. 1982, 436 - 444.

84. Schachter, Stanley, Studies of the interaction of psychological and pharmacological determinants of smoking: I. Nicotine regulation in heavy and light smokers. Journal of Experimental Psychology: General, Vol. 106 (1), Mar. 1977, 5 - 12.

85. Schachter, Stanley; Kozlowski, Lynn T.; Silverstein, Brett, Studies of the interaction of psychological and pharmacological determinants

of smoking: II. Effects of urinary pH on cigarette smoking; Journal of Experimental Psychology: General, Vol. 106 (1), Mar. 1977, 13 - 19.

86. Silverstein, Brett; Kozlowski, Lynn T.; Schachter, Stanley, Studies of the interaction of psychological and pharmacological determinants of smoking: III. Social life, cigarette smoking, and urinary pH. Journal of Experimental Psychology: General, Vol. 106 (1), Mar. 1977, 20 - 23.

87. Schachter, Stanley; Silverstein, Brett; Kozlowski, Lynn T., Studies of the interaction of psychological and pharmacological determinants of smoking, S Journal of Experimental Psychology: General, Vol. 106 (1), Mar. 1977, 3 - 4.

88. Goldman, Ronald; Jaffa, Melvyn; Schachter, Stanley; Yom Kippur, Air France, dormitory food, and the eating behavior of obese and normal persons.; Journal of Personality and Social Psychology, Vol. 10 (2), Oct. 1968, 117 - 123.

89. Schachter, Stanley; Goldman, Ronald; Gordon, Andrew; Effects of fear, food deprivation, and obesity on eating.; Journal of Personality and Social Psychology, Vol. 10 (2), Oct. 1968, 91 - 97.

90. Schachter, Stanley; Gross, Larry P.; Manipulated time and eating behavior. Journal of Personality and Social Psychology, Vol. 10 (2), Oct. 1968, 98 - 106.

91. Schachter, Stanley; Festinger, Leon; Willerman, Ben; Emotional disruption and industrial productivity.; Journal of Applied Psychology, Vol. 45 (4), Aug. 1961, 201 - 213.

92. Schachter, Stanley; Deviation, rejection, and communication, The Journal of Abnormal and Social Psychology, Vol. 46 (2), Apr. 1951, 190 - 207.

93. Schachter, Stanley; Singer, Jerome E.; Cognitive, social, and psychological determinants of emotional state. In: Emotions in social

psychology: Essential readings. Parrott, W. Gerrod; New York, NY, US: Psychology Press, 2001, 76 - 93.

94. Distinguished Scientific Contribution Awards: 1969: Citation for Stanley Schachter. ; No authorship indicated; American Psychologist, Vol. 25 (1), Jan. 1970, 79 - 81.

95. Schachter, Stanley; Birth order and sociometric choice, The Journal of Abnormal and Social Psychology, Vol. 68 (4), Apr. 1964, 453 - 456.

96. Schachter, Stanley; Singer, Jerome; Cognitive, social, and physiological determinants of emotional state: Erratum. Psychological Review, Vol. 70 (1), Jan. 1963, 121 - 122.

97. Nisbett, Richard, E. ; Schachter, Stanley; The cognitive manipulation of pain, Journal of Experimental Social Psychology, 2 (3), 1966, 227 - 236.

98. Nisbett, Richard, E. ; Stanley Schachter (1922 - 1997): Obituary. American Psychologist, Vol. 55 (12), Dec. 2000, 1505 - 1506.

99. Schachter, Stanley; Stanley Schachter, In: A history of psychology in autobiography, Vol. VIII. Lindzey, Gardner: Stanford University Press, 1989, 448 - 470.

100. 郭秀艳:《实验心理学》,人民教育出版社 2004 年版。

101. [美] 埃利奥特·阿龙森著,郑日昌译:《社会性动物》,新华出版社 2002 年版。

102. 纪筠:《试谈“罗森塔尔效应”》,《心理百花园》2005 年第 4 期(总第 102 期)。

103. 孙永明:《罗森塔尔效应及其对教育的启示》,《镇江师专学报(社会科学版)》2001 年第 1 期。

104. http://psychologytoday.com/articles/pto - 20020301 - 000037.html.

105. Pawlik，Mark R. Rosenzweig 主编：《国际心理学手册》（上、下册），华东师范大学出版社 2002 年版。

106. 荆其诚主编：《当代国际心理科学进展》（共二卷，北京"第 28 届国际心理学大会"论文集），华东师范大学出版社 2006 年版。

107. Lawrence A. Pervin，Oliver P. John 主编：《人格手册：理论与研究》（第二版），华东师范大学出版社 2003 年版。

108. ［奥］康拉德·洛伦兹著，游复熙等译：《所罗门王的指环》，中国和平出版社 1998 年版。

109. ［奥］康拉德·洛伦兹著，徐筱春译：《文明人类的八大罪孽》，安徽文艺出版社 2000 年版。

110. ［奥］康拉德·洛伦兹著，姜丽译：《灰雁的四季》，中国轻工业出版社 2005 年版。

111. ［美］大卫·巴斯著，熊哲宏等译：《进化心理学》，华东师范大学出版社 2007 年版。

112. ［美］爱德华·威尔逊著，陈家宽等译：《生命的未来》，上海人民出版社 2003 年版。

113. ［奥］康拉德·洛伦兹著，王守珍译：《攻击的秘密》，中国和平出版社 2000 年版。

114. ［美］劳伦·斯莱特著，郑雅方译：《20 世纪最伟大的心理学实验》，中国人民大学出版社 2007 年版。

115. 王争艳、王莉、陈会昌、王京生：《杰罗姆·卡甘的气质理论及研究进展》，《心理学动态》2000 年第 8 卷，第 2 期。

116. 王争艳、侯静：《儿童行为抑制性发展的研究综述》，《心理发展与教育》2002 年第 4 期。

117. 戚炜颖：《杰出的发展心理学家——杰罗姆·卡甘》，《大众心理学》2005 年第 3 期。

118. 王争艳：《气质研究的新视角——行为抑制性研究》，《首都师范大学学报（社会科学版）》2002 年第 3 期。

119. Jerome Kagan, An Argument for Mind, Yale University Press, New Haven, CT, 2006.

120. John Pearce, Robert Plomin, The nature-nurture controversy, Child and Adolescent Mental Health, Vol. 8, No. 1, 2003, 40 - 41.

121. Robert Plomin & John C. De Fries: Genetics in Cognitive Ability and Cognitive Disorder, Science, 1998, No. 8, 16 - 23.

122. 刘晓陵、金瑜：《行为遗传学研究之新进展》，《心理学探新》2005 年第 2 期。

123. ［美］赫尔伯特 · A. 西蒙著，曹南燕等译：《我生活的种种模式——赫尔伯特 · A. 西蒙自传》，东方出版中心 1997 年版。

124. ［美］司马贺著，荆其诚译：《人类的认知——思维的信息加工理论》，科学出版社 1986 年版。

125. David C. McClelland (1958), Talent and Society: New Perspectives in the Identification of Talent, Van Nostrand.

126. McClelland, David C. Personality, Annual Review of Psychology, 1956, Vol. 7, 39, 24.

127. 张爱卿：《动机论——迈向 21 世纪的动机心理学研究》，华中师范大学出版社 2002 年版。

128. 陈祉妍：《内隐动机的测量》，《心理学动态》2001 年第 4 期。

129. ［美］麦克莱兰德：《渴求成就》，转引自孙耀君主编：《西方管理学名著提要》，江西人民出版社 1995 年版。

130. 张兴贵：《成就动机的跨文化研究述评》，《湛江师范学院学报（哲学社会科学版）》1995 年第 2 期。

131. 尹继武：《情绪、理性以及国际政治世界》，《欧洲研究》2007 年第 6 期。

132. ［美］肯尼思 · 华尔兹著，信强等译：《国际政治理论》，

上海人民出版社 2003 年版。

133. By Amos Tversky, Edited by Eldar Shafir. Preference, Belief, and similarity, The MIT Press. Cambridge, Massachusetts, London, England.

134. 方文：《心理学家和诺贝尔奖》，《社会学家茶座》（3），山东教育出版社 2003 年版。

跋：中国人搞西方“科学心理学”的某些先天不足

我在《心理学大师的失误启示录》（2008）的“跋”——“祈盼21世纪诞生中国心理学大师”——中，主要从学理的角度谈了谈什么是“心理学家”，至少是我所理解的那种。这绝非“小题大做”！而是缘出有因：对我自己的学生们“有望成为21世纪心理学大师的期待”。我自信地认为：“如果我的这个心理学家的概念是正确的，那么对于我的年轻读者而言，要想成为21世纪的中国心理学大师，他们该知道从哪些方面努力了。”

在这本书的“跋”里，我就想接着说一说：作为中国人，要想从一名心理学爱好者或研究者成长为心理学家乃至大师，你可能会遭遇到哪些外在的和内在的制约因素？是不是还有某些你甚至跨越不了的“先天”因素？当然，读者看完本书，方可从37位西方心理学大师的成长道路中得到启发。但我们是中国人，情况特殊。你要想在国内的圈子里“混”一个“心理学家”头衔很容易（“教授”更容易），但要想走向世界，得到国际心理学界的认可——就像中国人总在奢望中国科学家能得到诺贝尔奖，那可就难了。我们“难”在哪里呢？

中国人搞心理学，首先就难在先天不足。这个“先天”，主要是指“文化基因”，更准确地说，是荣格所说的那个“集体无意识”（collective unconscious）。集体无意识就“像我们的身体一样，是一间堆放过去的遗迹和记忆的仓库”。它包含着连远古祖先在内的、过去所有世代所累积起来的那些“种族经验”。由此我可以使用“中华集体无意识”这样一个词语，且套用荣格的形象说法，现今中国人的心理有一条拖在后面的长长的蜥蜴尾巴，这条“尾巴”就是家庭、家族、民族、华夏种族乃至“中国”的全部历史——人们引以为自豪的所谓“上下五千年”嘛！在这中华集体无意识中，确乎有值得我们津津乐道的东西——要不然就无所谓“国学大师”了。但这样一些东西对于我们搞西方的那种“科学心理学”，是否有优势呢？

在集体无意识中，有一部分东西叫“常识心理学”（Folk Psychology）。常识心理学是我们一生下来就具有的——只要大脑没受损害——天赋的心理知识。我们在议论我们同伴的心理活动时，经常使用一些日常心理词汇，像“愿望”、“意图”、“信念”等。简而言之，常识心理学把人当作是有信念、愿望和意图的，并此基础上推测和解释他人的行为。心理学史表明，“科学心理学”总是离不开常识心理学。也就是说，心理学无论怎样“科学”（哪怕你硬要标榜为“纯自然科学”），它都离不开常识心理学的概念和说明方式（就此，我向读者推荐赖尔《心理的概念》、维特根斯坦《哲学研究》）。这也是心理学——哪怕号称“科学心理学”——不同于纯粹或严格“自然科学”的一个关键特征。更为重要的是，如果一个种族的常识心理学不发达，那么她的科学心理学也发达不起来，这是极为自然的。

我不想避讳：中国人的常识心理学的确不发达。翻开《论语》（其内容早已沉淀为中华集体无意识），凭你的科学良心说，它涉及多少心理学问题呢？仅举“仁者爱人”，此处“爱”者，指亲情（亲子情、亲属情、家族情），而与“爱情”（love）毫不相干。这样就好解释了：为什么中国至今还没有“爱情心理学”这一专门的研究领域（请见我主编的《心理学大师的爱情与爱情心理学》“跋”——“迷失在爱情茫茫征途上的中国人”）。你若不信，不妨对中国心理学会的会员发问卷做调查，看看有多少人会认为“爱情心理学”是个值得研究的玩意儿。我断定：不会超过5%！西方的“sex”、“sexuality”、“sexus”，在汉语中，竟然连一个对应的词都没有，只有一个笼统的“性”字。而此“性”者，原本指的是“本性”或“天性”（对应于西方的“human nature”）——所谓“人之初，性本善”。无怪乎当今中国心理学界居然没有一位严格意义上的“性心理学家”。虽在大学心理系开了这门课，用的却是西方的教材；既没有人做严肃的性心理学研究（我有中国心理学会编《当代中国心理学》为证），也没有看见有人写一部像样的正规专著或教材。在中华集体无意识中，“性”被禁忌为“房事”，只能关在房间里干那档子勾当（古人精到于“房中术”；今日市面上堂皇曰“夫妻保健”）；而且，“饿死事小，失节事大”。中国学者倒是关心“婚姻”，但不是作为一个心理学问题，而是作为道德学、思想政治教育学甚至政治问题。君不见：稳定压倒一切；婚姻不稳定，社会就会大乱；离婚会对孩子造成不可挽回的负面影响。既然是这样，那“婚姻心理学”，就自然而然地在国内心理学工作者的视野之外了。这便是作为中华集体无意识一部分的常识心理学在冥冥中起作用的结果！

中国人的常识心理学不发达，不仅影响到今日心理学问题和研究领域的确定，而且我们还难以理解西方人的常识心理学概念——且不说他们的科学心理学概念了！且举西方常识心理学中的一个问题便可明白这一点。作为中国心理学工作者，当我们面对西文“Mind”时，那真是尴尬极了。这个词，你怎么翻译？老外喜欢用“How Mind Work”（或 How the Mind Works）来表示心理学做什么（而不是我们大多以为的什么“心理的规律”），你是不是可译成“心理如何工作”？如果这样译，那是什么意思嘛！在汉语中，表示大脑之产物的词汇还有：“心”、“精神”、“意识”、“灵魂”、“主观”、“……感”等，但没有一个词能囊括或完全对应西方人的“Mind”。在这些词汇中，也许“心”，是“Mind”最合适的对应词（古人云：“心之官则思”）。可是，光秃秃的一个单字（而不是词汇），不足以表达“概念”，因而把“Mind”译成“心”，颜面上就过不去。我举这个例子，无非是想说，西方人今天的所谓科学心理学，源出于他们老祖宗遗传下来的一套常识心理学概念系统，而我们中国人是“另一套”常识心理学，这二者是不对应、不对“路子”的！所以，当我们今天的中国人去搞西方的那种科学心理学时，一开始就相差十万八千里！

我一再强调，心理学家研究“Mind”，说到底是“自我反省式的”，即心理学家是用“自己的”主观意识去探索他人大脑的产物即“Mind”。换言之，心理学家其实是“自己面对自己”。当中国人用自己的主观意识——实即在不知不觉中起作用的我们自己的那套常识心理学概念——去研究中国人心理（中国被试）时，你所得到的那些“结果”（不管是数据，还是理论），何以见得能代表西方人的心理乃至“人类心理”呢？更何况，我们连西方人的常识心理学系统都不了解，我们怎能懂得他们的科学心理学系统呢？

也许你还不服气：现在是互联网时代，资源全球共享，只要我愿意，任何时候我都可以得到我所需要的心理学信息，那我还不能搞像西方人搞的那种心理学吗？此话听起来不假。但你忘记了一个前提：对“Mind”的研究是怎样可能的？当我们直面这样的问题时，就已经从常识心理学水平上升到“科学心理学”层面了。可致命的问题是：在这一层面上，我们与西方人是相通的吗？

还是用例证说明这一点：我们不理解西方人搞的那种“科学心理学”，直接表现在对他们的心理术语的滥译上。滥译，在我看来，就意味着不理解，或根本不懂！当下，心理学“繁荣”的一个表征是西方心理学的译著多如牛毛，其滥译之疯狂使人难以承受其痛。还是看“Mind”，有五花八门的译法：“意识”（The Society of Mind，译成“意识社会”。见《他们改变了心理学》，2007）；“思想”（见《心理学导论——思想和行为的认识之路》，2004）；“智力”（Frames of Mind：The Theory of Multiple Intelligences，译成《智力的结构：多元智能理论》，2007）。如此滥译，从实质上表明我们对“Mind”这个词的“科学心理学”含义不理解。至少自布伦塔诺开始，“Mind”

的本质特性是“intentionality”（意向性）。可是——我在此斗胆地说——中国心理学工作者大多都不懂这个词，或至少是忽视了这个词的重要性。仅举一例，在《21世纪的心理科学与脑科学》（2002）中，“intention”被译成了“注意”。须知，“intention”与“attention”（注意）之间的差别约相当于天堂与地狱之间的差别。我们怎能如此草率呢？

与“Mind”密切相关的另一概念是“reality”，心理学界几乎通译为“现实”（参见《心理学词典》，上海译文，1996）。这亦是谬之千里。至少是从古希腊哲学家柏拉图开始，“Mind”就是一个“实在”（reality）的东西；即是说，“Mind”看起来是主观的，但其实是客观的、实实在在的在人脑中存在着的东西。比如柏拉图的“理念”（Ideas）。我这里顺便告诫一下热爱心理学的读者：不要随便使用“理念”这个词。我们知道，英文中的idea，不过就是“主意”、“念头”、“观念”的意思；但如果这个词中的“i”改为大写，并在词后加上一个“s”时，你就要即刻肃然起敬了！因为Ideas是专属于柏拉图的一个词（因为柏拉图思想的核心是他的“理念”学说），可不能随意简单地对待。尽管今天的中国人在媒体和言谈中随便使用“理念”这个词，如“我的理念”、“企业的理念”，甚至“我们单位的理念”等，但从心理学的观点看，“理念”这个词可不能滥用！柏拉图的Ideas之所以翻译成“理念”，除了表达其“观念”、“概念”、“思想”的意思之外，更是突出了其中的“理性”（reason）之要义——“理”者，（柏拉图的）“灵魂”中的最高层次也！

在柏拉图那里，“Mind”（他那个时代叫“灵魂”，Psyche）不过就是“理念”，而理念的本质就是“reality”。理念不是主观的精神（如张三、李四的精神），而是一种客观精神，一种宇宙精神。也就是说，只有理念才是“实实在在”（“永远存在”）的东西。它不生不灭、不增不减；自体自根、自存自在。理念的实在性可通过“真实”、“永恒”、“完美”和“纯粹”体现出来。因为理念是自然界万事万物的“原型”，而万事万物不过是这原型之摹本或复制；理念是“超感官”、“超经验”的东西。也就是说，就算你穷尽你的全部感官（视觉、听觉、嗅觉、味觉和触觉），你也感知、觉察不到理念。“Mind”作为实在，被弗洛伊德和荣格发挥到了极致：“潜意识”就是实在的东西——一种属于个体的“心理实在”（psychological reality），它潜伏在心理的深处永不磨灭，随时寻求表现；“集体无意识”更是一个民族或种族的永远存在不可超越的记忆库。正是因为这一点，弗洛伊德和荣格的理论被称之为“心理决定论”（心理原因决定外部行为）。

正是由于我们不懂“Mind”的“reality”特性，导致了许多贻笑大方的译法：认知心理学中的“realist”（实在论者），被译成“现实主义者”；科学方法论中的“scientific realism”（科学实在论），被译成“科学现实主义”；心理学解释中的“realist explication”（实在论解释），被译成“现实主义解释”（参见《他们改变了心理学》，2007）。

以上我仅仅是就“Mind”在西方常识心理学和科学心理学两个层面上的用法，来说明我们中国人在研究西方的那种“科学心理学”时，所遭遇的先天不足。其实，咱们的先天不足岂止于此！限于篇幅，我这里实际上只是提醒一下读者：不仅要承认我们今天与西方心理学家在“科学心理学”概念层面上的差异，更要意识到东西方人在“常识心理学”层面上的差异；如果连常识心理学层面我们都不能理解西方心理学，那么要在科学心理学水平上与西方心理学家达成共识，得到他们的承认，并在中国境内评出“21世纪最著名的心理学家”，那纯粹是天方夜谭！

毛泽东说过：“只有落后的干部，没有落后的群众。”我想套用他老人家的说法：只有平庸的教授，没有平庸的学生。对于中国高校，此乃真理——如果不说“绝对”的话。我待在高校，不得不属平庸教授之列；但能意识到自己的“平庸”，就比一般平庸教授“伟大”。我评判平庸教授至少有两个简单标准：一是做不了学问想法捞个官当；二是轻看甚至嘲弄那些不循规蹈矩的学生。按此“标准”，我把自己排除在外。特别是后者，是我自己时刻警惕着的！我近些年的一个快乐源泉就是与我的本科生们扎堆：他们最棒！

引发此番“怪语”，实乃事出有因。新千年伊始，西方评选出“20世纪100位最著名的心理学家”。这是一件世界级的心理学重大学术事件。我们理当有所反应。据我了解，在这入选的最著名者中，有大部分不仅我国一般读者不知道，甚至是心理学工作者大都没听说过，而且连我这个教《心理学史》的人也不太熟悉。因此，把那些我们所不知道、不熟悉而又极有代表性的最著名心理学家介绍给中国读者，确乎当务之急！

我把这个最重要、最艰巨的研究和撰写初稿的任务，交给了华东师范大学心理系国家理科基地2005级基础心理学专业的部分同学。他们写作的成功使我悟出了“只有平庸的教授，没有平庸的学生”的格言式感叹！这项研究和撰写的最大难度是几乎没有现成的中文资料，我的学生们不得不将他们网络搜索的智慧和技能发挥到极致，才能得到所需的基本的外文资料；然后是长时间的阅读和理解、耐心细致地翻译和文字加工；最后是激情满怀、充溢着使命感地撰写成文。在写作过程中，许多作者与在世的大师本人（如卡甘、洛夫特斯、罗森塔尔）取得了联系，获得了大师发来的电子邮件或邮寄来的纸质文献；有的得到了美国心理学会（APA）赠与的文献资料（如加西亚的资料）；有的通过联系大师的学生、同事或朋友而得到相应的信息。同学们正是在与大师的互动过程中亲身感受了他们的人格魅力。卡甘的作者徐晶星写道：“笔者在写这篇文章时，在网上查到了他的邮箱地址。于是很冒昧地给他发了第一封电子邮件，同时对他回信没有抱多大希望。因为我知道，像他这样的大师，工作很忙。但出乎我的意料，在我发出邮件仅仅几个小时后，他就回复了我！对于一个素昧平生的中国大学生，他竟也如此认真地回复！我顿时觉得这位可亲可敬的老人仿佛就在眼前，对他的崇敬之情油然而生。于是我又试着发了几封邮件，向他提问我不是很清楚的问题，他都一一做了回复。”我完全可以预料，这次写作经历为我的学生们走向西方心理学界、特别是有望成为21世纪中国心理学大师，迈出了坚实的一步！

以下是各位作者的姓名（以本书目录为序）：

坎农（莫静明）、赫布（赵婧）、斯佩里（褚郁青）、加西亚（唐晨）、波林（董镕）、希尔加德（张祯）、史蒂文斯（洪湧）、埃莉诺·吉布森（陈玮琳）、坎贝尔（谢箫临）、米勒（钱静）、奈瑟尔（杨维未）、埃克曼（赵逸翔）、洛夫特斯（赵楠）、奥尔波特（刘强、代慧慧）、沃尔普（杨婷婷）、艾森克（李勍）、罗特（李晶晶）、米尔（周超）、米歇尔（周敏捷）、塞利格曼（孙蓓雯）、纽科姆（石晶）、阿施（王斯）、费斯汀格（陈菲菲）、多奇（陈默）、沙赫特（瞿珍芝）、阿龙森（张晨）、罗森塔尔（张焱）、米尔格兰姆（史卉）、吉尔福特（杨立人）、洛伦兹（代慧慧）、哈洛（陈羽屏）、卡甘（徐晶星）、普洛闵（万嘉佳）、西蒙（刘昊）、麦克莱兰德（杨丽娜）、贾尼斯（孙蕾）、特沃斯基（朱佳颖）。

书中的行文表述文责自负，体现的是每一个作者的研究成果，并不直接代表主编的观点。在写作过程中，作者们也参考了国内一些有关的研究成果。我在此谨向有关成果的作者表示衷心的感谢！我们尚无前例地探索世界顶尖级心理学家的创造性传奇，虽高瞻远瞩，奈“始生之物，其形必丑”。我诚挚地期待读者和学界同仁不吝赐教、指正；对于心理学新秀们的某些稚嫩之处，也希望读者热心地呵护和培育。

我的硕士生代慧慧，毅然决然地再次承担了本书助理主编的任务。她所付出的精力和艰辛，值得我们的每一位作者、特别是我这个主编感谢和铭记。除了琐碎、繁杂的编辑工作外，她还挤时间撰写了洛伦兹一章，从而为本书增彩添色。我过去的本科生（《西方心理学大师的故事》作者之一）、现为比利时鲁汶大学的留学生陈蓓雯，总是及时地发来我所需要的外语资料，从而为我把握西方心理学界的最新动态提供了保证。

本书得到华东师大心理系“国家理科基地人才培养基金”（2008）的支持，特此致谢！

最后，我要感谢中国社会科学出版社的领导和陈彪先生及责任编辑李炳青编审。这套“走近西方心理学大师丛书”，已经出版了两本（《心理学大师的爱情与爱情心理学》、《心理学大师的失误启示录》），并产生了我所预期的社会效应。记得我在给出版社的“选题论证”中这样写道：“通过本套丛书对心理学知识的普及，将极大地提高中国普通大众的心理学知识水平和心理学素养，提升中华民族的心理健康水平和心理自我保护意识，对于大学、中小学的心理健康教育可提供直接的参照依据和借鉴材料，甚至中国的心理学工作者也能从中得到有益的启迪，最终为中国的社会发展作出重大的贡献。”为此，我将义无反顾地竭尽绵薄之力！

熊哲宏

2008 年 7 月 30 日